JN026602

微分積分学要論

名古屋工業大学教授　理博
戸田暢茂著

学術図書出版社

ま　え　が　き

　この本は，大学の一般教育課程の理工系学生を対象に，高等学校での「微分・積分」に引き続いて微分積分学を学ぶために書かれた教科書である．

　連続関数をはじめ微分や積分は極限を用いて定義されているが，高等学校での極限の取り扱いは十分ではない．そこで，本書ではその理解を深めるために，極限と本質的にかかわっている実数の連続性についての簡単な解説からはじめた．その際，できるだけ高等学校での数学と接続するように配慮した．この観点から高等学校で習った関数（三角関数，指数関数，対数関数など）の定義や基本的性質は既知として，連続性については改めて議論した．

　1変数関数の微分・積分については定義から改めて見直し，級数については微分や積分との関係を重視した．定理についてはできるだけ証明を付けたが，前後の関係から明らかなものやこの本の程度を越えると思われる定理の証明は省略した．

　多変数関数の微分と積分については2変数関数を中心にして述べた．特に重積分に関しては，初めて学ぶ事柄でもあり，また1変数関数の場合に比べて相当複雑なので，計算技術の習得およびその応用に重点を置いた．理論面は簡潔を旨とし，議論が複雑になるのを避けるために，理論の流れに必要な事柄や定理でもあえて証明をつけずに述べたものがいくつかある．

　全体を通して，理解の助けとなるように，例や例題をできるだけ多く述べた．また，随所に問を配し，各節末に問題を与えた．これらを解くことによって理解が深まるものと信じる．なお，大部分の問や問題には答かヒントを巻末に付けた．参考にしていただきたい．

　この本を著すにあたっては多くの方々の本を参考にさせていただきました．また，本書の執筆をお薦め下さった学術図書出版社の発田孝夫氏には，

ii

出版にあたっても大変御世話になりました．心から感謝の意を表する次第で
あります．

1987 年 12 月

戸田暢茂

も く じ

第5章　多変数関数の微分

第6章　多変数関数の積分

1

連 続 関 数

1-1 実 数 と 数 列

1. 実 数

実数は有理数と無理数とからなり，有理数には整数が，整数には自然数が含まれている．

$$\text{自然数は} \quad 1, 2, 3, \cdots$$

$$\text{整 数 は} \quad 0, \pm 1, \pm 2, \cdots$$

$$\text{有理数は} \quad 0, \pm \frac{q}{p}, \quad p, q \text{ は自然数}$$

$$\text{無理数は} \quad \sqrt{2}, \ \sqrt{3}, \ \sqrt{5} \text{ など有理数でない実数}$$

である．

実数の四則演算，大小，および，実数が数直線上の点で表されることなどは既知とする．x, y を実数，r, s を有理数，α を無理数としたとき，

$$|x+y| \leqq |x|+|y| \ \text{（三角不等式），} \quad r+s\alpha \ (s \neq 0) \text{ は無理数}$$

などの数についての基本的性質はよく知っている．しかしながら，本書の目的である微分積分学を論じるためには実数についてもう少しくわしく知る必要がある．微分積分学の基本である種々の極限においては「実数の連続性」がその基礎となっている．そこでまず，これについて説明する．

自然数の全体を N で，実数の全体を R で，また R の部分集合で，条件 P をみたす実数 x の全体 S を

$$S = \{x \ ; \ P\}$$

で表す．たとえば，有限な実数 $a < b$ に対して

$$\text{閉区間} \quad [a, b] = \{x ; a \leqq x \leqq b\}$$

$$\text{開区間} \quad (a, b) = \{x ; a < x < b\}$$

$\boldsymbol{R}$ の部分集合 S が**上（下）に有界**であるとは，ある定数 c があって

$$S \ni x \implies x \leqq c \ (x \geqq c)$$

となっていることをいう．c のことを S の１つの**上（下）界**とよぶ．上，下両方に有界のとき，単に**有界**であるという．$[a, b]$，(a, b) は有界である．

問1 c が S の１つの上界，$c < c'$ ならば c' は S の１つの上界．

上（下）に有界な集合 S に対して

（ i ） $S \ni a$

（ ii ） $S \ni x \implies x \leqq a \ (x \geqq a)$

をみたしている a があるとき，a のことを S の**最大値（最小値）**といって

$$a = \max S \quad (a = \min S)$$

で表す．これらの値は有界な集合でも必ずしも存在するとは限らない．

例1 半開区間 $[a, b) = \{x ; a \leqq x < b\}$ においては

$$\min[a, b) = a, \quad \max[a, b) \text{ はない．}$$

半開区間 $(a, b] = \{x ; a < x \leqq b\}$ においては

$$\min(a, b] \text{ はなく，} \quad \max(a, b] = b$$

ここまでの性質は有理数の範囲で考えても何も変わることはない．これに対して，実数全体まで広めるとき，有理数の範囲で考えるのに比べて本質的に異なってくるのが，**実数の連続性**といわれている性質で，その１つの表現が次の定理である．ここでは，この定理の証明は述べないが，実数の性質として最も基本的である．これを基礎として以下の議論を進めることにする．

定理1-1（ワイヤストラス）

S を空でない上（下）に有界な集合とし，

$$T = \{c ; c \text{ は } S \text{ の上界}\} \ (U = \{c ; c \text{ は } S \text{ の下界}\})$$

とおく．このとき，常に $\min T$ $(\max U)$ が存在する．

定義 1-1　この定理での min T のことを S の**上限**といって sup S で，また max U のことを S の**下限**といって inf S で表す．

例 2　$S = (-\sqrt{2}, \sqrt{2})$ は有界集合で，inf $S = -\sqrt{2}$, sup $S = \sqrt{2}$（しかし，集合 S を有理数の範囲で考えると，inf S も sup S も存在しない．$\sqrt{2}$ は無理数）．

問 2　次の集合の最大値，最小値，上限，下限があれば，それを求めよ．
（1）　N　　（2）　$A = \{1/n \; ; \; n \in N\}$　　（3）　$B = \{x \; ; \; -10 \leqq x < \sqrt{5}\}$
（4）　$C = \{x \; ; \; x > 0\}$

上限あるいは下限は次のような性質をもっている．

定理 1-2

S を空でない上に有界な集合とする．このとき，$a = \sup S$ である必要十分な条件は次の（ⅰ），（ⅱ）が成り立つことである．

（ⅰ）　$S \ni x \Longrightarrow x \leqq a$

（ⅱ）　任意の $\varepsilon > 0$ に対して，$a - \varepsilon < x_0$ なる $x_0 \in S$ がある．

証明　S の上界全体を T とする．まず必要性．（ⅰ）定理 1-1 により a は T の最小値であるから，a は T に属する．すなわち S の 1 つの上界．ゆえに，$S \ni x \Longrightarrow x \leqq a$. （ⅱ）$a$ が T の最小値であるから，それより小さい $a - \varepsilon$ は T に属さない．すなわち S の上界ではない．ゆえに，$a - \varepsilon < x_0$ なる $x_0 \in S$ がある．

次に十分性．（ⅰ）により a は T に属し，（ⅱ）により a より小さい T の元はない．実際，$a' < a$, $a' \in T$ とする．$\varepsilon = (a - a')/2$ に対して，（ⅱ）により $a' < a - \varepsilon < x_0$ なる $x_0 \in S$ がある．他方 $a' \in T$ より $x_0 \leqq a'$. これは，矛盾．したがって，$a = \min T$ すなわち $a = \sup S$. ■

問 3　S が下に有界のとき，対応する命題を述べ，それを示せ．
問 4　max S（min S）が存在したら，max $S = \sup S$（min $S = \inf S$）.
問 5　$S_1 \subset S_2$ を空でない有界な集合とするとき，次を示せ．
（1）　$\sup S_1 \leqq \sup S_2$　　（2）　$\inf S_1 \geqq \inf S_2$

有理数の R での分布の様子を調べるために，次を示す．

定理 1-3（アルキメデスの公理）

　どんな正の実数 a, b に対しても，適当に自然数 n_0 を選ぶことによって，$b < n_0 a$ とできる．

証明　　どんな自然数 n をとってきても，$na \leqq b$ となっているとする．このとき，集合 $S = \{na ; n \in N\}$ は上に有界．ゆえに，定理 1-1 により $\sup S = a$ が存在する．定理 1-2（ii）より，$\varepsilon = a$ に対して

$$a - a < n_1 a \quad \text{すなわち} \quad a < (n_1 + 1)a$$

をみたす $n_1 \in N$ がある．$(n_1 + 1)a \in S$ であるから，定理 1-2（i）に反する．これはこの定理が成り立つことを示している．∎

定理 1-4（有理数の稠密性）

　任意の実数 a と任意の正数 ε に対して，区間 $(a - \varepsilon, a + \varepsilon)$ の内には必ず有理数がある．

証明　　イ）　$a > 0$ のとき．定理 1-3 により $1 < n\varepsilon$ となる $n \in N$ があり，またこの n に対して，$na < k$ となる $k \in N$ がある．このような k のうちで最小なものを m とすると，

$$m - 1 \leqq na < m \quad \text{すなわち} \quad \frac{m}{n} - \frac{1}{n} \leqq a < \frac{m}{n}$$

$$\left| a - \frac{m}{n} \right| \leqq \frac{1}{n} < \varepsilon$$

となり，m/n が求める有理数の 1 つである．

　ロ）　$a = 0$ のとき．$a = 0$ が条件をみたす 1 つの有理数．

　ハ）　$a < 0$ のとき．$-a$ にイ）を適用して m/n が求まったとすると，

$$\left| -a - \frac{m}{n} \right| = \left| a + \frac{m}{n} \right| < \varepsilon$$

ゆえに，$-m/n$ が求める有理数の 1 つである．∎

系
$a < b$ を任意の実数とするとき，開区間 (a, b) には有理数が無数に
ある．

問6　上の系を示せ．

2.　数 列

　実数の連続性と数列の収束とは密接な関連がある．まず，次の定義を思い
起こしておこう．以下，数列といえば常に無限数列を意味する．

定義 1-2 [ⅰ]　　数列

$$a_1, a_2, \cdots, a_n, \cdots \tag{1}$$

($\{a_n\}_{n=1}^{\infty}$ あるいは簡単に $\{a_n\}$ と書く）において，n を限りなく大きくする
とき，a_n が一定の値 α にいくらでも近づくとする．このとき，数列 $\{a_n\}$ は
α に**収束する**といい，α を数列 $\{a_n\}$ の**極限**あるいは**極限値**という．

$$\lim_{n \to \infty} a_n = \alpha \quad \text{あるいは} \quad a_n \to \alpha \ (n \to \infty)$$

などと表す．これを精密に述べると，次のようになる．

　（＊）「任意の $\varepsilon > 0$ に対して，ある $n_0 \in \boldsymbol{N}$ があって

$$n_0 < n \implies |a_n - \alpha| < \varepsilon 」$$

　これは $|a_n - \alpha| \to 0 \ (n \to \infty)$ を意味する．

　[ⅱ]　収束しない数列は**発散する**という．特に，n を限りなく大きくし
たとき，a_n がいくらでも大きくなれば，数列 $\{a_n\}$ は**正の無限大に発散する**
といって，

$$\lim_{n \to \infty} a_n = \infty \quad \text{あるいは} \quad a_n \to \infty \ (n \to \infty)$$

と書く．表現を変えれば，

　「どんなに大きな $M > 0$ をもってきても，ある $n_0 \in \boldsymbol{N}$ があって

$$n_0 < n \implies a_n > M 」$$

となっていることである．同様に**負の無限大に発散する**ことも定義され

$$\lim_{n\to\infty} a_n = -\infty \quad \text{あるいは} \quad a_n \to -\infty \ (n\to\infty)$$

と書く.

　[**iii**]　数列 $\{a_n\}$ が

$$a_1 \leqq a_2 \leqq \cdots \leqq a_n \leqq \cdots \quad (a_n\uparrow \text{と書く})$$

となっているとき，$\{a_n\}$ は**単調増加**であるといい，

$$a_1 \geqq a_2 \geqq \cdots \geqq a_n \geqq \cdots \quad (a_n\downarrow \text{と書く})$$

となっているとき，**単調減少**であるという.両方まとめて，**単調数列**という.また，数列 $\{a_n\}$ に対して，ある数 L がとれて

$$\text{すべての } n \in \boldsymbol{N} \text{ に対して} \quad |a_n| \leqq L$$

となっているとき，数列は**有界**であるという.

定理 1-5

収束数列は有界である.

　証明　定義 1-2［ⅰ］（＊）を用いる.$a_n \to \alpha \ (n\to\infty)$ とする.$\varepsilon = 1$ に対してある $p \in \boldsymbol{N}$ があって

$$p < n \Longrightarrow |a_n - \alpha| < 1 \quad \text{すなわち} \quad \alpha - 1 < a_n < \alpha + 1$$

となっている.いま，$L = \max(|a_1|, \cdots, |a_p|, |\alpha|+1)$ とおくと，すべての n に対して $|a_n| \leqq L$. ■

補題 1-1

　$\{a_n\}, \{b_n\}, \{c_n\}$ を数列，c を定数とする.いま，$a_n \to 0, b_n \to 0 \ (n\to\infty)$ とすると，$n\to\infty$ のとき次が成り立つ.

　［1］　$a_n + b_n \to 0$　　　［2］　$ca_n \to 0$

　［3］　$a_n b_n \to 0$　　　［4］　$a_n \geqq 0, |c_n| \leqq a_n \Longrightarrow c_n \to 0$

　直感的には自明なことである.

問 7　（定義 1-2［ⅰ］（＊）を用いて）補題 1-1 を証明せよ.

収束する数列の間で四則演算を施したものはやはり収束する. すなわち,

定理 1-6

数列 $\{a_n\}, \{b_n\}$ が収束していて c が定数のとき, 次が成り立つ.

[I]　$\displaystyle\lim_{n \to \infty}(a_n + b_n) = \lim_{n \to \infty} a_n + \lim_{n \to \infty} b_n$

[II]　$\displaystyle\lim_{n \to \infty}(a_n - b_n) = \lim_{n \to \infty} a_n - \lim_{n \to \infty} b_n$

[III]　$\displaystyle\lim_{n \to \infty} a_n b_n = \lim_{n \to \infty} a_n \cdot \lim_{n \to \infty} b_n$, 特に $\displaystyle\lim_{n \to \infty} c a_n = c \lim_{n \to \infty} a_n$

[IV]　$\displaystyle\lim_{n \to \infty} \frac{a_n}{b_n} = \frac{\displaystyle\lim_{n \to \infty} a_n}{\displaystyle\lim_{n \to \infty} b_n}$ $\left(b_n \neq 0, \lim_{n \to \infty} b_n \neq 0 \right)$

証明　$a_n \to \alpha, b_n \to \beta \ (n \to \infty)$ とする.

[I], [II].　$|a_n \pm b_n - (\alpha \pm \beta)| \leq |a_n - \alpha| + |b_n - \beta|$

$n \to \infty$ のとき, $|a_n - \alpha| \to 0, |b_n - \beta| \to 0$ であるから, 補題 1-1 [1] により

右辺：$|a_n - \alpha| + |b_n - \beta| \to 0$. したがって, 補題 1-1 [4] により

$$a_n \pm b_n \to \alpha \pm \beta \quad (n \to \infty)（複号同順）$$

[III].　$|a_n b_n - \alpha\beta| \leq |a_n - \alpha||b_n - \beta| + |\alpha||b_n - \beta| + |\beta||a_n - \alpha|$

において, $n \to \infty$ のとき右辺の各項 $\to 0$, ゆえに左辺 $\to 0$. すなわち

$$a_n b_n \to \alpha\beta \quad (n \to \infty)$$

[IV].　$b_n \to \beta \ (n \to \infty)$ であるから, 定義 1-2 [i] （＊）より $\varepsilon = |\beta|/2$

(>0) ととると, ある $n_0 \in \mathbf{N}$ があって

$$n_0 < n \implies |b_n - \beta| < \frac{1}{2}|\beta| \quad すなわち \quad \frac{1}{2}|\beta| < |b_n| < \frac{3}{2}|\beta|$$

ゆえに, $n_0 < n$ なる $n \in \mathbf{N}$ に対して

$$\left| \frac{1}{b_n} - \frac{1}{\beta} \right| = \frac{|b_n - \beta|}{|\beta b_n|} \leq \frac{2}{|\beta|^2}|b_n - \beta|$$

$n \to \infty$ のとき右辺 $\to 0$, したがって左辺 $\to 0$. すなわち

$$\frac{1}{b_n} \to \frac{1}{\beta} \quad (n \to \infty)$$

そこで, $\dfrac{a_n}{b_n} = a_n \cdot \dfrac{1}{b_n}$ と考えると, $\{a_n\}, \left\{\dfrac{1}{b_n}\right\}$ に [III] を適用して

$$\frac{a_n}{b_n} = a_n \cdot \frac{1}{b_n} \to \alpha \cdot \frac{1}{\beta} = \frac{\alpha}{\beta} \quad (n \to \infty)$$ ∎

問8 $a_n \to \alpha$, $b_n \to \beta$ ($n \to \infty$) のとき，次を示せ.

（1） $a_n \geqq b_n$ ($n \in \boldsymbol{N}$) $\Longrightarrow$ $\alpha \geqq \beta$　　（2） $|a_n| \to |\alpha|$ ($n \to \infty$)

　ここまでは，収束する数列の性質を調べたが，それではどんな数列が収束するのであろうか. これに対する1つの答として次の定理がある.

定理 1-7

　有界かつ単調な数列は収束する.

　証明　　数列 $\{a_n\}$ が有界で単調増加とする. $S = \{a_n ; n \in \boldsymbol{N}\}$ とおく. S は有界. ゆえに上限が存在する（定理1-1）. $\sup S = \alpha$ とおく.

（ⅰ）　すべての n に対して $a_n \leqq \alpha$.

（ⅱ）　任意の $\varepsilon > 0$ に対して，$\alpha - \varepsilon < a_{n_0}$ なる n_0 が存在する.

（定理1-2）. これより，$n_0 < n \Longrightarrow a_{n_0} \leqq a_n$ であるから

　　$n_0 < n \Longrightarrow \alpha - \varepsilon < a_{n_0} \leqq a_n \leqq \alpha < \alpha + \varepsilon$　すなわち　$|a_n - \alpha| < \varepsilon$

これは $a_n \to \alpha$ ($n \to \infty$) を示している.

　単調減少数列についても同様である. ∎

問9　これを示せ.

例3　$\displaystyle\lim_{n \to \infty} \frac{1}{n} = 0$

　[**解**]　当りまえのことかもしれないが，われわれの立場から見なおしてみよう.

　　$a_n = 1/n$ は単調減少で $0 < a_n \leqq 1$ であるから有界. ゆえに $\displaystyle\lim_{n \to \infty}(1/n) = \alpha$ が存在する. $0 \leqq \alpha \leqq 1/n$ ($n = 1, 2, \cdots$) である. $\alpha > 0$ とすると, 定理1-3により, ある n_0 があって $1 < n_0 \alpha$ すなわち $1/n_0 < \alpha$. これは矛盾. $\alpha = 0$ を示している.

問10　$0 < a_n \uparrow$, $\displaystyle\lim_{n \to \infty} a_n = \infty$ ならば，（1）$\displaystyle\lim_{n \to \infty} \frac{1}{a_n} = 0$,（2）$\displaystyle\lim_{n \to \infty} \sqrt{a_n} = \infty$

例4　$\displaystyle\lim_{n \to \infty} \sqrt[n]{a} = 1$ ($a > 0$)

［解］ イ） $a > 1$ のとき. $\sqrt[n]{a} > 1$ かつ $\sqrt[n]{a} > {}^{n+1}\!\sqrt{a}$，すなわち数列 $\{\sqrt[n]{a}\}$ は単調減少かつ有界. したがって，定理 1-7 により $\lim_{n \to \infty} \sqrt[n]{a} = \alpha \geq 1$ がある.

$\alpha > 1$ とすると，$h = \alpha - 1 > 0$ で，すべての n に対して

$$\sqrt[n]{a} > 1 + h \quad \text{すなわち} \quad a > (1+h)^n > nh \to \infty \ (n \to \infty)$$

これは不合理. ゆえに $\alpha = 1$ である.

ロ） $0 < a < 1$ のとき. $b = 1/a$ とおくと $b > 1$ で $\sqrt[n]{b} = 1/\sqrt[n]{a}$. イ）より

$$\lim_{n \to \infty} \sqrt[n]{b} = 1 \quad \text{したがって} \quad \lim_{n \to \infty} \sqrt[n]{a} = 1/\lim_{n \to \infty} \sqrt[n]{b} = 1$$

ハ） $a = 1$ のとき. 明らか.

例 5 $\lim_{n \to \infty} \sqrt[n]{n} = 1$

［解］ $\sqrt[n]{n} \geq 1 \ (n \in \boldsymbol{N})$ より，$a_n = \sqrt[n]{n} - 1$ とおくと，$a_n \geq 0 \ (n \in \boldsymbol{N})$ で

$$n = (1 + a_n)^n \geq 1 + n a_n + \frac{n(n-1)}{2} a_n{}^2$$

これより，$0 \leq a_n \leq \sqrt{2/n}$. ゆえに $a_n \to 0 \ (n \to \infty)$，すなわち $\sqrt[n]{n} \to 1 \ (n \to \infty)$.

例 6 $\lim_{n \to \infty} \dfrac{a^n}{n^k} = \infty \ (a > 1, \ k \geq 0)$

［解］ $a = 1 + h$ とおくと $h > 0$. いま，$n \geq 2 + [k]^{(*)}$ ととると，二項定理より

$$a^n = (1 + h)^n > {}_nC_{2+[k]} h^{2+[k]} = \frac{n(n-1)\cdots(n-[k]-1)}{(2+[k])!} h^{2+[k]}$$

したがって，

$$\frac{a^n}{n^k} > \frac{a^n}{n^{1+[k]}} > \frac{h^{2+[k]}}{(2+[k])!} n\left(1 - \frac{1}{n}\right)\cdots\left(1 - \frac{1+[k]}{n}\right) \to \infty \ (n \to \infty)$$

（＊） $[k]$ は k を越えない最大の整数を表す（ガウスの記号）.

例 7 $\lim_{n \to \infty} \dfrac{a^n}{n!} = 0 \ (a > 0)$

［解］ $p > 2a$ なる $p \in \boldsymbol{N}$ をとり，$a^p/p! = K$ とおくと

$$0 < \frac{a^n}{n!} = K \cdot \frac{a}{p+1} \cdots \cdot \frac{a}{n} < K \frac{1}{2^{n-p}} \to 0 \quad (n \to \infty)$$

例 8 $a_n = \left(1 + \dfrac{1}{n}\right)^n \ (n = 1, 2, \cdots)$ とすると，$\lim_{n \to \infty} a_n$ が存在する.

［解］ 二項定理により

$$a_n = \left(1 + \frac{1}{n}\right)^n = 1 + n \cdot \frac{1}{n} + \frac{n(n-1)}{2!}\left(\frac{1}{n}\right)^2 + \cdots + \frac{n(n-1)\cdots 1}{n!}\left(\frac{1}{n}\right)^n$$

$$= 1 + 1 + \left(1 - \frac{1}{n}\right)\frac{1}{2!} + \cdots + \left(1 - \frac{1}{n}\right)\cdots\left(1 - \frac{n-1}{n}\right)\frac{1}{n!}$$

$$< 1+1+\left(1-\frac{1}{n+1}\right)\frac{1}{2!}+\cdots+\left(1-\frac{1}{n+1}\right)\cdots\left(1-\frac{n-1}{n+1}\right)\frac{1}{n!}$$

$$+\left(1-\frac{1}{n+1}\right)\cdots\left(1-\frac{n}{n+1}\right)\frac{1}{(n+1)!}$$

$$=\left(1+\frac{1}{n+1}\right)^{n+1}=a_{n+1}$$

すなわち，数列 $\{a_n\}$ は単調増加である．そして，上の計算式を用いると

$$a_n \le 1+1+\frac{1}{2!}+\cdots+\frac{1}{n!} \le 1+1+\frac{1}{2}+\frac{1}{2^2}+\cdots+\frac{1}{2^{n-1}} < 3$$

を得て，この数列は有界でもある．ゆえに，定理1-7により $\lim\limits_{n\to\infty} a_n$ が存在する．

この極限値は具体的に数値を与えることは不可能であるので

$$\lim_{n\to\infty}\left(1+\frac{1}{n}\right)^n = e$$

とおく．$2 < e \le 3$ がわかるが，さらに $e = 2.71828\cdots$ なる無理数であること
が知られている（2-6節，例4参照）．

問11 $\lim\limits_{n\to\infty}\left(1-\frac{1}{n}\right)^{-n}$ を求めよ．

定理1-8（区間縮小法）

閉区間の列 $[a_n, b_n]$ $(n \in \boldsymbol{N})$ があって，次の条件

（ⅰ） $[a_n, b_n] \supset [a_{n+1}, b_{n+1}]$ $(n = 1, 2, \cdots)$

（ⅱ） $b_n - a_n \to 0$ $(n \to \infty)$

をみたしているとする．このとき，すべての区間 $[a_n, b_n]$ $(n = 1, 2,$
$\cdots)$ に共通なただ1つの点が存在する．

証明　仮定（ⅰ）により，

$$a_1 \le a_2 \le \cdots \le a_n \le \cdots \le b_n \le \cdots \le b_2 \le b_1.$$

ゆえに，数列 $\{a_n\}, \{b_n\}$ は単調かつ有界．定理1-7により

$$\lim_{n\to\infty} a_n = \alpha, \qquad \lim_{n\to\infty} b_n = \beta$$

が存在し，すべての n に対して $a_n \le \alpha \le \beta \le b_n$（問8参照）．ゆえに，

$$0 \le \beta - \alpha \le b_n - a_n \to 0 \quad (n \to \infty)（仮定（ⅱ）より）$$

これは $\alpha = \beta$ を示している．任意の n に対して $a_n \le \alpha \le b_n$ であるから，α

$\in [a_n, b_n]$ $(n = 1, 2, \cdots)$ であり，仮定（ii）より，すべての区間に属する点は α 以外存在しない．なぜなら，$\alpha' \in [a_n, b_n]$ $(n = 1, 2, \cdots)$ とすると，

$$0 \leq |\alpha - \alpha'| \leq b_n - a_n \to 0 \quad (n \to \infty)$$

すなわち $\alpha' = \alpha$. ∎

3. 集 積 値

数列 $\{a_n\}$ が与えられているとき，その数列からいくつかの項を取り去り，残った項 $\{a_{n_k}\}$ $(n_1 < n_2 < \cdots < n_k < \cdots)$ が無数にあるとき，数列 $\{a_{n_k}\}$ $(k = 1, 2, \cdots)$ を $\{a_n\}$ の**部分列**という．

定義 1-3（数列の集積値）   数列 $\{a_n\}$ のある部分列があって，それが α に収束しているとき，α を $\{a_n\}$ の 1 つの**集積値**という．

例 9   数列 $\{1/n\}$ の集積値は 0 のみ；数列 $\{(-1)^n\}$ の集積値は 1 と -1.

> **定理 1-9（ボルツァノ-ワイヤストラス）**
>
> 有界な無限数列は必ず集積値をもつ．

証明   数列 $\{a_n\}$ が $|a_n| \leq L$ $(n \in N, \ L > 0)$ であるとする．$I_0 = [-L, L]$ とし，I_0 を 2 等分して $[-L, 0]$，$[0, L]$ に分けたとき，少なくとも一方には $\{a_n\}$ の項が無限に多く含まれる．その 1 つを $I_1 = [\alpha_1, \beta_1]$ とする．次に I_1 を 2 等分して 2 つの区間 $[\alpha_1, (\alpha_1 + \beta_1)/2]$，$[(\alpha_1 + \beta_1)/2, \beta_1]$ に分けたとき，少なくとも一方の区間には $\{a_n\}$ の項が無限に多く含まれる．その 1 つを $I_2 = [\alpha_2, \beta_2]$ とする．以下，この操作を続けていくと，閉区間の列 $\{I_i\}$ $(i \in N)$ ができて次の性質をもっている：

（ i ） $I_i \supset I_{i+1}$ $(i \in N)$

（ii） $\beta_i - \alpha_i = (\beta_{i-1} - \alpha_{i-1})/2 = L/2^{i-1}$ $(i = 1, 2, \cdots)$

（iii） 各 i に対し，区間 I_i は $\{a_n\}$ の項を無限に多く含む．

（ i ），（ii）から定理 1-8 により，すべての I_i に共通なただ 1 つの点がある．これを α とおく．（iii）により各区間 I_i から a_{n_i} を $n_1 < n_2 < \cdots < n_i < \cdots$ のように選ぶことができる．この部分列 $\{a_{n_i}\}$ は $\alpha_i \leq a_{n_i} \leq \beta_i$ $(i = 1, 2,$

…）をみたし，$\alpha_i \to \alpha,\ \beta_i \to \alpha\ (i \to \infty)$ であるから $a_{n_i} \to \alpha\ (i \to \infty)$ である．すなわち，α は数列 $\{a_n\}$ の1つの集積値である．　■

定義 1-4（集合の集積値）　S を $\boldsymbol{R}$ の部分集合とする．

$$S \supset \{a_n\},\quad a_n \neq \alpha,\ a_n \to \alpha\ (n \to \infty)$$

なる数列 $\{a_n\}$ がとれるとき，α を集合 S の1つの**集積値**という．

── 系 ──

$\boldsymbol{R}$ の有界な無限部分集合は集積値をもつ．

　証明　S を有界な無限集合とする．S が無限集合なことから，すべて相異なる項からなる数列 $\{b_n\}$ が S から選び出せる．$\{b_n\}$ は有界であるから定理 1-9 によって集積値 α をもつ．すなわち $\{b_n\}$ の部分列 $\{b_{n_k}\}$ があって $b_{n_k} \to \alpha\ (k \to \infty)$．$b_{n_k}$ はすべて相異なるから，α に等しい項はたかだか1つあるのみであり，これを取り除いた部分列は S に含まれていて α に等しくなく，かつ α に収束している．すなわち α は S の集積値である．　■

問 12　次の集合の集積値を求めよ．

（1）$\{x ; -1 < x < 1\}$　　（2）$\left\{\cos x ; 0 < x < \dfrac{\pi}{2}\right\}$

（3）$\left\{\dfrac{1}{n} + \dfrac{1}{m} ; m, n \in \boldsymbol{N}\right\}$

── 補題 1-2 ──

　有界数列 $\{a_n\}$ が収束するための必要十分な条件は，その集積値がただ1つあることである．

　証明　（必要性）$a_n \to \alpha\ (n \to \infty)$ とする．$\{a_n\}$ のどの部分列をとっても，α に収束している（問題 1-1, 8）．したがって，集積値は α のみである．

　（十分性）α をただ1つの集積値とする．このとき任意の $\varepsilon > 0$ に対して

$$N(\varepsilon) = \{n \in \boldsymbol{N} ; |a_n - \alpha| \geq \varepsilon\}$$

は有限集合．実際，ある $\varepsilon_0 > 0$ に対して，$N(\varepsilon_0)$ が無限集合とすると，$\{a_n\}$ の部分列 $\{a_{n_k}\}$ で $|a_{n_k} - \alpha| \geqq \varepsilon_0$ $(k = 1, 2, \cdots)$ をみたしかつ収束しているのを選ぶことができる（定理1-9）．$\{a_n\}$ の集積値は α のみだから $a_{n_k} \to \alpha$ $(k \to \infty)$ でなければならない．これは $|a_{n_k} - \alpha| \geqq \varepsilon_0$ と相容れない．

さて，$N(\varepsilon)$ が有限なことがわかったから，$\max N(\varepsilon) = n_0$ とすると，

$$n_0 < n \implies |a_n - \alpha| < \varepsilon$$

これは $a_n \to \alpha$ $(n \to \infty)$ を示している（定義1-2 ［ i ］（＊））． ■

定理1-10（コーシーの判定法）

数列 $\{a_n\}$ が収束するための必要十分な条件は

「任意の $\varepsilon > 0$ に対して，ある $n_0 \in \boldsymbol{N}$ があり

$$n_0 < p,\ n_0 < q \implies |a_p - a_q| < \varepsilon」$$

が成り立っていることである．

証明 （必要性） $a_n \to \alpha$ $(n \to \infty)$ とする．ε を任意の正数とする．定義1-2 ［ i ］（＊）より，ε の代りに $\varepsilon/2$ をもってきたとき，ある $n_0 \in \boldsymbol{N}$ があって

$$n_0 < p, q \implies |a_p - \alpha| < \frac{\varepsilon}{2},\ |a_q - \alpha| < \frac{\varepsilon}{2}$$

ゆえに，$n_0 < p, q \implies |a_p - a_q| \leqq |a_p - \alpha| + |a_q - \alpha| < \varepsilon$．

（十分性） まず，$\{a_n\}$ は有界である．実際，特に $\varepsilon = 1$ ととると，これに対して n_0 があって，$p = n_0 + 1$ とすると，$n_0 < q$ ならば

$$a_{n_0+1} - 1 < a_q < a_{n_0+1} + 1$$

したがって，$L = \max(|a_1|, \cdots, |a_{n_0}|, |a_{n_0+1}| + 1)$ とおくと，すべての $n \in \boldsymbol{N}$ に対して $|a_n| \leqq L$．

次に $\{a_n\}$ の集積値はただ1つである．いま，仮に少なくとも2つの集積値 $\alpha < \beta$ があったとすると，$\{a_n\}$ の部分列 $\{a_{n_k}\}, \{a_{m_j}\}$ があって

$$a_{n_k} \to \alpha\ (k \to \infty), \quad a_{m_j} \to \beta\ (j \to \infty)$$

となっている．$\varepsilon = (\beta - \alpha)/2$ ととると，$n_0 \in \boldsymbol{N}$ があって

$$n_0 < n_k,\ n_0 < m_j \implies |a_{n_k} - a_{m_j}| < \varepsilon$$

ここで $k \to \infty$ とすると，$|a - a_{m_j}| \le \varepsilon$. 次に $j \to \infty$ とすると

$$|\alpha - \beta| \le \varepsilon = \frac{1}{2}|\alpha - \beta|$$

これは $\alpha \neq \beta$ に反する．これは $\{a_n\}$ の集積値はただ1つであることを示している．補題 1-2 により数列 $\{a_n\}$ は収束する．∎

問題 1-1（答は p. 303）

1. 次の集合の max, min, 上限, 下限があればそれらを求めよ.

（1）$\left\{\left(1 + \dfrac{1}{n}\right)^n ; n \in \mathbf{N}\right\}$　（2）$\left\{\dfrac{1}{l} + \dfrac{1}{n} + \dfrac{1}{m} ; l, m, n \in \mathbf{N}\right\}$

（3）$\left\{n - \dfrac{1}{n} ; n \in \mathbf{N}\right\}$　（4）$\{x + y ; 0 \le x < 1, -1 < y \le 2\}$

（5）$\left\{\tan x ; 0 \le x < \dfrac{\pi}{2}\right\}$　（6）$\left\{\sin x + \cos x ; 0 \le x < \dfrac{\pi}{2}\right\}$

2. 問題1の集合および次の集合の集積値を求めよ.

（7）(a, b)　（8）$(a, b) \cup (b, c)$

3. 次の極限を求めよ.

（1）$\displaystyle\lim_{n \to \infty} \dfrac{1 + 2 + \cdots + n}{n^2}$　（2）$\displaystyle\lim_{n \to \infty}(\sqrt{n+1} - \sqrt{n})$

（3）$\displaystyle\lim_{n \to \infty}\left(1 + \dfrac{1}{n+5}\right)^n$　（4）$\displaystyle\lim_{n \to \infty}\left(1 + \dfrac{1}{n^2}\right)^{n^2}$

（5）$\displaystyle\lim_{n \to \infty}(1 + 2^n)^{1/n}$　（6）$\displaystyle\lim_{n \to \infty} a^n \ (|a| < 1)$　（7）$\displaystyle\lim_{n \to \infty}\left(1 + \dfrac{1}{n^2}\right)^n$

（8）$\displaystyle\lim_{n \to \infty}\dfrac{\cos n}{n}$　（9）$\displaystyle\lim_{n \to \infty} na^n \ (|a| < 1)$

（10）$\displaystyle\lim_{n \to \infty}(a^n + b^n + c^n)^{1/n} \ (0 < a < b < c)$

4. 次の数列 $\{a_n\}$ に対して $\displaystyle\lim_{n \to \infty}\dfrac{a_{n+1}}{a_n}$ を求めよ.

（1）$a_n = \dfrac{n!}{n^n}$　（2）$a_n = \dfrac{(n!)^2}{(2n)!}$　（3）$a_n = \sqrt{n+1} - \sqrt{n}$

（4）$a_n = 2^n + 3^n + 5^n$

5. $a_1 = 2,\ a_{n+1} = 3\sqrt{a_n} \ (n \ge 1)$ によって数列 $\{a_n\}$ を定める.

（1）$0 < a_n < 9$ を示せ．（2）$\{a_n\}$ は単調増加であることを示せ.

（3）$\displaystyle\lim_{n \to \infty} a_n$ を求めよ.

6. $a_1 = 1,\ a_{n+1} = \sqrt{2 + a_n} \ (n \ge 1)$ によって数列 $\{a_n\}$ を定める.

（1）　$0 < a_n < 2$ を示せ.　（2）　$\{a_n\}$ は単調増加であることを示せ.

（3）　$\lim_{n \to \infty} a_n$ を求めよ.

7.　S を空でない集合とし,「$S \ni x \implies x < a$」をみたす a があるとき, $\sup S \leqq a$ を示せ. 等号の成り立つ例をあげよ.

8.　数列 $\{a_n\}$ について次を示せ.

（1）　$\{a_n\}$ が収束していたら極限はただ1つである.

（2）　$a_n \to \alpha \; (n \to \infty)$ のとき, どの部分列も α に収束している.

（3）　$\lim_{n \to \infty} a_{2n-1} = \alpha,\; \lim_{n \to \infty} a_{2n} = \alpha$ ならば $\lim_{n \to \infty} a_n = \alpha$.

9.　$a_1 = 1$, $a_{n+1} = \dfrac{1}{1+a_n}$ $(n \geqq 1)$ によって数列 $\{a_n\}$ を定める.

（1）　$a_1 > a_3 > \cdots > a_{2n-1} > \cdots > a_{2n} > \cdots > a_4 > a_2$ を示せ.

（2）　$\lim_{n \to \infty} a_{2n-1} = \alpha,\; \lim_{n \to \infty} a_{2n} = \beta$ とおくとき, α と β の間の関係式を求めよ.

（3）　$\lim_{n \to \infty} a_n$ を求めよ.

10.　X, Y を空でない有界な, $\boldsymbol{R}$ の部分集合とし, $Z = \{x+y \,;\, x \in X,\, y \in Y\}$ とおく. 次を示せ.

$$\sup Z = \sup X + \sup Y, \quad \inf Z = \inf X + \inf Y$$

11.　数列 $\{a_n\}$ $(a_n > 0)$ において次を示せ.

（1）　$\lim_{n \to \infty} \dfrac{a_{n+1}}{a_n} = \alpha \implies \lim_{n \to \infty} \sqrt[n]{a_n} = \alpha \; (0 \leqq \alpha \leqq \infty)$

（2）　$\lim_{n \to \infty} a_n = c \implies \lim_{n \to \infty} \sqrt[n]{a_1 a_2 \cdots a_n} = c \; (0 \leqq c \leqq \infty)$

12.　前問を応用し次の極限を求めよ.

（1）　$\lim_{n \to \infty} \sqrt[n]{n}$　　（2）　$\lim_{n \to \infty} \sqrt[n]{n!}$　　（3）　$\lim_{n \to \infty} \dfrac{n}{\sqrt[n]{n!}}$

13.　$a < b$ を任意の実数とするとき, 区間 (a, b) には無理数が無数にある. 次の順に示せ.

（1）　$\sqrt{2}$ は無理数.

（2）　r_1, r_2 を有理数としたとき, $r_1 + r_2\sqrt{2}$ $(r_2 \neq 0)$ は無理数.

（3）　$b > 0$ のとき, $(0, b)$ に無理数が少なくとも1つある.

（4）　$b > 0$ のとき, $(0, b)$ に無理数が無数にある.

（5）　(a, b) に無理数が無数にある.

14.　数列 $\{a_n\}$ が与えられたとき, $A_n = \dfrac{a_1 + a_2 + \cdots + a_n}{n}$ によって新しい数列 $\{A_n\}$ をつくる. このとき, 次を示せ.

（1）　$\lim_{n \to \infty} a_n = \alpha \implies \lim_{n \to \infty} A_n = \alpha$ $(\alpha = \infty, -\infty$ の場合を含む$)$

（2）　（1）で逆の式り立たない例

15. 前問を応用し次の極限を求めよ.

（1） $\displaystyle\lim_{n\to\infty}\dfrac{1+\dfrac{1}{2}+\cdots+\dfrac{1}{n}}{n}$ （2） $\displaystyle\lim_{n\to\infty}\dfrac{1+\sqrt{2}+\cdots+\sqrt[n]{n}}{n}$

16. （1） $\{a_n\}$ を有界な数列とし，次式により $\{A_k\}$, $\{B_k\}$ をつくる. 問を示せ.

$$\sup\{a_n \,;\, n \geqq k\} = A_k, \quad \inf\{a_n \,;\, n \geqq k\} = B_k$$

問 i) $\{A_k\}$ は単調減少，$\{B_k\}$ は単調増加でともに有界かつ $A_k \geqq a_k \geqq B_k$.

問 ii) $\displaystyle\lim_{k\to\infty} A_k \geqq \lim_{k\to\infty} B_k$ （$\displaystyle\lim_{k\to\infty} A_k$ を $\displaystyle\limsup_{n\to\infty} a_n$ で，$\displaystyle\lim_{k\to\infty} B_k$ を $\displaystyle\liminf_{n\to\infty} a_n$ で表し，それぞれ $\{a_n\}$ の**上極限，下極限**という）

問 iii) $\{a_n\}$ が収束するための必要十分な条件は

$$\limsup_{n\to\infty} a_n = \liminf_{n\to\infty} a_n$$

（2） 次の数列の上極限，下極限を求めよ.

（ i ） $a_n = (-1)^n$ （ii） $a_n = 1+(-1)^n\dfrac{1}{n}$

17. （1） α を無理数としたとき，α に収束する有理数列 $\{r_n\}$ があることを示せ.

（2） （1）で $r_n = q_n/p_n$（既約，$p_n > 0$）とすると次が成り立つことを示せ.

$$\lim_{n\to\infty} p_n = \infty, \quad \lim_{n\to\infty} |q_n| = \infty$$

（3） 次の集合の集積値を求めよ.

（ i ） 有理数全体 （ii） 無理数全体 （iii） (a, b) にある有理数全体

1-2　関 数 の 極 限

1.　有限な点での極限 ─────────────

関数 $f(x)$ は $\boldsymbol{R}$ の部分集合 S で定義されていて，a を S の１つの集積値とする.

定義 1-5 ［ i ］　　a と異なる x を S の中を動かして限りなく a に近づけるとき，$f(x)$ が一定の値 α にいくらでも近づくとする. このとき，

$$\lim_{x\to a} f(x) = \alpha \quad あるいは \quad f(x)\to\alpha \;(x\to a) \qquad\qquad (1)$$

と書いて，α を $f(x)$ の a における**極限値**，あるいは，$f(x)$ は a において**極限** α をもつ，あるいは，$f(x)$ は $x\to a$ のとき α に**収束する**という.

式（1）を精密に述べると，次のようになる.

（＊）「任意の正数 ε に対して，ある正数 δ があって

$$0 < |x-a| < \delta,\ x \in S \implies |f(x)-\alpha| < \varepsilon$$」

$|f(x)-\alpha| \to 0 \ (x \to a, \ x \neq a)$ と同じである.

例1 $\displaystyle\lim_{x \to a} \frac{x^2-a^2}{x-a} = 2a$

数列の場合（定理 1-6）と同様にして次の定理が成り立つ.

定理 1-11

$\displaystyle\lim_{x \to a} f(x) = \alpha, \ \lim_{x \to a} g(x) = \beta, \ c$ を定数としたとき

[I] $\displaystyle\lim_{x \to a} (f(x)+g(x)) = \alpha+\beta$

[II] $\displaystyle\lim_{x \to a} (f(x)-g(x)) = \alpha-\beta$

[III] $\displaystyle\lim_{x \to a} f(x)g(x) = \alpha\beta,$ 特に $\displaystyle\lim_{x \to a} cf(x) = c\alpha$

[IV] $\displaystyle\lim_{x \to a} \frac{f(x)}{g(x)} = \frac{\alpha}{\beta} \ (g(x) \neq 0, \ \beta \neq 0)$

証明は定理 1-6 と同様にすればよい.

問1 確かめよ.

定義 1-5 [ii]　　a と異なる x を S の中を動かして限りなく a に近づけるとき, $f(x)$ がいくらでも大きく（小さく）なるとする. このとき,

$$\lim_{x \to a} f(x) = \infty \ (-\infty) \quad \text{あるいは} \quad f(x) \to \infty \ (-\infty) \ (x \to a)$$

などと書いて, $f(x)$ は $x \to a$ のとき**無限大（負の無限大）に発散する**という. これは, 精密に述べると, 次のようになる.

「任意に大きい正数 M に対して, ある正数 δ があって

$$0 < |x-a| < \delta, \ x \in S \implies f(x) > M \ (f(x) < -M)」$$

例2 $\displaystyle\lim_{x \to 0} \frac{1}{x^2} = \infty, \ \lim_{x \to 1} \frac{-1}{|1-x|} = -\infty$

定義 1-5 [iii]　　[i]（あるいは [ii]）において, S の中を動く x を, $x > a$ に制限して a に近づけるときの極限を考える. これらを

$$\lim_{x \to a+0} f(x) \quad \text{あるいは} \quad f(a+0) \ (\lim_{x \to a+0} f(x) = \infty, -\infty)$$

などで表し, a における $f(x)$ の**右側極限**という. また, $x < a$ に制限した

ときの極限は

$$\lim_{x \to a-0} f(x) \quad \text{あるいは} \quad f(a-0) \quad (\lim_{x \to a-0} f(x) = \infty, -\infty)$$

などで表し，a における $f(x)$ の**左側極限**という．

例3 ［1］ $\lim_{x \to 1-0} [x] = 0,\ \lim_{x \to 1+0} [x] = 1$

［2］ $\lim_{x \to 0+0} \dfrac{1}{x} = \infty,\ \lim_{x \to 0-0} \dfrac{1}{x} = -\infty$

（以下，$0+0$ は $+0$ と，$0-0$ は -0 と書く）

— 定理 1-12 —

区間 $[a, b]$ での関数 $f(x)$ が点 c（$a \leqq c \leqq b$）で極限をもつための必要十分な条件は，

［Ⅰ］ $a < c < b$ のとき：c における右側および左側極限があって，それらが一致していることである．このとき，

$$\lim_{x \to c} f(x) = f(c+0) = f(c-0)$$

［Ⅱ］ $c = a\,(b)$ のとき：$a\,(b)$ における右（左）側極限があることである．このとき，

$$\lim_{x \to a} f(x) = f(a+0) \quad (\lim_{x \to b} f(x) = f(b-0))$$

証明 ［Ⅰ］ 点 c で $f(x)$ が極限をもてば，定義から容易にわかるように，$f(c+0)$，$f(c-0)$ が存在して $\lim_{x \to c} f(x)$ に等しい．逆に，$f(c+0) = f(c-0) = \alpha$ とする．x が c に右側から近づいたときも，左側から近づいたときも $f(x)$ が同一の値 α に近づくから，$f(x) \to \alpha\ (x \to c)$ である．

［Ⅱ］ それぞれの定義より明らかである． ∎

注 区間 $[a, b]$ の代りに (a, b)，$(a, b]$，$[a, b)$ を用いても同様である．

定義 1-6 区間 I で定義された関数 $f(x)$ が I の任意の 2 点 x_1, x_2 に対して，条件

$$x_1 < x_2 \implies f(x_1) < f(x_2)\,(f(x_1) > f(x_2)) \tag{2}$$

をみたしているとき，$f(x)$ は**増加（減少）関数**といい，両方をまとめて

単調関数という．また式（2）の代りに

$$x_1 < x_2 \Longrightarrow f(x_1) \leqq f(x_2) \ (f(x_1) \geqq f(x_2))$$

をみたしているとき，$f(x)$ は**広義増加（広義減少）関数**といい，両方を
まとめて**広義単調関数**という．

定義 1-7   区間 I で定義された関数 $f(x)$ に対して，集合

$$\{f(x) ; x \in I\} \ (= f(I) \ \text{と書く})$$

が有界のとき $f(x)$ は **I で有界**であるという．

定理 1-13

区間 $[a, b]$ での関数 $f(x)$ が広義単調で有界のとき，次が成り立つ．

[I] $[a, b)$ の各点で右側極限が存在する．

[II] $(a, b]$ の各点で左側極限が存在する．

証明   どちらでも同様なので，$f(x)$ が広義増加のときの [I] を示す．
$a \leqq c < b$ なる c に対して $S(c) = \{f(x) ; c < x \leqq b\}$ とおく．仮定よ
り $S(c)$ は有界であるから $\inf S(c) \ (= \alpha \text{とおく})$ が存在する．$\inf$ の性質
（1-1 節，問 3）から，$\alpha \leqq f(x) \ (c < x \leqq b)$ かつ任意の $\varepsilon > 0$ に対して，
$x_0 \ (c < x_0 \leqq b)$ があって，$f(x_0) < \alpha + \varepsilon$．したがって，$f(x)$ が広義増加な
ことから

$$\alpha - \varepsilon < \alpha \leqq f(x) \leqq f(x_0) < \alpha + \varepsilon \quad (c < x \leqq x_0)$$

を得る．これは $\lim_{x \to c+0} f(x) = \alpha$ を示している（定義 1-5 [i]，[iii]）． ∎

問 2 この定理の残りの場合を示せ．
 注 1 区間 $[a, b]$ の代りに，(a, b)，$(a, b]$，$[a, b)$ を用いても同様である．
 注 2 この定理は数列の場合の定理 1-7 に対応している．

補題 1-3

[1] $0 < x < \pi/2$ のとき，$\sin x < \tan x$

[2] $\displaystyle\sum_{i=0}^{n} x_i = x \ \left(x_i > 0, \ 0 < x < \frac{\pi}{2} \right)$ のとき，$\displaystyle\sum_{i=0}^{n} \tan x_i \leqq \tan x$．

問3 これらを証明せよ.

補題 1-4

[1] $0 < x < \pi/2$ のとき,$\sin x < x < \tan x$. (3)

[2] すべての $x \neq 0$ に対して,$|\sin x| < |x|$.

証明 [1] 下図のように,点 O を中心とする半径 1 の円で中心角 x の扇形 OAB を考え,A での OA の垂線と直線 OB との交点を T とすると,

$$\overline{BH} = \sin x, \quad 弧 AB の長さ = \overset{\frown}{AB} = x, \quad \overline{AT} = \tan x$$

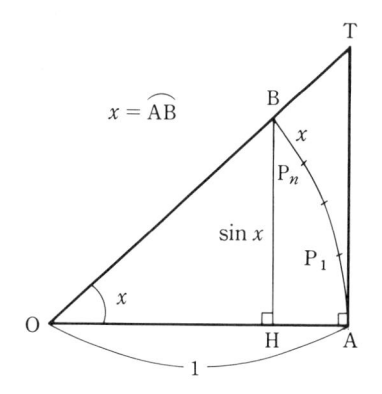

$$x = \overset{\frown}{AB}$$

である.ここで,弧 AB の長さとは何かというと,弧 AB 上に順に $P_1, P_2,$ $\cdots, P_n$ をとって,A, $P_1, P_2, \cdots, P_n$, B を順に結んで得られる折線の長さを

$$l = \overline{AP_1} + \overline{P_1P_2} + \cdots + \overline{P_nB}$$

とし,自然数 n や $P_1, \cdots, P_n$ のあらゆるとり方に対する値 l の全体を S としたときの $\sup S$ である(定義 3-8(曲線の長さ)参照).いまの場合,S は有界である.実際,弧 $AP_1, P_1P_2, \cdots, P_nB$ の中心角をそれぞれ $x_0, x_1, \cdots, x_n$ とするとき,$\overline{AP_1} = 2\sin(x_0/2)$,$\overline{P_1P_2} = 2\sin(x_1/2)$,$\cdots$,$\overline{P_nB} = 2\sin(x_n/2)$ と補題 1-3 [1],[2] を用いて

$$l = \sum_{i=0}^{n} 2\sin\frac{x_i}{2} < 2\sum_{i=0}^{n}\tan\frac{x_i}{2} \leq 2\tan\frac{x}{2}$$

を得る.したがって,

$$x = \sup S \leq 2\tan\frac{x}{2} < \tan x \tag{4}$$

また,$\overline{BH} < \overset{\frown}{AB} \leq x$ であるから,

$$\sin x < x \tag{5}$$

を得て,式(4),(5)より式(3)を得る.

［2］　$\sin 0 = 0$, $\sin(\pi/2) = 1 < \pi/2$ であるから，［1］により $0 < x <$ $\pi/2$ のとき $0 < \sin x < x$. $x > \pi/2$ のとき，$|\sin x| \leq 1 < \pi/2 < x$. 合わせて，$x > 0$ ならば $|\sin x| < x$. 次に，$x < 0$ のとき，$-x > 0$ だから

$$|\sin x| = |\sin(-x)| < -x = |x| \qquad \blacksquare$$

例4　［1］ $\displaystyle\lim_{x \to 0} \sin x = 0$　　　［2］ $\displaystyle\lim_{x \to 0} \cos x = 1$

　［解］　［1］ 補題 1-4 ［2］ より，$-|x| \leq \sin x \leq |x|$ であるから，$\sin x \to 0$（$x \to 0$）.

　　［2］ $0 \leq 1 - \cos x = 2 \sin^2(x/2)$ より $x \to 0$ とすると $\sin^2(x/2) \to 0$, ゆえに $\cos x \to 1$.

例5　$\displaystyle\lim_{x \to 0} \dfrac{\sin x}{x} = 1$

　［解］　補題 1-4 ［1］ より，$0 < x < \pi/2$ のとき

$$\cos x < \frac{\sin x}{x} < 1 \qquad (6)$$

例4 ［2］ より，$\displaystyle\lim_{x \to +0}(\sin x)/x = 1$. また，$\cos x$, $(\sin x)/x$ は偶関数だから，式（6）は $-\pi/2 < x < 0$ でも成り立ち，やはり，例4 ［2］より　$\displaystyle\lim_{x \to -0}(\sin x)/x = 1$. 合わせて，定理 1-12 ［1］ より

$$\lim_{x \to 0} \frac{\sin x}{x} = 1$$

例6　$a > 0$ のとき，$\displaystyle\lim_{x \to 0} a^x = 1$

　［解］（イ）　$a > 1$ のとき，まず，$1 > x > 0$ とする．$n \leq 1/x < n+1$ なる $n \in \boldsymbol{N}$ をとる．a^x は増加関数であるから $a^{1/(n+1)} < a^x \leq a^{1/n}$. ここで $x \to 0$ とすると，$n \to \infty$ であるから，1-1 節，例4 により，$\displaystyle\lim_{x \to +0} a^x = 1$.

　　次に $-1 < x < 0$ のとき，$n \leq -1/x < n+1$ なる $n \in \boldsymbol{N}$ をとると，$a^{-1/n} \leq a^x < a^{-1/(n+1)}$. $x \to 0$ とすると，$n \to \infty$ であるから $\displaystyle\lim_{x \to -0} a^x = 1$.

　　定理 1-12 により，$a^x \to 1$（$x \to 0$）.

　（ロ）　$0 < a < 1$ のとき，$1/a = b$ とすると $b > 1$ で $a^x = 1/b^x$. したがって

$$\lim_{x \to 0} a^x = \lim_{x \to 0} \frac{1}{b^x} = \frac{1}{\displaystyle\lim_{x \to 0} b^x} = 1$$

　（ハ）　$a = 1$ のときは明らか．

問4　次の極限値を求めよ．

（1） $\displaystyle\lim_{x\to\pi/2}\sin x$ 　（2） $\displaystyle\lim_{x\to\pi/2-0}\tan x$ 　（3） $\displaystyle\lim_{x\to0}\frac{1-\cos x}{x}$

定理 1-14

$\displaystyle\lim_{x\to a}f(x)=\alpha$ で $\alpha\neq0$ のとき，ある $\delta>0$ があって，$(0<|x-a|<\delta)\cap S$ の任意の点 x では，$f(x)-\alpha/2$ は α と同符号である．

証明　　$\alpha>0$ とする．仮に，どんな $\delta>0$ をとっても，$(0<|x-a|<\delta)\cap S$ に $f(x)\leqq\alpha/2$ となる x があるとする．このとき，$\delta=1/n$（$n=1,2,\cdots$）ととることにより，a に収束する数列 $\{x_n\}$（$x_n\neq a$）で，$f(x_n)\leqq\alpha/2$ となっているものがとれる．数列 $\{f(x_n)\}$ の集積値は $\alpha/2$ 以下．ところが仮定より $\displaystyle\lim_{n\to\infty}f(x_n)=\alpha$ であるから（問題 1-2, 7），補題 1-2 よりこれは不合理．すなわち定理が成り立つ．$\alpha<0$ のときも同様である．　　∎

2.　無限遠点での極限

次のような集合を**無限区間**という（$a,b\in\mathbf{R}$）．

閉区間　　$[a,\infty)=\{x\in\mathbf{R}\,;\,a\leqq x\}$　あるいは　$a\leqq x<\infty$

$(-\infty,b]=\{x\in\mathbf{R}\,;\,x\leqq b\}$　あるいは　$-\infty<x\leqq b$

開区間　　$(a,\infty)=\{x\in\mathbf{R}\,;\,a<x\}$　あるいは　$a<x<\infty$

$(-\infty,b)=\{x\in\mathbf{R}\,;\,x<b\}$　あるいは　$-\infty<x<b$

$(-\infty,\infty)=\mathbf{R}$　あるいは　$-\infty<x<\infty$

$f(x)$ を区間 $[a,\infty)$ で定義されているとする．

定義 1-8［ⅰ］　　x を限りなく大きくするとき，$f(x)$ が一定の数 α に限りなく近づくとする．このとき，

$$\lim_{x\to\infty}f(x)=\alpha\quad\text{あるいは}\quad f(x)\to\alpha\ (x\to\infty)\tag{7}$$

と表して，α を **∞ における $f(x)$ の極限値**，あるいは，$f(x)$ は **$x\to\infty$ のとき α に収束する**という．式（7）を精密に述べると次のようになる．

　「任意の $\varepsilon>0$ に対して，ある正数 $L>a$ があって

$$L < x \implies |f(x) - \alpha| < \varepsilon]$$

これは $|f(x) - \alpha| \to 0 \ (x \to \infty)$ を意味する.

$\lim\limits_{x \to -\infty} f(x) = \alpha$ も同様に定義される.

例 7 $\lim\limits_{x \to \infty} \dfrac{1}{x} = 0, \ \lim\limits_{x \to -\infty} \dfrac{1}{x} = 0$

定理 1-11 および定理 1-14 で a の代りに ∞ あるいは $-\infty$ としたときも,それぞれ同様の命題が成り立つ.

問 5 これらを述べて,確認せよ.

例 8 ［1］$\lim\limits_{x \to \infty}\left(1 + \dfrac{1}{x}\right)^x = e$ ［2］$\lim\limits_{x \to -\infty}\left(1 + \dfrac{1}{x}\right)^x = e$

［解］ ［1］$x > 1$ に対して,$n \le x < n+1$ なる $n \in N$ をとると,

$$1 + \frac{1}{n+1} < 1 + \frac{1}{x} \le 1 + \frac{1}{n}$$

$$\therefore \ \left(1 + \frac{1}{n+1}\right)^n < \left(1 + \frac{1}{x}\right)^x < \left(1 + \frac{1}{n}\right)^{n+1} \tag{8}$$

ここで

$$\lim_{n \to \infty}\left(1 + \frac{1}{n+1}\right)^n = \lim_{n \to \infty}\left\{\left(1 + \frac{1}{n+1}\right)^{n+1} \cdot \left(1 + \frac{1}{n+1}\right)^{-1}\right\} = e \cdot 1 = e$$

$$\lim_{n \to \infty}\left(1 + \frac{1}{n}\right)^{n+1} = \lim_{n \to \infty}\left\{\left(1 + \frac{1}{n}\right)^n \cdot \left(1 + \frac{1}{n}\right)\right\} = e \cdot 1 = e$$

を用いると,$x \to \infty$ のとき $n \to \infty$ であるから,式（8）より

$$\lim_{x \to \infty}\left(1 + \frac{1}{x}\right)^x = e \tag{9}$$

［2］$x = -y$ とおくと

$$\left(1 + \frac{1}{x}\right)^x = \left(1 - \frac{1}{y}\right)^{-y} = \left(\frac{y-1}{y}\right)^{-y} = \left(\frac{y}{y-1}\right)^y = \left(1 + \frac{1}{y-1}\right)^y$$

であり,$x \to -\infty$ のとき,$y \to \infty$ であるから,式（9）を用いて

$$\lim_{x \to -\infty}\left(1 + \frac{1}{x}\right)^x = \lim_{y \to \infty}\left(1 + \frac{1}{y-1}\right)^y = \lim_{y \to \infty}\left\{\left(1 + \frac{1}{y-1}\right)^{y-1} \cdot \left(1 + \frac{1}{y-1}\right)\right\} = e \cdot 1 = e$$

問 6 （1）$\lim\limits_{x \to \infty}(\sqrt{x^2+x+1} - x)$,（2）$\lim\limits_{x \to -\infty}(\sqrt{x^2+x+1} + x)$ を求めよ.

定理 1-13 に対応して次が成り立つ.

定理 1-15

区間 $[a, \infty)$（$(-\infty, b]$）での関数 $f(x)$ が広義単調かつ有界ならば

$$\lim_{x \to \infty} f(x) \quad (\lim_{x \to -\infty} f(x))$$

が存在する.

定理 1-13 と同様にして証明できる.

定義 1-8 [ii]　x を限りなく大きくするとき，$f(x)$ がいくらでも大きく なるとする．このとき，

$$\lim_{x \to \infty} f(x) = \infty \quad \text{あるいは} \quad f(x) \to \infty \ (x \to \infty)$$

と書いて，$x \to \infty$ のとき，$f(x)$ は**無限大に発散**するという．

　精密には，「任意の正数 M に対して，ある数 A があって，$A < x \Longrightarrow f(x) > M$」となっていることである．次の極限も同様に定義される．

$$\lim_{x \to \infty} f(x) = -\infty, \quad \lim_{x \to -\infty} f(x) = \infty, \quad \lim_{x \to -\infty} f(x) = -\infty$$

例 9　[1]　$\lim_{x \to \infty} a^x = \infty \ (a > 1)$,　[2]　$\lim_{x \to -\infty} b^x = \infty \ (0 < b < 1)$

[解]　[1]　$a - 1 = h > 0$. 任意の $x > 1$ に対して，$n \leqq x < n+1$ なる $n \in N$ をとる.

$$a^x \geqq a^n > nh$$

で，$x \to \infty$ のとき $n \to \infty$ であるから，$nh \to \infty$ より $a^x \to \infty$.

　[2]　$x = -y$ とする．$b^x = 1/b^y = (1/b)^y$ かつ $1/b > 1$，$x \to -\infty$ のとき $y \to \infty$ であるから，[1] により

$$\lim_{x \to -\infty} b^x = \lim_{y \to \infty} \left(\frac{1}{b}\right)^y = \infty$$

問 7　次の極限値を求めよ.

（1）　$\lim_{x \to \infty} a^x \ (0 < a < 1)$　（2）　$\lim_{x \to \infty} \dfrac{a^x + a^{-x}}{a^x - a^{-x}}$　（3）　$\lim_{x \to -\infty} \dfrac{a^x + a^{-x}}{a^x - a^{-x}}$

問題 1-2（答は p. 305）

1.　次の極限値を求めよ.

（1）　$\lim_{x \to a} \dfrac{x^n - a^n}{x - a}$　（2）　$\lim_{x \to 0} \dfrac{\sqrt{x^2 + x + 1} - \sqrt{x^2 - x + 1}}{x}$

（3）　$\lim_{x \to +0} \dfrac{x}{|x|}$　（4）　$\lim_{x \to -0} \dfrac{|x|}{x}$　（5）　$\lim_{x \to 0} \dfrac{\sin bx}{\sin ax} \ (a \neq 0)$

（6）　$\lim_{x \to 0} \dfrac{\sin (x^2)}{x}$　（7）　$\lim_{x \to \pi/2} \dfrac{\sin (\cos x)}{\cos x}$　（8）　$\lim_{x \to 0} \dfrac{\cos 3x - 1}{x}$

（9）$\displaystyle\lim_{x \to 1}\frac{\tan(x^2-1)}{x-1}$　　（10）$\displaystyle\lim_{x \to 0}e^{-1/x^2}$

（11）$\displaystyle\lim_{x \to 0}(1+ax)^{1/x}$　　（12）$\displaystyle\lim_{x \to +0}(\cot x - \operatorname{cosec} x)$

2. 次の極限値を求めよ.

（1）$\displaystyle\lim_{x \to \infty}(\sqrt{x+2}-\sqrt{x})$　　（2）$\displaystyle\lim_{x \to \infty}(\sqrt{x^2+x+2}-\sqrt{x^2-x+2})$

（3）$\displaystyle\lim_{x \to -\infty}(\sqrt{x^2+x-2}-\sqrt{x^2-x+2})$　　（4）$\displaystyle\lim_{x \to \infty}\left(1+\frac{a}{x}\right)^x$

（5）$\displaystyle\lim_{x \to -\infty}\left(1+\frac{a}{x}\right)^x$

3. 次の極限値は存在するか. 理由を述べて示せ.

（1）$\displaystyle\lim_{x \to 0}\sin\frac{1}{x}$　　（2）$\displaystyle\lim_{x \to 0}x\sin\frac{1}{x}$　　（3）$\displaystyle\lim_{x \to \infty}x\sin\frac{1}{x}$

4. 次の極限を求めよ.

（1）$\displaystyle\lim_{x \to \infty}(a^x+b^x+c^x)^{1/x}$ $(0<a<b<c)$　　（2）$\displaystyle\lim_{x \to +0}\frac{e^{1/x}}{e^{1/x}-e^{-1/x}}$

（3）$\displaystyle\lim_{x \to -\infty}(a^x+b^x+c^x)^{1/x}$ $(0<a<b<c)$

5. $\displaystyle\lim_{x \to 0}\frac{((1+x)^{1/2}-(1-ax))}{x^2}$ が極限をもつように a を定め, 極限を求めよ.

6. $\inf\{a : a<x \Longrightarrow e^x>10^n\} = a_n$ $(n \geq 1)$ とおくとき, $\displaystyle\lim_{n \to \infty}a_n$ を求めよ.

次の 7, 8, 9, 10 を証明せよ.

7. $\displaystyle\lim_{x \to a}f(x) = a$ であるための必要十分条件は「a に収束する任意の数列 $\{x_n\}$ $(x_n \neq a)$ に対して $\displaystyle\lim_{n \to \infty}f(x_n) = a$」が成り立つことである.

8. $[a, b)$ での関数 $f(x)$ に対して, $\displaystyle\lim_{x \to b-0}f(x)$ が存在するための必要十分条件は「任意の $\varepsilon > 0$ に対して, ある正数 δ があって, $0 < b-x_1 < \delta,\ 0 < b-x_2 < \delta \Longrightarrow |f(x_1)-f(x_2)| < \varepsilon$」が成り立つことである.

9. $\displaystyle\lim_{x \to \infty}f(x)$ が存在するための必要十分条件は「任意の $\varepsilon > 0$ に対してある数 a があって, $a < x_1, x_2 \Longrightarrow |f(x_1)-f(x_2)| < \varepsilon$」が成り立つことである.

10. $\displaystyle\lim_{m \to \infty}(\lim_{n \to \infty}(\cos m!\ \pi x)^n) = \begin{cases} 0 & (x：無理数) \\ 1 & (x：有理数) \end{cases}$

1-3 連続関数

1. 連続関数の定義

まず, 連続関数の定義は次により与えられる.

定義 1-9　区間 I で定義された関数 $f(x)$ が, I の 1 点 a において

$$\lim_{x \to a} f(x) = f(a) \tag{1}$$

をみたしているとき, すなわち

（ i ） $\lim_{x \to a} f(x)$ が存在し, かつ （ ii ） $\lim_{x \to a} f(x)$ が $f(a)$ と等しい

とき, $f(x)$ は点 $x = a$ で**連続である**という. 連続でないとき**不連続**という.

式（1）は, 言いかえると次が成り立つことを意味する:

（＊）「任意の正数 ε に対して, ある正数 δ があって,

$$|x-a| < \delta \text{ かつ } x \in I \implies |f(x)-f(a)| < \varepsilon 」$$

式（1）は $x-a = h$ とおくと,

$$\lim_{h \to 0} f(a+h) = f(a) \quad \text{あるいは} \quad f(a+h)-f(a) \to 0 \ (h \to 0)$$

とも表せる. 式（1）の代りに

$$\lim_{x \to a+0} f(x) = f(a) \quad (\lim_{x \to a-0} f(x) = f(a))$$

をみたしているとき, $f(x)$ は点 $x = a$ で**右（左）側連続**であるという.

I の各点で連続のとき, $f(x)$ は I で**連続である**という.

定理 1-12 より「a が I の端点でないとき, $f(x)$ が点 a で連続であるための必要十分な条件は, 点 a で右側かつ左側連続なことである」

問1 これを確かめよ.

例1 ［1］ 定数関数 $f(x) \equiv c$ や $g(x) \equiv x$ は $(-\infty, \infty)$ で連続.

 ［2］ $[x]$ は $x = 0, \pm1, \pm2, \cdots$ で不連続（$[x]$: p.9（＊）参照）.

 ［3］ $f(x) = 1$（x が有理数）, $= 0$（x が無理数）なる関数はすべての

   x で不連続（ディリクレの関数, 問題 1-2, 10 参照）.

問2 ［3］を確かめよ.

関数の極限に関する性質（定理 1-11）より, 次が得られる.

定理 1-16

$f(x)$, $g(x)$ を区間 I で連続な関数とするとき,

$$f(x) \pm g(x), \quad f(x) \cdot g(x), \quad f(x)/g(x) \ (g(x) \neq 0)$$

は I で連続である.

証明 a を I の点とすると,$\lim_{x \to a} f(x) = f(a),\ \lim_{x \to a} g(x) = g(a)$.

したがって,

$$\lim_{x \to a} (f(x) + g(x)) = \lim_{x \to a} f(x) + \lim_{x \to a} g(x) = f(a) + g(a)$$

ゆえに,$f(x) + g(x)$ は a で連続.a は I の任意の点であるから,I で連続である.他も同様. ∎

問3 残りを示せ.

例2 多項式 $a_0 x^n + a_1 x^{n-1} + \cdots + a_n$ は $(-\infty, \infty)$ で連続である.

〔解〕 例1〔1〕より,定数や x は連続だから,定理1-16 により $x^2 = x \cdot x$,$a_{n-2} x^2, \cdots,\ x^n = x^{n-1} \cdot x,\ a_0 x^n$ が連続,したがって,$a_0 x^n + \cdots + a_n$ が連続.

例3 有理関数 $(a_0 x^n + a_1 x^{n-1} + \cdots + a_n)/(b_0 x^m + b_1 x^{m-1} + \cdots + b_m)$ は分母が 0 と異なる点で連続である.

〔解〕 例2と定理1-16 よりただちに得られる.たとえば,$f(x) = \dfrac{1}{x(x-1)}$ は $(-\infty, 0),\ (0, 1),\ (1, \infty)$ の各区間で連続である.

例4 $\sin x,\ \cos x$ は $(-\infty, \infty)$ で連続である.

〔解〕 $$\sin(x + h) = \sin x \cos h + \cos x \sin h$$
であり,1-2 節,例4 により,$h \to 0$ のとき $\sin h \to 0$,$\cos h \to 1$ であるから
$$\lim_{h \to 0} \sin(x + h) = \sin x$$
となって,任意の x で $\sin x$ は連続である.$\cos x$ も同様である.

問4 $\cos x$ の場合を示せ.

問5 $\tan x,\ \cot x,\ \sec x,\ \mathrm{cosec}\, x$ はどこで連続か.

例5 $a^x\ (a > 0)$ は $(-\infty, \infty)$ で連続である.

〔解〕 1-2 節,例6 により
$$\lim_{h \to 0} a^{x+h} = \lim_{h \to 0} a^x \cdot a^h = a^x \lim_{h \to 0} a^h = a^x \cdot 1 = a^x$$

2. 連続関数の基本的な性質 ────────────

第2章以下での議論をするのに必要な連続関数の性質をいくつか述べる.

┌── **定理 1-17** ──────────────────────
│
│ 区間 I で定義された関数 $f(x)$ が $x = a$ で連続かつ $f(a) \neq 0$ なら
│ ば, ある正数 δ があって, $(|x-a| < \delta) \cap I$ の任意の点 x では, $f(x)$
│ $-f(a)/2$ は $f(a)$ と同符号である.
│
└──────────────────────────────────

証明　定理 1-14 で $\alpha = f(a)$ とすればよい.　　　　　　■

┌── **定理 1-18 (中間値の定理)** ──────────────
│
│ 関数 $f(x)$ が次の条件をみたしているとする.
│ （ⅰ）　区間 $[a, b]$ で連続
│ （ⅱ）　$f(a) \neq f(b)$
│ このとき, $f(a)$ と $f(b)$ の間の数 l に対し, 次をみたす c がある :
│ $$f(c) = l \quad (a < c < b)$$
│
└──────────────────────────────────

証明　$f(a) < f(b)$ か $f(a) > f(b)$ であるから, $f(a) < f(b)$ の場
合を証明する. $f(a) < l < f(b)$ である. 次の集合 S を考える :
$$S = \{x \,;\, x \in I \text{ かつ } f(x) < l\}$$
S は a を含むから空集合ではなく, S の任意の元は b より小さいから S は
上に有界である. ゆえに定理 1-1 により, $\sup S = c$ が存在する. この c が
求めるもの ; $f(c) = l\ (a < c < b)$ である. 実際, $\varphi(x) = f(x) - l$ とお
く. $f(c) < l$ とすると, $\varphi(c) = f(c) - l < 0$ であり, $\varphi(b) = f(b) - l >$
0 であるから, $c < b$ である.

定理 1-17 により, ある正数 δ_1 があって
$$|x - c| < \delta_1 \text{ かつ } a \leq x < b \implies \varphi(x) < 0$$
これは, $c < x < b$ なる x があって, $f(x) < l$ であることを示し, $x \in S$
で $\sup S = c$ に反する (定理 1-2 (ⅰ)).

次に $f(c) > l$ とする. $\varphi(c) = f(c) - l > 0$ であり, $\varphi(a) = f(a) - l <$

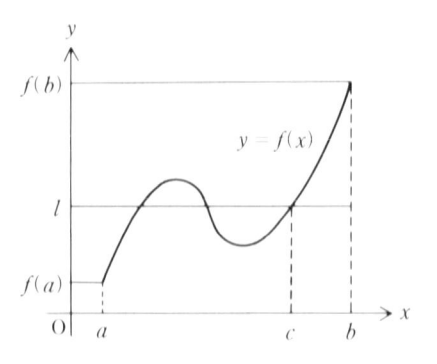

0 であるから，$a < c$ である．定理 1-17 により，ある $\delta_2 > 0$ があって

$$|x-c| < \delta_2 \text{ かつ } a < x \leqq b \Longrightarrow \varphi(x) > 0$$

これは，$(c-\delta_2, c]$ の任意の x に対して，$f(x) > l$ であることを示していて，$\sup S = c$ に反する（定理 1 2（ⅱ））．

　以上により，$f(c) < l$ でもなく $f(c) > l$ でもないから $f(c) = l$ でなければならない．$a \leqq c \leqq b$ かつ $f(a) < f(c) < f(b)$ だから，$a < c < b$ である．　　　　　　　　　　　　　　　　　　　　　　　　　　■

例6　$f(x) = x - \cos x$ は $[0, \pi/2]$ で連続，かつ $f(0) = -1 < f(\pi/2) = \pi/2$ だから，$f(x) = 0$ となる x が 0 と $\pi/2$ の間にある．

問6　$f(x)$ を $[a, b]$ で連続，かつ $f(a) \cdot f(b) < 0$ とする．このとき，方程式 $f(x) = 0$ は (a, b) に必ず根をもつことを示せ．

定理 1-19（最大値・最小値の定理）

　有界な閉区間 $I = [a, b]$ で連続な関数 $f(x)$ は，I で最大値および最小値をとる．すなわち，次の式をみたす点 c, d が I にある：

$$f(c) \leqq f(x) \leqq f(d) \quad (x \in I)$$

　証明　$S = \{f(x) ; x \in I\}$ とおく．いま S が上に有界でないとすると，

$$f(x_n) > n \quad (x_n \in I) \tag{2}$$

をみたす数列 $\{x_n\}$ がある．つくり方から $\{x_n\}$ は有界であるから，定理 1-9 によって集積値 α をもつ．α に収束する $\{x_n\}$ の部分列を $\{x_{n_k}\}$ とする（定義 1

-3). $a \leq x_{n_k} \leq b$ であるから $k \to \infty$ としたとき，$a \leq \alpha \leq b$，すなわち $\alpha \in I$ である．式（2）より，$f(x_{n_k}) > n_k$ であり，$f(x)$ は $x = \alpha$ で連続であるから

$$\infty > f(\alpha) = \lim_{k \to \infty} f(x_{n_k}) \geq \lim_{k \to \infty} n_k = \infty$$

となるが，これは不合理，すなわち S は上に有界である．同様にして，S が下に有界なこともわかる．したがって $f(x)$ は有界である（定義 1-7）．

次に，$\sup S = M$ とおくと，$f(d) = M$ なる $d \in I$ があることを示す．上限の性質（定理 1-2）により，$n = 1, 2, 3, \cdots$ に対して，

$$M - \frac{1}{n} < f(a_n) \leq M \quad (a_n \in I) \tag{3}$$

をみたす数列 $\{a_n\}$ がある．$\{a_n\}$ は有界：$a \leq a_n \leq b$ であるから，定理 1-9 により集積値 d をもつ．d に収束する $\{a_n\}$ の部分列を $\{a_{n_j}\}$ とする．前半と同様に $d \in I$ である．式（3）より $M - 1/n_j < f(a_{n_j}) \leq M$ であり，$f(x)$ は I の点 d で連続だから，

$$M = \lim_{j \to \infty} (M - 1/n_j) \leq \lim_{j \to \infty} f(a_{n_j}) = f(d) \leq M$$

すなわち，$f(d) = M$ である．M が S の上限なことから，

$$f(x) \leq f(d) \quad (x \in I)$$

同様にして，次の式をみたす $c \in I$ があることがわかる．

$$f(c) \leq f(x) \quad (x \in I) \tag{4} ▓$$

問 7　証明中の S が下に有界なこと，および式（4）を示せ．

例 7　$[0, \pi]$ で $\sin x$ は $0 = \sin 0 \leq \sin x \leq \sin(\pi/2) = 1$，すなわち最小値は 0，最大値は 1．しかし，開区間 $(0, \pi)$ では最小値はない．

　　また，$[0, \infty)$ での x^2 は，最小値 0 は存在するが最大値はない．

問 8　有界閉区間での不連続な関数で，この定理が成り立たない例をあげよ．

定義 1-10　区間 I での関数 $f(x)$ は，次をみたすとき I で**一様連続である**という：

「任意の正数 ε に対して，ある正数 δ があって

$$|x-x'| < \delta,\ x, x' \in I \implies |f(x)-f(x')| < \varepsilon \rfloor$$

一様連続ならば連続である．逆は必ずしも成り立たない（問題 1-3, 10）.

定理 1-20

有界閉区間 $[a, b]$ で連続な関数 $f(x)$ は，$[a, b]$ で一様連続である．

証明　背理法で示す．一様連続でないとすると，次が成り立つ．

「ある正数 ε に対して，どんな正数 δ をとっても，

$$|x-x'| < \delta,\ x, x' \in [a, b]\ \ で\ \ |f(x)-f(x')| \geqq \varepsilon \rfloor$$

をみたす x, x' がある．そこで $\delta = 1/n\ (n = 1, 2, \cdots)$ ととると

$$|x_n - x_n'| < \frac{1}{n},\ x_n, x_n' \in [a, b],\quad |f(x_n)-f(x_n')| \geqq \varepsilon \tag{5}$$

をみたす数列 $\{x_n\}, \{x_n'\}$ がとれる．$\{x_n\}$ は有界であるから，定理 1-9 により少なくとも 1 つの集積値 c をもつ．$\{x_{n_k}\}$ を c に収束する部分列とすると，$a \leqq x_{n_k} \leqq b$ より $a \leqq c \leqq b$．また，式（5）より $x_{n_k}' \to c\ (k \to \infty)$ かつ

$$|f(x_{n_k})-f(x_{n_k}')| \geqq \varepsilon \tag{6}$$

一方，$f(x)$ は連続だから

$$\lim_{k \to \infty} \{f(x_{n_k})-f(x_{n_k}')\} = f(c)-f(c) = 0$$

これは式（6）に反する．　　　　　　　　　　　　　　　■

　この性質は連続関数の積分（3-1 節）を考えるときに重要である．

例8　区間 I での関数 $f(x)$ が，ある定数 $K > 0$ があって

$$|f(x)-f(x')| \leqq K|x-x'|\ (x, x' \in I)\ \ （リプシッツの条件）$$

をみたしていたら，$f(x)$ は I で一様連続．

[解]　任意の正数 ε に対して，$\delta = \varepsilon/K$ ととればよい．

問9　次の関数は，示された区間で一様連続か．
（1）　$x^2+x\ [-1, 1]$　　（2）　$x^2+x\ (-1, 1)$
（3）　$1/x^2\ (0, 1]$　　　（4）　$\sin x\ (-\infty, \infty)$

3. 逆 関 数

関数 $y = f(x)$ が与えられたとき，ある場合には x について解くことができて，x は y の関数となる．それでは，どんなときに解くことができるのであろうか．また，得られた関数はどんな性質をもつであろうか．ここではこれらのことについて考えてみる．

定義 1-11　区間 I での単調関数 $y = f(x)$ の値域：$\{f(x) ; x \in I\} = f(I)$ を J とおく．J の任意の y に対して，$y = f(x)$ をみたす x が I の中にただ1つある．このとき，J の y にこのような $x \in I$ を対応させる関数（すなわち，$y = f(x)$ を x について解いた関数）を $x = f^{-1}(y)$ と書き，$y = f(x)$ の**逆関数**という．

例9　[1]　$y = ax + b$ は，$a \neq 0$ のとき，$x = \dfrac{1}{a}(y - b)$ が逆関数．

　　　[2]　$y = x^2$ は $[0, \infty)$ で増加関数．逆関数は $x = \sqrt{y}$ $(0 \leq y < \infty)$.

―― **定理 1-21** ――――――――――――――――――

　区間 $[a, b]$ での連続な増加（減少）関数 $y = f(x)$ の逆関数 $x = f^{-1}(y)$ は，区間 $[f(a), f(b)]$（$[f(b), f(a)]$）での連続な増加（減少）関数である．

　証明　増加の場合を考える．$y = f(x)$ による $I = [a, b]$ の値域は定理 1-18，1-19 により $J = [f(a), f(b)]$ である．したがって，$x = f^{-1}(y)$ は J で定義された関数である．

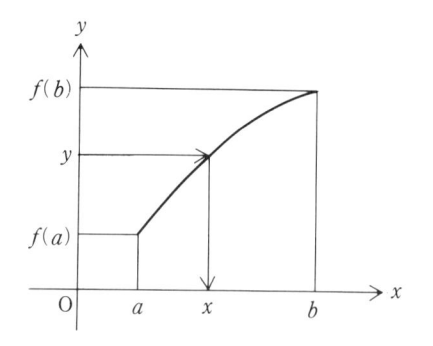

　[イ]　$f^{-1}(y)$ が増加関数であること．J の任意の2点 y_1, y_2（$y_1 < y_2$）をとる．$f^{-1}(y_1) = x_1$, $f^{-1}(y_2) = x_2$ とおくと，

$$f(x_1) = y_1, \quad f(x_2) = y_2$$

であり，$y_1 < y_2$ かつ $f(x)$ が増加関数であるから

$$x_1 < x_2 \quad \text{すなわち} \quad f^{-1}(y_1) < f^{-1}(y_2)$$

となり，$f^{-1}(y)$ は増加関数である．

［ロ］ $f^{-1}(y)$ が連続であること．J の 1 点 y_0 をとる．

$$\lim_{y \to y_0} f^{-1}(y) = f^{-1}(y_0) \tag{7}$$

を示す．まず，$y < y_0\,(y \in J)$ とする．［イ］により $f^{-1}(y)$ は増加関数であるから

$$x = f^{-1}(y) < f^{-1}(y_0) = x_0$$

そして，$\displaystyle\lim_{y \to y_0-0} f^{-1}(y)$ がある（定理 1-13）．仮に，

$$a = \lim_{y \to y_0-0} f^{-1}(y) < f^{-1}(y_0)$$

とすると，任意の $y < y_0$ に対して，

$$f^{-1}(y) \leqq a < f^{-1}(y_0) \tag{8}$$

一方，$a < x_1 < f^{-1}(y_0)$ なる任意の x_1 に対して，$f(x_1) = y_1$ とおくと，

$$a < x_1 = f^{-1}(y_1) < f^{-1}(y_0) = x_0, \quad y_1 < y_0$$

これは式（8）に反する．すなわち，$\displaystyle\lim_{y \to y_0-0} f^{-1}(y) = f^{-1}(y_0)$．

同様にして，$y > y_0\,(y \in J)$ のとき，$\displaystyle\lim_{y \to y_0+0} f^{-1}(y) = f^{-1}(y_0)$ を得る．したがって，定理 1-12 より式（7）を得て，$f^{-1}(y)$ は y_0 で連続である． ■

例 10 関数 $\sqrt[n]{x}\,(n \in \boldsymbol{N})$

［1］ n が偶数のとき，$\sqrt[n]{x}$ は $[0, \infty)$ で連続な増加関数．

［2］ n が奇数のとき，$\sqrt[n]{x}$ は $(-\infty, \infty)$ で連続な増加関数．

［3］ p, q を自然数としたとき，$(\sqrt[p]{x})^q\,(= x^{q/p})$ は，p が偶数のときは $[0, \infty)$ で，p が奇数のときは $(-\infty, \infty)$ で連続な関数．

[解] ［1］ 任意の正数 a に対して，$y = x^n$ は $[0, a]$ で連続増加関数．ゆえに，定理 1-21 より逆関数 $x = \sqrt[n]{y}$ は $[0, a^n]$ で連続な増加関数．$a \to \infty$ のとき $a^n \to \infty$ であるから，x と y を入れかえて考えると，$y = \sqrt[n]{x}$ は $[0, \infty)$ で連続な増加関数である．

［2］ このとき，$y = x^n$ は $(-\infty, \infty)$ で連続な増加関数である．$[-a, a]$ $(a > 0)$ で定理 1-21 を適用し，［1］と同様に考えれば，$y = \sqrt[n]{x}$ は $(-\infty, \infty)$ で連続な増加関数である．

［3］ ［1］あるいは［2］と定理 1-16 を適用すればよい．

例 11 対数関数 $y = \log_a x$ は $(0, \infty)$ から $(-\infty, \infty)$ への連続な単調関数.

[**解**]　$a > 1$ のとき, $y = a^x$ は $(-\infty, \infty)$ から $(0, \infty)$ への連続な増加関数 (例 5). したがって, その逆関数 $x = \log_a y$ は定理 1-21 により例 10 と同様に考えて, $(0, \infty)$ から $(-\infty, \infty)$ への連続な増加関数である. x と y を入れかえたのが $y = \log_a x$ である.

　$0 < a < 1$ のとき. $y = a^x$ は $(-\infty, \infty)$ から $(0, \infty)$ への連続な減少関数. したがって, $y = \log_a x$ は $(0, \infty)$ から $(-\infty, \infty)$ への連続な減少関数である.

定義 1-12　　逆三角関数.

　[1]　$y = \sin x$ を $[-\pi/2, \pi/2]$ で考える. 連続な増加関数で値域は $[-1, 1]$. このとき逆関数を $x = \sin^{-1} y$ と書いて**逆正弦関数*** という. x と y を入れかえて

$$y = \sin^{-1} x, \ -1 \leqq x \leqq 1 \iff x = \sin y, \ -\frac{\pi}{2} \leqq y \leqq \frac{\pi}{2}$$

　[2]　$y = \cos x$ を $[0, \pi]$ で考える. 連続な減少関数で値域は $[-1, 1]$. このとき逆関数を $x = \cos^{-1} y$ と書いて**逆余弦関数*** という. x と y を入れかえると

$$y = \cos^{-1} x, \ -1 \leqq x \leqq 1 \iff x = \cos y, \ 0 \leqq y \leqq \pi$$

　[3]　$y = \tan x$ を $(-\pi/2, \pi/2)$ で考える. 連続な増加関数で値域は $(-\infty, \infty)$. このとき逆関数を $x = \tan^{-1} y$ と書いて**逆正接関数*** という. x と y を入れかえると

$$y = \tan^{-1} x, \ -\infty < x < \infty \iff x = \tan y, \ -\frac{\pi}{2} < y < \frac{\pi}{2}$$

定理 1-22

　逆三角関数 $\sin^{-1} x$, $\cos^{-1} x$, $\tan^{-1} x$ はそれぞれの定義域で連続である.

　証明　　定義 1-12 および $\sin x$, $\cos x$, $\tan x$ が連続なことから, 定理 1-21 によりこの結論を得る. ∎

---
*　$\sin^{-1} x$, $\cos^{-1} x$, $\tan^{-1} x$ をそれぞれ Arc sin x, Arc cos x, Arc tan x とも書き, アークサイン, アークコサイン, アークタンジェントという.

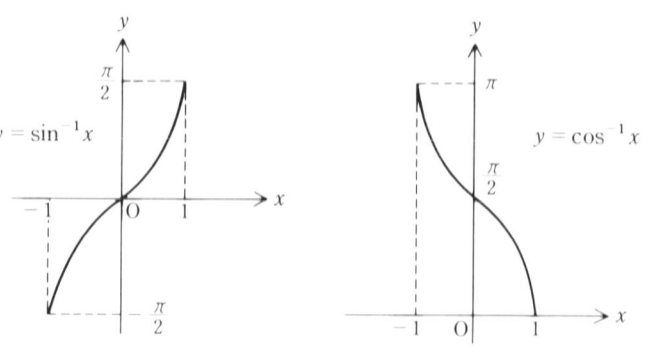

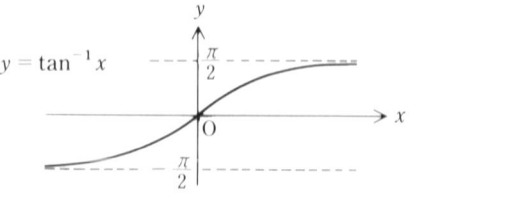

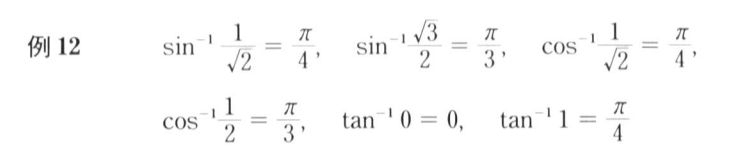

例 12　　　$\sin^{-1}\dfrac{1}{\sqrt{2}} = \dfrac{\pi}{4}, \quad \sin^{-1}\dfrac{\sqrt{3}}{2} = \dfrac{\pi}{3}, \quad \cos^{-1}\dfrac{1}{\sqrt{2}} = \dfrac{\pi}{4},$

$\cos^{-1}\dfrac{1}{2} = \dfrac{\pi}{3}, \quad \tan^{-1}0 = 0, \quad \tan^{-1}1 = \dfrac{\pi}{4}$

問 10　次の値を求めよ.

（1）　$\sin^{-1}1$　　（2）　$\sin^{-1}\left(-\dfrac{1}{2}\right)$　　（3）　$\cos^{-1}\dfrac{\sqrt{3}}{2}$　　（4）　$\cos^{-1}\left(-\dfrac{1}{2}\right)$

（5）　$\tan^{-1}\sqrt{3}$　　（6）　$\displaystyle\lim_{x\to\infty}\tan^{-1}x$

問 11　次の等式を証明せよ.

（1）　$\tan^{-1}\dfrac{1}{2} + \tan^{-1}\dfrac{1}{3} = \dfrac{\pi}{4}$　　（2）　$2\tan^{-1}\dfrac{1}{3} + \tan^{-1}\dfrac{1}{7} = \dfrac{\pi}{4}$

4.　合 成 関 数

　区間 I での関数 $y = f(x)$ の値域を J, J を含む区間 K で定義された関数
を $u = g(y)$ とするとき, x に y を経て u を対応させる関数

$$u = g{\circ}f(x) \equiv g(f(x))$$

を $f(x)$ と $g(y)$ の**合成関数**という.

例13 定義 1-11 において, $f \circ f^{-1}(y) = y$, $f^{-1} \circ f(x) = x$.

例題1 $f(x) = 1 - x^2$, $g(x) = \sqrt{x}$ のとき, $g \circ f(x)$ と $f \circ g(x)$ を求めよ.

[**解**] $g(x) = \sqrt{x}$ の定義域は $[0, \infty)$, したがって, $f(x)$ の値域が $[0, \infty)$ に含まれるためには $f(x)$ の定義域を $[-1, 1]$ に制限する必要がある. このとき,

$$g \circ f(x) = \sqrt{1 - x^2} \quad (x \in [-1, 1])$$

次に, $f(x) = 1 - x^2$ の定義域は $(-\infty, \infty)$, $g(x) = \sqrt{x}$ の値域は $[0, \infty)$ であるから

$$f \circ g(x) = 1 - (\sqrt{x})^2 = 1 - x \quad (x \in [0, \infty))$$

問12 次を簡単にせよ.

（1） $\cos^2(\sin^{-1} x)$　　（2） $\cos^2(\cos^{-1} x)$　　（3） $\sec^2(\tan^{-1} x)$

— 定理 1-23 —

$y = f(x)$ が I で, $u = g(y)$ が K で連続ならば, 合成関数 $u = g \circ f(x)$ は I で連続である.

証明　　a を I の任意の点とする. $f(x)$ が I で連続だから

$$\lim_{x \to a} y = \lim_{x \to a} f(x) = f(a)$$

また, $u = g(y)$ は $y = f(a) \in K$ で連続だから $\displaystyle\lim_{y \to f(a)} g(y) = g(f(a))$.

ゆえに

$$\lim_{x \to a} g(f(x)) = \lim_{y \to f(a)} g(y) = g(f(a))$$

注　このとき, $\displaystyle\lim_{x \to a} g(f(x)) = g(\lim_{x \to a} f(x))$.

問題 1-3 （答は p. 305）

1. 次の関数は与えられた点 x_0 で連続か.

（1）　$x_0 = 1$, $\begin{cases} \dfrac{\sqrt{x} - 1}{x - 1} & (x \neq 1) \\ \dfrac{1}{2} & (x = 1) \end{cases}$　　（2）　$x_0 = 0$, $\begin{cases} \dfrac{\sin^{-1} x}{x} & (x \neq 0) \\ 1 & (x = 0) \end{cases}$

（3）　$x_0 = 0$, $\begin{cases} \dfrac{\cos 2x - 1}{x} & (x \neq 0) \\ 2 & (x = 0) \end{cases}$

2. 次の関数は（　）内の区間で最大値，最小値をもつか．

（1）　$\tan^{-1} x\ (0 \le x \le 1)$　　（2）　$e^x\ (-\infty < x \le 0)$

（3）　$\sin x\ (-\infty < x < \infty)$

3. 方程式 $x^3 - 2x^2 - 5x + 1 = 0$ は 3 実根をもつことを示せ．

4. n が奇数のとき，方程式 $a_0 x^n + a_1 x^{n-1} + \cdots + a_n = 0\ (a_0 \ne 0)$ は少なくとも 1 つ実根をもつことを示せ．

5. 原点を中心にして左右対称な区間を I とするとき，I での関数 $f(x)$ で，（ⅰ）$f(-x) = f(x)\ (x \in I)$ をみたす $f(x)$ を**偶関数**，（ⅱ）$f(-x) = -f(x)\ (x \in I)$ をみたす $f(x)$ を**奇関数**という．$g(x)$ を I での関数としたとき，次を示せ．

（1）　（イ）　$\varphi_0(x) = \dfrac{1}{2}\{g(x) + g(-x)\}$ は偶関数

（ロ）　$\varphi_1(x) = \dfrac{1}{2}\{g(x) - g(-x)\}$ は奇関数

（2）　$g(x)$ は偶関数と奇関数の和として一意に表される．

6. 逆三角関数について次を示せ．

（1）　$\sin^{-1} x,\ \tan^{-1} x$ は奇関数　　（2）　$\sin^{-1} x = \tan^{-1}(x/\sqrt{1-x^2})$

（3）　$\tan^{-1} x + \cot^{-1} x = \dfrac{\pi}{2}$（ただし，$y = \cot^{-1} x,\ -\infty < x < \infty \Longleftrightarrow x = \cot y,\ 0 < y < \pi$）

（4）　$4\tan^{-1}\dfrac{1}{5} - \tan^{-1}\dfrac{1}{239} = \dfrac{\pi}{4}$

7. $f(x),\ g(x)$ が連続のとき次の関数も連続であることを示せ．

（1）　$\max\{f(x), g(x)\}$　　（2）　$\min\{f(x), g(x)\}$　　（3）　$|f(x)|$

8. $(0, \infty)$ での方程式 $x \tan x = 1$ の根について次を示せ．

（1）　区間 $(n\pi, n\pi + \pi/2)\ (n = 0, 1, 2, \cdots)$ に根が 1 つずつある．

（2）　$(n\pi, n\pi + \pi/2)$ にある根を $x_n = n\pi + a_n$ とおくと $\{a_n\}$ は次をみたす．

（イ）　$\dfrac{\pi}{2} > a_0 > a_1 > \cdots > a_n > \cdots$　　（ロ）　$\lim\limits_{n \to \infty} a_n = 0$

9. $f(x)$ を $[a, b]$ で連続でその値域が $[a, b]$ に含まれている関数とする．$f(x) - x = 0$ の根が $[a, b]$ 内に必ずあることを示せ．

10. （1）　$(a, b]$ で一様連続な関数は有界であることを示せ．

（2）　$(0, 1]$ で連続であるが一様連続でない例をあげよ．

11. 区間 I で一様連続な関数は任意の部分区間で一様連続であることを示せ．

12. 有理数のみで定義された連続関数では中間値の定理が成り立たない例を示せ．

13. $\boldsymbol{R}$ で定義された定数でない関数 $f(x)$ に対し，$f(x) = f(x + p)\ (x \in \boldsymbol{R})$ をみたす定数 $p > 0$ があるとき，$f(x)$ を**周期関数**という．このとき次を示せ．

（1）　$f(x)$ は多項式ではない．　　（2）　$f(x)$ は有理関数ではない．

14. $f(x), g(x)$ が区間 I で連続かつ $f(x) = g(x)$ $(x \in I,$ 有理数$)$ ならば, $f(x)$ $= g(x)$ $(x \in I)$ を示せ.

15. $\boldsymbol{R}$ での連続関数 $f(x)$ が $f(x)+f(y) = f(x+y)$ $(x, y \in \boldsymbol{R})$ をみたしていたら $f(x) = ax$ $(a = f(1))$ であることを示せ.

16. $f(x)$ が $[a, b)$ で一様連続ならば $\lim\limits_{x \to b-0} f(x)$ が存在することを示せ.

2

1 変数関数の微分

2-1 導 関 数

1. 微分可能性・微係数

関数 $y = f(x)$ は点 a を含む開区間で定義されているとする．関数 $f(x)$ の $x = a$ における瞬間的変化の度合を表すものとして微係数が考えられている．

定義 2-1
$$\lim_{x \to a} \frac{f(x) - f(a)}{x - a} \tag{1}$$

が存在するとき，$f(x)$ は $x = a$ で **微分可能**であるという．そして，この極限値を $f(x)$ の $x = a$ における **微係数**といって $f'(a)$ で表す．これは，式（1）の代りに $x - a = h$ とおいて

$$f'(a) = \lim_{h \to 0} \frac{f(a + h) - f(a)}{h}$$

によっても求められる．式（1）の極限がないとき，$x = a$ で **微分不可能** という．

例1 ［1］ $f(x) = x^n$ （$n \in N$）．

$$f'(a) = \lim_{h \to 0} \frac{(a + h)^n - a^n}{h}$$

$$= \lim_{h \to 0} \left(na^{n-1} + \frac{n(n-1)}{2} a^{n-2} h + \cdots + h^{n-1} \right) = na^{n-1}$$

［2］ $f(x) = \sin x$．1-2 節，例5および問4（3）を用いると

$$f'(a) = \lim_{h \to 0} \frac{\sin(a+h) - \sin a}{h}$$

$$= \lim_{h \to 0} \left(\frac{\sin h}{h} \cos a + \frac{\cos h - 1}{h} \sin a \right) = \cos a$$

［3］　$f(x) = \cos x$. ［2］と同様に

$$f'(a) = \lim_{h \to 0} \frac{\cos(a+h) - \cos a}{h}$$

$$= \lim_{h \to 0} \left(\frac{\cos h - 1}{h} \cos a - \frac{\sin h}{h} \sin a \right) = -\sin a$$

定義 2-2　　　　$\lim_{h \to +0} \dfrac{f(a+h) - f(a)}{h}$　$\left(\lim_{h \to -0} \dfrac{f(a+h) - f(a)}{h} \right)$

が存在するとき，$f(x)$ は $x = a$ で**右側（左側）微分可能**といい，この極限値を $f_+'(a)$ $(f_-'(a))$ で表し，**右側（左側）微係数**という.

例 2　$f(x) = |x|$

$$f_+'(0) = \lim_{h \to +0} \frac{|h| - 0}{h} = 1, \quad f_-'(0) = \lim_{h \to -0} \frac{|h| - 0}{h} = -1$$

問 1　$f(x) = |x^2 - 1|$ の $f_+'(1)$, $f_+'(-1)$, $f_-'(1)$, $f_-'(-1)$ を求めよ.

定理 2-1

　$f(x)$ が $x = a$ で微分可能であるための必要十分な条件は，$f_+'(a)$, $f_-'(a)$ がともに存在して一致していることである. このとき，

$$f'(a) = f_+'(a) = f_-'(a)$$

　証明　　定義 2-1, 2-2 と定理 1-12 より明らかである. ■

例 3　例 2 の関数 $f(x) = |x|$ は $f_+'(0) = 1$, $f_-'(0) = -1$. したがって，$x = 0$ では微分不可能. $x = 0$ 以外では $f'(a) = 1$ $(a > 0)$, $= -1$ $(a < 0)$. 関数 $|x|$ は連続であるが，$x = 0$ で微分可能ではない. これに対して，

定理 2-2

　関数 $f(x)$ は，$x = a$ で微分可能ならば，その点で連続である.

　証明　　$\lim_{h \to 0} (f(a+h) - f(a)) = \lim_{h \to 0} \dfrac{f(a+h) - f(a)}{h} \cdot h = f'(a) \cdot 0 = 0.$

すなわち，$\lim_{h \to 0} f(a+h) = f(a)$ となり，$f(x)$ は $x = a$ で連続である．∎

次に，微分可能性を少し別の角度からながめてみる．$\alpha \in \mathbf{R}$ に対して

$$\varepsilon(h) = \begin{cases} \dfrac{f(a+h) - f(a)}{h} - \alpha & (h \neq 0) \\ 0 & (h = 0) \end{cases} \tag{2}$$

と h の関数 $\varepsilon(h)$ を定める．式（2）は，書きかえると

$$f(a+h) - f(a) = \alpha h + h\varepsilon(h) \tag{3}$$

定理 2-3

$f(x)$ が $x = a$ で微分可能であるための必要十分な条件は，

$$\lim_{h \to 0} \varepsilon(h) = 0 \tag{4}$$

となる α が存在することである．このとき，$\alpha = f'(a)$．

証明　微分可能ならば，$\alpha = f'(a)$ ととれば確かに式（4）が成り立つ．逆に式（4）が成り立つ α があるとする．式（2）あるいは式（3）より

$$\lim_{h \to 0} \frac{f(a+h) - f(a)}{h} = \alpha$$

となって，$f(x)$ は $x = a$ で微分可能で，$\alpha = f'(a)$．∎

問2　$f(x) = \sqrt[3]{x}$ のとき，$f'(0)$ は存在するか．

問3　$n = 1, 2$ のとき $f(x) = x^n \sin(1/x)$ $(x \neq 0)$, $= 0$ $(x = 0)$ なる関数 $f(x)$ は $x = 0$ で連続か，微分可能か．

2.　導 関 数

関数 $f(x)$ が区間 I の各点で微分可能のとき，$f(x)$ は**区間 I で微分可能**という．なお，I が $[a, b]$ のときには，$f_+'(a)$ $(f_-'(b))$ が存在するとき f は $x = a$ (b) で微分可能ということにして，単に $f'(a)$ $(f'(b))$ で表す．他の場合にも同様に考える．

定義 2-3　$y = f(x)$ がある区間 I で微分可能であるとき，I の各点 x に対してその微係数 $f'(x)$ を対応させる関数 f' が I で定まる．これを f の**導関数**とよぶ．$f'(x)$ の他に，

$$y', \quad \frac{dy}{dx}, \quad \frac{df}{dx}, \quad \frac{d}{dx}f(x), \quad Df$$

などと表される. 導関数 $f'(x)$ を求めることを $f(x)$ を**微分する**という.

例4 例1より $(x^n)' = nx^{n-1}$, $(\sin x)' = \cos x$, $(\cos x)' = -\sin x$.

導関数を求める一般的な公式として次が成り立つことはすでに知っている.

定理2-4

$f(x)$, $g(x)$ を微分可能としたとき, 次の等式が成り立つ.

[I] $(\alpha f(x) + \beta g(x))' = \alpha f'(x) + \beta g'(x)$ （α, β は定数）

[II] $(f(x)g(x))' = f'(x)g(x) + f(x)g'(x)$

[III] $\left(\dfrac{f(x)}{g(x)}\right)' = \dfrac{f'(x)g(x) - f(x)g'(x)}{(g(x))^2}$ $(g(x) \neq 0)$

問4 確認せよ.

例5 定数関数 $f(x) = c$ のとき, $f'(x) = 0$, $f(x) = x$ のとき, $f'(x) = 1$. これから出発して定理2-4 [II] を用いて帰納的に $(x^n)' = nx^{n-1}$ $(n \in N)$ を得る. したがって, [I] により多項式 $a_0x^m + \cdots + a_m$ の導関数が, [III] により有理関数 $(a_0x^m + \cdots + a_m)/(b_0x^n + \cdots + b_n)$ の導関数が容易に得られる.

例6 $(\tan x)' = \sec^2 x$ $(x \neq n\pi + \dfrac{\pi}{2}, \ n = 0, \pm 1, \pm 2, \cdots)$

[**解**] $\tan x = \sin x/\cos x$ であるから, $\cos x = 0$ なる $x = n\pi + \pi/2$ $(n = 0, \pm 1, \cdots)$ では微分できない. それら以外の x では, 例4と定理2-4 [III] により $(\tan x)' = \sec^2 x$ を得る. 定義から直接求めることもできる.

問5 次の関数を微分せよ.

（1）$\displaystyle\sum_{k=0}^{n} \frac{x^k}{k!}$ （2）x^{-n} $(n \in N)$ （3）$\dfrac{ax+b}{cx+d}$ $(ad - bc \neq 0)$
（4）$\cot x$ （5）$\sec x$ （6）$\operatorname{cosec} x$

次に合成関数の導関数を求める公式.

定理 2-5

$u = g(y)$, $y = f(x)$ が微分可能ならば，合成関数 $u = g(f(x))$ も微分可能で，

$$(g(f(x)))' = g'(f(x))f'(x) \quad \text{すなわち} \quad \frac{du}{dx} = \frac{du}{dy}\frac{dy}{dx}$$

証明　$f(x)$, $g(y)$ がそれぞれ x, y で微分可能であるから，

$$\left.\begin{array}{l} f(x+h) - f(x) = f'(x)h + h\varepsilon_1(h) \\ g(y+k) - g(y) = g'(y)k + k\varepsilon_2(k) \end{array}\right\} \tag{5}$$

とおくとき，$\varepsilon_1(h) \to 0 \ (h \to 0)$, $\varepsilon_2(k) \to 0 \ (k \to 0)$ である（定理 2-3）．そこで，

$$f(x+h) = y+k \quad \text{すなわち} \quad k = f(x+h) - f(x)$$

とおくと，$k \to 0 \ (h \to 0)$ で

$$g(f(x+h)) - g(f(x))$$
$$= g'(f(x))f'(x)h + hg'(f(x))\varepsilon_1(h) + h\{f'(x) + \varepsilon_1(h)\}\varepsilon_2(k)$$

$$\varepsilon_3(h) = g'(f(x))\varepsilon_1(h) + \{f'(x) + \varepsilon_1(h)\}\varepsilon_2(k) \to 0 \quad (h \to 0)$$

であるから，$g(f(x))$ は x で微分可能（定理 2-3）で，

$$(g(f(x)))' = g'(f(x))f'(x)$$

例題 1　$(f(ax^n+b))^m$ を微分せよ（f は微分可能，$n, m \in \boldsymbol{N}$）．

　[解]　$u = g(y) = y^m$, $y = f(t)$, $t = ax^n + b$ とおく．

$$\frac{dy}{dx} = \frac{dy}{dt} \cdot \frac{dt}{dx} = f'(t)nax^{n-1} = nax^{n-1}f'(ax^n+b)$$

　であるから

$$\frac{du}{dx} = \frac{du}{dy} \cdot \frac{dy}{dx} = my^{m-1}\frac{dy}{dx} = mnax^{n-1}(f(ax^n+b))^{m-1} \cdot f'(ax^n+b)$$

問 6　次の関数を微分せよ．

（1）　$\left(x + \dfrac{1}{x}\right)^3$　　（2）　$\cos^2 x$　　（3）　$\tan(x^2)$

定理 2-6

$y = f(x)$ を区間 I で微分可能な単調関数とする．このとき，$J =$

$f(I)$ での逆関数 $x = f^{-1}(y)$ は，$f'(x) \neq 0$ なる x に対応する y（$= f(x)$）で微分可能で，

$$\frac{df^{-1}(y)}{dy} = \frac{1}{f'(x)} \quad (y = f(x)) \quad \text{あるいは} \quad \frac{dx}{dy} = \frac{1}{\dfrac{dy}{dx}}$$

証明 $f^{-1}(y+k) - f^{-1}(y) = h$ とおくと，$x = f^{-1}(y)$，$f(f^{-1}(y)) = y$（$y \in J$）より

$$y+k = f(x+h) \quad \text{すなわち} \quad k = f(x+h) - f(x)$$

さらに，条件より $f^{-1}(y)$ は単調で連続（定理1-21）．したがって，

$$k \neq 0 \Longrightarrow h \neq 0 \quad \text{かつ} \quad k \to 0 \Longrightarrow h \to 0$$

$$\frac{f^{-1}(y+k) - f^{-1}(y)}{k} = \frac{h}{f(x+h) - f(x)} = \frac{1}{\dfrac{f(x+h) - f(x)}{h}}$$

において，$k \to 0$ とすると，右辺は極限があって $1/f'(x)$ に収束するから，左辺も極限が存在する．すなわち，$f^{-1}(y)$ が $f'(x) \neq 0$ なる x に対応する y（$= f(x)$）で微分可能で，

$$\frac{df^{-1}(y)}{dy} = \frac{1}{f'(x)} \quad (y = f(x), \ f'(x) \neq 0) \qquad \blacksquare$$

例7 ［1］ $y = f(x) = x^n$（$x > 0$, $n \in \boldsymbol{N}$）の逆関数は $x = f^{-1}(y) = y^{1/n}$．$x > 0$ では $f'(x) = nx^{n-1} \neq 0$ であるから

$$\frac{dy^{1/n}}{dy} = \frac{dx}{dy} = 1 \Big/ \frac{dy}{dx} = \frac{1}{nx^{n-1}} = \frac{1}{n}\frac{x}{x^n} = \frac{1}{n}y^{1/n-1}$$

x と y を入れかえて，$(x^{1/n})' = \dfrac{1}{n}x^{1/n-1}$．

　　［2］ $p, q \in \boldsymbol{N}$, $x > 0$ のとき，合成関数の微分法を用いて［1］より

$$(x^{q/p})' = \{(x^{1/p})^q\}' = q(x^{1/p})^{q-1}\cdot\frac{1}{p}x^{1/p-1} = \frac{q}{p}x^{q/p-1}$$

問7 $p, q \in \boldsymbol{N}$, $x > 0$ のとき，$(x^{-q/p})' = -\dfrac{q}{p}x^{-q/p-1}$ を示せ．

注 例7［2］と問7より，r が有理数のとき $(x^r)' = rx^{r-1}$（$x > 0$）．

3. 指数関数・対数関数の導関数

次の補題を用意する（e の定義については 1-1 節，例 8 参照）．

> ── 補題 2-1 ────────────────
> $$\lim_{h \to 0} \frac{\log_e(1+h)}{h} = 1, \quad \lim_{t \to 0} \frac{e^t-1}{t} = 1$$

証明　　まず，1-2 節，例 8 で $1/x = h$ とおくことによって

$$\lim_{h \to 0} (1+h)^{1/h} = e$$

対数関数が連続なことより，

$$\lim_{h \to 0} \frac{\log_e(1+h)}{h} = \lim_{h \to 0} \log_e(1+h)^{1/h} = \log_e\{\lim_{h \to 0} (1+h)^{1/h}\} = \log_e e = 1$$

次に，$\log_e(1+h) = t$ とおくと，$h = e^t - 1$ かつ $t \to 0$ のとき $h \to 0$

$$\therefore \quad \lim_{t \to 0} \frac{e^t-1}{t} = \lim_{h \to 0} \frac{h}{\log_e(1+h)} = \lim_{h \to 0} \frac{1}{\dfrac{\log_e(1+h)}{h}} = 1 \qquad ∎$$

例 8　　［1］ $(e^x)' = e^x$　　　［2］ $(a^x)' = a^x \log_e a \ (a > 0)$

［3］ $(\log_e x)' = \dfrac{1}{x}$　　　［4］ $(\log_a x)' = \dfrac{1}{x \log_e a} \ (a > 0, \ a \neq 1)$

［解］　　［1］　補題 2-1 より

$$(e^x)' = \lim_{h \to 0} \frac{e^{x+h}-e^x}{h} = e^x \lim_{h \to 0} \frac{e^h-1}{h} = e^x \cdot 1 = e^x$$

［2］　$a = e^{\log_e a}$ であるから

$$(a^x)' = (e^{x \log_e a})' = e^{x \log_e a} \cdot \log_e a = a^x \log_e a$$

［3］　$y = \log_e x$ は $x = e^y$ の逆関数で $(e^y)' = e^y \neq 0$ だから

$$\frac{d \log_e x}{dx} = \frac{1}{\dfrac{dx}{dy}} = \frac{1}{e^y} = \frac{1}{x}$$

［4］　$y = \log_a x$ は $x = a^y$ の逆関数で，$(a^y)' = a^y \log_e a \neq 0$ だから

$$\frac{d \log_a x}{dx} = \frac{1}{\dfrac{dx}{dy}} = \frac{1}{a^y \log_e a} = \frac{1}{x \log_e a}$$

　　この公式で明らかなように，指数関数や対数関数の導関数を考える場合には e^x や $\log_e x$ を考えた方が便利である．以下，自然対数の底 e は書かないこととする．

問8 次の関数を微分せよ.

（1） $x \log x - x$　　（2） $\log(x + \sqrt{x^2+1})$

（3） $x\sqrt{x^2+1} + \log(x + \sqrt{x^2+1})$

例9 ［1］ $(\log|x|)' = \dfrac{1}{x}$ $(x \ne 0)$

［2］ $f(x)$ が微分可能で $f(x) \ne 0$ なる x で, $(\log|f(x)|)' = \dfrac{f'(x)}{f(x)}$.

[**解**] ［1］ $x > 0$ のとき,　$(\log|x|)' = (\log x)' = \dfrac{1}{x}$

$x < 0$ のとき,　$(\log|x|)' = (\log(-x))' = \dfrac{1}{-x}\cdot(-1) = \dfrac{1}{x}$

［2］ $\log|f(x)|$ は $u = \log|y|$ と $y = f(x)$ の合成関数, したがって,

$$(\log|f(x)|)' = \frac{du}{dx} = \frac{du}{dy}\cdot\frac{dy}{dx} = \frac{1}{y}\cdot f'(x) = \frac{f'(x)}{f(x)}$$

この公式 ［2］ を用いて, 複雑な指数関数やいくつかの関数の積で表される関数を簡単に微分することができることがある. たとえば,

（イ） $y = x^\alpha$ $(\alpha : 無理数)$. $\log y = \alpha \log x$ の両辺を x で微分して

$$\frac{y'}{y} = \frac{\alpha}{x} \quad すなわち \quad y' = y\cdot\frac{\alpha}{x} = x^\alpha\cdot\frac{\alpha}{x} = \alpha x^{\alpha-1}$$

（ロ） $y = x^x$. $\log y = x \log x$ の両辺を x で微分して

$$\frac{y'}{y} = \log x + 1 \quad すなわち \quad y' = y(\log x + 1) = x^x(\log x + 1)$$

（ハ） $y = f_1(x)\cdot f_2(x)\cdot\cdots\cdot f_n(x)$ $(f_i(x)$ は微分可能で, $\ne 0)$

$$\log|y| = \log(|f_1(x)\cdots f_n(x)|) = \sum_{i=1}^{n} \log|f_i(x)|$$

この両辺を x で微分すると,

$$\frac{(f_1(x)\cdots f_n(x))'}{f_1(x)\cdots f_n(x)} = \frac{y'}{y} = \frac{f_1'(x)}{f_1(x)} + \cdots + \frac{f_n'(x)}{f_n(x)}$$

このように, 例9［2］を用いて $f'(x)$ を求める方法を**対数微分法**という.

問9 次の関数を微分せよ.

（1） $2^{\sin x}$　（2） 3^{-x}　（3） $4^{\log x}$　（4） $x^{\log x}$　（5） $e^{\tan x}$

問10 双曲線関数 * $\sinh x = \dfrac{1}{2}(e^x - e^{-x})$, $\cosh x = \dfrac{1}{2}(e^x + e^{-x})$, $\tanh x =$

$\dfrac{\sinh x}{\cosh x}$ に対して，次の等式が成り立つことを示せ．

（1）　$\cosh^2 x - \sinh^2 x = 1$

（2）　$\sinh(x+y) = \sinh x \cosh y + \cosh x \sinh y$

　　　$\cosh(x+y) = \cosh x \cosh y + \sinh x \sinh y$（加法定理）

（3）　$(\sinh x)' = \cosh x$, $(\cosh x)' = \sinh x$, $(\tanh x)' = 1/(\cosh x)^2$

* sinh は hyperbolic sine（ハイパボリックサイン）と読む．他も同様である．

4. 逆三角関数の導関数

逆三角関数（定義 1-12）の導関数を考える．

例 10　[1]　$(\sin^{-1} x)' = \dfrac{1}{\sqrt{1-x^2}}$ $(-1 < x < 1)$

　　　[2]　$(\cos^{-1} x)' = -\dfrac{1}{\sqrt{1-x^2}}$ $(-1 < x < 1)$

　　　[3]　$(\tan^{-1} x)' = \dfrac{1}{1+x^2}$ $(-\infty < x < \infty)$

[解]　[1]　$y = \sin^{-1} x$ $(-1 \le x \le 1)$ は $x = \sin y$ $(-\pi/2 \le y \le \pi/2)$ の逆関数で，$-\pi/2 < y < \pi/2$ のとき，$(\sin y)' = \cos y > 0$．したがって，$\cos y = \sqrt{1-\sin^2 y} = \sqrt{1-x^2}$ より

$$(\sin^{-1} x)' = \frac{dy}{dx} = \frac{1}{\dfrac{dx}{dy}} = \frac{1}{\cos y} = \frac{1}{\sqrt{1-x^2}} \quad (-1 < x < 1)$$

　[2]　$y = \cos^{-1} x$ $(-1 \le x \le 1)$ は $x = \cos y$ $(0 \le y \le \pi)$の逆関数で，$0 < y < \pi$ のとき，$(\cos y)' = -\sin y < 0$．ゆえに，$\sin y = \sqrt{1-\cos^2 y} = \sqrt{1-x^2}$ より

$$(\cos^{-1} x)' = \frac{dy}{dx} = \frac{1}{\dfrac{dx}{dy}} = \frac{1}{-\sin y} = -\frac{1}{\sqrt{1-x^2}} \quad (-1 < x < 1)$$

　[3]　$y = \tan^{-1} x$ $(-\infty < x < \infty)$ は $x = \tan y$ $(-\pi/2 < y < \pi/2)$ の逆関数で，$(\tan y)' = \sec^2 y > 0$．したがって，$\sec^2 y = 1+\tan^2 y = 1+x^2$ より

$$(\tan^{-1} x)' = \frac{dy}{dx} = \frac{1}{\dfrac{dx}{dy}} = \frac{1}{\sec^2 y} = \frac{1}{1+x^2} \quad (-\infty < x < \infty)$$

問 11　次の関数を微分せよ（$\cot^{-1} x$ の定義は問題 1-3，6 参照）．

（1）　$\sin^{-1} \dfrac{x}{a}$ $(a > 0)$　　（2）　$\cos^{-1} \dfrac{x}{a}$ $(a > 0)$

（3） $\tan^{-1}\dfrac{x}{a}$ $(a \neq 0)$ （4） $\cot^{-1} x$ （5） $\cos(3\sin^{-1} x)$
（6） $\sin(a\sin^{-1} x)$ （7） $\tan(\sin^{-1} x)$ （8） $e^{\cos^{-1}x}$

5. 媒介変数（パラメーター）表示による関数の導関数 ───────

x, y が変数 t の関数

$$x = f(t), \quad y = g(t) \tag{6}$$

のとき，点 (x, y) は，一般には，t が変わるにつれて，xy 平面で曲線をえがく（3-6節参照）．このとき，t を媒介として x と y の間に対応がついている．これを，**媒介変数（パラメーター）表示**による関数という．たとえば，

円： $x = a\cos t,\ y = a\sin t$ $(a > 0)$ $(0 \leqq t \leqq 2\pi)$

楕円： $x = a\cos t,\ y = b\sin t$ $(a, b > 0)$ $(0 \leqq t \leqq 2\pi)$

サイクロイド：$x = a(t - \sin t),\ y = a(1 - \cos t)$ $(a > 0)$ $(0 \leqq t \leqq 2\pi)$

これらの関数の導関数を求める公式として，次の定理がある．

定理 2-7

$x = f(t),\ y = g(t)$ を微分可能な関数とする．$x = f(t)$ が単調でかつ $f'(t) \neq 0$ なる区間では，y は x の関数として微分可能で，

$$\frac{dy}{dx} = \frac{dy}{dt} \Big/ \frac{dx}{dt} = \frac{g'(t)}{f'(t)}$$

証明 $x = f(t)$ が単調な区間では，逆関数 $t = f^{-1}(x)$ があり，$f'(t) \neq 0$ のときには，

$$\frac{dt}{dx} = 1 \Big/ \frac{dx}{dt} = \frac{1}{f'(t)}$$

したがって，このような区間では $y = g(f^{-1}(x))$ と表され，定理 2-5, 2-6 を用いると

$$\frac{dy}{dx} = \frac{dy}{dt}\frac{dt}{dx} = \frac{dy}{dt} \Big/ \frac{dx}{dt} = \frac{g'(t)}{f'(t)} \qquad ∎$$

例題2 円：$x = a\cos t,\ y = a\sin t$ のとき，dy/dx を求めよ．

[解] $0 < t < \pi$，および $\pi < t < 2\pi$ のとき，$x = a\cos t$ は単調で，$dx/dt = -a\sin t \neq 0$．したがって，これらの区間で，y は x の関数として定まる．

$$\frac{dy}{dx} = -\frac{a \cos t}{a \sin t} = -\frac{x}{y}$$

問 12 楕円，サイクロイドの dy/dx を求めよ．

問 13 次の媒介変数表示より dy/dx を求めよ．

(1) $x = t^3,\ y = t^2$ (2) $x = \sin t,\ y = \cos 2t$

(3) $x = a \cos^3 t,\ y = a \sin^3 t$

6. 接 線 と 法 線

微係数を幾何学的に見てみる．平均変化率 $(f(a+h)-f(a))/h$ は下図での直線 $L(h)$ の勾配であり，$h \to 0$ とすると，$L(h)$ は L に近づき，その勾配は $f'(a)$ に近づく．そこで，$(a, f(a))$ を通り勾配が $f'(a)$ の直線：

$$y - f(a) = f'(a)(x-a) \tag{7}$$

を $y = f(x)$ の点 $(a, f(a))$ における**接線**という．

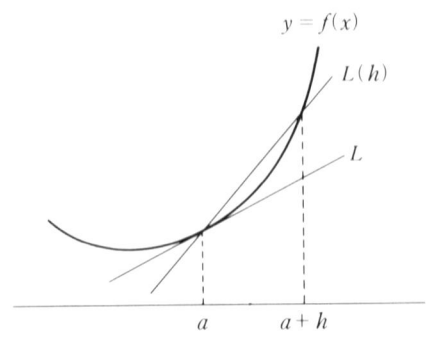

パラメーター t を用いて表される曲線 $x = f(t),\ y = g(t)$ の $t = t_0$ での接線は，定理 2-7 により，式（7）を用いて次の式で与えられる：

$$g'(t_0)(x - f(t_0)) - f'(t_0)(y - g(t_0)) = 0 \tag{8}$$

接線に，接点で直交している直線をその曲線の**法線**という．

問 14 式（7），（8）の場合の法線の式を求めよ．

問 15 問 13 の曲線の接線，法線を求めよ．

問題 **2-1**（答は p. 306）

1. 次の関数を微分せよ．

（1）　$(x^2+x+1)^{100}$　　（2）　$\log\left|\tan\left(\dfrac{x}{2}+\dfrac{\pi}{4}\right)\right|$　　（3）　$\log\left|\tan\dfrac{x}{2}\right|$

（4）　$\dfrac{1}{3a}(ax^2+b)^{3/2}$　　（5）　$\dfrac{1}{2a^2}\dfrac{x}{x^2+a^2}+\dfrac{1}{2a^3}\tan^{-1}\dfrac{x}{a}$

（6）　$\dfrac{a\sin bx-b\cos bx}{a^2+b^2}e^{ax}$　　（7）　$\dfrac{a\cos bx+b\sin bx}{a^2+b^2}e^{ax}$

（8）　$\sin^{-1}\sqrt{1-x^2}$　　（9）　$\tan^{-1}\left(\sqrt{\dfrac{a-b}{a+b}}\tan\dfrac{x}{2}\right)$ $(a>b>0)$

（10）　$\log\dfrac{\sqrt{x+a}+\sqrt{x+b}}{\sqrt{x+a}-\sqrt{x+b}}$ $(a>b)$　　（11）　$\sqrt{x^2+\sqrt{x}}$

（12）　$\sin^{-1}(n\sin x)$ $(n\in\boldsymbol{N})$　　（13）　$\sin(n\sin^{-1}x)$ $(n\in\boldsymbol{N})$

（14）　$\cos^{-1}(\sin x)$　　（15）　$\sin^{-1}\dfrac{1}{x}$　　（16）　$(1+x)^x$

（17）　$\log\log x$　　（18）　$(1+x^2)e^{\tan^{-1}x}$　　（19）　$(a+bx^n)^m$

（20）　$\dfrac{-x\cos^{-1}x}{\sqrt{1-x^2}}+\dfrac{1}{2}\log(1-x^2)$　　（21）　$\tan^{-1}\left(\dfrac{1+x}{1-x}\right)$

2. 次の関数の $f'(0)$ があれば求めよ．

（1）　$f(x)=\begin{cases} x\tan^{-1}\dfrac{1}{x^2} & (x\neq0) \\[2mm] 0 & (x=0) \end{cases}$　　（2）　$f(x)=|x|\sin^{-1}x$

3. 次の関数の $f'(1)$, $f_+'(1)$, $f_-'(1)$ があれば求めよ．

（1）　$\sqrt{x-1}$　　（2）　$|x-1|+\tan|x-1|$　　（3）　$(x-1)/(1+e^{1/(x-1)})$

4. 次の媒介変数表示の関数の dy/dx を求めよ．

（1）　$x=\cosh t,\ y=\sinh t$　　（2）　$x=\dfrac{3at}{1+t^3},\ y=\dfrac{3at^2}{1+t^3}$ $(a>0)$

5. y を x の関数と見て dy/dx を求めよ．

（1）　$ax^2+2hxy+by^2=1$　　（2）　$x^n+y^n=a^n$ $(n>0)$

6. 次を示せ $(a>0)$．

（1）　曲線 $x=a\cos^3 t,\ y=a\sin^3 t$ $(0\leq t\leq2\pi)$ の各点での接線が両軸によって切り取られる部分の長さは一定である．

（2）　$\sqrt{x}+\sqrt{y}=\sqrt{a}$ 上の点での接線が x 軸，y 軸と交わる点を P, Q とすると OP+OQ は一定である．

7. $f(x)$ が $x=a$ で微分可能のとき，次の極限を $f(a)$, $f'(a)$ を用いて表せ．

（1）　$\displaystyle\lim_{h\to0}\dfrac{f(a+h)-f(a-h)}{h}$　　（2）　$\displaystyle\lim_{h\to0}\dfrac{f(a+nh)-f(a)}{h}$ $(n\in\boldsymbol{N})$

（3）　$\displaystyle\lim_{h\to0}\dfrac{f(a+h^2)-f(a)}{h}$　　（4）　$\displaystyle\lim_{n\to\infty}\left\{\dfrac{f(a+1/n)}{f(a)}\right\}^n$ $(f(a)\neq0,\ n\in\boldsymbol{N})$

8. 双曲線関数 $\sinh x$, $\cosh x$, $\tanh x$ の逆関数を求め，それらを微分せよ．

9. $f_i(x)$, $g_i(x)$, $h_i(x)$ $(i = 1, 2, 3)$ が微分可能のとき

$$F(x) = \begin{vmatrix} f_1(x) & f_2(x) & f_3(x) \\ g_1(x) & g_2(x) & g_3(x) \\ h_1(x) & h_2(x) & h_3(x) \end{vmatrix}$$

を微分せよ.

10. $f(x) = x^n \sin(1/x)$ $(x \neq 0)$, $f(0) = 0$ $(n \geq 3)$ の $f'(0)$ を求め, $f'(x)$ の $x = 0$ での連続性を調べよ.

2-2 高 次 導 関 数

一度微分した関数をさらに次々に微分することがある.

定義 2-4　$y = f(x)$ を区間 I で微分可能とする. このとき, その導関数 $f'(x)$ が I の各点 x で微分可能のとき, $f(x)$ は **2 回微分可能**であるという. その微係数を $f''(x)$ で表し, I での関数 $f''(x)$ を $f(x)$ の**第 2 次導関数**という.

　以下同様に, $n \geq 3$ に対して**n 回微分可能**な関数および**第 n 次導関数**が定義され,

$$f^{(n)}(x), \quad \frac{d^n}{dx^n} f(x), \quad y^{(n)}, \quad \frac{d^n y}{dx^n}, \quad D^n f \quad (n \geq 1)$$

などで表される. $n \geq 2$ のとき, **高次導関数**という. 任意の $n \in \mathbf{N}$ に対して $f^{(n)}(x)$ が存在するとき, $f(x)$ は**無限回微分可能**であるという. $y = f(x)$ が n 回微分可能でさらに $f^{(n)}(x)$ が I で連続のとき, $f(x)$ は I で **C^n 級**であるといい, すべての $n \in \mathbf{N}$ に対して C^n 級のとき, **C^∞ 級**であるという. なお, C^0 級は連続なことを意味し, $f^{(0)}(x) = f(x)$ とする. f が I で C^n 級のとき, $f \in C^n(I)$ で表す.

例 1　[1]　$(x^a)^{(n)} = a(a-1)\cdots(a-n+1)x^{a-n}$,

特に $\left(\dfrac{1}{x}\right)^{(n)} = (-1)^n n! \, x^{-(n+1)}$

[2]　$(a^x)^{(n)} = a^x (\log a)^n$, 特に $(e^x)^{(n)} = e^x$

[3]　$(\log x)^{(n)} = (-1)^{n-1}(n-1)! \, x^{-n}$

[4]　$(\sin x)^{(n)} = \sin\left(x + \dfrac{n\pi}{2}\right)$

$[5]$　$(\cos x)^{(n)} = \cos\left(x + \dfrac{n\pi}{2}\right)$

[解]　$[1]$　$(x^a)' = ax^{a-1}$, $(x^a)'' = a(a-1)x^{a-2}$, $\cdots$, $(x^a)^{(n)} = a(a-1)\cdots(a-n+1)x^{a-n}$, 特に $a = -1$ として, $\left(\dfrac{1}{x}\right)^{(n)} = (-1)^n n!\, x^{-(n+1)}$.

$[2]$　$(a^x)' = a^x \cdot \log a$ (2-1節, 例8 $[2]$) であるから, $(a^x)^{(n)} = a^x(\log a)^n$

$[3]$　$(\log x)' = \dfrac{1}{x}$ であるから, $[1]$ により $(\log x)^{(n)} = (-1)^{n-1}(n-1)!\, x^{-n}$.

$[4]$　$(\sin x)' = \cos x = \sin\left(x + \dfrac{\pi}{2}\right)$, $(\sin x)'' = \cos\left(x + \dfrac{\pi}{2}\right) = \sin\left(x + \dfrac{2\pi}{2}\right)$,
以下同様にして $(\sin x)^{(n)} = \sin\left(x + \dfrac{n\pi}{2}\right)$.

$[5]$　$\cos x = \sin\left(x + \dfrac{\pi}{2}\right)$ であるから $(\cos x)^{(n)} = \left(\sin\left(x + \dfrac{\pi}{2}\right)\right)^{(n)} = \sin\left(x + \dfrac{\pi}{2} + \dfrac{n\pi}{2}\right) = \cos\left(x + \dfrac{n\pi}{2}\right)$.

n 次導関数に関して次の定理がある.

定理 2-8

$f(x)$, $g(x)$ を n 回微分可能な関数とするとき (a, b は定数),

$[\mathrm{I}]$　$(af(x) + bg(x))^{(n)} = af^{(n)}(x) + bg^{(n)}(x)$

$[\mathrm{II}]$　$(f(x)g(x))^{(n)} = \displaystyle\sum_{j=0}^{n} {}_nC_j f^{(n-j)}(x) g^{(j)}(x)$

　　　　ここに　${}_nC_j = \dfrac{n!}{(n-j)!\, j!}$

証明　$[\mathrm{I}]$ は明らかである. $[\mathrm{II}]$ を数学的帰納法により示す.

$n = 1$ のときは, 定理2-4 $[\mathrm{II}]$ により正しい. 次に n のとき正しいとして, $[\mathrm{II}]$ の両辺を微分すると

$$(f(x)g(x))^{(n+1)} = \sum_{j=0}^{n} {}_nC_j (f^{(n-j)}(x) g^{(j)}(x))'$$

$$= \sum_{j=0}^{n} {}_nC_j (f^{(n+1-j)}(x) g^{(j)}(x) + f^{(n-j)}(x) g^{(j+1)}(x))$$

$$= f^{(n+1)}(x)g(x) + \sum_{j=1}^{n} ({}_nC_j + {}_nC_{j-1}) f^{(n+1-j)}(x) g^{(j)}(x)$$

$$+ f(x) g^{(n+1)}(x)$$

ここで, ${}_nC_j + {}_nC_{j-1} = {}_{n+1}C_j$ を用いると

$$= \sum_{j=0}^{n+1} {}_{n+1}C_j \, f^{(n+1-j)}(x) g^{(j)}(x)$$

となって，$n+1$ のときも正しい.　　　　　　　　　　　　　　■

注　[II] をライプニッツの公式という.

例2　　　　　　$H_n(x) = (-1)^n e^{x^2} \dfrac{d^n e^{-x^2}}{dx^n}$　$(n = 0, 1, 2, \cdots)$　　　　（1）

は n 次の多項式である（エルミートの多項式）.

[解]　$n \geqq 1$ のとき，ライプニッツの公式により
$$(e^{-x^2})^{(n+1)} = (-2xe^{-x^2})^{(n)} = -2x(e^{-x^2})^{(n)} - 2n(e^{-x^2})^{(n-1)}$$
両辺に $(-1)^{n+1}e^{x^2}$ をかけて整理すると
$$H_{n+1}(x) = 2xH_n(x) - 2nH_{n-1}(x)$$　　　　（2）
式（1）より，$H_0(x) = 1$，$H_1(x) = 2x$ であるから，式（2）より
$$H_2(x) = 4x^2 - 2, \quad H_3(x) = 8x^3 - 12x, \quad \cdots$$
となり，帰納法により，$H_n(x)$ は n 次の多項式であることがわかる.

問1　$H_n(x)$ について次を示せ.

（1）　$H_n(x)$ の x^n の係数は 2^n

（2）　$H_{2n}(x)$ は偶関数，$H_{2n+1}(x)$ は奇関数

例題1　次の関数の n 次導関数を求めよ.

1）　$\dfrac{1}{1-x^2}$　　　2）　$(x^2+1)e^x$　　　3）　$e^x \sin x$

4）　$\cos x \cos 2x$

[解]　1）　$\dfrac{1}{1-x^2} = \dfrac{1}{2}\left\{ \dfrac{1}{1-x} + \dfrac{1}{1+x} \right\}$ であるから
$$\left(\dfrac{1}{1-x^2} \right)^{(n)} = \dfrac{1}{2}\left\{ \left(\dfrac{1}{1-x} \right)^{(n)} + \left(\dfrac{1}{1+x} \right)^{(n)} \right\}$$
$$= \dfrac{1}{2}\{ n!(1-x)^{-n-1} + (-1)^n n!(1+x)^{-n-1} \}$$
$$= \dfrac{n!}{2}\left\{ \dfrac{1}{(1-x)^{n+1}} + \dfrac{(-1)^n}{(1+x)^{n+1}} \right\}$$

2）　ライプニッツの公式で，$f(x) = e^x$，$g(x) = x^2+1$ ととると
$$f^{(n)}(x) = e^x, \quad g'(x) = 2x, \quad g''(x) = 2, \quad g^{(n)}(x) = 0 \quad (n \geqq 3)$$
したがって，
$$((x^2+1)e^x)^{(n)} = e^x(x^2+1) + {}_nC_1 e^x \cdot 2x + {}_nC_2 e^x \cdot 2$$
$$= e^x(x^2 + 2nx + n^2 - n + 1)$$

3）　$y = e^x \sin x$ とおく. $y' = e^x(\sin x + \cos x) = \sqrt{2}\, e^x \sin\left(x + \dfrac{\pi}{4}\right)$ であるから

$$y'' = \sqrt{2}\left(e^x \sin\left(x + \frac{\pi}{4}\right)\right)' = (\sqrt{2})^2 e^x \sin\left(x + \frac{\pi}{4}\cdot 2\right)$$

以下同様にして

$$y^{(n)} = (\sqrt{2})^n e^x \sin\left(x + \frac{n\pi}{4}\right)$$

4）　$\cos x \cos 2x = \dfrac{1}{2}\{\cos 3x + \cos x\}$ であるから, 例1［5］により

$$(\cos x \cos 2x)^{(n)} = \frac{1}{2}\{(\cos 3x)^{(n)} + (\cos x)^{(n)}\}$$
$$= \frac{1}{2}\left\{3^n \cos\left(3x + \frac{n\pi}{2}\right) + \cos\left(x + \frac{n\pi}{2}\right)\right\}$$

問2　次の関数の n 次導関数を求めよ.

（1）　$\sqrt[3]{x}$　　（2）　$(2x+1)^n$　　（3）　$\log(1+3x)$　　（4）　e^{4x}

（5）　$\cos^2 x$　　（6）　$\sin x \cos 2x$　　（7）　$\dfrac{1}{x(x+1)}$

（8）　$x^2 \cos x$　　（9）　$x \log(1+x)$　　（10）　$\sin 2x$

例題2　$f(x) = \tan^{-1} x$ のとき, $f^{(n)}(0)$ を求めよ.

［**解**］　$f'(x) = \dfrac{1}{1+x^2}$ より, $(1+x^2)f'(x) = 1$. この両辺を n 回微分とすると

$$(1+x^2)f^{(n+1)}(x) + 2nxf^{(n)}(x) + n(n-1)f^{(n-1)}(x) = 0$$
$$\therefore\quad f^{(n+1)}(0) = -n(n-1)f^{(n-1)}(0)$$

$f(0) = 0$, $f'(0) = 1$ であるから, $n = 1, 2, 3, \cdots$ を順々に代入していくと,
$$f^{(2n)}(0) = 0, \quad f^{(2n+1)}(0) = (-1)^n (2n)!$$

問3　$f(x) = \sin^{-1} x$ のとき, $f^{(n)}(0)$ を求めよ.

問題 2-2 （答は p.307）

1.　次の関数の n 次導関数を求めよ.

（1）　e^{ax+b}　　（2）　$\dfrac{1}{x^2+3x+2}$　　（3）　$e^x \cos x$　　（4）　$\sin^3 x$

（5）　$\cos ax \sin bx$　　（6）　$x^{n-1}\log x$

2.　（1）　$x = f(t)$, $y = g(t)$ のとき, d^2y/dx^2 を求めよ.

（2）　（イ）$x = a\cos t$, $y = b\sin t$, （ロ）$x = a\cos^3 t$, $y = a\sin^3 t$, のとき d^2y/dx^2 を計算せよ.

3. $L_n(x) = e^x \dfrac{d^n}{dx^n}(x^n e^{-x})$ $(n = 0, 1, 2, \cdots)$ について次に答えよ.

（1）$L_n(x)$ は n 次の多項式である（ラゲールの多項式）.

（2）L_0, L_1, L_2 を求めよ.

4. $y = \log(x + \sqrt{x^2 + 1})$ は次式をみたすことを示せ.
$$(1 + x^2)y^{(n+2)} + (2n+1)xy^{(n+1)} + n^2 y^{(n)} = 0$$

5. f, g が C^n 級で $f^{(k)}(a) = 0$ $(0 \leqq k \leqq n)$ のとき次を示せ.
$$(f \cdot g)^{(k)}(a) = 0 \quad (0 \leqq k \leqq n)$$

6. $y = a_0 + a_1 x + \cdots + a_n x^n$ $(a_n \neq 0)$ が $(1 - x^2)y'' - 2xy' + \lambda y = 0$ をみたすならば, $\lambda = n(n+1)$ であることを示せ.

7. $y = \dfrac{ax+b}{cx+d}$ $(ad - bc \neq 0)$ は $\dfrac{y'''}{y'} - \dfrac{3}{2}\left(\dfrac{y''}{y'}\right)^2 = 0$ をみたすことを示せ.

8. ルジャンドルの多項式 $P_n(x) = \dfrac{1}{2^n n!} \dfrac{d^n}{dx^n}(x^2 - 1)^n$ について次を示せ.

（1）$P_n(x)$ は n 次の多項式で $P_{2n}(x)$ は偶関数, $P_{2n-1}(x)$ は奇関数.

（2）$(1 - x^2)P_n''(x) - 2xP_n'(x) + n(n+1) = 0$ をみたす.

（3）$P_n(1) = 1, P_n(-1) = (-1)^n$ 　　（4）P_0, P_1, P_2 を求めよ.

9. $y = \tan^{-1} x$ は次の式をみたすことを示せ.
$$y^{(n+1)}(x) = n! \sin\left\{(n+1)y + (n+1)\dfrac{\pi}{2}\right\}\cos^{n+1}y \quad (n \in \mathbf{N})$$

10. f が区間 I で C^n 級, $1/x \in I$ のとき次を示せ.
$$\dfrac{1}{x^{n+1}}f^{(n)}\left(\dfrac{1}{x}\right) = (-1)^n \dfrac{d^n}{dx^n}\left(x^{n-1}f\left(\dfrac{1}{x}\right)\right)$$

特に, $f(x) = e^x$ のとき
$$\dfrac{1}{x^{n+1}}e^{1/x} = (-1)^n \dfrac{d^n}{dx^n}(x^{n-1}e^{1/x})$$

2-3　平均値の定理

1.　平均値の定理 ─────────────

関数 $f(x)$ の増加, 減少などの変化の様子を知るためには, その導関数との関係を調べることが大事である. その基本となるのが平均値の定理である. いま, $f(x)$ は開区間 I で定義されていて, $a \in I$ とする.

定義 2-5　　ある正数 δ があって,
$$(a - \delta, a + \delta) \cap I \ni x, \ x \neq a \implies f(x) > f(a) \ (f(x) < f(a)) \quad (1)$$
となっているとき, $f(x)$ は, $x = a$ で**極小（極大）**であるといい, 値 $f(a)$ を**極小値（極大値）**という. 極小値, 極大値のことを**極値**とよぶ.

式（1）が等号も含めて成り立っ
ているとき，すなわち

$$f(x) \geqq f(a) \quad (f(x) \leqq f(a))$$

のとき，$f(x)$ は $x = a$ で**広義の極
小**（**広義の極大**）であるという．この
とき値 $f(a)$ を**広義の極値**とい
う．

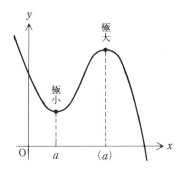

定理 2-9

$f(x)$ が $x = a$ で広義の極値をとり，かつ微分可能ならば $f'(a) = 0$.

証明　$f(x)$ は $x = a$ で広義の極小とする（広義の極大でも同様）．
$0 < h < \delta$ のとき，$f(a+h) - f(a) \geqq 0$ であるから

$$f'(a) = \lim_{h \to +0} \frac{f(a+h) - f(a)}{h} \geqq 0 \qquad (2)$$

$-\delta < h < 0$ のとき，$f(a+h) - f(a) \geqq 0$ であるから

$$f'(a) = \lim_{h \to -0} \frac{f(a+h) - f(a)}{h} \leqq 0 \qquad (3)$$

式（2），（3）より $f'(a) = 0$. ▨

これを用いて，平均値の定理の出発点となる次のロルの定理が示される．

定理 2-10（ロルの定理）

関数 $f(x)$ が次の3つの条件をみたしているとする．

（ i ）　$[a, b]$ で連続

（ii）　(a, b) で微分可能

（iii）　$f(a) = f(b)$

このとき，次をみたす c がある：

$$f'(c) = 0 \quad (a < c < b)$$

証明　条件（ i ）により $f(x)$ は $[a, b]$ で最大値 $f(c_1)$，最小値 $f(c_2)$ をとる（1-3節，定理 1-19）．

（イ）$f(c_1) > f(a) = f(b)$ のとき．c_1 は a, b に等しくなりえないから，$a < c_1 < b$ かつどの $x \in [a, b]$ に対しても $f(x) \leqq f(c_1)$．これより，$f(x)$ が $x = c_1$ で広義の極大となり，かつ（ ii ）により微分可能である．ゆえに，定理 2-9 により，$f'(c_1) = 0$.

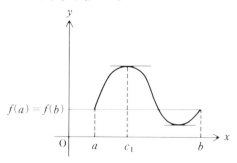

（ロ）$f(c_2) < f(a) = f(b)$ のとき．どの $x \in [a, b]$ に対しても $f(x) \geqq f(c_2)$ で，$a < c_2 < b$．したがって，$f(c_2)$ は広義の極小値で，$f(x)$ は $x = c_2$ で微分可能である．ゆえに，定理 2-9 により，$f'(c_2) = 0$.

（ハ）$f(c_1) = f(c_2) = f(a) = f(b)$ のとき．このとき，$f(x)$ は定数関数で，(a, b) のどの点 x でも $f'(x) = 0$．ゆえに，この場合は明らかに定理は成り立つ．　∎

問 1　$f(x)$ を 3 次の多項式で，$f(x) = 0$ が相異なる 3 つの実根をもつならば，$f'(x) = 0$ は相異なる 2 実根をもつことを示せ．

　ロルの定理より次の平均値の定理が得られる．

定理 2-11（平均値の定理）

　関数 $f(x)$ が次の 2 つの条件をみたしているとする．

（ i ）$[a, b]$ で連続

（ ii ）(a, b) で微分可能

このとき，次の式をみたす c がある：

$$\frac{f(b) - f(a)}{b - a} = f'(c) \quad (a < c < b) \tag{4}$$

証明 $\varphi(x) = f(x) - Ax$ とおき，$\varphi(a) = \varphi(b)$ となるように定数 A を定める．すなわち，$A = (f(b) - f(a))/(b - a)$ とする．このとき，$\varphi(x)$ はロルの定理の3つの条件をみたしている．ゆえに，

$$\varphi'(c) = 0 \quad (a < c < b)$$

となる c がある．一方，$\varphi'(c) = f'(c) - A$ であるから

$$f'(c) = A = \frac{f(b) - f(a)}{b - a} \qquad ■$$

注 $\dfrac{f(b) - f(a)}{b - a}$ は A$(a, f(a))$, B$(b, f(b))$ を通る直線の勾配であり，式（4）はこの直線に平行な $f(x)$ の接線があることを示している．

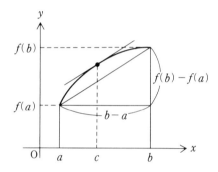

定理 2-11 では $a < b$ であったが，$b < a$ のときにも $[a, b]$, (a, b) の代りにそれぞれ $[b, a]$, (b, a) とすることによって，式（4）の代りに

$$\frac{f(b) - f(a)}{b - a} = f'(c) \quad (b < c < a) \qquad (5)$$

を得る．すなわち，a, b の大小にかかわらず式（4）あるいは式（5）から

$$f(b) = f(a) + (b - a)f'(c) \quad (c は a と b の間) \qquad (6)$$

を得る．いま，いずれの場合にも

$$\frac{c - a}{b - a} = \theta \quad すなわち \quad c = a + \theta(b - a)$$

とおくと，$0 < \theta < 1$ で式（6）より

$$f(b) = f(a) + (b - a)f'(a + \theta(b - a)) \quad (0 < \theta < 1) \qquad (7)$$

を得る．また，$b - a = h$ とおくと，式（7）より次の式を得る．

$$f(a+h) = f(a)+hf'(a+\theta h) \quad (0 < \theta < 1) \tag{8}$$

問2 $f(x) = x^2$ のとき, a, b がどんな値でも $\theta = 1/2$ を示せ.

問3 $f(x) = x^3$, (イ) $a = 0, b = 2$, (ロ) $a = 1, b = 3$ のとき, θ を求めよ.

平均値の定理には多くの応用がある.

┌─ **定理 2-12** ─────────────────────────

(a, b) で常に $f'(x) = 0$ ならば, $f(x)$ は (a, b) で定数である.

└─────────────────────────────────────

証明　x_0 を (a, b) の1点, x ($\neq x_0$) を (a, b) の点とする. 平均値の定理より

$$f(x) = f(x_0)+(x-x_0)f'(c)$$

となる c が x と x_0 の間にある. $f'(c) = 0$ より, $f(x) = f(x_0)$. したがって, (a, b) で $f(x) \equiv f(x_0)$（定数）. ∎

┌─ **系** ─────────────────────────────

$f(x), g(x)$ は (a, b) で微分可能とする. もし, $f'(x) = g'(x)$ ($x \in (a, b)$) ならば, $f(x)-g(x)$ は (a, b) で定数である.

└─────────────────────────────────────

証明　$\varphi(x) = f(x)-g(x)$ に定理 2-12 を適用すればよい. ∎

例1　$f(x) = \sin^{-1} x+\cos^{-1} x$ は $[-1, 1]$ で連続,$(-1, 1)$ で微分可能であり, $f'(x) = 0$ $(-1 < x < 1)$. ゆえに, $f(x)$ は $[-1, 1]$ で定数. $f(0) = \pi/2$ であるから

$$\sin^{-1} x+\cos^{-1} x = \frac{\pi}{2}$$

問4　$\tan^{-1} x+\cot^{-1} x = \pi/2$ を示せ（問題 1-3, 6 参照）.

平均値の定理は次のように拡張される.

┌─ **定理 2-13**（コーシーの平均値の定理）─────────

$f(x), g(x)$ は次の条件をみたしているとする.

（i）$[a, b]$ で連続

（ⅱ）(a, b) で微分可能で，$g'(x) \neq 0$

このとき，次の式をみたす c がある：

$$\frac{f(b)-f(a)}{g(b)-g(a)} = \frac{f'(c)}{g'(c)} \quad (a < c < b) \tag{9}$$

証明　まず，$g'(x) \neq 0$ より，ロルの定理（の対偶）から $g(b)-g(a) \neq 0$ である．さて，$\varphi(x) = f(x) - Ag(x)$ とおき，$\varphi(a) = \varphi(b)$ となるように定数 A を定める：$A = (f(b)-f(a))/(g(b)-g(a))$．このとき，$\varphi(x)$ はロルの定理の条件をみたしているから $\varphi'(c) = 0$（$a < c < b$）なる c がある．一方，$\varphi'(c) = f'(c) - Ag'(c)$ であるから

$$\frac{f(b)-f(a)}{g(b)-g(a)} = A = \frac{f'(c)}{g'(c)}$$

注1　$g(x) = x$ ととれば，平均値の定理を得る．

注2　$x = g(t)$，$y = f(t)$（$a \leq t \leq b$）は t を媒介変数とする平面曲線（3-6 節参照）である．A$(g(a), f(a))$，B$(g(b), f(b))$ とするとき，

$\dfrac{f(b)-f(a)}{g(b)-g(a)} =$ A と B を結ぶ直線 l の勾配

$\dfrac{f'(c)}{g'(c)} =$ 点 $(g(c), f(c))$ における曲線の接線の勾配

である．ゆえに，式（9）は l に平行な曲線の接線があることを示している．

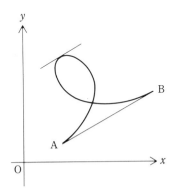

2.　ロ ピ タ ル の 定 理

$0/0$ や ∞/∞ の不定形の極限を計算するのに用いる．

定理 2-14

$f(x)$, $g(x)$ が次の条件をみたしているとする.

（ⅰ）(a, b) で微分可能で，$g'(x) \neq 0$

（ⅱ）$\displaystyle\lim_{x \to a+0} f(x) = \lim_{x \to a+0} g(x) = 0$

このとき，

$$\lim_{x \to a+0} \frac{f'(x)}{g'(x)} = \alpha \ (-\infty \leqq \alpha \leqq \infty) \Longrightarrow \lim_{x \to a+0} \frac{f(x)}{g(x)} = \alpha$$

証明　$f(a) = g(a) = 0$ と定めると，条件（ⅱ）より $f(x)$, $g(x)$ は $[a, b)$ で連続となる．(a, b) の任意の x をとり，$[a, x]$ で定理 2-13 を適用すると，

$$\frac{f(x)}{g(x)} = \frac{f(x)-f(a)}{g(x)-g(a)} = \frac{f'(c)}{g'(c)} \quad (a < c < x)$$

なる c が存在する．$x \to a+0$ のとき，$c \to a+0$ であり，仮定より，右辺 → α であるから，左辺 → α である．　∎

注　定理中のすべての「$\displaystyle\lim_{x \to a+0}$」を「$\displaystyle\lim_{x \to b-0}$」で置き換えた命題も成り立つ．

問5　これを述べて確かめよ.

系 1

$f(x)$, $g(x)$ が次の条件をみたしているとする.

（ⅰ）(a, d), (d, b) で微分可能で，$g'(x) \neq 0$

（ⅱ）$\displaystyle\lim_{x \to d} f(x) = \lim_{x \to d} g(x) = 0$

このとき，

$$\lim_{x \to d} \frac{f'(x)}{g'(x)} = \alpha \ (-\infty \leqq \alpha \leqq \infty) \Longrightarrow \lim_{x \to d} \frac{f(x)}{g(x)} = \alpha$$

証明　(d, b) に定理を，(a, d) に上の注を適用すると，

$$\lim_{x \to d+0} \frac{f(x)}{g(x)} = \lim_{x \to d-0} \frac{f(x)}{g(x)} = \alpha$$

1-2 節，定理 1-12 により，$\displaystyle\lim_{x \to d} f(x)/g(x) = \alpha.$　∎

例題 1　次の極限を求めよ．

1）$\displaystyle\lim_{x \to 0}\frac{1 - \cos x}{x^2}$　　2）$\displaystyle\lim_{x \to 0}\frac{1 - \cos 4x}{1 - \cos 2x}$　　3）$\displaystyle\lim_{x \to 0}\frac{4^x - 3^x}{x}$

[解]　1）$\displaystyle\lim_{x \to 0}\frac{1 - \cos x}{x^2} = \lim_{x \to 0}\frac{\sin x}{2x} = \frac{1}{2}$（∵　$\displaystyle\lim_{x \to 0}\frac{\sin x}{x} = 1$, 1-2 節, 例 5 参照）

2）$\displaystyle\lim_{x \to 0}\frac{1 - \cos 4x}{1 - \cos 2x} = \lim_{x \to 0}\frac{4 \sin 4x}{2 \sin 2x} = 2\lim_{x \to 0}\frac{4 \cos 4x}{2 \cos 2x} = 4$

3）$\displaystyle\lim_{x \to 0}\frac{4^x - 3^x}{x} = \lim_{x \to 0}(4^x \log 4 - 3^x \log 3) = \log 4 - \log 3 = \log\frac{4}{3}$

系 2

$f(x)$, $g(x)$ が次の条件をみたしているとする．

（ⅰ）(a, ∞) で微分可能で，$g'(x) \neq 0$

（ⅱ）$\displaystyle\lim_{x \to \infty} f(x) = \lim_{x \to \infty} g(x) = 0$

このとき，

$$\lim_{x \to \infty}\frac{f'(x)}{g'(x)} = \alpha\ (-\infty \leq \alpha \leq \infty) \implies \lim_{x \to \infty}\frac{f(x)}{g(x)} = \alpha$$

証明　$\max(a, 0) < a_1$ を選び，$(0, 1/a_1)$ で $F(x) = f(1/x)$, $G(x) = g(1/x)$ とおく．このとき，$F(x)$, $G(x)$ は，

（ⅰ）$(0, 1/a_1)$ で微分可能で，$G'(x) = -g'(1/x)x^{-2} \neq 0$

（ⅱ）$\displaystyle\lim_{x \to +0} F(x) = \lim_{x \to +0} G(x) = 0$

をみたし，かつ

$$\lim_{x \to +0}\frac{F'(x)}{G'(x)} = \lim_{x \to \infty}\frac{f'(x)}{g'(x)} = \alpha$$

定理 2-14 により

$$\lim_{x \to \infty}\frac{f(x)}{g(x)} = \lim_{x \to +0}\frac{F(x)}{G(x)} = \lim_{x \to +0}\frac{F'(x)}{G'(x)} = \lim_{x \to \infty}\frac{f'(x)}{g'(x)} = \alpha$$　∎

問 6　$(-\infty, b)$ の場合も同様な命題が成り立つ．これを述べて，確かめよ．

次に ∞/∞ の不定形の極限については次の定理が成り立つ．

―― 定理 2-15 ――――――

$f(x)$, $g(x)$ が次の条件をみたしているとする.

（ⅰ）(a, b) で微分可能で，$g'(x) \neq 0$

（ⅱ）$\displaystyle \lim_{x \to a+0} f(x) = \lim_{x \to a+0} g(x) = \infty$

このとき，

$$\lim_{x \to a+0} \frac{f'(x)}{g'(x)} = \alpha \ (-\infty \le \alpha \le \infty) \Longrightarrow \lim_{x \to a+0} \frac{f(x)}{g(x)} = \alpha.$$

　証明は，定理 2-14 の場合とは異なり，定理 2-13 から直接にはできなくて少し複雑なので省略する.

　注　定理中のすべての「$\displaystyle\lim_{x \to a+0}$」を「$\displaystyle\lim_{x \to b-0}$」で置き換えた命題も成り立つ.

　定理 2-15 と上の注を合わせると次を得る.

―― 系 1 ――――――

$f(x)$, $g(x)$ が次の条件をみたしているとする.

（ⅰ）(a, c), (c, b) で微分可能で，$g'(x) \neq 0$

（ⅱ）$\displaystyle \lim_{x \to c} f(x) = \lim_{x \to c} g(x) = \infty$

このとき，

$$\lim_{x \to c} \frac{f'(x)}{g'(x)} = \alpha \ (-\infty \le \alpha \le \infty) \Longrightarrow \lim_{x \to c} \frac{f(x)}{g(x)} = \alpha$$

証明は定理 2-14，系 1 と同様にすればよい.

―― 系 2 ――――――

$f(x)$, $g(x)$ が次の条件をみたしているとする.

（ⅰ）(a, ∞) で微分可能で，$g'(x) \neq 0$

（ⅱ）$\displaystyle \lim_{x \to \infty} f(x) = \lim_{x \to \infty} g(x) = \infty$

このとき，

$$\lim_{x \to \infty} \frac{f'(x)}{g'(x)} = \alpha \ (-\infty \le \alpha \le \infty) \Longrightarrow \lim_{x \to \infty} \frac{f(x)}{g(x)} = \alpha$$

証明は，定理 2-15 を用いて，定理 2-14，系 2 のようにすればよい.

注　$(-\infty, b)$ の場合も同様の命題が成り立つ.

問7　系 1，系 2 を示せ.

例題2　次の極限を求めよ.

1) $\displaystyle\lim_{x\to\infty}\frac{\log x}{x}$　　2) $\displaystyle\lim_{x\to\infty}\frac{x^a}{e^x}$　$(a>0)$

[**解**]　1) $\displaystyle\lim_{x\to\infty}\frac{\log x}{x}=\lim_{x\to\infty}\frac{(\log x)'}{(x)'}=\lim_{x\to\infty}\frac{1/x}{1}=\lim_{x\to\infty}\frac{1}{x}=0$

2) $n\leqq a<n+1$ なる自然数 n に対して，$x^a<x^{n+1}$ $(x>1)$ だから

$$0\leqq\lim_{x\to\infty}\frac{x^a}{e^x}\leqq\lim_{x\to\infty}\frac{x^{n+1}}{e^x}=\lim_{x\to\infty}\frac{(n+1)x^n}{e^x}=\cdots=\lim_{x\to\infty}\frac{(n+1)!}{e^x}=0$$

$$\therefore\quad\lim_{x\to\infty}\frac{x^a}{e^x}=0$$

問8　次の極限を求めよ.

（1）$\displaystyle\lim_{x\to 0}\frac{x+\tan 3x}{x-\tan 3x}$　　（2）$\displaystyle\lim_{t\to 0}\frac{e^{4t}-e^t-3t}{t^2}$　　（3）$\displaystyle\lim_{x\to\infty}\frac{(\log x)^n}{x}$

（4）$\displaystyle\lim_{x\to\infty}\frac{x^n}{e^{ax}}$ $(a>0)$　　（5）$\displaystyle\lim_{x\to 0}\frac{\sin^{-1}x}{x}$　　（6）$\displaystyle\lim_{x\to\pi/2}\frac{1-\sin x}{\cos x}$

（7）$\displaystyle\lim_{x\to\pi/2-0}\frac{\log(\pi/2-x)}{\tan x}$　　（8）$\displaystyle\lim_{x\to\infty}\frac{1/x}{\pi/2-\tan^{-1}x}$

$\displaystyle\lim_{x\to+0}x\log x$ や $\displaystyle\lim_{x\to+0}x^x$ などに現れる $0\cdot\infty$, 0^0, $\infty-\infty$, ∞^0, 1^∞ などの不定形の極限は式の変形を行い $0/0$ や ∞/∞ などに帰着して考える.

例題3　次の極限を求めよ.

1) $\displaystyle\lim_{x\to+0}x\log x$　　2) $\displaystyle\lim_{x\to+0}x^x$　　3) $\displaystyle\lim_{x\to\pi/2-0}(\tan x-\sec x)$

4) $\displaystyle\lim_{x\to-\infty}(\sqrt{x^2+1}+x)$

[**解**]　1) $\displaystyle\lim_{x\to+0}x\log x=\lim_{x\to+0}\frac{\log x}{1/x}=\lim_{x\to+0}\frac{1/x}{-1/x^2}=\lim_{x\to+0}(-x)=0$ $\left(\frac{\infty}{\infty}\text{に帰着}\right)$

2) $\displaystyle\lim_{x\to+0}x^x=\lim_{x\to+0}e^{x\log x}=1$（1）に帰着）

3) $\displaystyle\lim_{x\to\pi/2-0}(\tan x-\sec x)=\lim_{x\to\pi/2-0}\frac{\sin x-1}{\cos x}=\lim_{x\to\pi/2-0}\frac{\cos x}{-\sin x}=0$

4) $\displaystyle\lim_{x\to-\infty}(\sqrt{x^2+1}+x)=\lim_{x\to-\infty}\frac{1}{\sqrt{x^2+1}-x}=0$

問9 次の極限を求めよ.

（1） $\displaystyle\lim_{x\to+0} x\log\left(1+\frac{1}{x}\right)$　（2） $\displaystyle\lim_{x\to+0}(1+ax)^{1/x}$　（3） $\displaystyle\lim_{x\to+0}(e^x-1)^x$

（4） $\displaystyle\lim_{x\to+0}\left(\frac{\sin x}{x}\right)^{1/x}$　（5） $\displaystyle\lim_{x\to 1}\left(\frac{1}{\log x}-\frac{1}{x-1}\right)$　（6） $\displaystyle\lim_{x\to\infty} x^{1/x}$

（7） $\displaystyle\lim_{x\to+0}(\tan x)^x$　（8） $\displaystyle\lim_{x\to\infty} x\sin^{-1}\frac{1}{x}$

問題 2-3 （答は p. 308）

1. 次の極限を求めよ（*印は少々難）（$m, n \in \boldsymbol{N}$, $\alpha, a, b > 0$）.

（1） $\displaystyle\lim_{x\to 0}\frac{\sin(x^2)}{x}$　（2） $\displaystyle\lim_{x\to 0}\frac{\sin^{-1}(x^2)}{x}$　（3） $\displaystyle\lim_{x\to 0}\frac{\tan^{-1}(x^2)}{x^2}$

（4）* $\displaystyle\lim_{x\to 0}\left(\frac{1}{(\sin^{-1}x)^2}-\frac{1}{x^2}\right)$　（5）* $\displaystyle\lim_{x\to\infty} x\left(\left(1+\frac{1}{x}\right)^x-e\right)$

（6）* $\displaystyle\lim_{x\to 0}\left(\frac{a^x+b^x}{2}\right)^{1/x}$　（7） $\displaystyle\lim_{x\to+0}(\tan x)^{\tan x}$

（8） $\displaystyle\lim_{x\to 0}\left(\frac{1}{x}-\frac{1}{\log(1+x)}\right)$　（9） $\displaystyle\lim_{x\to 1}\frac{1}{x-1}\left(\frac{x^n-1}{x^m-1}-\frac{n}{m}\right)$ $(n>m\geq 2)$

（10） $\displaystyle\lim_{x\to 0}\frac{x-\tan^{-1}x}{x^3}$　（11） $\displaystyle\lim_{x\to 0}\frac{x-(1/2)x^2-\log(1+x)}{x^3}$

（12）* $\displaystyle\lim_{x\to 0}\left(\frac{1}{\tan^2 x}-\frac{1}{x^2}\right)$　（13） $\displaystyle\lim_{x\to\infty}\frac{(\log x)^n}{x^\alpha}$

（14） $\displaystyle\lim_{x\to+0} x^\alpha(\log x)^n$　（15） $\displaystyle\lim_{x\to 0}\frac{a^x-b^x}{x}$　（16） $\displaystyle\lim_{x\to 0}\frac{b^x-1}{a^x-1}$

2. f が C^2 級のとき，次を示せ.

$$\lim_{h\to 0}\frac{f(a+h)+f(a-h)-2f(a)}{h^2}=f''(a)$$

3. 次はどこが誤りか.

（1） $\displaystyle\lim_{x\to 0}\frac{\sin x}{x+1}=\lim_{x\to 0}\frac{(\sin x)'}{(x+1)'}=\lim_{x\to 0}\frac{\cos x}{1}=1$

（2） $\displaystyle 1=\lim_{x\to\infty}\frac{(1+\cos x)^2+x+\sin x}{x+\sin x}=\lim_{x\to\infty}\frac{2(1+\cos x)\cdot(-\sin x)+1+\cos x}{1+\cos x}$

　　$\displaystyle =\lim_{x\to\infty}(1-2\sin x)$

4. $f(x)$ を $[a,b]$ で微分可能で，$f'(x)\geq 0$ かつ少なくとも 1 点 $c\in[a,b]$ で $f'(c)$ は正とする. このとき，$f(a)<f(b)$ を示せ.

5. $f(x)$ は $[a,\infty)$ で連続，(a,∞) で微分可能かつ $\displaystyle\lim_{x\to\infty}f(x)=f(a)$ とする. このとき，$f'(c)=0$ $(a<c<\infty)$ となる c があることを示せ.

6. 連続関数 $f(x)$ が区間 (a, b) の1点 c 以外で微分可能，かつ $\lim_{x \to c} f'(x) = l$ とする．このとき，$f(x)$ は $x = c$ で微分可能で $f'(c) = l$ を示せ．

7. $\lim_{x \to \infty} f(x) = \alpha$, $\lim_{x \to \infty} f'(x) = \beta$ が存在したならば $\beta = 0$ を示せ．

8. $\lim_{x \to \infty} f'(x) = \alpha$ ならば $\lim_{x \to \infty}(f(x+1) - f(x)) = \alpha$ を示せ．

9. （1）　$f(x)$, $g(x)$, $h(x)$ が $[a, b]$ で連続，(a, b) で微分可能のとき，
$$\begin{vmatrix} f(a) & g(a) & h(a) \\ f(b) & g(b) & h(b) \\ f'(c) & g'(c) & h'(c) \end{vmatrix} = 0 \quad (a < c < b)$$
をみたす c があることを示せ．

（2）　（1）で $g(x)$, $h(x)$ を適当にとることにより定理 2-11，2-13 を導け．

10. $a_1 > a_2 > \cdots > a_n > 0$ のとき次の極限を求めよ．

（1）　$\displaystyle\lim_{x \to +0}\left(\frac{a_1{}^x + \cdots + a_n{}^x}{n}\right)^{1/x}$ 　　（2）　$\displaystyle\lim_{x \to \infty}\left(\frac{a_1{}^x + \cdots + a_n{}^x}{n}\right)^{1/x}$

11. ルジャンドルの多項式 $P_n(x) = \dfrac{1}{2^n n!}\dfrac{d^n}{dx^n}(x^2 - 1)^n$ は $(-1, 1)$ に相異なる n 個の根をもつことを示せ．

12. $f(x) = e^{-1/x^2}$ $(x \neq 0)$, $= 0$ $(x = 0)$ とする．次を示せ．

（1）　$r(x)$ を任意の有理関数としたとき，$\displaystyle\lim_{x \to 0} r(x)e^{-1/x^2} = 0$

（2）　$f^{(n)}(x) = g_n\left(\dfrac{1}{x}\right)e^{-1/x^2}$ $(x \neq 0)$ $(n \in \boldsymbol{N}$, $g_n(t)$ は t の $3n$ 次の多項式$)$

（3）　$f^{(n)}(0) = 0$ $(n \in \boldsymbol{N})$

13. $A_0(x), \cdots, A_n(x)$ を x の多項式としたとき，$A_0(x)f^n + \cdots + A_n(x) = 0$ をみたす関数 f を代数関数，そうでない関数を超越関数という．次を示せ．

（1）　多項式，有理関数，$\sqrt[n]{多項式}$ は代数関数

（2）　e^x, $\log x$, $\sin x$, $\cos x$ は超越関数

2-4　テイラーの定理

1. 平均値の定理の一般化

次のテイラーの定理を証明する．

> #### ┌── 定理 2-16 （テイラーの定理）──
>
> $f(x)$ は開区間 I で n 回微分可能とし，I の相異なる2点 a, b を任意にとる．このとき，次の式をみたす c が a と b の間にある：
> $$f(b) = f(a) + f'(a)(b - a) + \frac{f''(a)}{2!}(b - a)^2 + \cdots$$

$$+\frac{f^{(n-1)}(a)}{(n-1)!}(b-a)^{n-1}+\frac{f^{(n)}(c)}{n!}(b-a)^n \quad (1)$$

証明 $F(x)=f(b)-\sum_{k=0}^{n-1}\frac{f^{(k)}(x)}{k!}(b-x)^k, \quad G(x)=(b-x)^n$

とおき，この $F(x)$，$G(x)$ に定理 2-13 を適用する．$F(b)=G(b)=0$ より

$$\frac{F(a)}{G(a)}=\frac{F(b)-F(a)}{G(b)-G(a)}=\frac{F'(c)}{G'(c)} \quad (c \text{ は } a \text{ と } b \text{ の間}) \quad (2)$$

$$F'(c)=-\frac{f^{(n)}(c)}{(n-1)!}(b-c)^{n-1}, \quad G'(c)=-n(b-c)^{n-1}$$

$$F(a)=f(b)-\sum_{k=0}^{n-1}\frac{f^{(k)}(a)}{k!}(b-a)^k, \quad G(a)=(b-a)^n$$

であるから，これらを式（2）へ代入して整理すると式（1）を得る．　∎

定理 2-16 において

$$b-a=h, \ \frac{c-a}{b-a}=\theta \quad \text{すなわち} \quad c=a+\theta h$$

とおくと，$0<\theta<1$ であって式（1）は

$$f(a+h)=f(a)+f'(a)h+\frac{f^{(2)}(a)}{2!}h^2+\cdots$$

$$+\frac{f^{(n-1)}(a)}{(n-1)!}h^{n-1}+\frac{f^{(n)}(a+\theta h)}{n!}h^n \quad (0<\theta<1) \quad (3)$$

と書ける．この最後の項を**剰余項**という．$n=1$ のときは平均値の定理である．

系（マクローリンの定理）

$f(x)$ が原点を含む開区間 I で n 回微分可能のとき，$x\in I$ に対して

$$f(x)=f(0)+f'(0)x+\frac{f^{(2)}(0)}{2!}x^2+\cdots$$

$$+\frac{f^{(n-1)}(0)}{(n-1)!}x^{n-1}+\frac{f^{(n)}(\theta x)}{n!}x^n \quad (0<\theta<1) \quad (4)$$

をみたす θ が存在する．

式（3）で $a = 0$, $h = x$ ととればよい.

2. 初等関数の場合

e^x や $\sin x$ などの初等関数に式（1）や式（4）を適用する.

例1 $f(x) = n$ 次の多項式. $f^{(n+1)}(x) \equiv 0$ であるから

$$f(x) = f(a) + f'(a)(x-a) + \frac{f''(a)}{2!}(x-a)^2 + \cdots + \frac{f^{(n)}(a)}{n!}(x-a)^n$$

例2 $f(x) = e^x$. $f^{(n)}(0) = 1$ $(n = 0, 1, 2, \cdots)$. 式（4）より

$$e^x = 1 + x + \frac{x^2}{2!} + \cdots + \frac{x^{n-1}}{(n-1)!} + \frac{e^{\theta x}}{n!}x^n \quad (0 < \theta < 1) \tag{5}$$

をみたす θ がある.

例3 $f(x) = \sin x$. $(\sin x)^{(n)} = \sin(x + n\pi/2)$ であるから

$$f(0) = 0, \quad f'(0) = 1, \quad f''(0) = 0, \quad f'''(0) = -1,$$

一般に,

$$f^{(2n)}(0) = 0, \quad f^{(2n+1)}(0) = (-1)^n \quad (n = 0, 1, 2, \cdots)$$

さらに,

$$f^{(2n+1)}(x) = \sin\left(x + \frac{(2n+1)}{2}\pi\right) = (-1)^n \cos x$$

したがって, 式（4）より

$$\sin x = x - \frac{x^3}{3!} + \frac{x^5}{5!} - \cdots + (-1)^{n-1}\frac{x^{2n-1}}{(2n-1)!}$$

$$+ (-1)^n\frac{x^{2n+1}}{(2n+1)!}\cos\theta x \quad (0 < \theta < 1)$$

例4 $f(x) = \cos x$. $(\cos x)^{(n)} = \cos(x + n\pi/2)$ であるから

$$f(0) = 1, \quad f'(0) = 0, \quad f''(0) = -1, \quad f'''(0) = 0$$

一般に,

$$f^{(2n)}(0) = (-1)^n, \quad f^{(2n+1)}(0) = 0 \quad (n = 0, 1, 2, \cdots)$$

さらに,

$$f^{(2n)}(x) = \cos(x + n\pi) = (-1)^n \cos x$$

したがって, 式（4）より,

$$\cos x = 1 - \frac{x^2}{2!} + \frac{x^4}{4!} - \cdots + (-1)^{n-1}\frac{x^{2n-2}}{(2n-2)!}$$

$$+ (-1)^n\frac{x^{2n}}{(2n)!}\cos\theta x \quad (0 < \theta < 1)$$

例5 $f(x) = \log(1+x)$.

$f^{(n)}(x) = (-1)^{n-1}(n-1)!(1+x)^{-n}$ $(n \geq 1)$ であるから

$$\frac{f^{(n)}(0)}{n!} = \frac{(-1)^{n-1}(n-1)!}{n!} = \frac{(-1)^{n-1}}{n} \quad (n = 1, 2, \cdots)$$

$f(0) = 0$ であるから, 式 (4) より $x > -1$ に対して

$$\log(1+x) = x - \frac{x^2}{2} + \frac{x^3}{3} - \cdots + (-1)^{n-2}\frac{x^{n-1}}{n-1}$$

$$+ (-1)^{n-1}\frac{x^n}{n}\frac{1}{(1+\theta x)^n} \quad (0 < \theta < 1)$$

例6 $f(x) = (1+x)^a$ $(a \in \boldsymbol{R})$.

$$f^{(n)}(x) = a(a-1)\cdots(a-n+1)(1+x)^{a-n}$$

であるから

$$\frac{f^{(n)}(0)}{n!} = \frac{a(a-1)\cdots(a-n+1)}{n!} \quad (n = 1, 2, \cdots)$$

いま, この右辺を

$$\begin{pmatrix} a \\ n \end{pmatrix} = \frac{a(a-1)\cdots(a-n+1)}{n!} \quad (n = 1, 2, \cdots) \text{ かつ } \begin{pmatrix} a \\ 0 \end{pmatrix} = 1$$

と定める. 特に, $a = m \in \boldsymbol{N}$ のときには $\begin{pmatrix} m \\ n \end{pmatrix} = {}_mC_n$ である.

このとき, $f(0) = 1$ であるから式 (4) より (一般には $x > -1$ のとき)

$$(1+x)^a = 1 + \begin{pmatrix} a \\ 1 \end{pmatrix}x + \begin{pmatrix} a \\ 2 \end{pmatrix}x^2 + \cdots + \begin{pmatrix} a \\ n-1 \end{pmatrix}x^{n-1}$$

$$+ \begin{pmatrix} a \\ n \end{pmatrix}x^n(1+\theta x)^{a-n} \quad (0 < \theta < 1)$$

この式で, 特に $a = n \in \boldsymbol{N}$ のときには, 二項定理となる:

$$(1+x)^n = \sum_{k=0}^{n} {}_nC_k x^k$$

問1　次の関数にマクローリンの定理を適用せよ.

（1）　$\cosh x$　（2）　$\cos^2 x$　（3）　$\sin x \sin 2x$　（4）　$\log(1-x)$

（5）　$\dfrac{1}{(1+x)}$　（6）　$\dfrac{1}{(1+x)^2}$　（7）　$\sqrt{1+x}$　（8）　$\dfrac{1}{\sqrt{1+x}}$

（9）　a^x　（10）　$\dfrac{1}{1-x^2}$

問題 2-4（答は p. 309）

1.　$\boldsymbol{R}$ で $f^{(n)}(x) \equiv 0$（$n \in \boldsymbol{N}$）ならば $f(x)$ は $n-1$ 次以下の多項式であることを示せ.

2.　$f(x)$, $g(x)$ は区間 I で C^n 級で $g^{(n)}(x) \neq 0$, $a, b \in I$（$a < b$）のとき

$$\frac{f(b) - \sum\limits_{k=0}^{n-1} \dfrac{f^{(k)}(a)}{k!}(b-a)^k}{g(b) - \sum\limits_{k=0}^{n-1} \dfrac{g^{(k)}(a)}{k!}(b-a)^k} = \frac{f^{(n)}(c)}{g^{(n)}(c)} \quad (a < c < b)$$

をみたす c があることを示せ.

3.　$f \in C^3[a, b]$ のとき，次の式をみたす c（$a < c < b$）があることを示せ.

（1）　$f(b) = f(a) + \dfrac{1}{2}(b-a)\{f'(a) + f'(b)\} - \dfrac{(b-a)^3}{12}f'''(c)$

（2）　$f(b) = f(a) + (b-a)f'\left(\dfrac{a+b}{2}\right) + \dfrac{(b-a)^3}{24}f'''(c)$

4.　f が原点の近傍で C^{n+1} 級で $f^{(n+1)}(0) \neq 0$ のとき，定理 2-16, 系における θ を θ_n とおくとき $\lim\limits_{x \to 0} \theta_n = 1/(n+1)$ であることを示せ.

2-5　関 数 の 増 減

平均値の定理やテイラーの定理を応用して関数の変化を調べる.

定理 2-17

$f(x)$ が次の条件をみたしているとする.

（ⅰ）　$[a, b]$ で連続

（ⅱ）　(a, b) で微分可能

このとき，

$$f'(x) > 0 \ (x \in (a, b)) \Longrightarrow f(x) \text{ は } [a, b] \text{ で増加関数}$$

$$f'(x) < 0 \ (x \in (a, b)) \Longrightarrow f(x) \text{ は } [a, b] \text{ で減少関数}$$

証明 $f'(x) > 0$ のとき，$[a, b]$ の相異なる任意の 2 点 $x_1 < x_2$ をとり，$[x_1, x_2]$ に平均値の定理を適用すると，

$$f(x_2) - f(x_1) = f'(c)(x_2 - x_1) \quad (x_1 < c < x_2)$$

となる c がある．$f'(c) > 0$ より，$f(x_1) < f(x_2)$ であるから，$f(x)$ は増加関数である．$f'(x) < 0$ のときも同様． ∎

例題 1 次の不等式を示せ．

1) $\log(1+x) > x - \dfrac{x^2}{2} \quad (x > 0)$

2) $\cos x < 1 - \dfrac{x^2}{2!} + \dfrac{x^4}{4!} \quad (-\infty < x < \infty, \ x \neq 0)$

[解] 1) $f(x) = \log(1+x) - x + x^2/2$ とおく（$x \geq 0$）．

$$f'(x) = \frac{1}{1+x} - 1 + x = \frac{x^2}{1+x} > 0 \quad (x > 0)$$

したがって，$f(x)$ は $[0, \infty)$ で増加関数，特に，$f(x) > f(0) = 0$ であるから

$$\log(1+x) > x - \frac{x^2}{2} \quad (x > 0)$$

2) $f(x) = \cos x - 1 + \dfrac{x^2}{2!} - \dfrac{x^4}{4!}$ とおく．$f(x)$ は偶関数だから以下 $x \geq 0$ で考える．

$$f'(x) = -\sin x + x - \frac{x^3}{3!}, \quad f''(x) = -\cos x + 1 - \frac{x^2}{2}, \quad f'''(x) = \sin x - x$$

$x > 0$ のとき，まず，f'' に定理を適用する．補題 1-4 により，$f'''(x) < 0$ であるから，

$$f''(x) < f''(0) = 0$$

次に，f' に適用すると，$f''(x) < 0$ より

$$f'(x) < f'(0) = 0$$

最後に，f に適用して $f'(x) < 0$ より

$$f(x) < f(0) = 0$$

すなわち，

$$\cos x < 1 - \frac{x^2}{2!} + \frac{x^4}{4!} \quad (x > 0)$$

問 1 次の不等式を示せ（$x > 0$）．

（1） $x - \dfrac{x^3}{3!} < \sin x$ （2） $\log(1+x) < x$

注 1 点 a で $f'(a) > 0$ でも，a の近くで増加関数とは限らない．

例1　$f(x) = x + 2x^2 \sin(1/x)$ $(x \neq 0)$, $= 0$ $(x = 0)$ は, [1] $f'(0) = 1$, [2] $f(-x) < 0 < f(x)$ $(0 < x < 1/2)$, [3] $x = 0$ の左右で無限回増減している.

問2　これを確かめよ（問題2-5, 5参照）.

2-3節で極大, 極小の定義を述べ（定義2-5）, その必要条件を調べた（定理2-9）. ここでは, 十分条件について調べる.

定理2-18

$f(x)$ が $(a-\delta, a+\delta)$ $(\delta > 0)$ で連続, a 以外で微分可能とする. このとき,

[I]　$f'(x) > 0$ $(a-\delta < x < a)$, $f'(x) < 0$ $(a < x < a+\delta)$
　　　　$\implies f(x)$ は $x = a$ で極大

[II]　$f'(x) < 0$ $(a-\delta < x < a)$, $f'(x) > 0$ $(a < x < a+\delta)$
　　　　$\implies f(x)$ は $x = a$ で極小

証明　[I]　定理2-17により, $f(x)$ は $(a-\delta, a]$ で増加関数, $[a, a+\delta)$ で減少関数, 特に $f(x) < f(a)$ $(x \neq a)$. すなわち $f(a)$ は極大値.

x	$a-\delta$		a		$a+\delta$
$f'(x)$		$+$		$-$	
$f(x)$		↗	極大	↘	

[II] も同様である. ■

例2　$f(x) = |\sin x|$ $(0 < x < 2\pi)$ の極大, 極小.

[解]　$f'(x) = \cos x$ $(0 < x < \pi)$, $-\cos x$ $(\pi < x < 2\pi)$ であるから

$$f'(x) > 0 \left(0 < x < \frac{\pi}{2}\right), \quad f'(x) < 0 \left(\frac{\pi}{2} < x < \pi\right)$$

$$f'(x) > 0 \left(\pi < x < \frac{3}{2}\pi\right), \quad f'(x) < 0 \left(\frac{3}{2}\pi < x < \pi\right)$$

であるから, $x = \pi/2, (3/2)\pi$ で極大, $x = \pi$ で極小.

定理2-9によれば, 微分可能のときには極値をとる点 a で $f'(a) = 0$ であった. 高次導関数を用いると, 次の十分条件が与えられる.

定理 2-19

a の近くで $f(x)$ は $2n$ 回微分可能で，$f^{(2n)}(x)$ は $x = a$ で連続とする．このとき

$$f'(a) = f''(a) = \cdots = f^{(2n-1)}(a) = 0$$

でかつ

[I]　$f^{(2n)}(a) > 0 \Longrightarrow x = a$ で $f(x)$ は極小

[II]　$f^{(2n)}(a) < 0 \Longrightarrow x = a$ で $f(x)$ は極大

証明　テイラーの定理（2-4 節，（3））に定理の条件を用いると

$$f(a+h) = f(a) + \frac{f^{(2n)}(a+\theta h)}{(2n)!} h^{2n}$$

$f^{(2n)}(x)$ が $x = a$ で連続だから，$f^{(2n)}(a) \neq 0$ のとき，$|h|$ が十分小さければ，$f^{(2n)}(a+\theta h)$ は $f^{(2n)}(a)$ と同符号（定理 1-17）．したがって，

$f^{(2n)}(a) > 0$ ならば，a の十分近くで $f(a+h) > f(a)$，すなわち極小

$f^{(2n)}(a) < 0$ ならば，a の十分近くで $f(a+h) < f(a)$，すなわち極大　■

系

a の近くで，$f(x)$ は C^2 級で，$f'(a) = 0$ とする．このとき，

[I]　$f''(a) > 0 \Longrightarrow x = a$ で $f(x)$ は極小

[II]　$f''(a) < 0 \Longrightarrow x = a$ で $f(x)$ は極大

例題 2　$f_n(x) = 1 + x + \dfrac{x^2}{2!} + \cdots + \dfrac{x^n}{n!}$（$n \in \boldsymbol{N}$）とおくとき，次を示せ．

1 ）　常に，$f_{2n}(x) > 0$　　2 ）　$f_{2n-1}(x) = 0$ はただ 1 つの実根をもつ．

[解]　数学的帰納法による．$n = 1$ のときは 1 ），2 ）とも明らかである．次に，n のとき成り立つとして，$n+1$ のときを示す．

$$f_{2n+2}'(x) = f_{2n+1}(x), \qquad f_{2n+2}''(x) = f_{2n+1}'(x) = f_{2n}(x) \tag{1}$$

であり，帰納法の仮定より $f_{2n}(x) > 0$ であるから $f_{2n+1}(x)$ は増加関数，そして，$\lim_{x \to -\infty} f_{2n+1}(x) = -\infty$, $\lim_{x \to \infty} f_{2n+1}(x) = \infty$ であるから中間値の定理により，$f_{2n+1}(x) = 0$ をみたす $x = a$ がただ 1 つ存在する．

次に，式（1）より $f_{2n+2}'(a) = 0$ かつ $f_{2n+2}''(a) > 0$．系より，$x = a$ でのみ

$f_{2n+2}(x)$ は極値で，極小となる．ゆえに，$f_{2n+2}(a)$ は $f_{2n+2}(x)$ の最小値．

$$f_{2n+2}(a) = f_{2n+1}(a) + \frac{a^{2n+2}}{(2n+2)!} = \frac{a^{2n+2}}{(2n+2)!} > 0 \quad (a \neq 0 \text{ である})$$

すなわち，$f_{2n+2}(x) > 0$ である． ∎

問3 次の関数の極値と増減を調べ，グラフを書け．

（1） e^{-x^2} （2） $|1-x^2|$ （3） $x \log x$ （4） $e^x \sin x$

問題 2-5 （答は p. 309）

1. 次の関数の極値を求めよ．

（1） $f(x) = x^5 - 15x^3 + a$ （2） $f(x) = x^{4/5}(9/4 - x)$

2. 楕円 $\dfrac{x^2}{a^2} + \dfrac{y^2}{b^2} = 1 \ (a, b > 0)$ の接線の両軸によって切り取られる部分の長さの最小値を求めよ．

3. 次の不等式を示せ．

（1） $e^x > 1 + \dfrac{x}{1!} + \dfrac{x^2}{2!} + \cdots + \dfrac{x^n}{n!} \ (x > 0, \ n \in \boldsymbol{N})$

（2） $x > \tan^{-1} x > x - \dfrac{x^3}{3} \ (x > 0)$

4. $\sinh x, \cosh x$ の増減を調べグラフの概形を書け．

5. 区間 I での関数 $f(x)$ が $a \in I$ で微分可能で $f'(a) > 0$ ならば，

$$f(x) < f(a) \ (a - \delta < x < a), \qquad f(a) < f(x) \ (a < x < a + \delta)$$

（δ はある正数）（a が端点のときは一方のみ）となっていることを示せ．

6. $f(0) = 1, \ x > 0$ で $f'(x) \geqq cf(x) \ (c > 0)$ ならば $f(x) \geqq e^{cx}$ であることを証明せよ．ただし，$f(x)$ は $x \geqq 0$ で微分可能とする．

7. 次の不等式を示せ（$n \in \boldsymbol{N}$）．

$$1 - \frac{x}{1!} + \cdots - \frac{x^{2n-1}}{(2n-1)!} < e^{-x} < 1 - \frac{x}{1!} + \cdots - \frac{x^{2n-1}}{(2n-1)!} + \frac{x^{2n}}{(2n)!} \quad (x > 0)$$

8. 2-5節，例題2により方程式

$$1 + x + \frac{x^2}{2!} + \cdots + \frac{x^{2n+1}}{(2n+1)!} = 0$$

はただ1つの実根をもつ．これを a_n とおくとき $a_n \downarrow -\infty \ (n \to \infty)$ を示せ．

9. $H_n(x) = (-1)^n e^{x^2} \dfrac{d^n}{dx^n} e^{-x^2} \ (n \in \boldsymbol{N})$（2-2節，例2）について次を示せ．

（1） $H_n(x) = 0 \ (n \in \boldsymbol{N})$ は相異なる n 個の実根をもつ．

（2） $n \geqq 2$ のとき，$H_{n-1}(x) = 0$ の各根は $H_n(x) = 0$ の各根の間に1つずつある．

2-6 関 数 の 近 似

1. 無限小・無限大とランダウの記号 ─────────

$x \to 0$ のとき，$\sqrt{x}$，$\sin x$，x^2 などは 0 に近づくがその度合は異なる．また，$x \to \infty$ としたとき，x^2，$\sqrt{x}$，$\log x$ などは無限大に発散するが，やはりその度合は異なる．そこで，

定義 2-6（無限小）**[ⅰ]**　　$x \to 0$ に対して $f(x) \to 0$ となっているとき，$f(x)$ は $x \to 0$ のとき**無限小**であるといって，$f(x) = o(1)$ $(x \to 0)$ と表す．

[ⅱ]　　$\alpha > 0$ があって，

$$\lim_{x \to 0} \frac{f(x)}{x^\alpha} = K \quad (K \neq \infty, -\infty)$$

となっているとき，$K \neq 0$ ならば $f(x)$ は x に対して**α 位の無限小**であるという．$K = 0$ のとき $f(x)$ は x^α より**高位の無限小**といって

$$f(x) = o(x^\alpha) \quad (x \to 0) \tag{1}$$

と表す．

[ⅲ]　　$\alpha \geq 0$ と正の定数 M があって，$|f(x)/x^\alpha| < M$ $(x \to 0)$ のとき，

$$f(x) = O(x^\alpha) \quad (x \to 0) \tag{2}$$

と表す．$f(x) = O(1)$ $(x \to 0)$ は $f(x)$ が $x = 0$ の近くで有界なことを意味している．

　$\alpha > 0$ のとき，式（1）ならば式（2）である．

注　$x \to a$ のとき，$f(x) \to 0$ の場合には，x の代りに $x-a$ を用いて，同様に定義する．o, O は**ランダウの記号**といわれる．

例題 1　次の関数は x に対して何位の無限小か．

　1）$\sqrt{x}$　　2）$\sin x$　　3）x^2　　4）$1 - \cos x$　　5）$x - \sin x$

[解]　明らかに $\sqrt{x}$ は 1/2 位，$\sin x$ は 1 位，x^2 は 2 位の無限小である．

　4）$\displaystyle\lim_{x \to 0} \frac{1 - \cos x}{x^2} = \frac{1}{2}$（2·3 節，例題 1）より，2 位の無限小．

　5）$\displaystyle\lim_{x \to 0} \frac{x - \sin x}{x^3} = \lim_{x \to 0} \frac{1 - \cos x}{3x^2} = \frac{1}{6}$ より，3 位の無限小．

問1　$x \to 0$ のとき，次の関数はそれぞれ何位の無限小か．

（1）　$\sin x / \sqrt{x}$　（2）　$\log(1+x)$　（3）　$e^x - 1$　（4）　$\tan^2 x$

（5）　$\sqrt{1+x} - 1$　（6）　$\sin^{-1} x$　（7）　$\tan^{-1} x$　（8）　$\dfrac{\pi}{2} - \cos^{-1} x$

（9）　$\sin x - \sin^{-1} x$　（10）　$x - \log(1+x)$

定義 2-7（無限大）[i]　$x \to \infty$ に対して，$f(x) \to \infty$ となっているとき，$f(x)$ は $x \to \infty$ のとき，**無限大**であるという．

　[ii]　$f(x) \to \infty$ $(x \to \infty)$ であって，ある $a > 0$ に対して，$f(x)/x^a \to L$ $(x \to \infty)$ となっているとする．このとき，$L \neq 0, \infty$ ならば，$f(x)$ は x に対して**a 位の無限大**であるという．$L = 0$ のとき，$f(x)$ は x^a より**低位の無限大**といって，

$$f(x) = o(x^a) \quad (x \to \infty)$$

と表し，$L = \infty$ ならば，**高位の無限大**という．

　[iii]　$a \geqq 0$ と正の定数 M があって，$|f(x)/x^a| < M$ $(x \to \infty)$ のとき，

$$f(x) = O(x^a) \quad (x \to \infty)$$

と表す．$f(x) = O(1)$ $(x \to \infty)$ は $x \to \infty$ のとき $f(x)$ が有界なことを意味している．

　この o, O もランダウの記号である．

例題2　$x \to \infty$ のとき，次の関数はそれぞれ何位の無限大か．

　1）　x^2　　2）　$\sqrt{x}$　　3）　$\log x$　　4）　e^x

［解］　x^2 が 2 位，$\sqrt{x}$ が 1/2 位の無限大であることは明らかである．

　3）　$a > 0$ に対して，

$$\lim_{x \to \infty} \frac{\log x}{x^a} = \lim_{x \to \infty} \frac{1/x}{a x^{a-1}} = \frac{1}{a} \lim_{x \to \infty} \frac{1}{x^a} = 0$$

$$\therefore \ \log x = o(x^a) \quad (x \to \infty)$$

　4）　$n \in \mathbf{N}$ に対して，2-3 節，例題 2 より，$\displaystyle\lim_{x \to \infty} e^x/x^n = \infty$ であるから，e^x はどの n に対しても x^n より高位の無限大である．

問2　$x \to \infty$ のとき，次の関数は何位の無限大か．

（1）　$\sqrt{3x-1}$　　（2）　$x(\log(1+x) - \log x)$　　（3）　$x^3 - 6x$

（4）　$4^x - 3^x$

2. 微分と1次近似

$y = f(x)$ を微分可能とする．2-1節，式（2）のように

$$\varepsilon(h) = \begin{cases} \dfrac{f(x+h)-f(x)}{h} - f'(x) & (h \neq 0) \\[2mm] 0 & (h = 0) \end{cases}$$

とおくと，$\displaystyle\lim_{h \to 0} \varepsilon(h) = 0$ であるから，$\varepsilon(h)$ は $h = 0$ で連続で，

$$\varepsilon(h) = o(1) \quad (h \to 0)$$

したがって，

$$\varDelta y = f(x+h)-f(x) = f'(x)h + h\varepsilon(h) = f'(x)h + o(h)$$

$h \to 0$ のとき，最右辺の第2項は，$f'(x) \neq 0$ のときには第1項より高位の無限小．それゆえ，h が小さいとき，x から $x+h$ まで変化したときの y の変化 $\varDelta y$ の近似値として $f'(x)h$ が考えられる．これを dy と表し，$y = f(x)$ の x における**微分**という．すなわち，

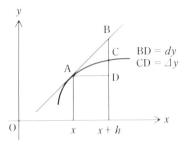

BD = dy
CD = $\varDelta y$

$$dy = f'(x)h \qquad （3）$$

この式で，x を固定したとき h が独立変数である．特に，$y = f(x) = x$ ととると，$f'(x) = 1$，したがって，式（3）から $dx = h$ となる．これより，式（3）は $dy = f'(x)dx$ と表される．

式（3）を $f(x)$ の近似に応用する．有効なのは $f'(x) \neq 0$ で h が十分小さいときである．$x = a$ として，a の近くで $f(a+h)$ を h の1次式

$$L(h) = f(a) + f'(a)h$$

で近似してみると誤差は $h\varepsilon(h)$ である．このままでは有効な誤差の評価は得られない．

例1 $\sqrt{4.01} \fallingdotseq 2.0025$

 [解] $f(x) = \sqrt{x}$，$a = 4$，$h = 0.01$ ととると，$f'(x) = 1/2\sqrt{x}$ だから

$$\sqrt{4.01} \fallingdotseq \sqrt{4} + \frac{1}{4} \cdot 0.01 = 2.0025$$

問3　次の値の近似値を求めよ．

（1）$\sqrt[3]{8.01}$　（2）$\sqrt[5]{31}$　（3）$\sqrt{190}$　（4）$(1.0001)^3$

（5）$\sin 31°$　（6）$\log(1+1/100)$

3.　多項式による近似

$y = f(x)$ を n 回微分可能とする．x が a から $a+h$ まで変化したとき，$f(a+h)$ を

$$P_n(a, h) = f(a) + f'(a)h + \cdots + \frac{f^{(n)}(a)}{n!}h^n$$

で近似したときの誤差を $R_n(a, h)$ とする：

$$f(a+h) - P_n(a, h) = R_n(a, h)$$

このとき，次が成り立つ．

定理 2-20

$$\lim_{h \to 0} \frac{R_n(a, h)}{h^n} = 0.$$

証明　$\displaystyle\lim_{h \to 0} R_n(a, h) = \lim_{h \to 0} R_n'(a, h) = \cdots = \lim_{h \to 0} R_n^{(n-1)}(a, h) = 0$ に注意して，定理 2-14 を $n-1$ 回用いて

$$\lim_{h \to 0} \frac{R_n(a, h)}{h^n} = \lim_{h \to 0} \frac{R_n'(a, h)}{nh^{n-1}} = \cdots = \lim_{h \to 0} \frac{R_n^{(n-1)}(a, h)}{n \cdot \cdots \cdot 2\, h}$$

$$= \frac{1}{n!} \lim_{h \to 0} \left\{ \frac{f^{(n-1)}(a+h) - f^{(n-1)}(a)}{h} - f^{(n)}(a) \right\} = 0 \qquad ∎$$

すなわち，$f(a+h)$ を多項式 $P_n(a, h)$ で近似すると誤差は $o(h^n)$（$h \to 0$）である．2-4 節の例2〜例6より $x \to 0$ のとき，次を得る．

例2　[1]　$e^x = 1 + x + \dfrac{x^2}{2!} + \cdots + \dfrac{x^n}{n!} + o(x^n)$

[2]　$\sin x = x - \dfrac{x^3}{3!} + \dfrac{x^5}{5!} - \cdots + \dfrac{(-1)^{n-1}}{(2n-1)!}x^{2n-1} + o(x^{2n-1})$

[3]　$\cos x = 1 - \dfrac{x^2}{2!} + \dfrac{x^4}{4!} - \cdots + \dfrac{(-1)^n}{(2n)!}x^{2n} + o(x^{2n})$

[4]　$\log(1+x) = x - \dfrac{x^2}{2} + \dfrac{x^3}{3} - \cdots + \dfrac{(-1)^{n-1}}{n}x^n + o(x^n)$

[5]　$(1+x)^a = 1 + \begin{pmatrix} a \\ 1 \end{pmatrix}x + \begin{pmatrix} a \\ 2 \end{pmatrix}x^2 + \cdots + \begin{pmatrix} a \\ n \end{pmatrix}x^n + o(x^n)$

例題 3　$\displaystyle\lim_{x \to 0}\dfrac{\log(1+x^2) - x^2}{x^4}$ を求めよ.

[解]　$\log(1+x^2) = x^2 - \dfrac{x^4}{2} + o(x^4)$ だから

$$\lim_{x \to 0}\frac{\log(1+x^2) - x^2}{x^4} = \lim_{x \to 0}\frac{x^2 - x^4/2 + o(x^4) - x^2}{x^4} = \lim_{x \to 0}\frac{-x^4/2 + o(x^4)}{x^4}$$
$$= \lim_{x \to 0}\left(-\frac{1}{2} + o(1)\right) = -\frac{1}{2}$$

問 4　次の極限を求めよ.

（1）　$\displaystyle\lim_{x \to 0}\dfrac{e^{x^2} + e^{-x^2} - 2}{x^4}$　　　（2）　$\displaystyle\lim_{x \to 0}\dfrac{\cos 2x - \cos 3x}{x^2}$

（3）　$\displaystyle\lim_{x \to 0}\dfrac{(1+x)^{1/5} - (1-x)^{1/5}}{x^2}$

　定理 2-20 は $|h|$ が小さいときに有効であったが, 一般の h に対してはテイラーの定理を用いて次のようにする.

　$y = f(x)$ が $n+1$ 回微分可能のとき, 定理 2-16 により

$$f(a+h) = P_n(a, h) + \frac{f^{(n+1)}(c)}{(n+1)!}h^{n+1} \quad (c = a + \theta h,\ 0 < \theta < 1)$$

ゆえに,

$$R_n(a, h) = \frac{f^{(n+1)}(c)}{(n+1)!}h^{n+1}$$

　f が無限回微分可能で, $|f^{(n+1)}(c)| < M$ の場合, 1-1 節, 例 7 により

$$\lim_{n \to \infty}|R_n(a, h)| = 0$$

であるから, n を十分大きくとれば, $f(a+h)$ を $P_n(a, h)$ で近似するときの誤差はいくらでも小さくなる. $|h|$ が小さければさらに有効である. これを用いて, いくつかの例について近似値を求めてみよう. 誤差が評価できるもの, すなわち

$$|R_n(a, h)| = \frac{|f^{(n+1)}(c)|}{(n+1)!}|h|^{n+1}$$

が評価できるものは，その値が誤差の限界を与える．

例3　1次式 $L(h) = f(a)+f'(a)h$ による近似のとき，

$$|R_1(a, h)| = \frac{|f''(c)|}{2}h^2 \quad (c = a+\theta h, \ 0 < \theta < 1)$$

これを用いると，例1の誤差は，$f''(x) = -x^{-3/2}/4, \ 4 < c < 4.01$ より

$$|R_1(4, \ 0.01)| = \frac{(0.01)^2}{8 \ c^{3/2}} < \frac{1}{64 \cdot 10^4} < 0.000002$$

ゆえに，$\sqrt{4.01} \fallingdotseq 2.0025$ は小数4位までの正確な値である．

問5　問3の各近似値の誤差を評価せよ．

問6　次の不等式を示せ．

（1）　$|\sin x - x| \leqq \dfrac{1}{2}x^2 \ \left(0 \leqq x \leqq \dfrac{\pi}{2}\right)$　　（2）　$|\cos x - 1| \leqq \dfrac{1}{2}x^2 \ \left(|x| \leqq \dfrac{\pi}{2}\right)$

（3）　$|\tan x - x| \leqq \dfrac{4\sqrt{3}}{9}x^2 \ \left(|x| \leqq \dfrac{\pi}{6}\right)$

例4　e^a の近似値．　2-4節，例2より

$$e^a \fallingdotseq 1+a+\frac{a^2}{2!}+\cdots+\frac{a^n}{n!}$$

$$|R_n(0, a)| = \frac{e^{\theta a}}{(n+1)!}|a|^{n+1} \leqq \frac{e^{\theta|a|}}{(n+1)!}|a|^{n+1} \to 0 \quad (n \to \infty)$$

たとえば，$a = 1$ のとき，

$$e \fallingdotseq 1+1+\frac{1}{2!}+\cdots+\frac{1}{n!} \tag{4}$$

$$0 < R_n(0, 1) \leqq \frac{e^\theta}{(n+1)!} < \frac{3}{(n+1)!} \quad (\because \ e \leqq 3) \tag{5}$$

ゆえに，e の近似値として

$$1+1+\frac{1}{2!}+\cdots+\frac{1}{n!}$$

をとると，誤差はたかだか $3/(n+1)!$ で，n を大きくとればとるほど精密になる．

問7　$n = 10$ のときの e の近似値を求め誤差を評価せよ．

問8　式（4）と式（5）を用いて e が無理数であることを示せ．

例5　sin *a* の近似値.　2-4節，例3より

$$\sin a \fallingdotseq a - \frac{a^3}{3!} + \frac{a^5}{5!} - \cdots + (-1)^{n-1} \frac{a^{2n-1}}{(2\,n-1)!}$$

$$|R_{2n-1}(0, a)| \leqq \frac{|a|^{2n+1}}{(2\,n+1)!} \to 0 \quad (n \to \infty)$$

たとえば，*a* = 1 で，*n* = 5 にとると，

$$\sin 1 \fallingdotseq 1 - \frac{1}{3!} + \frac{1}{5!} - \frac{1}{7!} + \frac{1}{9!} \fallingdotseq 0.841471$$

$$|R_9(0, 1)| \leqq \frac{1}{11!} < 0.00000003$$

a が小さいときにはさらに精密にできる.

cos *a* についても 2-4節の例4を用いて同様にできる：

$$\cos a \fallingdotseq 1 - \frac{a^2}{2!} + \frac{a^4}{4!} - \cdots + (-1)^{n-1} \frac{a^{2n-2}}{(2\,n-2)!}$$

$$|R_{2n-2}(0, a)| \leqq \frac{|a|^{2n}}{(2\,n)!} \to 0 \quad (n \to \infty)$$

例6　log *a* の近似値.　2-4節，例5より

$$\log(1+x) \fallingdotseq x - \frac{x^2}{2} + \frac{x^3}{3} - \cdots + \frac{x^{2n-1}}{2\,n-1} - \frac{x^{2n}}{2\,n}$$

$$\log(1-x) \fallingdotseq -x - \frac{x^2}{2} - \frac{x^3}{3} - \cdots - \frac{x^{2n-1}}{2\,n-1} - \frac{x^{2n}}{2\,n}$$

このときには，$\dfrac{1}{(1+\theta x)^n}$ がうまく評価できないので誤差の評価はむずか

しい. しかし，$|x| < 1$ のとき，

$$\lim_{n \to \infty} \frac{|x|^{2n+1}}{2\,n+1} \frac{1}{|(1+\theta x)|^{2n+1}} = 0$$

である（4-3節，例5参照）. そこで，上式の辺々を引いて，

$$\log \frac{1+x}{1-x} \fallingdotseq 2 \left(x + \frac{x^3}{3} + \cdots + \frac{x^{2n-1}}{2\,n-1} \right) \quad (|x| < 1) \tag{6}$$

と近似すると，誤差 → 0 ($n \to \infty$). そこで，*a* > 0 のとき

$$\frac{1+x}{1-x} = a \quad すなわち \quad x = \frac{a-1}{a+1}$$

とおくと, $-1 < x < 1$. そして式（6）より

$$\log a \fallingdotseq 2\left\{\frac{a-1}{a+1}+\frac{1}{3}\left(\frac{a-1}{a+1}\right)^3+\cdots+\frac{1}{2\,n-1}\left(\frac{a-1}{a+1}\right)^{2n-1}\right\}$$

を得る. n を十分大きくとればいくらでも精密になる.

たとえば, $a=3$ のとき. $x=1/2$ で,

$$\log 3 \fallingdotseq 2\left\{\frac{1}{2}+\frac{1}{3}\left(\frac{1}{2}\right)^3+\cdots+\frac{1}{2\,n-1}\left(\frac{1}{2}\right)^{2n-1}\right\}$$

$n=5$ ととると, $\log 3 \fallingdotseq 1.098499$.

例7 $\sqrt[l]{p}$ $(l, p \in N)$ **の近似値.** 2-4節, 例6より

$$(1+x)^a \fallingdotseq 1+\binom{a}{1}x+\binom{a}{2}x^2+\cdots+\binom{a}{n}x^n$$

このとき, $|x| < 1$ ならば

$$|R_n(0, x)| = \left|\binom{a}{n+1}\right|\,|x|^{n+1}|1+\theta x|^{a-n-1} \to 0 \quad (n \to \infty)$$

である（4-3節, 例6参照）. そこで,

$$p = r^l(1+s) \quad (r, s \text{ は有理数で, } |s| < 1)$$

と r, s を選び, $a=1/l$, $x=s$ ととると

$$\sqrt[l]{p} = r(1+s)^{1/l} \fallingdotseq r\left\{1+\binom{1/l}{1}s+\cdots+\binom{1/l}{n}s^n\right\}$$

となる. n を十分大きくとればいくらでも精密になる. $|s|$ は小さくした方が有効である. たとえば, $l=3$, $p=10$ のとき $10=8+2=8(1+1/4)$ であるから, $r=2$, $s=1/4$ で $n=3$ ととると

$$\sqrt[3]{10} = 2\left(1+\frac{1}{4}\right)^{1/3} \fallingdotseq 2\left(1+\frac{1}{3}\cdot\frac{1}{4}+\frac{1}{2!}\,\frac{1}{3}\left(\frac{1}{3}-1\right)\frac{1}{4}\right.$$
$$\left.+\frac{1}{3!}\,\frac{1}{3}\left(\frac{1}{3}-1\right)\left(\frac{1}{3}-2\right)\frac{1}{4^2}\right)$$
$$\fallingdotseq 2.08549\cdots$$

問9 次の各数の近似値を小数4位まで求めよ.

（1）$\sqrt{e}$ （2）e^2 （3）$\cos\frac{1}{2}$ （4）$\log 5$ （5）$\sqrt[5]{31}$

（6）$(3.98)^{-1/2}$

問題 2-6 （答は p. 310）

1. 次の関数は $x \to 0$ のとき x に対して何位の無限小か.

（1） $\dfrac{x}{10-x}$　　（2） $\dfrac{x\sqrt{x}}{1-x^3}$　　（3） $\cosh x - 1$　　（4） $\cos 2x - \cos 3x$

（5） $(\sin x)\log(1+x)$　　（6） $(\tan x)\log(1-x)$　　（7） $\dfrac{e^x}{1+x}-1$

（8） $\sinh x$　　（9） e^{-1/x^2}

2. 次の関数は $x \to \infty$ のとき x に対して何位の無限大か.

（1） $\dfrac{x^2+1}{x+1}$　　（2） $\sqrt{\dfrac{x^5+3}{x-2}}$　　（3） $(\log x)^{10}$　　（4） $x^5\log x$

（5） $1\bigg/\tan\dfrac{1}{x}$　　（6） $1\bigg/\sin\dfrac{1}{x}$　　（7） $e^{\sqrt{x}}$

3. $\sqrt{2} = \dfrac{7}{5}\sqrt{\dfrac{50}{49}},\ \sqrt{3} = \dfrac{7}{4}\sqrt{\dfrac{48}{49}}$ を利用して $\sqrt{2},\ \sqrt{3},\ \sqrt{\dfrac{2}{3}}$ の近似値を小数 6 位まで正確に求めよ.

4. $x \to 0\ (\infty)$ のとき x に対して $f(x)$ は m 位の, $g(x)$ は n 位の無限小（大）とする. 次の関数はそれぞれ何位か（$m > n > 0$）.

（1） $f(x)+g(x)$　　（2） $f(x)\cdot g(x)$　　（3） $f(x)/g(x)$

5. $|x| < 10^{-2}$ のとき, $\sqrt{1+x}$ の代りに $1+(1/2)x$ を用いたときの誤差の絶対値は $1/7\cdot 10^4$ を越えないことを示せ.

6. $|x|$ が小さいとき, 次の関数を x の 3 次式で近似せよ.

（1） $e^x\cos x$　　（2） $\tan x$　　（3） $\dfrac{x}{\sin x}$　　（4） $\dfrac{x}{e^x-1}$

（5） $\log(1+x+x^2)$

2-7　凸　関　数

よく用いられる不等式などに現れる凸関数について説明する.

定義 2-8（凸関数）　　$y = f(x)$ が, 区間 I の任意の 2 点 $x_1 < x_2$ と $0 < u$ < 1 なる任意の u に対して, 常に

$$f((1-u)x_1 + ux_2) \leqq (1-u)f(x_1) + uf(x_2) \tag{1}$$

をみたしているとき, $f(x)$ は I で下に凸であるという.

　　次図において, $\mathrm{A}(x_1, f(x_1))$, $\mathrm{B}(x_2, f(x_2))$, C の x 座標は $(1-u)x_1$ $+ux_2$, D の y 座標は $f((1-u)x_1 + ux_2)$, E は A, B を $u:1-u$ に内分した点であるから, その y 座標は $(1-u)f(x_1) + uf(x_2)$. 条件（1）は D

が E の上にいかないことを意味
し, x_1, x_2 をとめて, u を動かせ
ば, 線分 AB が $y = f(x)$ のグ
ラフより下にこないことを示す.
このことが I 内のどの 2 点 $x_1 <$
x_2 をとっても成り立っているの
である.

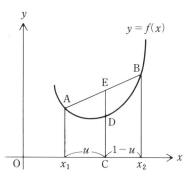

　式 (1) の不等号が逆向きのと
き, $f(x)$ は I で**上に凸**であるという.

例1 ［1］ x^2 や $|x|$ は $(-\infty, \infty)$ で下に凸.

　　　［2］ $f(x)$ が下に凸なら, $-f(x)$ は上に凸.

定理 2-21

　区間 I で $f''(x) \geqq 0$ $(f''(x) \leqq 0)$ のとき, $f(x)$ は I で下 (上) に
凸である.

証明　$x_1 < x_2$ を I の任意の 2 点, $x_2 - x_1 = h$ とおく. $0 < u < 1$ に対
し, $t = (1-u)x_1 + ux_2$ より $x_1 = t - uh$, $x_2 = t + (1-u)h$. 2-4 節, 式 (3)
を $n = 2$ のときに用いると,

$$f(x_1) = f(t - uh) = f(t) + f'(t)(-uh) + \frac{f''(t + \theta_1(-uh))}{2} \cdot (-uh)^2$$

$$f(x_2) = f(t + (1-u)h)$$

$$= f(t) + f'(t)(1-u)h + \frac{f''(t + \theta_2(1-u)h)}{2}((1-u)h)^2$$

$$(0 < \theta_1 < 1, \ 0 < \theta_2 < 1)$$

$f''(x) \geqq 0$ より

$$f(x_1) \geqq f(t) + f'(t)(-uh) \qquad (2)$$

$$f(x_2) \geqq f(t) + f'(t)(1-u)h \qquad (3)$$

$(2) \times (1-u) + (3) \times u$ を計算すると

$$f(t) = f((1-u)x_1 + ux_2) \leqq (1-u)f(x_1) + uf(x_2)$$

すなわち，$f(x)$ は I で下に凸である．　　　　　　　　　■

例題1　次の関数はどこで上あるいは下に凸か．

1）　$\sin x$　　　2）　x^3　　　3）　$\log x$

［解］　1）　$(\sin x)'' = -\sin x$ であるから $[0, \pi]$ で上に，$[\pi, 2\pi]$ で下に凸．

2）　$(x^3)'' = 6x$ より，$(-\infty, 0]$ で上に凸，$[0, \infty)$ で下に凸．

3）　$(\log x)'' = -x^{-2}$ だから，$(0, \infty)$ で上に凸．

問1　次の関数について同じことを調べよ．

（1）　e^x　　（2）　e^{-x^2}　　（3）　$\tan x$　　（4）　$x^n\ (n \geqq 2)$

例2　区間 I で，$f''(x) > 0$, $x_1, x_2, \cdots, x_n$ を I の任意の点とするとき，

$$f\left(\frac{x_1 + \cdots + x_n}{n}\right) \leqq \frac{f(x_1) + \cdots + f(x_n)}{n} \tag{4}$$

［解］　$t = \dfrac{x_1 + \cdots + x_n}{n}$ とおくと，任意の $x \in I$ に対して

$$f(x) \geqq f(t) + f'(t)(x - t) \quad (\text{等号は } x = t)$$

$x = x_1, \cdots, x_n$ を代入し，辺々を加えると，

$$\sum_{i=1}^{n} f(x_i) \geqq nf(t) + f'(t)\left(\sum_{i=1}^{n} x_i - nt\right)$$

すなわち，

$$f(t) \leqq \frac{f(x_1) + \cdots + f(x_n)}{n} \quad (\text{等号は } x_1 = \cdots = x_n)$$

　たとえば，これを $f(x) = -\log x$ に適用すると，$(-\log x)'' = x^{-2} > 0$ より $x_1 > 0, \cdots, x_n > 0$ に対して

$$-\log \frac{x_1 + \cdots + x_n}{n} \leqq -\frac{\log x_1 + \cdots + \log x_n}{n}$$

すなわち，

$$\frac{x_1 + \cdots + x_n}{n} \geqq \sqrt[n]{x_1 \cdots x_n} \quad (\text{等号は } x_1 = \cdots = x_n \text{ のとき})$$

問2　$y = f(x)$ を区間 I で $f''(x) > 0$ とするとき，I の任意の点 c における $y = f(x)$ の接線は，曲線の下にあることを示せ．

　$y = x^3$ は $(-\infty, 0]$ で上に凸，$[0, \infty)$ で下に凸である．$x = 0$ のように上に凸，下に凸が入れかわる点を**変曲点**という．2回微分可能な関数の場合には，$f''(x) = 0$ なる点 x がその候補である．

問3　例題1，問1の関数の変曲点を求めよ．

問題 2-7 （答は p. 310）

1. 次の関数はどこで上あるいは下に凸か．極値，変曲点があれば求めよ．

（1） $\dfrac{x}{1+x^2}$ （2） $\dfrac{1}{1+x^2}$ （3） $x^2 e^{-x}$ （4） $\dfrac{1}{3}x^{2/3}\left(\dfrac{5}{2}-x\right)$

2. $f \in C^n(a-\delta, a+\delta)$, $f''(a) = \cdots = f^{(n-1)}(a) = 0$, $f^{(n)}(a) \neq 0$ のとき，次を示せ．

（イ） n が偶数で，$f^{(n)}(a) > 0$ なら下に凸，$f^{(n)}(a) < 0$ なら上に凸．

（ロ） n が奇数のとき，$(a, f(a))$ は変曲点．

3. f が区間 I で下に凸，$x_k \in I$, $t_k \geqq 0$, $t_1 + \cdots + t_n = 1$ のとき

$$f\left(\sum_{k=1}^{n} t_k x_k\right) \leqq \sum_{k=1}^{n} t_k f(x_k)$$

を示せ．これより例2を導け．

4. 区間 I で f が微分可能なとき

（ⅰ） f が下に凸 $\Longleftrightarrow$ f' が広義増加関数

（ⅱ） f が下に凸 $\Longleftrightarrow$ I の各点での f の接線が f の下にある

5. f が2回微分可能なとき，定理2-21の逆も成り立つ．これを示せ．

2-8 方程式の根の近似（ニュートンの方法）

　方程式 $f(x) = 0$ に実根があることがわかっていても，その根をきちんと求めることは不可能なことが多い．そこで，その根に少しでも近い値を求める方法について考えてみる．

定理 2-22

　関数 $f(x)$ が次の条件をみたしているとする．

（ⅰ） $[a, b]$ で連続かつ $f(a) < f(c) = 0 < f(b)$

（ⅱ） (a, b) で C^2 級で，$f'(x) > 0$, $f''(x) > 0$

このとき，α_1 $(a < \alpha_1 < b)$ を $f(\alpha_1) > 0$ なる1つの数とし，

$$\alpha_{n+1} = \alpha_n - \frac{f(\alpha_n)}{f'(\alpha_n)} \quad (n \geqq 1) \tag{1}$$

によって数列 $\{\alpha_n\}$ を定めると，

$$\alpha_1 > \alpha_2 > \cdots > \alpha_n > \cdots > c \quad \text{かつ} \quad \lim_{n \to \infty} \alpha_n = c$$

証明 $(\alpha_1, f(\alpha_1))$ における接線は $y = L(x) = f'(\alpha_1)(x - \alpha_1) + f(\alpha_1)$.

$\alpha_2 = \alpha_1 - f(\alpha_1)/f'(\alpha_1)$ は $L(x)$
$= 0$ の根であり，$f''(x) > 0$ より
$f(x) > L(x)\ (x \neq \alpha_1)$（2-7 節，
問 2）．そして，$f'(\alpha_1) > 0,\ f(\alpha_1)$
> 0 であるから

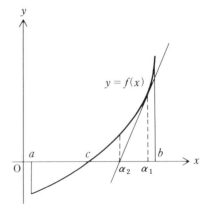

$$\alpha_1 > \alpha_2 > c.$$

次に，$f(\alpha_2) > 0$ であるから，α_1
の 代 り に α_2 を と り，$\alpha_3 = \alpha_2$
$-\dfrac{f(\alpha_2)}{f'(\alpha_2)}$ より

$$\alpha_2 > \alpha_3 > c$$

以下，同様にして，$a_{n+1} = a_n - \dfrac{f(a_n)}{f'(a_n)}\ (n = 1, 2, \cdots)$ より

$$\alpha_1 > \alpha_2 > \cdots > \alpha_n > \cdots > c$$

$\{a_n\}$ は極限をもつから，それを α とする．$c \leqq \alpha < b$ である．$\alpha = c$ を示す．
実際，数列のつくり方から式（1）で $n \to \infty$ とすると，f, f' が連続より

$$\alpha = \alpha - \frac{f(\alpha)}{f'(\alpha)} \quad \text{すなわち} \quad f(\alpha) = 0$$

条件（ⅰ），（ⅱ）より，$f(x) = 0$ の根は $[a, b]$ でただ 1 つであるから $\alpha =$
c. ■

　注　定理の条件（ⅰ），（ⅱ）の代りに
　　　（ⅰ）$'$　$[a, b]$ で連続，$f(a) > f(c) = 0 > f(b)$
　　　（ⅱ）$'$　(a, b) で C^2 級で，$f'(x) < 0,\ f''(x) > 0$
　　がみたされていると，$f(\beta_1) > 0$ なる $\beta_1\ (a < \beta_1 < b)$ から出発して

$$\beta_{n+1} = \beta_n - \frac{f(\beta_n)}{f'(\beta_n)} \quad (n = 1, 2, \cdots)$$

　　とおくことによって，

$$\beta_1 < \beta_2 < \cdots < \beta_n \to c$$

　　なる根 c の近似列 $\{\beta_n\}$ が得られる．

例1　$x^3 + x - 1 = 0$ の 0 と 1 の間にある根の近似値．

　[解]　区間 $[0, 3/2]$ で $f(x) = x^3 + x - 1$ は

$$f'(x) = 3x^2 + 1 > 0, \quad f''(x) = 6x > 0 \quad \left(x \in \left(0, \frac{3}{2}\right)\right)$$

$a_1 = 1$ とする.

$$a_2 = 1 - \frac{f(1)}{f'(1)} = 1 - \frac{1}{4} = \frac{3}{4} = 0.75$$

$$a_3 = \frac{3}{4} - \frac{f(3/4)}{f'(3/4)} = \frac{3}{4} - \frac{11}{172} = 0.686046\cdots$$

以下さらに続ければよりよい近似値を得る.

例2 $\sqrt{a}$ $(a > 0)$ の近似値.

[解] 区間 $[0, \infty)$ で $f(x) = x^2 - a$ に定理 2-22 を適用する.

$$f'(x) = 2x > 0, \quad f''(x) = 2 > 0 \quad (x \in (0, \infty))$$

であるから, $f(a_1) > 0$ なる任意の正数 a_1 に対して

$$a_2 = a_1 - \frac{f(a_1)}{f'(a_1)} = a_1 - \frac{a_1^2 - a}{2a_1} = \frac{1}{2}\left(a_1 + \frac{a}{a_1}\right)$$

をとると,

$$a_1 > a_2 > \sqrt{a}$$

以下,

$$a_{n+1} = \frac{1}{2}\left(a_n + \frac{a}{a_n}\right) \quad (n = 1, 2, \cdots)$$

によって次々に続ければ, $\sqrt{a}$ のよりよい近似値を得る.

たとえば, $a = 2$ に適用してみる. $a_1 = 2$ ととる.

$$a_2 = \frac{1}{2}\left(2 + \frac{2}{2}\right) = 1.5$$

$$a_3 = \frac{1}{2}\left(1.5 + \frac{2}{1.5}\right) = \frac{3}{4} + \frac{2}{3} = \frac{17}{12} = 1.416666$$

$$a_4 = \frac{a_3}{2} + \frac{1}{a_3} = \frac{17}{24} + \frac{12}{17} = \frac{577}{408} = 1.414215$$

$$a_5 = \frac{a_4}{2} + \frac{1}{a_4} = \frac{577}{816} + \frac{408}{577} = 1.41421356$$

問1 次の値を小数第6位まで求めよ.
（1） $\sqrt{5}$ 　（2） $\sqrt{7}$ 　（3） $\sqrt{10}$ 　（4） $\sqrt[3]{2}$

問2 次の方程式の根の近似値を与える数列をつくれ（$a > 0$）.
（1） $x^3 - a = 0$ 　（2） $x^5 - a = 0$

問題 2-8（答は p. 311）

1. $-\infty < x < \infty$ での方程式 $x - \cos x = 0$ について次に答えよ.
（1） $(0, \pi/2)$ にただ1つの根をもつことを示せ.
（2） $a_1 = \pi/4 = 0.785398$ として, 定理 2-22 により a_2, a_3 を求めよ.

2. $\cos 3x = 4\cos^3 x - 3\cos x$ を利用して次の値を小数 4 位まで求めよ.

（1） $\cos 15°$ 　（2） $\cos 20°$

3. 方程式 $x^n + x - 1 = 0$ は $(0, 1)$ にただ 1 つの根 α_n をもち, $\displaystyle\lim_{n \to \infty} \alpha_n = 1$ である

ことを示せ.

4. 定理 2-22 で, $|f''(x)| \le M$, $|f'(x)| \ge m > 0$ のとき, 次を示せ.

$$|c - \alpha_n| \le \left(\frac{M}{2m}\right)^{2n-1} |c - \alpha_1|^{2n} \quad (n \in \boldsymbol{N})$$

5. f が C^1 級で, $|f'(x)| \le k$ $(0 < k < 1)$ のとき, $x_{n+1} = f(x_n)$ $(n = 0, 1, \cdots)$

によって決まる数列 $\{x_n\}$ は $x = f(x)$ の根に収束することを示せ.

3

1 変数関数の積分

3-1　定積分の定義

1.　定積分の概念 ─────────────────

$f(x)$ を有界な閉区間 $[a, b]$ での有界な関数：

$$m \leqq f(x) \leqq M$$

とし，$[a, b]$ を n 個の小区間に分ける．その分ける点（**分点**）を

$$\Delta : a = x_0 < x_1 < \cdots < x_{n-1} < x_n = b$$

とする．これを $[a, b]$ の**分割** Δ とよぶ．小区間 $[x_{i-1}, x_i]$ における $f(x)$ の上限，下限をそれぞれ M_i, m_i とする．すなわち，$S = \{f(x) ; x \in [x_{i-1}, x_i]\}$ とおくとき，

$$M_i = \sup S, \quad m_i = \inf S \tag{1}$$

そして，

$$\delta_i = x_i - x_{i-1}, \quad |\Delta| = \max_{1 \leqq i \leqq n} \delta_i$$

とおく．

いま，

$$S(\Delta, f) = S(\Delta) = \sum_{i=1}^{n} M_i \delta_i$$

$$s(\Delta, f) = s(\Delta) = \sum_{i=1}^{n} m_i \delta_i$$

と定めると，$m \leqq m_i \leqq M_i \leqq M$ $(i = 1, 2, \cdots, n)$ から

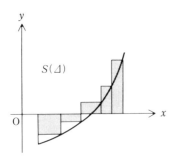
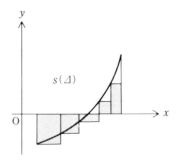

$$m(b-a) \leqq s(\varDelta) \leqq S(\varDelta) \leqq M(b-a) \qquad\qquad (2)$$

である．これより，

$$\inf_{\varDelta} S(\varDelta) \equiv \inf \{S(\varDelta)\,;\, \varDelta \text{ は } [a, b] \text{ の分割}\} = S = S(f)$$

$$\sup_{\varDelta} s(\varDelta) \equiv \sup \{s(\varDelta)\,;\, \varDelta \text{ は } [a, b] \text{ の分割}\} = s = s(f)$$

とすると，次の定理が成り立つことが知られている．

定理 3-1（ダルブーの定理）

$\{\varDelta_k\}$ を $|\varDelta_k| \to 0$ $(k \to \infty)$ なる分割の列としたとき，

$$\lim_{k \to \infty} S(\varDelta_k) = S, \qquad \lim_{k \to \infty} s(\varDelta_k) = s$$

式（2）とこの定理より $S \geqq s$ である．$S > s$ なる例がある．

例 1　$f(x) = \begin{cases} 1 & (x \in [a, b], \text{ 有理数}) \\ 0 & (x \in [a, b], \text{ 無理数}) \end{cases}$　のとき，$S = b-a,\ s = 0$

[解]　$[a, b]$ のどんな分割 $\varDelta$ に対しても，$M_i = 1,\ m_i = 0$ である（定理 1-4，系および問題 1-1，13 を応用）から

$$S(\varDelta) = \sum_{i=1}^{n} M_i \delta_i = \sum_{i=1}^{n} \delta_i = b - a$$

$$s(\varDelta) = \sum_{i=1}^{n} m_i \delta_i = 0$$

ゆえに，$S = b-a,\ s = 0$ である．

それでは，どのような関数に対して $S = s$ となるであろうか．

定義 3-1　　$S = s$ のとき，$f(x)$ は区間 $[a, b]$ で**積分可能**であるといい，

$$S = s = \int_a^b f(x)dx$$

と書いて，$f(x)$ の $[a, b]$ での**定積分**，$f(x)$ を**被積分関数**，a を**下端**，b を**上端**，この定積分を求めることを $f(x)$ を a から b まで**積分する**という．

2. 積分可能な関数

例1によって積分不可能な関数があることがわかるが，ここでは積分可能な関数の例をさがすことにする．まず，次の定理を述べておく．

定理 3-2

$f(x)$ が積分可能であるための必要十分な条件は，$|\Delta_k| \to 0$（$k \to \infty$）なる分割の列 $\{\Delta_k\}$ を1つとったとき，それに対して次が成り立つことである．

$$\lim_{k \to \infty}\{S(\Delta_k) - s(\Delta_k)\} = 0$$

証明 ダルブーの定理と $S \geqq s$ より

$$0 \leqq S - s = \lim_{k \to \infty}(S(\Delta_k) - s(\Delta_k))$$

であるから，定義3-1より定理は明らかである． ■

例2 区間 $[a, b]$ で広義単調関数 $f(x)$ は積分可能である．

[**解**] $f(x)$ を広義増加関数としたとき，任意の分割 $\Delta : a = x_0 < x_1 < \cdots < x_n = b$ に対して，

$$0 \leqq S(\Delta) - s(\Delta) = \sum_{i=1}^{n}(f(x_i) - f(x_{i-1}))(x_i - x_{i-1})$$

$$\leqq \sum_{i=1}^{n}(f(x_i) - f(x_{i-1}))|\Delta| = (f(b) - f(a))|\Delta|$$

$|\Delta_k| \to 0$（$k \to \infty$）なる分割の列 $\{\Delta_k\}$ に対して

$$\lim_{k \to \infty}(S(\Delta_k) - s(\Delta_k)) = 0$$

を得て，定理3-2により $f(x)$ は積分可能である．減少の場合も同様である．

例3 区間 $[a, b]$ で連続な関数 $f(x)$ は積分可能である．

[**解**] 有界閉区間 $[a, b]$ で連続な関数 $f(x)$ は一様連続である（定理1-20）．すなわち，「任意の正数 ε に対して，ある正数 δ があって，

$$|x - x'| < \delta, \ x, x' \in [a, b] \implies |f(x) - f(x')| < \varepsilon \qquad (3)$$

いま，$[a, b]$ の分割 $\Delta : a = x_0 < x_1 < \cdots < x_n = b$ を $|\Delta| < \delta$ となるようにとる．$f(x)$ が連続なことから，$M_i = f(x_i')$，$m_i = f(x_i'')$ となる $x_i', x_i'' \in [x_{i-1},$

x_i] が存在する（定理1-19）．すると

$$|x_i' - x_i''| \leqq x_i - x_{i-1} \leqq |\Delta| < \delta$$

であるから，式（3）により $M_i - m_i < \varepsilon$．したがって，

$$S(\Delta) - s(\Delta) = \sum_{i=1}^{n}(M_i - m_i)\delta_i < \varepsilon \sum_{i=1}^{n} \delta_i = \varepsilon(b-a)$$

これより，

$$0 \leqq S - s \leqq S(\Delta) - s(\Delta) < \varepsilon(b-a)$$

となり，ε が任意の正数だから $S = s$ でなければならない．

問1 $[a, b]$ での有界な関数は，不連続点が有限個ならば積分可能なことを示せ．

定理3-3

$f(x)$ が $[a, b]$ で積分可能なら，任意の部分区間 $[c, d]$（$\subset [a, b]$）でも積分可能である．

証明　$\Delta^1, \Delta^2, \Delta^3$ をそれぞれ $[a, c], [c, d], [d, b]$ の任意の分割，Δ を $\Delta^1, \Delta^2, \Delta^3$ のすべての分点を合わせた点を分点とする $[a, b]$ の分割とする．

$$s(\Delta) = s(\Delta^1) + s(\Delta^2) + s(\Delta^3) \tag{4}$$

$$S(\Delta) = S(\Delta^1) + S(\Delta^2) + S(\Delta^3) \tag{5}$$

が成り立つ．そして，次のように s_i, S_i を定める．

$$s_i = \sup_{\Delta^i} s(\Delta^i), \quad S_i = \inf_{\Delta^i} S(\Delta^i) \quad (i = 1, 2, 3)$$

式（4），（5）で Δ^i の代りに $|\Delta_k^i| \to 0 \ (k \to \infty)$ なる分割 Δ_k^i を用い，そのときの Δ を Δ_k とする．$k \to \infty$ のとき，$|\Delta_k| \to 0$ で，定理3-1により

$$s = s_1 + s_2 + s_3, \quad S = S_1 + S_2 + S_3$$

が成り立つ．$s = S$, $s_i \leqq S_i$ $(i = 1, 2, 3)$ であるから，$s_i = S_i$ を得る．すなわち，$f(x)$ は $[c, d]$ で積分可能である．　∎

次に，分割 $\Delta : a = x_0 < x_1 < \cdots < x_n = b$ に対して区間 $[x_{i-1}, x_i]$ から任意に点 ξ_i をとり，次のような和（**リーマン和**という）

$$R(\Delta, f) = R(\Delta) = \sum_{i=1}^{n} f(\xi_i)\delta_i = f(\xi_1)(x_1 - x_0) + \cdots + f(\xi_n)(x_n - x_{n-1})$$

を考える．このとき，次が成り立つ．

定理3-4

$f(x)$ が積分可能であるとき，$|\Delta_k| \to 0\ (k \to \infty)$ なる分割の列 $\{\Delta_k\}$ に対して，ξ_i のとり方に無関係に

$$\lim_{k \to \infty} R(\Delta_k) = \lim_{k \to \infty} \sum_{i=1}^{n} f(\xi_i)(x_i - x_{i-1}) = \int_a^b f(x)dx$$

逆に，$|\Delta_k| \to 0\ (k \to \infty)$ となる1つの列 $\{\Delta_k\}$ に対して，ξ_i のとり方に無関係な極限 $\lim_{k \to \infty} R(\Delta_k) = J$ が存在したら，$f(x)$ は積分可能で，

$$J = \int_a^b f(x)dx$$

証明　$f(x)$ を積分可能とする．不等式 $s(\Delta_k) \leqq R(\Delta_k) \leqq S(\Delta_k)$ より，定理3-1を用いると

$$\lim_{k \to \infty} R(\Delta_k) = s = S = \int_a^b f(x)dx$$

逆に，$\Delta : a = x_0 < x_1 < \cdots < x_n = b$ を任意の分割，ε を任意の正数としたとき，M_i, m_i の決め方（式（1））より，$x_i', x_i'' \in [x_{i-1}, x_i]$ で

$$M_i - \varepsilon < f(x_i'), \quad m_i + \varepsilon > f(x_i'')$$

をみたすのが存在する（定理1-2）．そこで，$\xi_i = x_i'$ ととると，

$$S(\Delta) \leqq R'(\Delta) + \varepsilon(b-a) \tag{6}$$

次に，$\xi_i = x_i''$ ととると

$$R''(\Delta) \leqq s(\Delta) + \varepsilon(b-a) \tag{7}$$

式（6），（7）において $\Delta = \Delta_k$ ととり，$k \to \infty$ とすると，仮定と定理3-1により

$$J - \varepsilon(b-a) \leqq s \leqq S \leqq J + \varepsilon(b-a)$$

となる．この式で $\varepsilon > 0$ は任意であるから

$$s = S = J$$

を得る．すなわち，$f(x)$ は積分可能で，$J = \int_a^b f(x)dx$.　∎

この定理によって，積分可能な関数の定積分を求めるには，特殊な分割 Δ_n，

$|\Delta_n| \to 0$ $(n \to \infty)$ や ξ_i を使って

$$\lim_{n\to\infty} R(\Delta_n, f) \tag{8}$$

を求めればよいことがわかる.

例4 $f(x)$ が $[a, b]$ で連続のとき,

$$\lim_{n\to\infty}\frac{(b-a)}{n}\sum_{i=1}^{n} f\left(a+(b-a)\frac{i}{n}\right) = \int_a^b f(x)\,dx \tag{9}$$

この場合, Δ_n は $[a, b]$ を n 等分した分割, $\xi_i = a+(b-a)i/n$ である. 式（9）は, $f(\xi_1), f(\xi_2), \cdots, f(\xi_n)$ の相加平均の極限を用いた

$$\lim_{n\to\infty}\frac{f(\xi_1)+\cdots+f(\xi_n)}{n} = \frac{1}{b-a}\int_a^b f(x)\,dx \tag{10}$$

の形になる. 式（10）の右辺を $f(x)$ の $[a, b]$ における**平均**という.

例題1 $\displaystyle\int_0^1 x\,dx$ を求めよ.

[解]　式（9）で $f(x) = x, a = 0, b = 1$ ととれば

$$\frac{1}{n}\sum_{i=1}^{n} f\left(\frac{i}{n}\right) = \frac{1}{n}\sum_{i=1}^{n}\frac{i}{n} = \frac{n(n+1)}{2n^2} \to \frac{1}{2}\quad (n\to\infty)$$

すなわち, $\displaystyle\int_0^1 x\,dx = \frac{1}{2}$.

問2　次の定積分を求めよ.

（1）$\displaystyle\int_a^b A\,dx$ （A は定数）　（2）$\displaystyle\int_0^1 (2x+5)\,dx$　（3）$\displaystyle\int_0^1 x^2 dx$

　積分の値を求めるのに, いつも式（8）や式（9）の極限を計算していたのでは大変である. 閉区間 $[a, b]$ で連続な関数 $f(x)$ に対して

$$F'(x) = f(x) \tag{11}$$

をみたす関数 $F(x)$ が具体的に求まるときには次の定理が有効である.

定理3-5

$F(x)$ が式（11）をみたすとき,

$$\int_a^b f(x)\,dx = F(b)-F(a)$$

証明　$\Delta: a = x_0 < x_1 < \cdots < x_n = b$ を $[a, b]$ の任意の分割とする.

各小区間 $[x_{i-1}, x_i]$ に平均値の定理（定理2-11）を適用すると

$$F(x_i) - F(x_{i-1}) = f(\xi_i)(x_i - x_{i-1}) \quad (x_{i-1} < \xi_i < x_i)$$

辺々を $i = 1, \cdots, n$ に対して加えると，$x_0 = a$, $x_n = b$ より

$$F(b) - F(a) = \sum_{i=1}^{n} f(\xi_i)(x_i - x_{i-1}) = R(\Delta, f) \tag{12}$$

いま，分割の列 $\{\Delta_k\}$ を $|\Delta_k| \to 0$ $(k \to \infty)$ のようにとり，式 (12) で，$\Delta = \Delta_k$ とし，$k \to \infty$ とすると，定理 3-4 により

$$F(b) - F(a) = \int_a^b f(x)dx$$

$F(b) - F(a)$ は $[F(x)]_a^b$ で表される．

例題 2 $\displaystyle\lim_{n \to \infty} \sum_{i=1}^{n} \frac{n}{n^2 + i^2}$ を求めよ.

[解] 例4より

$$\lim_{n \to \infty} \sum_{i=1}^{n} \frac{n}{n^2 + i^2} = \lim_{n \to \infty} \frac{1}{n} \sum_{i=1}^{n} \frac{1}{1 + (i/n)^2} = \int_0^1 \frac{1}{1 + x^2} dx$$

$(\tan^{-1} x)' = \dfrac{1}{1 + x^2}$ であるから

$$= [\tan^{-1} x]_0^1 = \tan^{-1} 1 - \tan^{-1} 0 = \frac{\pi}{4}$$

問 3 次の極限を求めよ.

（1） $\displaystyle\lim_{n \to \infty} \frac{1}{n^5} \sum_{i=1}^{n} i^4$ （2） $\displaystyle\lim_{n \to \infty} \sum_{i=1}^{n} \frac{1}{n+i}$ （3） $\displaystyle\lim_{n \to \infty} \frac{\pi}{n} \sum_{i=1}^{n} \sin \frac{i}{n} \pi$

問題 3-1 （答は p. 311）

1. 次の極限を求めよ.

（1） $\displaystyle\lim_{h \to 0} \sum_{i=1}^{n} e^{a+(i-1)h} h$ $(a + nh = b)$ （2） $\displaystyle\lim_{n \to \infty} \frac{\pi}{2n} \sum_{i=0}^{n-1} \cos \frac{i\pi}{2n}$

（3） $\displaystyle\lim_{n \to \infty} \sum_{k=1}^{2n} \frac{n}{n^2 + k^2}$ （4） $\displaystyle\lim_{n \to \infty} \sum_{k=1}^{2n} \frac{1}{n+k}$

2～5 を証明せよ.

2. $f(x), g(x)$ が $[a, b]$ で積分可能なら，次の関数も積分可能である.

（1） $f(x)g(x)$ （2） $\max\{f(x), g(x)\}$ （3） $\min\{f(x), g(x)\}$

3. $f(x)$ は $[a, b]$ で積分可能，$g(x)$ は $[a, b]$ での関数で有限個の点を除いて $f(x)$ と同じ値をとるものとする. このとき，$g(x)$ も積分可能で

$$\int_a^b f(x)dx = \int_a^b g(x)dx$$

4. $f(x)$ が $[a, c], [c, b]$ で積分可能ならば $[a, b]$ で積分可能である.

5. f は $[a, b]$ で微分可能で, f' が $[a, b]$ で積分可能ならば

$$\int_a^b f'(x)dx = f(b) - f(a)$$

3-2 不 定 積 分

1. 原 始 関 数

前節の式 (11) をみたす $F(x)$ が具体的に求まるいくつかの関数について, その計算方法を調べよう. ここでは, 与えられた関数が**連続になっている区間**だけで考えるものとする.

定義 3-2 関数 $f(x)$ に対して,

$$F'(x) = f(x)$$

をみたす関数 $F(x)$ を $f(x)$ の**原始関数**という. 定理 2-12, 系によれば, $f(x)$ のすべての原始関数は $F(x) + C$ (C は任意定数) の形で与えられる. これらを合わせて, $f(x)$ の**不定積分**とよび $\int f(x)dx$ と書く:

$$\int f(x)dx = F(x) + C$$

$f(x)$ を**被積分関数**, C を**積分定数**という. 不定積分を求めることを, $f(x)$ を**積分する**という. 以下, 積分定数は省略する.

定理 3-6

$$\int (af(x) + bg(x))dx = a\int f(x)dx + b\int g(x)dx \qquad (a, b \text{ は定数})$$

証明 右辺を微分すると左辺の被積分関数 $af(x) + bg(x)$ になる. ∎

定理 3-7 (置換積分法)

$g'(t)$ が連続のとき, $x = g(t)$ とおくと,

$$\int f(x)dx = \int f(g(t))g'(t)dt \qquad (1)$$

証明　　$F(x)$ を $f(x)$ の原始関数とすると，

$$\frac{dF(g(t))}{dt} = F'(g(t))g'(t) = f(g(t))g'(t)$$

であるから

$$\int f(x)dx = F(x) = F(g(t)) = \int f(g(t))g'(t)dt \qquad ∎$$

式（1）は $x = g(t)$, $dx = g'(t)dt$ を形式的に代入してよいことを示している．

例1　[1] $\displaystyle\int x^a dx = \frac{x^{a+1}}{a+1}\ (a \neq -1)$　　　[2] $\displaystyle\int e^{ax}dx = \frac{1}{a}e^{ax}\ (a \neq 0)$

[3] $\displaystyle\int\frac{1}{x}dx = \log|x|$　　　[4] $\displaystyle\int \sin ax\ dx = -\frac{1}{a}\cos ax\ (a \neq 0)$

[5] $\displaystyle\int \cos ax\ dx = \frac{1}{a}\sin ax\ (a \neq 0)$

[6] $\displaystyle\int \sec^2 ax\ dx = \frac{1}{a}\tan ax (a \neq 0)$

[7] $\displaystyle\int \mathrm{cosec}^2 ax\ dx = -\frac{1}{a}\cot ax\ (a \neq 0)$

[8] $\displaystyle\int\frac{1}{\sqrt{a^2-x^2}}dx = \sin^{-1}\frac{x}{a}\ (a > 0)$

[9] $\displaystyle\int\frac{1}{x^2+a^2}dx = \frac{1}{a}\tan^{-1}\frac{x}{a}\ (a \neq 0)$　　　[10] $\displaystyle\int \sinh x\ dx = \cosh x$

[11] $\displaystyle\int \cosh x\ dx = \sinh x$　　　[12] $\displaystyle\int\frac{1}{\cosh^2 x}dx = \tanh x$

いずれも，右辺を微分すれば，微分法の公式により左辺の被積分関数が得られる（左辺から右辺を導くことは次第に明らかになってくる）．

例題1　次の不定積分を求めよ．

1) $\displaystyle\int \sin x \cos 2x\ dx$　　　2) $\displaystyle\int\frac{dx}{\sqrt{3-2x-x^2}}$　　　3) $\displaystyle\int\frac{dx}{4x^2+2x+1}$

4) $\displaystyle\int\frac{x^3}{2+x^4}dx$　　　5) $\displaystyle\int\frac{x}{\sqrt{x^2+1}}dx$　　　6) $\displaystyle\int\frac{x}{\sqrt{1-x}}dx$

[解]　1) $\displaystyle\int \sin x \cos 2x\ dx = \int\frac{1}{2}(\sin 3x - \sin x)dx = -\frac{1}{6}\cos 3x + \frac{1}{2}\cos x$

2)　$\displaystyle\int\frac{dx}{\sqrt{3-2x-x^2}}=\int\frac{dx}{\sqrt{2^2-(x+1)^2}}=\sin^{-1}\frac{x+1}{2}$　（$x+1=t$ とおく）

3)　$\displaystyle\int\frac{dx}{4x^2+2x+1}=\frac{1}{4}\int\frac{dx}{x^2+\frac{1}{2}x+\frac{1}{4}}=\frac{1}{4}\int\frac{dx}{\left(x+\frac{1}{4}\right)^2+\left(\frac{\sqrt{3}}{4}\right)^2}$

$$=\frac{1}{\sqrt{3}}\tan^{-1}\frac{4x+1}{\sqrt{3}}\quad\left(x+\frac{1}{4}=t \text{ とおく}\right)$$

4)　$2+x^4=u$ とおくと，$4x^3dx=du$ より

$$\int\frac{x^3}{2+x^4}dx=\frac{1}{4}\int\frac{du}{u}=\frac{1}{4}\log|u|=\frac{1}{4}\log(2+x^4)$$

5)　$x^2+1=u$ とおくと，$2x\,dx=du$ より

$$\int\frac{x}{\sqrt{x^2+1}}dx=\frac{1}{2}\int\frac{du}{\sqrt{u}}=\sqrt{u}=\sqrt{x^2+1}$$

6)　$\sqrt{1-x}=t$ すなわち $x=1-t^2$ とおくと，$dx=-2t\,dt$ より

$$\int\frac{x}{\sqrt{1-x}}dx=\int\frac{1-t^2}{t}(-2t)dt=-2\int(1-t^2)dt$$

$$=-2t+\frac{2}{3}t^3=-\frac{2}{3}(1-x)^{1/2}(2+x)$$

例2　[13]　$\displaystyle\int\sqrt{a^2-x^2}\,dx=\frac{1}{2}\left(a^2\sin^{-1}\frac{x}{a}+x\sqrt{a^2-x^2}\right)$　$(a>0)$

[14]　$\displaystyle\int\frac{f'(x)}{f(x)}dx=\log|f(x)|$

[**解**]　[13]　$x=a\sin t$ とおくと，$dx=a\cos t\,dt$ より

$$\int\sqrt{a^2-x^2}\,dx=a^2\int\cos^2t\,dt=\frac{a^2}{2}\int(1+\cos 2t)dt$$

$$=\frac{a^2}{2}\left(t+\frac{\sin 2t}{2}\right)=\frac{a^2}{2}(t+\cos t\sin t)$$

$$=\frac{a^2}{2}\left(\sin^{-1}\frac{x}{a}+\frac{x}{a}\sqrt{1-\frac{x^2}{a^2}}\right)=\frac{1}{2}\left(a^2\sin^{-1}\frac{x}{a}+x\sqrt{a^2-x^2}\right)$$

（$|x|\leqq a$ であるから $|t|\leqq\pi/2$ としてよく，$\cos t\geqq 0$ に注意する）

[14]　$f(x)=u$ とおくと，$f'(x)dx=du$ より

$$\int\frac{f'(x)}{f(x)}dx=\int\frac{du}{u}=\log|u|=\log|f(x)|$$

問1　次の関数の不定積分を求めよ．

（1）　$(2x+1)^4$　　（2）　$(2x+3)^{-3}$　　（3）　e^{2x+1}　　（4）　5^x　　（5）　$\sin^2x$

（6）　$(5x+1)^{1/3}$　　（7）　$\tan^2x$　　（8）　$x\cos(x^2+1)$　　（9）　$\sin x\sin 3x$

（10）　$\dfrac{(\log x)^2}{x}$　　（11）　$\dfrac{1}{\sqrt{x-2x^2}}$　　（12）　$\dfrac{1}{3x^2-2x+1}$

（13）　$\sqrt{2x-x^2}$　　（14）　$x^2\sqrt{1-x}$　　（15）　$\dfrac{1}{(x^2+a^2)^{3/2}}$　$(a\neq 0)$

(16) $\dfrac{\cos\sqrt{x}}{\sqrt{x}}$ (17) xe^{x^2} (18) $\dfrac{\cos x}{2+3\sin x}$ (19) $\dfrac{1}{x+\sqrt{x}}$

定理 3-8（部分積分法）

$f'(x), g'(x)$ が連続のとき，

$$\int f(x)g'(x)dx = f(x)g(x)-\int f'(x)g(x)dx$$

証明　右辺を微分すると左辺の被積分関数 $f(x)g'(x)$ になる． ∎

例3 ［15］ $\displaystyle\int f(x)dx = xf(x)-\int xf'(x)dx$

［**解**］ 定理 3-8 で $g(x)=x$ とすればよい．

例題 2　次の不定積分を求めよ．

1) $\displaystyle\int x^2 e^x dx$　2) $\displaystyle\int x\cos x\, dx$　3) $\displaystyle\int \sin^{-1}x\, dx$　4) $\displaystyle\int \log x\, dx$

［**解**］ 1) $f(x)=x^2,\ g'(x)=e^x$ ととる．

$$\int x^2 e^x dx = x^2 e^x - 2\int xe^x dx = x^2 e^x - 2\left(xe^x-\int e^x dx\right) = e^x(x^2-2x+2)$$

2) $f(x)=x,\ g'(x)=\cos x$ ととる．

$$\int x\cos x\, dx = x\sin x - \int \sin x\, dx = x\sin x + \cos x$$

3) 例3, ［15］により

$$\int \sin^{-1}x\, dx = x\sin^{-1}x - \int \frac{x}{\sqrt{1-x^2}}dx \quad (1-x^2 = u\ とおく)$$

$$= x\sin^{-1}x + \frac{1}{2}\int \frac{du}{\sqrt{u}} = x\sin^{-1}x + \sqrt{u} = x\sin^{-1}x + \sqrt{1-x^2}$$

4) $\displaystyle\int \log x\, dx = x\log x - \int dx = x\log x - x$ （例3, ［15］により）

問2　次の関数の不定積分を求めよ．

(1) xe^{3x} (2) $x^2\sin 2x$ (3) $\cos^{-1}x$ (4) $(\log x)^2$
(5) $x\log 3x$ (6) $x\cos^{-1}x$ (7) $e^{3x}\sin 2x$ (8) $(x+1)^2\log x$
(9) $\log(x^2+1)$ (10) $\sin(\log x)$

問3　次を示せ（$a^2+b^2 \neq 0$）．

(1) $\displaystyle\int e^{ax}\sin bx\, dx = \frac{e^{ax}(a\sin bx - b\cos bx)}{a^2+b^2}$

(2) $\displaystyle\int e^{ax}\cos bx\, dx = \frac{e^{ax}(a\cos bx + b\sin bx)}{a^2+b^2}$

2. 漸 化 式

例4　n を自然数としたとき，

[16]　$\displaystyle\int \cos^n x \, dx = \frac{1}{n}\cos^{n-1}x \sin x + \frac{n-1}{n}\int \cos^{n-2}x \, dx$

[17]　$\displaystyle\int \sin^n x \, dx = -\frac{1}{n}\sin^{n-1}x \cos x + \frac{n-1}{n}\int \sin^{n-2}x \, dx$

[解]　[16]　$\displaystyle\int \cos^n x \, dx = \int \cos^{n-1}x \cos x \, dx$

$$= \cos^{n-1}x \sin x + (n-1)\int \cos^{n-2}x \sin^2 x \, dx$$

$$= \cos^{n-1}x \sin x + (n-1)\int \cos^{n-2}x \, dx$$

$$-(n-1)\int \cos^n x \, dx$$

ゆえに，

$$\int \cos^n x \, dx = \frac{1}{n}\cos^{n-1}x \sin x + \frac{n-1}{n}\int \cos^{n-2}x \, dx$$

問4　[17] を示せ．

　[16]，[17] のように，n を含む式をもっと小さい $n-1$ や $n-2$ などを含む式で表したものを**漸化式**という．n に $1, 2, \cdots$ を順次代入することによって一般の場合が得られる．

例題3　$\displaystyle\int \cos^4 x \, dx$ を求めよ．

[解]　公式 [16] を用いると，

$$\int \cos^4 x \, dx = \frac{1}{4}\cos^3 x \sin x + \frac{3}{4}\int \cos^2 x \, dx$$

$$= \frac{1}{4}\cos^3 x \sin x + \frac{3}{4}\left(\frac{1}{2}\cos x \sin x + \frac{1}{2}\int dx\right)$$

$$= \frac{1}{4}\cos^3 x \sin x + \frac{3}{8}\cos x \sin x + \frac{3}{8}x$$

問5　次の積分を求めよ．

（1）$\displaystyle\int \sin^3 x \, dx$　　（2）$\displaystyle\int \cos^5 x \, dx$　　（3）$\displaystyle\int \sin^6 x \, dx$

問6　次を証明せよ．

（1）$\displaystyle\int \tan^n x\,dx = \frac{1}{n-1}\tan^{n-1}x - \int \tan^{n-2}x\,dx$ $(n \geqq 2)$

（2）$\displaystyle\int (\log x)^n dx = x(\log x)^n - n\int (\log x)^{n-1}dx$ $(n \geqq 1)$

例5　[18]　$\displaystyle\int \frac{dx}{(x^2+a^2)^{n+1}} = \frac{x}{2na^2(x^2+a^2)^n} + \frac{2n-1}{2na^2}\int \frac{dx}{(x^2+a^2)^n}$ $(a \neq 0,$ $n \geqq 1)$

[**解**]　部分積分法により，

$$\begin{aligned}
I_n = \int \frac{dx}{(x^2+a^2)^n} &= \frac{x}{(x^2+a^2)^n} + 2n\int \frac{x^2}{(x^2+a^2)^{n+1}}dx \\
&= \frac{x}{(x^2+a^2)^n} + 2n\int \frac{x^2+a^2-a^2}{(x^2+a^2)^{n+1}}dx \\
&= \frac{x}{(x^2+a^2)^n} + 2nI_n - 2a^2 nI_{n+1}
\end{aligned}$$

ゆえに，

$$I_{n+1} = \frac{x}{2na^2(x^2+a^2)^n} + \frac{2n-1}{2na^2}I_n$$

例題4　$I_1,\ I_2$ を求めよ．

[**解**]　$\displaystyle I_1 = \int \frac{dx}{x^2+a^2} = \frac{1}{a}\tan^{-1}\frac{x}{a}$　（例1，公式[9]）

$\displaystyle I_2 = \int \frac{dx}{(x^2+a^2)^2} = \frac{x}{2a^2(x^2+a^2)} + \frac{1}{2a^2}I_1 = \frac{1}{2a^2}\left(\frac{x}{x^2+a^2} + \frac{1}{a}\tan^{-1}\frac{x}{a}\right)$

問7　次の積分を求めよ．

（1）$\displaystyle\int \frac{dx}{(3x^2+1)^2}$　　（2）$\displaystyle\int \frac{dx}{(x^2+2x+3)^3}$　　（3）$\displaystyle\int \frac{dx}{(x^2+a^2)^4}$ $(a \neq 0)$

3.　有理関数の積分

有理関数の積分は部分分数に分解して求める．

例題5　$\displaystyle\int \frac{2}{(x+1)^2(x^2+1)}dx$ を求めよ．

[**解**]　被積分関数を部分分数に分解する．

$$\frac{2}{(x+1)^2(x^2+1)} = \frac{1}{x+1} + \frac{1}{(x+1)^2} - \frac{x}{x^2+1}$$

となる．したがって，

$$\int\frac{2}{(x+1)^2(x^2+1)}dx = \int\frac{1}{x+1}dx + \int\frac{1}{(x+1)^2}dx - \int\frac{x}{x^2+1}dx$$

$$= \log|x+1| - \frac{1}{x+1} - \frac{1}{2}\log(x^2+1)$$

一般に，有理関数 $P(x)/Q(x)$（$P(x), Q(x)$ は共通因数のない多項式）は，

$$\text{多項式,}\quad \frac{A}{(x-a)^m}\ (m\geq 1),\quad \frac{Bx+C}{((x-b)^2+c^2)^n}\ (n\geq 1)$$

の形の分数式のいくつかの和に分解（部分分数分解）されることがわかっている．したがって有理関数 $P(x)/Q(x)$ の原始関数を求めるには，分解された各項の積分を求めて加えればよい．多項式は容易に積分できるから，残りについて調べてみる．まず，

$$\int\frac{A}{(x-a)^m}dx = \begin{cases} -\dfrac{A}{(m-1)(x-a)^{m-1}} & (m\neq 1)\\[2mm] A\log|x-a| & (m=1) \end{cases}$$

は簡単である．次に，$x-b=t$ とおくと，

$$\int\frac{Bx+C}{((x-b)^2+c^2)^n}dx = \int\frac{B(t+b)+C}{(t^2+c^2)^n}dt$$

$$= B\int\frac{t}{(t^2+c^2)^n}dt + \int\frac{Bb+C}{(t^2+c^2)^n}dt$$

ここで，$t^2+c^2=u$ とおくと，

$$\int\frac{t}{(t^2+c^2)^n}dt = \begin{cases} \dfrac{-1}{2(n-1)(t^2+c^2)^{n-1}} & (n\geq 2)\\[2mm] \dfrac{1}{2}\log(t^2+c^2) & (n=1) \end{cases}$$

そして，$\int\dfrac{dt}{(t^2+c^2)^n}$ は例1，公式［9］，例5，公式［18］より求めうる．最後に $t=x-b$ を代入すればよい．以上より，次のことがわかる．

定理 3-9

　有理関数の原始関数は，有理関数，対数関数および逆正接関数のみを用いて表されうる．

例題 6　1) $\displaystyle\int\frac{dx}{x^2-a^2}$（$a\neq 0$），2) $\displaystyle\int\frac{dx}{x^3+1}$ を求めよ．

[**解**]　1）部分分数に分解する.

$$\frac{1}{x^2-a^2} = \frac{1}{2a}\left(\frac{1}{x-a} - \frac{1}{x+a}\right)$$

ゆえに,

$$\int\frac{dx}{x^2-a^2} = \frac{1}{2a}\int\left(\frac{1}{x-a} - \frac{1}{x+a}\right)dx = \frac{1}{2a}\log\left|\frac{x-a}{x+a}\right|$$

2）

$$\frac{1}{x^3+1} = \frac{1}{3(x+1)} - \frac{x-2}{3(x^2-x+1)}$$

$$\int\frac{dx}{3(x+1)} = \frac{1}{3}\log|x+1|$$

$$\int\frac{x-2}{3(x^2-x+1)}dx = \frac{1}{3}\int\frac{x-2}{\left(x-\frac{1}{2}\right)^2+\frac{3}{4}}dx \quad \left(x-\frac{1}{2}=t\right)$$

$$= \frac{1}{3}\int\frac{t-\frac{3}{2}}{t^2+\frac{3}{4}}dt = \frac{1}{3}\int\frac{t}{t^2+3/4}dt - \frac{1}{2}\int\frac{dt}{t^2+(\sqrt{3}/2)^2}$$

$$= \frac{1}{6}\log\left(t^2+\frac{3}{4}\right) - \frac{1}{\sqrt{3}}\tan^{-1}\frac{2t}{\sqrt{3}}$$

$$= \frac{1}{6}\log(x^2-x+1) - \frac{1}{\sqrt{3}}\tan^{-1}\frac{2x-1}{\sqrt{3}}$$

したがって,

$$\int\frac{dx}{x^3+1} = \frac{1}{3}\log|x+1| - \frac{1}{6}\log(x^2-x+1) + \frac{1}{\sqrt{3}}\tan^{-1}\frac{2x-1}{\sqrt{3}}$$

問8　次の関数の不定積分を計算せよ.

（1）$\dfrac{x^2}{x+1}$　　（2）$\dfrac{x}{(x+1)^2}$　　（3）$\dfrac{x^2+4x+4}{(x+1)(x^2+3x+3)}$

（4）$\dfrac{x^4+1}{x^4-1}$　　（5）$\dfrac{1}{x(x^2+1)^2}$　　（6）$\dfrac{x^5}{x^4-2x^2+2}$

（7）$\dfrac{x^2-x-2}{(x^2-3x+1)^2}$　　（8）$\dfrac{1}{x^4+1}$

　置換することによって有理関数の積分に帰着される場合がいくつかある. 以下, $R(t)$ は t の有理関数, $R(u,v)$ は u,v の有理関数とする.

（**A**）$\displaystyle\int R(e^x)dx$.　　$e^x = t$ とおく. $dx = \dfrac{1}{t}dt$ であるから

$$\int R(e^x)dx = \int\frac{R(t)}{t}dt$$

となる. $R(t)/t$ は有理関数である.

例題 7　$\displaystyle\int\frac{dx}{2+e^x}$ を求めよ.

［解］　$e^x = t$ とおくことにより

$$\int\frac{dx}{2+e^x} = \int\frac{dt}{t(2+t)} = \frac{1}{2}\int\left(\frac{1}{t}-\frac{1}{t+2}\right)dt$$

$$= \frac{1}{2}\log\left|\frac{t}{t+2}\right| = \frac{1}{2}\log\left(\frac{e^x}{2+e^x}\right) = \frac{1}{2}(x-\log(e^x+2))$$

問 9　次の関数の不定積分を求めよ.

（1）　$\dfrac{e^{2x}}{e^x+e^{-x}}$　（2）　$\dfrac{e^x}{(e^x+e^{-x})^2}$　（3）　$\dfrac{e^x-1}{e^x+1}$　（4）　$\dfrac{e^{2x}-1}{e^{2x}+1}$

（B）　$\displaystyle\int R(\sin x, \cos x)\,dx.$　　$\tan\dfrac{x}{2} = t$ とおくと,

$$\sin x = \frac{2t}{1+t^2}, \quad \cos x = \frac{1-t^2}{1+t^2}, \quad dx = \frac{2dt}{1+t^2}$$

であるから, 定理 3-7 により

$$\int R(\sin x, \cos x)\,dx = \int R\left(\frac{2t}{1+t^2}, \frac{1-t^2}{1+t^2}\right)\frac{2}{1+t^2}\,dt$$

となる. 右辺は t の有理関数の積分である.

例題 8　$\displaystyle\int\frac{dx}{1+\cos x}$ を求めよ.

［解］　$\tan(x/2) = t$ とおくことにより

$$\int\frac{dx}{1+\cos x} = \int\frac{1}{1+\dfrac{1-t^2}{1+t^2}}\frac{2}{1+t^2}\,dt = \int dt = t = \tan\frac{x}{2}$$

（C）　（イ）　$\displaystyle\int R(\sin x)\cos x\,dx$　および　（ロ）　$\displaystyle\int R(\cos x)\sin x\,dx$

（イ）　$\sin x = t$ とおくと, $\cos x\,dx = dt$ であるから

$$\int R(\sin x)\cos x\,dx = \int R(t)\,dt$$

（ロ）　$\cos x = t$ とおくと, $-\sin x\,dx = dt$ より

$$\int R(\cos x)\sin x\,dx = -\int R(t)\,dt$$

例題 9　$I = \displaystyle\int\cos^3 x\,\sin^2 x\,dx$ を求めよ.

［解］　$\cos^3 x\,\sin^2 x = (1-\sin^2 x)\sin^2 x\cos x$ であるから, $\sin x = t$ として

$$I = \int (1-t^2) t^2 dt = \frac{t^3}{3} - \frac{t^5}{5} = \frac{1}{3} \sin^3 x - \frac{1}{5} \sin^5 x$$

（D）$\displaystyle\int R(\sin^2 x, \cos^2 x) dx.$　$\tan x = t$ とおくと

$$\sin^2 x = \frac{t^2}{1+t^2}, \quad \cos^2 x = \frac{1}{1+t^2}, \quad dx = \frac{dt}{1+t^2}$$

より，

$$\int R(\sin^2 x, \cos^2 x) dx = \int R\Big(\frac{t^2}{1+t^2}, \frac{1}{1+t^2}\Big) \frac{1}{1+t^2} dt$$

となって，有理関数の積分に帰着する．

例題 10　$\displaystyle I = \int \frac{dx}{a^2 \cos^2 x + b^2 \sin^2 x}$ $(a > 0, b > 0)$ を求めよ．

　［解］　$\tan x = t$ とおくことにより，

$$I = \int \frac{1}{\dfrac{a^2}{1+t^2} + \dfrac{b^2 t^2}{1+t^2}} \frac{dt}{1+t^2} = \int \frac{dt}{a^2 + b^2 t^2} = \frac{1}{b^2} \int \frac{dt}{\Big(\dfrac{a}{b}\Big)^2 + t^2}$$

$$= \frac{1}{ab} \tan^{-1} \frac{bt}{a} = \frac{1}{ab} \tan^{-1}\Big(\frac{b}{a} \tan x\Big)$$

（E）$\displaystyle\int R(\tan x) dx.$　$\tan x = t$ とおく．$dx = dt/(1+t^2)$ であるから

$$\int R(\tan x) dx = \int \frac{R(t)}{1+t^2} dt$$

となって，有理関数の積分に帰着する．

例題 11　$\displaystyle I = \int \frac{dx}{1+\tan x}$ を求めよ．

　［解］　$\tan x = t$ とおくと，

$$I = \int \frac{dt}{(1+t)(1+t^2)} = \frac{1}{2} \int \Big(\frac{1}{1+t} - \frac{t}{1+t^2} + \frac{1}{1+t^2}\Big) dt$$

$$= \frac{1}{2}\Big(\log |t+1| - \frac{1}{2} \log (t^2+1) + \tan^{-1} t\Big)$$

$$= \frac{1}{2}(\log |\tan x + 1| + \log |\cos x| + \tan^{-1}(\tan x))$$

$$= \frac{1}{2}(\log |\sin x + \cos x| + x)$$

問 10　次の各関数の不定積分を計算せよ．

（1）$\dfrac{1}{1+\sin x}$　（2）$\dfrac{1}{3+2\tan x}$　（3）$\sin^5 x$　（4）$\dfrac{\cos^2 x}{3+\sin^2 x}$

4. 無理関数の積分

　根号を含む関数の積分のうち，ある種のものは適当に置換することにより有理関数の積分に帰着される．以下，$R(u, v)$ は u, v の有理関数とする．

（F）　$\displaystyle\int R\left(x, \sqrt[n]{\dfrac{ax+b}{cx+d}}\right) dx \ (ad-bc \neq 0, \ n \geq 2)$

$$\sqrt[n]{\dfrac{ax+b}{cx+d}} = t \ \text{とおくと} \quad x = \dfrac{dt^n-b}{a-ct^n}, \ dx = \dfrac{n(ad-bc)t^{n-1}}{(a-ct^n)^2}dt$$

$$\int R\left(x, \sqrt[n]{\dfrac{ax+b}{cx+d}}\right)dx = \int R\left(\dfrac{dt^n-b}{a-ct^n}, t\right)\dfrac{n(ad-bc)t^{n-1}}{(a-ct^n)^2}dt$$

と t に関する有理関数の積分になる．

例題 12　1）$\displaystyle\int x\sqrt[4]{1-x}\,dx$, 2）$\displaystyle\int x\sqrt{\dfrac{x+2}{x+1}}\,dx$ を求めよ．

　[解]　1）$\sqrt[4]{1-x} = t$ とおく．$x = 1-t^4, \ dx = -4t^3 dt$ となるから

$$\int x\sqrt[4]{1-x}\,dx = \int (1-t^4)t(-4t^3)\,dt = 4\int (t^8-t^4)\,dt = 4\left(\dfrac{t^9}{9} - \dfrac{t^5}{5}\right)$$

$$= \dfrac{4}{45}(5t^4-9)t^5 = \dfrac{-4}{45}(5x+4)(1-x)^{5/4}$$

　2）$\sqrt{\dfrac{x+2}{x+1}} = t$ とおく．$x = \dfrac{t^2-2}{1-t^2}, \ dx = \dfrac{-2t}{(1-t^2)^2}dt$ であるから，

$$\int x\sqrt{\dfrac{x+2}{x+1}}\,dx = \int \dfrac{t^2-2}{1-t^2} \cdot t \cdot \dfrac{-2t}{(1-t^2)^2}dt = 2\int \dfrac{t^2(2-t^2)}{(1-t^2)^3}\,dt$$

$$= \int \left\{ -\dfrac{5}{8}\left(\dfrac{1}{1-t} + \dfrac{1}{1+t}\right) + \dfrac{3}{8}\left(\dfrac{1}{(1-t)^2} + \dfrac{1}{(1+t)^2}\right) \right.$$

$$\left. + \dfrac{1}{4}\left(\dfrac{1}{(1-t)^3} + \dfrac{1}{(1+t)^3}\right) \right\}dt$$

$$= \dfrac{5}{8}\log\left|\dfrac{1-t}{1+t}\right| + \dfrac{3}{4}\dfrac{t}{(1-t^2)} + \dfrac{t}{2(1-t^2)^2}$$

$$= \dfrac{1}{4}(2x^2+x-1)\sqrt{\dfrac{x+2}{x+1}} - \dfrac{5}{4}\log\left(\sqrt{x+2}+\sqrt{x+1}\right)$$

（G）　（イ）$\displaystyle\int R(x, \sqrt{a^2-x^2})dx$, 　　（ロ）$\displaystyle\int R(x, \sqrt{x^2+a^2})dx$

　　（ハ）$\displaystyle\int R(x, \sqrt{x^2-a^2})dx \ (a > 0)$

　（イ）　$x = a\sin t \ (|t| \leq \pi/2)$ とおく．$\sqrt{a^2-x^2} = a\cos t, \ dx = a\cos t\,dt$

$$\int R(x, \sqrt{a^2-x^2})dx = \int R(a\sin t, a\cos t)a\cos t\,dt$$

　（ロ）　$x = a\tan t \ (|t| < \pi/2)$ とおく．$\sqrt{x^2+a^2} = a\sec t, \ dx = a\sec^2 t\,dt$

$$\int R(x, \sqrt{x^2+a^2})dx = \int R(a\tan t, a\sec t)a\sec^2 t\,dt$$

（ハ） $x = a\sec t$ とおく． $\sqrt{x^2-a^2} = a\,|\tan t|,\ dx = a\tan t\sec t\,dt$

$$\int R(x, \sqrt{x^2-a^2})dx = \int R(a\sec t, a\,|\tan t|)a\tan t\sec t\,dt$$

となって，いずれも（**B**）に帰着．

（**H**） $\displaystyle\int R(x, \sqrt{ax^2+bx+c}\,)dx\ \ (a \ne 0)$

（イ） $a > 0$ のとき． $\sqrt{ax^2+bx+c} = t-\sqrt{a}\,x$ とおくと，

$$x = \frac{t^2-c}{2\sqrt{a}\,t+b}, \quad dx = \frac{2(\sqrt{a}\,t^2+bt+\sqrt{a}\,c)}{(2\sqrt{a}\,t+b)^2}dt$$

であるから，t に関する有理関数の積分になる．

（ロ） $a < 0,\ b^2-4ac > 0$ のとき． $ax^2+bx+c = 0$ の2実根を α, β（$\alpha < \beta$）とする． $\sqrt{(x-\alpha)/(\beta-x)} = t$ とおくと，

$$x = \frac{\alpha+\beta t^2}{1+t^2}, \quad \sqrt{ax^2+bx+c} = \sqrt{a(x-\alpha)(x-\beta)} = \sqrt{-a}\,\frac{(\beta-\alpha)t}{1+t^2}$$

$$dx = \frac{2(\beta-\alpha)t}{(1+t^2)^2}dt$$

であるから，t に関する有理関数の積分に帰着する．

例題 13 次の不定積分を求めよ．

1） $\displaystyle\int \frac{dx}{\sqrt{a^2-x^2}}\ (a > 0)$ 2） $\displaystyle\int \frac{dx}{\sqrt{x^2+A}}$ 3） $\displaystyle\int \sqrt{x^2+A}\,dx$

［解］ 1） $x = a\sin t$ とおく．

$$\int \frac{dx}{\sqrt{a^2-x^2}} = \int \frac{1}{a\cos t}\cdot a\cos t\,dt = \int dt = t = \sin^{-1}\frac{x}{a} \quad （例1，公式［8］）$$

2） $\sqrt{x^2+A} = t-x$ とおく．

$$\int \frac{dx}{\sqrt{x^2+A}} = \int \frac{dt}{t} = \log|t| = \log|x+\sqrt{x^2+A}\,|$$

3） 同じく $\sqrt{x^2+A} = t-x$ とおく．

$$\int \sqrt{x^2+A}\,dx = \frac{1}{4}\int \frac{t^4+2At^2+A^2}{t^3}dt = \frac{1}{4}\left(\frac{t^2}{2} - \frac{A^2}{2t^2} + 2A\log|t|\right)$$

$$= \frac{1}{2}(x\sqrt{x^2+A} + A\log|x+\sqrt{x^2+A}\,|)$$

問 11 次の各関数の不定積分を計算せよ．

（1）　$\dfrac{1}{1+\sqrt{x}}$　　（2）　$x\sqrt{x+1}$　　（3）　$\dfrac{x^{1/3}}{x^{1/3}+1}$　　（4）　$\dfrac{1}{x^2\sqrt{1+x^2}}$

（5）　$x\sqrt{x^2+2x+2}$　　（6）　$\dfrac{x}{\sqrt{5x-6-x^2}}$

問題 3-2 （答は p. 312）

1. 次の不定積分を求めよ．

（1）　$\dfrac{1}{(x+1)(x^2+1)}$　　（2）　$\dfrac{1}{x^4-1}$　　（3）　$\dfrac{x^2+1}{x^4+1}$

（4）　$\dfrac{1}{\sqrt{x+1}+\sqrt{x+2}}$　　（5）　$\dfrac{1}{x\sqrt{1+x^2}}$　　（6）　$e^x\sin x$　　（7）　$x^5e^{-x^2}$

（8）　$\dfrac{\log x}{x^2}$　　（9）　$\dfrac{\sin x}{2+\tan^2 x}$　　（10）　$\dfrac{1}{x^2+1}\tan^{-1}x$

2. $F(x)=\displaystyle\int f(x)dx$ のとき $\displaystyle\int f(ax+b)dx=\dfrac{1}{a}F(ax+b)\ (a\neq 0)$ を示せ．

3. $\displaystyle\int\dfrac{ax^2+bx+c}{(x^2+1)^2}dx$ が有理関数となる条件を求めよ．

4. 次の不定積分を求めよ．

（1）　$\dfrac{1}{(1-x^2)^3}$　　（2）　$\sin^{-1}\sqrt{x}$　　（3）　$\dfrac{1}{1-2a\cos x+a^2}$

（4）　$\cos(\log x)$　　（5）　$\dfrac{\log(x+\sqrt{x^2+1})}{x^2}$　　（6）　$\sqrt{e^x+1}$

（7）　$\log(1+x^2)$

5. $I_n=\displaystyle\int\dfrac{\sin nx}{\sin x}dx\ (n\geqq 1)$ としたとき，次の漸化式を示せ．

$$(n-1)(I_n-I_{n-2})=2\sin(n-1)x\quad(n\geqq 2)$$

3-3　定 積 分 の 性 質

前節では，定積分が簡単に計算可能な関数をいろいろ調べたが，ここでは，定積分の性質を 3-1 節に引き続いてさらにくわしく調べることにする．

定理 3-10

α,β を定数，$f(x),g(x)$ が $[a,b]$ で積分可能とすると，$\alpha f(x)+\beta g(x)$ も積分可能で，

$$\int_a^b(\alpha f(x)+\beta g(x))dx=\alpha\int_a^b f(x)dx+\beta\int_a^b g(x)dx\tag{1}$$

証明　$|\varDelta_n| \to 0$（$n \to \infty$）なる分割 $\varDelta_n$ に対して

$$R(\varDelta_n, \alpha f + \beta g) = \alpha R(\varDelta_n, f) + \beta R(\varDelta_n, g)$$

$n \to \infty$ のとき，右辺が，ξ_i のとり方によらない極限

$$\alpha \int_a^b f(x)\,dx + \beta \int_a^b g(x)\,dx$$

をもつから，定理3-4により $\alpha f + \beta g$ も積分可能で式（1）が成り立つ. ■

定義3-3　$[a_0, b_0]$ で積分可能な関数 $f(x)$ に対して，$[a_0, b_0]$ 内の任意の 2点 a, b に対して，次のように定める：

$$b < a \quad \text{のとき} \quad \int_a^b f(x)\,dx = -\int_b^a f(x)\,dx$$

$$b = a \quad \text{のとき} \quad \int_a^a f(x)\,dx = 0$$

定理3-11

区間 $[a_0, b_0]$ で積分可能な関数 $f(x)$ に対して，$[a_0, b_0]$ 内の任意の 3点 a, b, c をとったとき，それらの大小に関係なく

$$\int_a^b f(x)\,dx + \int_b^c f(x)\,dx = \int_a^c f(x)\,dx \tag{2}$$

証明　定理3-3により $[a_0, b_0]$ の任意の部分閉区間で $f(x)$ は積分可能である.

（イ）$a < c < b$ のとき. 定理3-3の証明で，$d = b$ ととってそのまま証明を進めればよい. このとき，$\varDelta^3 = \{b\}$，$s_3 = S_3 = 0$ で，

$$s_1 = S_1 = \int_a^c f(x)\,dx, \quad s_2 = S_2 = \int_c^b f(x)\,dx, \quad s = S = \int_a^b f(x)\,dx$$

$S = S_1 + S_2$ より

$$\int_a^b f(x)\,dx = \int_a^c f(x)\,dx + \int_c^b f(x)\,dx \tag{3}$$

この式の右辺第2項を左辺に移項し定義3-3を用いると式（2）を得る.

（ロ）$a < b < c$ のとき. 式（3）を得た方法でただちに次を得る.

$$\int_a^b f(x)\,dx + \int_b^c f(x)\,dx = \int_a^c f(x)\,dx$$

同様にして，$b < a < c$ や $a = b < c$ などすべての場合に式（2）が成り立つ．　∎

定理 3-12

$[a, b]$ で $f(x), g(x)$ は積分可能とする．

[Ⅰ]　$f(x) \geqq 0$ ならば，　　$\displaystyle\int_a^b f(x)dx \geqq 0$

[Ⅱ]　$f(x) \geqq g(x)$ ならば，　$\displaystyle\int_a^b f(x)dx \geqq \int_a^b g(x)dx$

[Ⅲ]　$|f(x)|$ も積分可能で，　$\displaystyle\int_a^b |f(x)|dx \geqq \left|\int_a^b f(x)dx\right|$

証明　[Ⅰ]　$[a, b]$ のどんな分割 $\varDelta$ に対しても $R(\varDelta, f) \geqq 0$ であるから，定理 3-4 より結論は明らかである．

[Ⅱ]　$f(x) - g(x) \geqq 0$ であるから，[Ⅰ] により

$$\int_a^b (f(x) - g(x))dx = \int_a^b f(x)dx - \int_a^b g(x)dx \geqq 0$$

[Ⅲ]　$[a, b]$ の任意の部分区間 $I_i = [x_{i-1}, x_i]$ において，不等式

$$||f(x')| - |f(x'')|| \leqq |f(x') - f(x'')| \leqq \sup_{I_i} f(x) - \inf_{I_i} f(x)　(x', x'' \in I_i)$$

が成り立つ．ここに

$$\sup_{I_i} f(x) = \sup \{f(x)\,;\,x \in I_i\},\quad \inf_{I_i} f(x) = \inf \{f(x)\,;\,x \in I_i\}$$

ゆえに，

$$\sup_{I_i} |f(x)| - \inf_{I_i} |f(x)| \leqq \sup_{I_i} f(x) - \inf_{I_i} f(x)$$

これより，$[a, b]$ の任意の分割 $\varDelta$ に対して次の不等式を得る：

$$S(\varDelta, |f|) - s(\varDelta, |f|) \leqq S(\varDelta, f) - s(\varDelta, f)$$

ここで，$\varDelta = \varDelta_n\ (|\varDelta_n| \to 0\ (n \to \infty))$ とおき，$n \to \infty$ とすると f が積分可能なことから，定理 3-1，3-2 より $|f|$ は $[a, b]$ で積分可能である．

後半は，$-|f(x)| \leqq f(x) \leqq |f(x)|$ であるから，[Ⅱ] により得られる．　∎

― 系 ―

積分可能な関数 $f(x)$ が，$[a, b]$ で $m \leqq f(x) \leqq M$ のとき

$$m(b-a) \leqq \int_a^b f(x)dx \leqq M(b-a)$$

証明　定理 3-12 ［II］より明らかである．∎

― 定理 3-13 ―

連続な関数 $f(x)$ が次の条件をみたしているとする．

（ i ）　$[a, b]$ で $f(x) \geqq 0$

（ ii ）　ある1点 c $(a \leqq c \leqq b)$ で，$f(c) > 0$

このとき，

$$\int_a^b f(x)dx > 0$$

証明　仮定（ ii ）より，c を含む，$[a, b]$ の部分区間 $[a_0, b_0]$ があって

$$f(x) \geqq \frac{f(c)}{2} \quad (x \in [a_0, b_0]) \quad (定理 1\text{-}17 より)$$

$$\int_a^b f(x)dx = \int_a^{a_0} f(x)dx + \int_{a_0}^{b_0} f(x)dx + \int_{b_0}^b f(x)dx$$

において，$\int_a^{a_0} f(x)dx \geqq 0$，$\int_{b_0}^b f(x)dx \geqq 0$ であるから，

$$\int_a^b f(x)dx \geqq \int_{a_0}^{b_0} f(x)dx \geqq \frac{f(c)}{2}(b_0 - a_0) > 0$$ ∎

例題 1　不等式 $\displaystyle\int_0^1 \sqrt{1-x^2}\,dx < \int_0^1 \sqrt{1-x^3}\,dx$ を示せ.

［**解**］　$f(x) = \sqrt{1-x^3} - \sqrt{1-x^2}$ は $[0, 1]$ で連続で，$x = 0, 1$ を除いて $f(x) > 0$．したがって，定理 3-13 により

$$\int_0^1 f(x)dx > 0 \quad すなわち \quad \int_0^1 \sqrt{1-x^2}\,dx < \int_0^1 \sqrt{1-x^3}\,dx$$

問 1　次の不等式を示せ.

（ 1 ）　$\displaystyle\frac{\pi}{2} < \int_0^{\pi/2} \frac{dx}{\sqrt{1 - \frac{1}{2}\cos^2 x}} < \frac{\pi}{\sqrt{2}}$　　（ 2 ）　$\displaystyle\frac{1}{2} < \int_0^{1/2} \frac{dx}{\sqrt{1-x^3}} < \sqrt{\frac{2}{7}}$

定理 3-14 (積分における平均値の定理)

$[a, b]$ で連続な関数 $f(x)$ に対して次の式をみたす c が存在する.

$$\int_a^b f(x)dx = f(c)(b-a) \quad (a < c < b)$$

証明 $[a, b]$ における $f(x)$ の最小値を m, 最大値を M とする (定理 1-19). $f(x)$ が定数のときには, $a < c < b$ なるどんな c をとっても

$$\int_a^b f(x)dx = f(c)(b-a) \quad (f(x) \equiv f(c) = M = m)$$

$f(x)$ が定数でないとき, 定理 3-12, 系と定理 3-13 より不等式

$$m < \frac{\int_a^b f(x)dx}{b-a} < M$$

を得る. したがって, 中間値の定理 (定理 1-18) により

$$\frac{\int_a^b f(x)dx}{b-a} = f(c) \quad \text{すなわち} \quad \int_a^b f(x)dx = f(c)(b-a) \ (a < c < b)$$

をみたす c が存在する. ∎

以上の準備により, 次の微分積分学の基本定理が得られる.

定理 3-15 (微分積分学の基本定理)

$f(x)$ が $[a, b]$ で連続のとき,

$$\frac{d}{dx}\left(\int_a^x f(t)dt\right) = f(x)$$

証明
$$G(x) = \int_a^x f(t)dt$$

とおく. $x+h, x \in [a, b]$ ($h \neq 0$)のとき, 定理 3-11 により

$$G(x+h) - G(x) = \int_a^{x+h} f(t)dt - \int_a^x f(t)dt = \int_x^{x+h} f(t)dt$$

$$= f(\xi)h \quad (\text{定理 3-14 により})$$

となる ξ が x と $x+h$ の間にある. $f(x)$ が連続なことから, $h \to 0$ のとき,

$\xi \to x$ により

$$G'(x) = \lim_{h \to 0} \frac{G(x+h)-G(x)}{h} = \lim_{h \to 0} f(\xi) = f(x)$$ ∎

この定理によれば，連続関数には常に原始関数があることがわかる．また，定理 3-5 の別証明が与えられる．

定理 3-5 の別証明　$F(x)$ を $f(x)$ の任意の原始関数とすると，$F'(x) = f(x)$, $G'(x) = f(x)$ であるから

$$G(x)-F(x) = C$$

そして，$G(a) = 0$ より $C = -F(a)$ で

$$G(b) = \int_a^b f(x)dx = F(b)+C = F(b)-F(a)$$ ∎

原始関数が具体的に求まる場合には，定積分の値は定理 3-5 により容易に求まる．しかしながら原始関数が求まらない場合も多く，定積分の計算には多くの困難がともなう場合が少なくない．そのために，定積分の近似値を与える方法がいろいろと工夫されている（3-6 節参照）．

例題 2　次の積分の値を求めよ．

1）$\displaystyle\int_0^1 \frac{dx}{\sqrt{1+x^2}}$　　2）$\displaystyle\int_0^{\sqrt{3}} \frac{dx}{1+x^2}$　　3）$\displaystyle\int_0^1 \sin^{-1}x\, dx$

[解]　1）$(1+x^2)^{-1/2}$ の原始関数は $\log(x+\sqrt{1+x^2})$ である（3-2 節, 例題 13）.

$$\therefore \int_0^1 \frac{dx}{\sqrt{1+x^2}} = [\log(x+\sqrt{1+x^2})]_0^1 = \log(1+\sqrt{2})$$

2）$(1+x^2)^{-1}$ の原始関数が $\tan^{-1}x$（3-2 節, 例 1, 公式 [9]）であるから

$$\int_0^{\sqrt{3}} \frac{dx}{1+x^2} = [\tan^{-1}x]_0^{\sqrt{3}} = \tan^{-1}\sqrt{3}-\tan^{-1}0 = \frac{\pi}{3}$$

3）$\sin^{-1}x$ の原始関数は $x\sin^{-1}x+\sqrt{1-x^2}$（3-2 節, 例題 2, 3)）であるから

$$\int_0^1 \sin^{-1}x\, dx = [x\sin^{-1}x+\sqrt{1-x^2}]_0^1 = \frac{\pi}{2}-1$$

問 2　次の積分の値を求めよ（$m, n \in \boldsymbol{N}$）.

（1）$\displaystyle\int_0^1 \frac{x^2}{x^2+1}dx$　　（2）$\displaystyle\int_0^1 \frac{x}{\sqrt{x^2+1}}dx$　　（3）$\displaystyle\int_0^{\pi/4} \tan x\, dx$

（4）$\displaystyle\int_0^{\pi} \sin^2 x\, dx$　　（5）$\displaystyle\int_0^{2\pi} \sin mx \sin nx\, dx$

（6）$\displaystyle\int_0^{2\pi} \cos mx \cos nx\, dx$ 　　（7）$\displaystyle\int_0^{2\pi} \sin mx \cos nx\, dx$

例題3 $f(x)$ が連続，$g(x)$ が微分可能のとき，次を示せ．

$$\frac{d}{dx}\left(\int_a^{g(x)} f(t)dt\right) = f(g(x))g'(x)$$

［解］ $G(x) = \displaystyle\int_a^x f(t)dt$ とおく．

$$\int_a^{g(x)} f(t)dt = G(g(x))$$

したがって，

$$\frac{d}{dx}G(g(x)) = G'(g(x))g'(x) = f(g(x))g'(x)$$

問3 次の関数を微分せよ（f は連続）．

（1）$\displaystyle\int_x^a f(t)dt$ 　　（2）$\displaystyle\int_{-x}^x f(t)dt$ 　　（3）$\displaystyle\int_a^{\tan x} \frac{1}{1+t^2}dt$

（4）$\displaystyle\int_0^x (x-t)f(t)dt$

問4 次を示せ．

（1）$f(x)$ が1次式なら任意の a, b に対して $\displaystyle\int_a^b f(x)dx = \frac{b-a}{2}\{f(a)+f(b)\}$.

（2）$(-\infty, \infty)$ で連続な $f(x)$ に対して（1）の逆が成り立つ．

問題 3-3 （答は p. 313）

1. 次の定積分を求めよ．

（1）$\displaystyle\int_0^1 \frac{dx}{1+x^3}$ 　　（2）$\displaystyle\int_0^1 \sqrt[3]{3x+1}\, dx$ 　　（3）$\displaystyle\int_0^{\pi/2} \frac{\sin x}{1+\cos x}dx$

（4）$\displaystyle\int_1^e \log x\, dx$ 　　（5）$\displaystyle\int_0^{a/2} \frac{dx}{\sqrt{a^2-x^2}}$ 　　（6）$\displaystyle\int_0^1 \sqrt{x^2+1}\, dx$

2. 次の極限を求めよ．

（1）$\displaystyle\lim_{h\to+0} \frac{1}{h^3}\int_0^{h^2} \sin\sqrt{x}\, dx$ 　　（2）$\displaystyle\lim_{x\to0} \frac{1}{x^3}\int_0^x \tan(t^2)dt$

（3）$\displaystyle\lim_{x\to+0} \frac{1}{x^n}\int_0^{\sqrt{x}} e^{-1/t^2}dt$

3. 次の不等式を示せ（$n \in \boldsymbol{N}$）．

（1）$\log(n+1) < \displaystyle\sum_{k=1}^n \frac{1}{k} < 1+\log n$ 　　（2）$\dfrac{2}{3}n^{3/2} < \displaystyle\sum_{k=1}^n \sqrt{k} < \dfrac{2}{3}(n+1)^{3/2}$

4. 次の不等式を示せ．

（ 1 ）　$\dfrac{\pi}{3\sqrt{5}} < \displaystyle\int_0^{1/2} \dfrac{dx}{\sqrt{1-x^4}} < \dfrac{\pi}{6}$　　（ 2 ）　$\dfrac{1}{2} < \displaystyle\int_0^{1/2} \dfrac{dx}{\sqrt{1-x^n}} < \dfrac{\pi}{6}\ (n \geqq 3)$

（ 3 ）　$\log(1+\sqrt{2}) < \displaystyle\int_0^1 \dfrac{dx}{\sqrt{1+x^n}} < 1\ (n > 2)$

（ 4 ）　$2\Big(1-\dfrac{1}{e}\Big) < \displaystyle\int_0^{\pi} e^{-\sin x}dx < \pi\Big(1-\dfrac{1}{e}\Big)$

5.　$f(x)$ が $-\infty < x < \infty$ で周期 $p > 0$ をもつ連続な周期関数のとき，次を示せ．

$$b-a = p \quad \text{ならば} \quad \int_a^b f(x)dx = \int_0^p f(x)dx$$

6.　$\displaystyle\int_1^x \dfrac{1}{t}dt = \log x$ を $\log x$ の定義と考えたとき，次を示せ．ただし $x > 0$．

$$\log xy = \log x + \log y$$

7.　$f, g, h \in C^0[a, b]$ に対して，f, g の内積を $(f, g) = \displaystyle\int_a^b f(x)g(x)dx$ で定める．このとき，次を示せ（α, β は定数）．

（ 1 ）　$(f, g) = (g, f)$　　（ 2 ）　$(\alpha f + \beta g, h) = \alpha(f, h) + \beta(g, h)$

（ 3 ）　$(f, f) \geqq 0$，" = " が成り立つ $\Longleftrightarrow f = 0$

（ 4 ）　$(f, g)^2 \leqq (f, f)(g, g)$（シュワルツの不等式）

（ 5 ）　$\sqrt{(f+g, f+g)} \leqq \sqrt{(f, f)} + \sqrt{(g, g)}$（三角不等式）

8.　$f(x)$ を $[0, 1]$ で連続で正な関数としたとき，次の不等式を示せ．

（ 1 ）　$\displaystyle\int_0^1 f(x)dx \int_0^1 \dfrac{1}{f(x)}dx \geqq 1$　　（ 2 ）　$\log \displaystyle\int_0^1 f(x)dx \geqq \int_0^1 \log f(x)dx$

9.　$f, g \in C^0[a, b]$，$g(x) > 0$ のとき，次の式をみたす c があることを示せ．

$$\int_a^b f(x)g(x)dx = f(c)\int_a^b g(x)dx, \quad a < c < b$$

10.　次を求めよ（（ 2 ）で $f \in C^1$，（ 3 ）で f は連続）．

（ 1 ）　$\dfrac{d}{dx}\displaystyle\int_1^x (t-x)\log t\, dt$　　（ 2 ）　$\dfrac{d}{dx}\displaystyle\int_a^x (x-t)f'(t)dt$

（ 3 ）　$\dfrac{d^{n+1}}{dx^{n+1}}\displaystyle\int_0^x f(t)(x-t)^n dt$

11.　$[a, b]$ で $f(x)$ が C^n 級のとき，次を示せ（$n \in \boldsymbol{N}$）．

$$f(b) = \sum_{k=0}^{n-1} \dfrac{f^{(k)}(a)}{k!}(b-a)^k + \dfrac{1}{(n-1)!}\int_a^b (b-x)^{n-1}f^{(n)}(x)dx$$

12.　n 次の多項式 $f(x)$ が $\displaystyle\int_0^1 x^k f(x)dx = 0\ (0 \leqq k \leqq n)$ をみたしていたら $f(x) \equiv 0$ であることを示せ．

3-4 定積分の計算

1. 置換積分

変数を適当に変換することによって，積分の計算が簡単になる場合がある．

定理 3-16（置換積分法 1）

$f(x), \varphi(t)$ が次の条件をみたしているとする．

（ i ） $f(x)$ は $[a, b]$ で連続，

（ ii ） $\varphi(t)$ は区間 J で C^1 級の単調関数，

（iii） $x = \varphi(t)$ による J の像は $[a, b]$ を含む．

このとき，$\varphi^{-1}(a) = \alpha, \varphi^{-1}(b) = \beta$ とすると

$$\int_a^b f(x)dx = \int_\alpha^\beta f(\varphi(t))\varphi'(t)dt$$

証明 $F(x)$ を $f(x)$ の 1 つの原始関数とすると，$F(\varphi(t))$ は $f(\varphi(t))\varphi'(t)$ の原始関数である．したがって，

$$\int_a^b f(x)dx = F(b) - F(a) = F(\varphi(\beta)) - F(\varphi(\alpha))$$

$$= \int_\alpha^\beta f(\varphi(t))\varphi'(t)dt \qquad ∎$$

この定理は，左辺を計算するとき，条件をみたす $\varphi(t)$ があったら，左辺で

$$x = \varphi(t), \quad dx = \varphi'(t)dt$$

と置き換え，a, b を $\varphi(\alpha) = a, \varphi(\beta) = b$ なる α, β で置き換えて得られた積分を計算してもよいことを示している．

例 1 $\displaystyle\int_0^{\pi/2} f(\cos x)dx = \int_0^{\pi/2} f(\sin x)dx$ （ただし f は連続）

[解] $x = \varphi(t) = \pi/2 - t$ は定理の条件をみたし，$\cos x = \sin t, dx = -dt$ かつ $[0, \pi/2]$ の像は $[0, \pi/2]$ で，$x = 0, \pi/2$ には $t = \pi/2, 0$ が対応している．

$$\int_0^{\pi/2} f(\cos x)dx = \int_{\pi/2}^0 f(\sin t)(-dt) = \int_0^{\pi/2} f(\sin t)dt$$

例題 1   積分 $\displaystyle I = \int_0^1 x^2\sqrt{1-x}\, dx$ を求めよ．

[**解**]　$\sqrt{1-x}=t$ すなわち $x=\varphi(t)=1-t^2$ は $[0,\infty)$ で定理の条件をみたしている．$dx=-2t\,dt$, $\varphi^{-1}(0)=1$, $\varphi^{-1}(1)=0$（$\varphi^{-1}(x)=\sqrt{1-x}$）なので

$$I=\int_1^0(1-t^2)^2t(-2t)dt=2\int_0^1(t^2-2t^4+t^6)dt$$

$$=2\left[\frac{1}{3}t^3-\frac{2}{5}t^5+\frac{1}{7}t^7\right]_0^1=\frac{16}{105}$$

問1　次の積分を計算せよ．

（1）$\displaystyle\int_0^1 x(1-x)^{1/4}dx$　　（2）$\displaystyle\int_0^1\frac{dx}{e^{2x}+1}$　　（3）$\displaystyle\int_0^a\sqrt{a^2-x^2}\,dx$

（4）$\displaystyle\int_{(\pi/6)^2}^{(\pi/2)^2}\frac{\cos\sqrt{x}}{\sqrt{x}}dx$　　（5）$\displaystyle\int_0^1\frac{dx}{1+\sqrt{x}}$　　（6）$\displaystyle\int_0^1\frac{\sqrt[3]{x}}{1+\sqrt[3]{x}}dx$

定理 3-17（置換積分法 2）

$f(t),g(x)$ が次の条件をみたしているとする．

（ i ）　$f(t)$ は区間 J で連続，

（ ii ）　$g(x)$ は $[a,b]$ で C^1 級，

（iii）　$t=g(x)$ による $[a,b]$ の像は J に含まれている．

このとき，

$$\int_a^b f(g(x))g'(x)dx=\int_{g(a)}^{g(b)}f(t)dt$$

証明　　$F(t)$ を $f(t)$ の 1 つの原始関数とすると，$F(g(x))$ は $f(g(x))g'(x)$ の原始関数である．したがって

$$\int_a^b f(g(x))g'(x)dx=F(g(b))-F(g(a))=\int_{g(a)}^{g(b)}f(t)dt\qquad■$$

この定理は，左辺のように被積分関数が特別な形をしたときにのみ有効で，$g(x)$ には単調性は不要なことに注意．

例題2　積分 $\displaystyle I=\int_0^{(3/2)\pi}\frac{\cos x}{1+\sin^2 x}dx$ を求めよ．

[**解**]　$t=g(x)=\sin x$ とおくと，$g'(x)=\cos x$, $g(0)=0$, $g\left(\dfrac{3}{2}\pi\right)=-1$, $f(t)=\dfrac{1}{1+t^2}$ より

$$I = \int_0^{-1} \frac{dt}{1+t^2} = [\tan^{-1}t]_0^{-1} = -\frac{\pi}{4}$$

問2　次の積分を計算せよ.

（1）$\displaystyle\int_1^e \frac{(\log x)^n}{x}\,dx\,(n \in \boldsymbol{N})$　　（2）$\displaystyle\int_0^1 \frac{x\,dx}{(x^2+1)^2}$　　（3）$\displaystyle\int_0^{1/2} \frac{\sin^{-1}x}{\sqrt{1-x^2}}\,dx$

（4）$\displaystyle\int_0^1 \frac{\tan^{-1}x}{1+x^2}dx$　　（5）$\displaystyle\int_0^1 \frac{e^x\,dx}{e^{2x}+1}$　　（6）$\displaystyle\int_0^1 xe^{-x^2}dx$

　特別な性質をもった関数を積分するときによく用いられる公式がいくつかある. その1つを述べる.

例2　$f(x)$ を $[-a, a]$ で連続としたとき

$$\int_{-a}^a f(x)dx = \int_0^a \{f(x)+f(-x)\}dx$$

特に,　[1]　$f(x)$ が偶関数のとき,　$\displaystyle\int_{-a}^a f(x)dx = 2\int_0^a f(x)dx$.

　　　　[2]　$f(x)$ が奇関数のとき,　$\displaystyle\int_{-a}^a f(x)dx = 0$.

[解]　$\displaystyle\int_{-a}^0 f(x)dx$ において, $x = -t$ と変換すると

$$\int_{-a}^0 f(x)dx = \int_a^0 f(-t)(-dt) = \int_0^a f(-t)dt = \int_0^a f(-x)dx$$

したがって

$$\int_{-a}^a f(x)dx = \int_{-a}^0 f(x)dx + \int_0^a f(x)dx = \int_0^a \{f(x)+f(-x)\}dx$$

特別な場合はこの式より明らかである.

2.　部分積分

　2つの関数の積の積分を計算する方法として次の定理がある. 特別な場合として単独の関数の積分に応用される.

┌─**定理3-18**（部分積分法）───────────────────

　$f(x), g(x)$ が $[a, b]$ で C^1 級のとき,

$$\int_a^b f(x)g'(x)dx = [f(x)g(x)]_a^b - \int_a^b f'(x)g(x)dx$$

特に,

$$\int_a^b f(x)\,dx = \left[xf(x)\right]_a^b - \int_a^b xf'(x)\,dx$$

証明　　　　　　　$f(x)g'(x) + f'(x)g(x) = (f(x)g(x))'$

の両辺を a から b まで積分すると

$$\int_a^b f(x)g'(x)\,dx + \int_a^b f'(x)g(x)\,dx = \left[f(x)g(x)\right]_a^b$$

左辺の第 2 項を右辺に移項して定理を，$g(x) = x$ として第 2 の式を得る．∎

例 3　［1］　$\displaystyle\int_0^{\pi/2}\cos^{2n}x\,dx = \int_0^{\pi/2}\sin^{2n}x\,dx$

$$= \frac{1\cdot3\cdot5\cdots(2n-1)}{2\cdot4\cdot6\cdots2n}\frac{\pi}{2}\quad(n \geqq 1)$$

　　　　　［2］　$\displaystyle\int_0^{\pi/2}\cos^{2n+1}x\,dx = \int_0^{\pi/2}\sin^{2n+1}x\,dx$

$$= \frac{2\cdot4\cdot6\cdots2n}{3\cdot5\cdot7\cdots(2n+1)}\quad(n \geqq 1)$$

［解］　例 1 により $\cos x$ の方のみを示せばよい．3-2 節，例 4，公式 ［16］ より

$$I_n = \int_0^{\pi/2}\cos^n x\,dx = \left[\frac{1}{n}\cos^{n-1}x\sin x\right]_0^{\pi/2} + \frac{n-1}{n}\int_0^{\pi/2}\cos^{n-2}x\,dx$$

$$= \frac{n-1}{n}I_{n-2}\quad(n \geqq 2)$$

したがって，

$$I_{2n} = \frac{2n-1}{2n}I_{2n-2} = \cdots = \frac{(2n-1)\cdots3\cdot1}{2n\cdots4\cdot2}I_0,\quad I_0 = \int_0^{\pi/2}dx = \frac{\pi}{2}$$

$$I_{2n+1} = \frac{2n}{2n+1}I_{2n-1} = \cdots = \frac{2n\cdots4\cdot2}{(2n+1)\cdots5\cdot3}I_1,\quad I_1 = \int_0^{\pi/2}\cos x\,dx = 1$$

例題 3　$\displaystyle I = \int_0^1 x\sin^{-1}x\,dx$ を求めよ．

［解］　3-2 節，例題 2，3）と $\displaystyle\int_0^1\sqrt{1-x^2}\,dx = \pi/4$（問 1，（3））より

$$I = \left[x(x\sin^{-1}x + \sqrt{1-x^2})\right]_0^1 - \int_0^1(x\sin^{-1}x + \sqrt{1-x^2})\,dx = \frac{\pi}{2} - I - \frac{\pi}{4}$$

$$\therefore\quad I = \frac{\pi}{8}$$

例 4（ベータ関数 $B(p, q)$）　p, q を正の整数としたとき，

$$B(p, q) = \int_0^1 x^{p-1}(1-x)^{q-1}\,dx = \frac{(p-1)!(q-1)!}{(p+q-1)!}$$

[解] 部分積分により

$$\int_0^1 x^{p-1}(1-x)^{q-1}dx = \left[\frac{1}{p}x^p(1-x)^{q-1}\right]_0^1 + \frac{q-1}{p}\int_0^1 x^p(1-x)^{q-2}dx$$

$$= \frac{q-1}{p}\int_0^1 x^p(1-x)^{q-2}dx$$

$$= \frac{q-1}{p}\cdot\frac{q-2}{p+1}\int_0^1 x^{p+1}(1-x)^{q-3}dx = \cdots$$

$$= \frac{q-1}{p}\cdot\frac{q-2}{p+1}\cdots\cdots\frac{1}{p+q-2}\int_0^1 x^{p+q-2}dx$$

$$= \frac{(p-1)!(q-1)!}{(p+q-1)!}$$

問3 $B(p, q) = B(q, p)$ を示せ.

問4 次の積分を計算せよ.

(1) $\displaystyle\int_0^\pi x \sin x\, dx$ (2) $\displaystyle\int_0^1 x^3 e^x dx$ (3) $\displaystyle\int_0^1 \tan^{-1}x\, dx$

(4) $\displaystyle\int_1^e (\log x)^2 dx$ (5) $\displaystyle\int_0^1 x(\tan^{-1}x)^2 dx$

(6) $\displaystyle\int_1^e x^n \log x\, dx$ $(n \ne -1)$

問題 3-4 (答は p. 313)

1. 次の定積分を求めよ.

(1) $\displaystyle\int_1^3 x\sqrt{x-1}\, dx$ (2) $\displaystyle\int_{-1}^1 (3-x^2)\sqrt{1-x^2}dx$ (3) $\displaystyle\int_0^{2a}\sqrt{2ax-x^2}\, dx$

(4) $\displaystyle\int_0^\pi \sin^4 x\, dx$ (5) $\displaystyle\int_{-\pi/2}^{\pi/2}\cos^7\theta\, d\theta$

2. $f(x)$ を連続関数としたとき, 次の等式を示せ.

(1) $\displaystyle\int_a^b f(x)dx = \int_a^b f(a+b-x)dx$

(2) $\displaystyle\int_0^\pi f(\sin x)dx = 2\int_0^{\pi/2} f(\sin x)dx$

(3) $\displaystyle\int_{-\pi/2}^{\pi/2} f(\cos x)dx = 2\int_0^{\pi/2} f(\cos x)dx$

(4) $\displaystyle\int_0^\pi xf(\sin x)dx = \pi\int_0^{\pi/2} f(\sin x)dx$

3. 次の定積分を求めよ.

(1) $\displaystyle\int_0^{\pi/2}\frac{dx}{a^2\cos^2x + b^2\sin^2x}$ (2) $\displaystyle\int_0^\pi (a^2\cos^2x + b^2\sin^2x)dx$

4. 次の定積分を求めよ.

(1) $\displaystyle\int_0^{\pi/2} x\sin^2 x\, dx$ (2) $\displaystyle\int_0^{\pi/2} x^2\sin x\, dx$ (3) $\displaystyle\int_0^{2a} x^2\sqrt{2ax-x^2}\, dx$

（4） $\displaystyle\int_0^a x\sqrt{\frac{a-x}{a+x}}\,dx$ 　（5） $\displaystyle\int_0^\pi \frac{x\sin x}{1+\cos^2 x}\,dx$ 　（6） $\displaystyle\int_0^{\pi/4}\log(1+\tan x)\,dx$

5. 次の積分を求めよ（ $n\in\boldsymbol{N}$ ）.

（1） $\displaystyle\int_0^1(1-x^2)^n\,dx$ 　（2） $\displaystyle\int_0^1 x^{2n+1}(1-x^2)^n\,dx$

6. $P_n(x)=\dfrac{1}{2^n n!}\dfrac{d^n}{dx^n}(x^2-1)^n$ （問題2-2, 8参照）について次を示せ.

（1） $\displaystyle\int_{-1}^1 x^m P_n(x)\,dx=0$ （ $0\le m<n$ ）

（2） $\displaystyle\int_{-1}^1 P_m(x)P_n(x)\,dx=\begin{cases}0 & (m\ne n)\\[2mm]\dfrac{2}{2n+1} & (m=n)\end{cases}$

7. （ワリスの公式） $I_n=\displaystyle\int_0^{\pi/2}\sin^n x\,dx$ （ $n\in\boldsymbol{N}$ ）としたとき次を示せ.

（1） $I_{2n+1}<I_{2n}<I_{2n-1}$ 　（2） $\displaystyle\lim_{n\to\infty}I_{2n}/I_{2n+1}=1$

（3） $\pi=2(2n+1)I_{2n}I_{2n+1}$ 　（4） $\sqrt{\pi}=\dfrac{1}{\sqrt{n}}\dfrac{2^{2n}(n!)^2}{(2n)!}\sqrt{\dfrac{2n}{2n+1}}\sqrt{\dfrac{I_{2n}}{I_{2n+1}}}$

（5） $\sqrt{\pi}=\displaystyle\lim_{n\to\infty}\dfrac{2^{2n}(n!)^2}{\sqrt{n}\,(2n)!}$ （ワリスの公式）

3-5 定積分の定義の拡張——広義積分

ここまでは有界閉区間での有界関数に対してのみ積分を考えてきたが，そうでない場合へも積分の定義を拡張しておく必要がある.

1. 有界区間上の広義積分

定義3-4 [i] $f(x)$ が $[a,b)$ で連続のとき. $a<u<b$ に対して極限

$$\lim_{u\to b}\int_a^u f(x)\,dx \tag{1}$$

が存在するとき，この極限値を f の **$[a,b)$ での広義積分**といって， $\displaystyle\int_a^b f(x)\,dx$ で表す（ b を特異点とよぶ）. すなわち，

$$\int_a^b f(x)\,dx=\lim_{u\to b}\int_a^u f(x)\,dx$$

このとき, 広義積分 $\displaystyle\int_a^b f(x)\,dx$ は**収束する**という. 極限（1）が存在しないときは**発散する**という. $(a,b]$ のときも同様に定義する.

問1 $[a, b]$ で $f(x)$ が積分可能なとき，$\lim_{u \to b}\int_a^u f(x)dx = \int_a^b f(x)dx$ を示せ.

定義 3-4 [ii] $f(x)$ が (a, b) で連続のとき．$a < c < b$ をみたす 1 つの c に対して広義積分 $\int_a^c f(x)dx$ および $\int_c^b f(x)dx$ が収束しているとき，

$$\int_a^b f(x)dx = \int_a^c f(x)dx + \int_c^b f(x)dx \qquad (2)$$

によって (a, b) での広義積分を定める．すなわち

$$\int_a^b f(x)dx = \lim_{v \to a}\int_v^c f(x)dx + \lim_{u \to b}\int_c^u f(x)dx$$

問2 式（2）は c の選び方に依存しないことを示せ.

定義 3-4 [iii] $a < c < b$ で，$\int_a^c f(x)dx$ および $\int_c^b f(x)dx$ が [i] あるいは [ii] の意味で存在するとき

$$\int_a^b f(x)dx = \int_a^c f(x)dx + \int_c^b f(x)dx$$

と定める．区間の数が 3 つ以上の有限個でも同様である.

例1 $a > 0$ のとき，

$$\int_0^a \frac{dx}{x^\alpha} = \begin{cases} 収束 & (\alpha < 1 \text{ のとき}) \\ 発散 & (\alpha \geq 1 \text{ のとき}) \end{cases}$$

[解] $\alpha \neq 1$ のとき，$I(\varepsilon) = \int_\varepsilon^a \frac{dx}{x^\alpha} = \frac{1}{1-\alpha}(a^{1-\alpha} - \varepsilon^{1-\alpha})\ (0 < \varepsilon < a)$

$$\therefore \lim_{\varepsilon \to 0} I(\varepsilon) = \begin{cases} \dfrac{a^{1-\alpha}}{1-\alpha} & (\alpha < 1) \\ \infty & (\alpha > 1) \end{cases}$$

$\alpha = 1$ のとき，

$$I(\varepsilon) = \int_\varepsilon^a \frac{dx}{x} = \log\frac{a}{\varepsilon} \to \infty \quad (\varepsilon \downarrow 0)$$

例2 広義積分 $\int_{-1}^1 \frac{dx}{x}$ は存在しない（発散する）.

[解] $[-1, 0), (0, 1]$ で $1/x$ は連続で $x = 0$ が特異点．そして例1により

$$\int_{-1}^0 \frac{dx}{x} \quad および \quad \int_0^1 \frac{dx}{x}$$

はともに発散だから，定義 3-4 [iii] より $\int_{-1}^{1}\dfrac{dx}{x}$ はない.

例題 1　次の広義積分の値を求めよ.

1) $\displaystyle\int_0^1\dfrac{dx}{\sqrt{1-x}}$　　2) $\displaystyle\int_{-1}^1\dfrac{dx}{\sqrt{1-x^2}}$

[**解**]　1) $1/\sqrt{1-x}$ は $[0,1)$ で連続だから，$0<u<1$ に対して

$$\int_0^1\dfrac{dx}{\sqrt{1-x}}=\lim_{u\to1}\int_0^u\dfrac{dx}{\sqrt{1-x}}=\lim_{u\to1}\left[-2\sqrt{1-x}\right]_0^u=\lim_{u\to1}(2-2\sqrt{1-u})=2$$

2) $1/\sqrt{1-x^2}$ は $(-1,1)$ で連続だから，定義 3-4 [ii] により

$$\int_{-1}^1\dfrac{dx}{\sqrt{1-x^2}}=\int_{-1}^0\dfrac{dx}{\sqrt{1-x^2}}+\int_0^1\dfrac{dx}{\sqrt{1-x^2}}$$

そして，$0<\varepsilon,\ \delta<1$ に対し

$$\int_{-1}^0\dfrac{dx}{\sqrt{1-x^2}}=\lim_{\varepsilon\to0}\int_{-1+\varepsilon}^0\dfrac{dx}{\sqrt{1-x^2}}=\lim_{\varepsilon\to0}\left[\sin^{-1}x\right]_{-1+\varepsilon}^0=-\lim_{\varepsilon\to0}\sin^{-1}(-1+\varepsilon)=\dfrac{\pi}{2}$$

$$\int_0^1\dfrac{dx}{\sqrt{1-x^2}}=\lim_{\delta\to0}\int_0^{1-\delta}\dfrac{dx}{\sqrt{1-x^2}}=\lim_{\delta\to0}\left[\sin^{-1}x\right]_0^{1-\delta}=\lim_{\delta\to0}\sin^{-1}(1-\delta)=\dfrac{\pi}{2}$$

ゆえに，求める積分の値は π.

2.　無限区間上の広義積分

定義 3-5 [i]　$f(x)$ が $[a,\infty)$ で連続のとき. $a<u<\infty$ に対して，

$$\lim_{u\to\infty}\int_a^u f(x)dx \qquad(3)$$

が存在するとき，この極限値を f の $[a,\infty)$ **での広義積分**といって，$\displaystyle\int_a^\infty f(x)dx$ で表す. すなわち，

$$\int_a^\infty f(x)dx=\lim_{u\to\infty}\int_a^u f(x)dx$$

このとき，広義積分 $\displaystyle\int_a^\infty f(x)dx$ は**収束する**という. 極限（3）が存在しないときは**発散する**という.（$-\infty,b]$ のときも同様に定義する.

[ii]　$f(x)$ が $(-\infty,\infty)$ で連続のとき. 2つの広義積分 $\displaystyle\int_{-\infty}^0 f(x)dx$ と $\displaystyle\int_0^\infty f(x)dx$ が収束しているとき，$(-\infty,\infty)$ **での広義積分**を次の式で定める.

$$\int_{-\infty}^{\infty} f(x)dx = \int_{-\infty}^{0} f(x)dx + \int_{0}^{\infty} f(x)dx$$

すなわち,

$$\int_{-\infty}^{\infty} f(x)dx = \lim_{v \to -\infty} \int_{v}^{0} f(x)dx + \lim_{u \to \infty} \int_{0}^{u} f(x)dx$$

である. (a, ∞) や $(-\infty, b)$ のときも同様に定義する.

[iii] $a < c < \infty$ で, $\int_{a}^{c} f(x)dx$ および $\int_{c}^{\infty} f(x)dx$ が収束していたら

$$\int_{a}^{\infty} f(x)dx = \int_{a}^{c} f(x)dx + \int_{c}^{\infty} f(x)dx$$

とする. 他の場合や, 区間の数が3個以上の有限個のときも同様にする.

例3 $a > 0$ のとき,

$$\int_{a}^{\infty} \frac{dx}{x^a} = \begin{cases} 収束 \quad (a > 1 \text{ のとき}) \\ 発散 \quad (a \leq 1 \text{ のとき}) \end{cases}$$

[解] $a \neq 1$ のとき, $a < u < \infty$ に対して

$$I(u) = \int_{a}^{u} \frac{dx}{x^a} = \frac{1}{a-1}(a^{1-a} - u^{1-a})$$

$$\therefore \lim_{u \to \infty} I(u) = \begin{cases} \dfrac{a^{1-a}}{a-1} \quad (a > 1) \\ \infty \quad (a < 1) \end{cases}$$

$a = 1$ のとき,

$$I(u) = \int_{a}^{u} \frac{dx}{x} = \log \frac{u}{a} \to \infty \quad (u \to \infty)$$

例題2 $\displaystyle\int_{0}^{\infty} \frac{dx}{1+x^2}$ および $\displaystyle\int_{-\infty}^{\infty} \frac{dx}{1+x^2}$ を求めよ.

[解] $0 < u < \infty$ に対して,

$$\int_{0}^{\infty} \frac{dx}{1+x^2} = \lim_{u \to \infty} \int_{0}^{u} \frac{dx}{1+x^2} = \lim_{u \to \infty} [\tan^{-1}x]_{0}^{u} = \lim_{u \to \infty} \tan^{-1}u = \frac{\pi}{2}$$

$$\int_{-\infty}^{\infty} \frac{dx}{1+x^2} = \int_{-\infty}^{0} \frac{dx}{1+x^2} + \int_{0}^{\infty} \frac{dx}{1+x^2} = \lim_{u \to -\infty} [\tan^{-1}x]_{u}^{0} + \frac{\pi}{2}$$

$$= \lim_{u \to -\infty} (-\tan^{-1}u) + \frac{\pi}{2} = -\left(-\frac{\pi}{2}\right) + \frac{\pi}{2} = \pi$$

3. 広義積分の性質

定義3-4, 3-5によって定められた有限または無限区間での広義積分に対し

ても，定理 3-5，3-10，3-11，3-16，3-17，3-18 などと類似の定理が成立する．まず，定理 3-5 に対し，次の定理を得る．

定理 3-19

　［Ⅰ］ $f(x)$ を (a, b) で連続としたとき，$[a, b]$ での連続関数 $F(x)$ があって，(a, b) で $F'(x) = f(x)$ ならば，

$$\int_a^b f(x)dx = F(b) - F(a) = [F(x)]_a^b$$

　［Ⅱ］ $f(x)$ を (a, ∞) で連続としたとき，$[a, \infty)$ での連続関数 $F(x)$ があって，(a, ∞) で $F'(x) = f(x)$ をみたし，$\lim_{x \to \infty} F(x) = F(\infty)$ が存在するならば，

$$\int_a^\infty f(x)dx = F(\infty) - F(a) = [F(x)]_a^\infty$$

証明　［Ⅰ］ $a < u < c < v < b$ に対して

$$\int_a^b f(x)dx = \int_a^c f(x)dx + \int_c^b f(x)dx = \lim_{u \to a} [F(x)]_u^c + \lim_{v \to b} [F(x)]_c^v$$

$$= F(c) - F(a) + F(b) - F(c) = F(b) - F(a)$$

［Ⅱ］ $a < u < c < v < \infty$ に対し

$$\int_a^\infty f(x)dx = \int_a^c f(x)dx + \int_c^\infty f(x)dx = \lim_{u \to a} [F(x)]_u^c + \lim_{v \to \infty} [F(x)]_c^v$$

$$= F(c) - F(a) + F(\infty) - F(c) = F(\infty) - F(a)$$

注　他の場合の広義積分に対しても同様の定理が成り立つ．

例題 3　次の広義積分の値を求めよ．

　1）$\displaystyle\int_0^1 \frac{dx}{\sqrt{x}}$　　2）$\displaystyle\int_{-\infty}^\infty \frac{dx}{2 + x^2}$

［解］　1）$(0, 1]$ で，$1/\sqrt{x}$ は連続．そして $(2\sqrt{x})' = 1/\sqrt{x}$ かつ $2\sqrt{x}$ は $[0, 1]$ で連続．ゆえに，

$$\int_0^1 \frac{dx}{\sqrt{x}} = [2\sqrt{x}]_0^1 = 2$$

　2）$\dfrac{1}{2 + x^2}$ は $(-\infty, \infty)$ で連続．そして $\dfrac{1}{\sqrt{2}} \tan^{-1} \dfrac{x}{\sqrt{2}}$ がそこでの原始関数で，$x \to -\infty$，および $x \to \infty$ のとき，それぞれ極限値 $-\pi/2\sqrt{2}$, $\pi/2\sqrt{2}$ をもつ．ゆえ

に，

$$\int_{-\infty}^{\infty} \frac{dx}{2+x^2} = \left[\frac{1}{\sqrt{2}} \tan^{-1} \frac{x}{\sqrt{2}}\right]_{-\infty}^{\infty} = \frac{\pi}{2\sqrt{2}} - \left(-\frac{\pi}{2\sqrt{2}}\right) = \frac{\pi}{\sqrt{2}}$$

問3　次の広義積分の値を求めよ．

（1）$\displaystyle\int_0^{\infty} e^{-2x} dx$　　（2）$\displaystyle\int_0^2 \frac{dx}{\sqrt{4-x^2}}$　　（3）$\displaystyle\int_{-\infty}^{\infty} \frac{dx}{x^2+x+1}$

（4）$\displaystyle\int_0^{\infty} \frac{dx}{x^3+1}$

　その他の定理についても，まず考えている区間に含まれる有界閉区間で定理を適用し，その後に極限を考えればよい．たとえば，計算などによく出てくる置換積分と部分積分について $[a, b)$ $(a < b \leqq \infty)$ の場合に述べると次のようになる．

定理3-20（置換積分法）

$f(x), \varphi(t)$ が次の条件をみたしているとする．

（i）　$f(x)$ は $[a, b)$ で連続，

（ii）　$\varphi(t)$ は区間 J で C^1 級の単調関数，

（iii）　$x = \varphi(t)$ による J の像は $[a, b)$ を含む，

（iv）　$\varphi^{-1}(a) = \alpha$, $\displaystyle\lim_{u \to b} \varphi^{-1}(u) = \beta$ $(u < b)$ とおいたとき，

$$\int_{\alpha}^{\beta} f(\varphi(t))\varphi'(t)dt \text{ は収束．}$$

このとき，

$$\int_a^b f(x)dx = \int_{\alpha}^{\beta} f(\varphi(t))\varphi'(t)dt$$

　証明　$\varphi^{-1}(u) = v$ $(a < u < b)$ とおくと v は α と β の間にあり，定理3-16により

$$\int_a^u f(x)dx = \int_{\alpha}^{v} f(\varphi(t))\varphi'(t)dt$$

ここで，$u \to b$ とすると $v \to \beta$ となって右辺の積分は収束する（条件（iv））から左辺も収束して結論を得る．　∎

同様に定理 3-17 に対応する命題も証明できる.

問4 これを述べて証明せよ.

例題4 次の広義積分の値を求めよ.

1) $\displaystyle\int_0^\infty \frac{dx}{e^{2x}+1}$ 　　2) $\displaystyle\int_0^\infty \frac{\tan^{-1}x}{1+x^2}dx$

[解] 1) $e^x = t$ すなわち $x = \log t\ (1 \le t < \infty)$ とおくと, 定理 3-20 の条件をみたしているので

$$\int_0^\infty \frac{dx}{e^{2x}+1} = \int_1^\infty \frac{dt}{(t^2+1)t}$$

ここで, $t^2 = u$ すなわち $t = \sqrt{u}\ (1 \le u < \infty)$ とおくと, 同様にして

$$= \frac{1}{2}\int_1^\infty \frac{du}{(u+1)u} = \frac{1}{2}\int_1^\infty \Big(\frac{1}{u}-\frac{1}{u+1}\Big)du$$

$$= \frac{1}{2}\Big[\log\frac{u}{u+1}\Big]_1^\infty = \frac{1}{2}\Big(\log 1 - \log\frac{1}{2}\Big) = \frac{\log 2}{2}$$

2) $\tan^{-1}x = t$ とおくと, $dt = dx/(1+x^2)$ で, $\displaystyle\lim_{x\to\infty}\tan^{-1}x = \pi/2$ だから

$$\int_0^\infty \frac{\tan^{-1}x}{1+x^2}dx = \int_0^{\pi/2} t\ dt = \Big[\frac{t^2}{2}\Big]_0^{\pi/2} = \frac{\pi^2}{8}$$

問5 次の広義積分の値を求めよ.

（1）$\displaystyle\int_0^1 \sqrt{\frac{x}{1-x}}dx$ 　　（2）$\displaystyle\int_0^\infty xe^{-x^2}dx$ 　　（3）$\displaystyle\int_0^1 \frac{x^3}{\sqrt{1-x}}dx$

（4）$\displaystyle\int_1^\infty \frac{\log x}{x^2}dx$

定理 3-21（部分積分法）

区間 $[a, b]$ で, 関数 $f(x), g(x)$ は次の条件をみたしているとする.

（ⅰ） $f(x), g(x)$ は C^1 級,

（ⅱ） $\displaystyle\lim_{x\to b}f(x)g(x)$ が存在（$f(b)g(b)$ とおく）,

（ⅲ） $\displaystyle\int_a^b f'(x)g(x)dx$ が収束.

このとき, $\displaystyle\int_a^b f(x)g'(x)dx$ も収束し

$$\int_a^b f(x)g'(x)dx = [f(x)g(x)]_a^b - \int_a^b f'(x)g(x)dx$$

証明　　$a < u < b$ としたとき，定理 3-18 により

$$\int_a^u f(x)g'(x)dx = [f(x)g(x)]_a^u - \int_a^u f'(x)g(x)dx$$

ここで，$u \to b$ とすることによって定理の結論を得る．　　∎

例題 5　次の広義積分の値を求めよ．

1) $\displaystyle\int_0^\infty xe^{-x}dx$　　　2) $\displaystyle\int_0^1 x \log x\, dx$

[解]　1) $f(x) = x,\ g(x) = -e^{-x}$ ととると条件をみたしている．

$$\lim_{x \to \infty} x(-e^{-x}) = -\lim_{x \to \infty} \frac{x}{e^x} = 0 \quad (\text{2-3 節，例題 2，2}))$$

$$\therefore\quad \int_0^\infty xe^{-x}dx = [x(-e^{-x})]_0^\infty + \int_0^\infty e^{-x}dx = [-e^{-x}]_0^\infty = 1$$

2) $f(x) = \log x,\ g(x) = x^2/2$ ととると条件をみたしている．

$$\lim_{x \to +0} \frac{x^2}{2}\log x = 0 \quad (\text{2-3 節，例題 3，1）参照})$$

$$\therefore\quad \int_0^1 x \log x\, dx = \left[\frac{x^2}{2}\log x\right]_0^1 - \frac{1}{2}\int_0^1 x\, dx = -\frac{1}{2}\left[\frac{x^2}{2}\right]_0^1 = -\frac{1}{4}$$

問 6　次の広義積分の値を求めよ．

（1）$\displaystyle\int_0^\infty x^2 e^{-x}dx$　　（2）$\displaystyle\int_0^1 \log x\, dx$　　（3）$\displaystyle\int_0^\infty x^3 e^{-x^2}dx$

（4）$\displaystyle\int_0^1 x^2 \log x\, dx$

問 7　次の積分の値を求めよ（$b > a > 0$）．

（1）$\displaystyle\int_0^1 \frac{x^2}{\sqrt[3]{1-x}}dx$　　（2）$\displaystyle\int_0^4 \frac{dx}{\sqrt[3]{8-2x}}$　　（3）$\displaystyle\int_1^\infty \frac{dx}{x\sqrt{x^2-1/2}}$

（4）$\displaystyle\int_0^\infty \frac{x^2 dx}{(a^2+x^2)(b^2+x^2)}$　　　（5）$\displaystyle\int_0^\infty e^{-ax}\sin bx\, dx$

（6）$\displaystyle\int_0^\infty e^{-ax}\cos bx\, dx$

4.　広義積分の収束の判定

広義積分が収束するための条件をいくつか述べる．まず，$f(x) \geq 0$ のとき．

定理 3-22

区間 $[a, b)$ $(a < b \leq \infty)$ で $f(x)$ は連続で，$f(x) \geq 0$ とする．広義積分 $\displaystyle\int_a^b f(x)dx$ が収束するための必要十分な条件は，$[a, b)$ での連続

関数 $F(x) = \int_a^x f(t)dt$ が有界なことである.

証明　$F(x)$ は $[a, b)$ で広義増加関数であることに注意する.

（必要性）$\qquad 0 \leqq F(x) \leqq \int_a^b f(t)dt \quad (a \leqq x < b)$

であるから, $F(x)$ は有界.

（十分性）　$F(x)$ を有界とすると, 定理 1-13［II］($b < \infty$ のとき）あるいは定理 1-15（$b = \infty$ のとき）により

$$\lim_{x \to b} F(x) = \lim_{x \to b} \int_a^x f(t)dt$$

が存在する. ∎

このとき, $\int_a^b f(x)dx < \infty$ と表すことにする.

― 系 ―

区間 $[a, b)$ $(a < b \leqq \infty)$ で, 連続な関数 $f(x), g(x)$ が次の条件をみたしているとする.

（ i ）$0 \leqq f(x) \leqq g(x)$

（ ii ）$\int_a^b g(x)dx < \infty$

このとき, 広義積分 $\int_a^b f(x)dx$ は収束している.

証明　$a \leqq x < b$ のとき, 仮定より

$$0 \leqq \int_a^x f(t)dt \leqq \int_a^x g(t)dt \leqq \int_a^b g(t)dt < \infty$$

したがって定理より $\int_a^b f(x)dx < \infty$. ∎

次に, $f(x)$ が一般のとき.

定義 3-6　$f(x)$ を $[a, b)$ $(a < b \leqq \infty)$ で連続とする. $|f(x)|$ の広義積分が $\int_a^b |f(x)|dx < \infty$ のとき, 広義積分 $\int_a^b f(x)dx$ は **絶対収束する** という.

定理 3-23

$f(x)$ は $[a, b)$ $(a < b \leqq \infty)$ で連続で, $\displaystyle\int_a^b |f(x)|dx < \infty$ のとき,

[I]　$\displaystyle\int_a^b f(x)dx$ は収束している.

[II]　$\left|\displaystyle\int_a^b f(x)dx\right| \leqq \displaystyle\int_a^b |f(x)|dx$

証明　　　$f^+(x) = \max(f(x), 0), \quad f^-(x) = -\min(f(x), 0)$

とおくと, $f^+(x), f^-(x)$ はともに連続（問題 1-3, 7）で

$$0 \leqq f^+(x) \leqq |f(x)|, \quad 0 \leqq f^-(x) \leqq |f(x)| \tag{4}$$

$$|f(x)| = f^+(x) + f^-(x), \quad f(x) = f^+(x) - f^-(x)$$

となっている. 定理 3-22, 系と仮定より式（4）から

$$\int_a^b f^+(x)dx < \infty, \quad \int_a^b f^-(x)dx < \infty$$

$a < u < b$ のとき,

$$\int_a^u f(x)dx = \int_a^u f^+(x)dx - \int_a^u f^-(x)dx$$

であるから $u \to b$ として, 広義積分

$$\int_a^b f(x)dx = \int_a^b f^+(x)dx - \int_a^b f^-(x)dx$$

が存在する. そして

$$\left|\int_a^b f(x)dx\right| \leqq \int_a^b f^+(x)dx + \int_a^b f^-(x)dx = \int_a^b |f(x)|dx \qquad ∎$$

系

区間 $[a, b)$ $(a < b \leqq \infty)$ で, 連続関数 $f(x)$ に対して, 次の条件を
みたす連続関数 $g(x)$ があるとする.

（ i ）　$|f(x)| \leqq g(x)$

（ii）　$\displaystyle\int_a^b g(x)dx < \infty$

このとき, 広義積分 $\displaystyle\int_a^b f(x)dx$ は収束している.

証明 定理3-22, 系より $\int_a^b |f(x)|dx < \infty$. したがって, 定理3-23より $\int_a^b f(x)dx$ は収束している. ∎

例4 この系の（ⅱ）をみたす $g(x)$ の例（K は正の定数, $a > 0$）.

［1］ $b < \infty$ のとき, $g(x) = K(b-x)^{-\lambda}$ $(a \leqq x < b,\ \lambda < 1)$

［2］ $b = \infty$ のとき, $g(x) = Kx^{-\lambda}$ $(a \leqq x < \infty,\ \lambda > 1)$

［解］ ［1］ 例1と同様に

$$\int_a^b K(b-x)^{-\lambda}dx = K\left[\frac{-(b-x)^{1-\lambda}}{1-\lambda}\right]_a^b = \frac{K}{1-\lambda}(b-a)^{1-\lambda} < \infty$$

［2］ 例3と全く同様で

$$\int_a^\infty Kx^{-\lambda}dx = \frac{K}{\lambda-1}a^{1-\lambda} < \infty$$

以上 $[a, b)$ の場合について述べた判定条件と同様の命題が他の広義積分に対してもすべて成り立つ. 以下, 引用するときには対応する定理などの番号を用いることにする.

例5 ［1］ $\int_0^\infty \dfrac{\sin x}{x}dx$ は収束 ［2］ $\int_0^\infty \dfrac{|\sin x|}{x}dx$ は発散

［解］ ［1］ $\lim_{x\to 0}\dfrac{\sin x}{x} = 1$ だから $\int_0^1 \dfrac{\sin x}{x}dx$ は存在する. そこで, $1 < u$ に対して

$$\int_1^u \frac{\sin x}{x}dx = \left[-\frac{\cos x}{x}\right]_1^u - \int_1^u \frac{\cos x}{x^2}dx$$

$$\left[-\frac{\cos x}{x}\right]_1^u = \cos 1 - \frac{\cos u}{u} \to \cos 1 \quad (u \to \infty)$$

そして, $\left|\dfrac{\cos x}{x^2}\right| \leqq \dfrac{1}{x^2}$ $(1 \leqq x)$ だから

$$\int_1^\infty \frac{\cos x}{x^2}dx \text{ は絶対収束}$$

したがって,

$$\int_1^\infty \frac{\sin x}{x}dx = \cos 1 - \int_1^\infty \frac{\cos x}{x^2}dx \text{ は収束}$$

［2］ $$\int_0^{n\pi} \frac{|\sin x|}{x}dx = \sum_{k=0}^{n-1}\int_{k\pi}^{(k+1)\pi} \frac{|\sin x|}{x}dx > \sum_{k=0}^{n-1}\frac{1}{(k+1)\pi}\int_{k\pi}^{(k+1)\pi}|\sin x|dx$$

$$= \frac{2}{\pi}\sum_{k=0}^{n-1}\frac{1}{k+1} > \frac{2}{\pi}\sum_{k=0}^{n-1}\int_{k+1}^{k+2}\frac{dx}{x} = \frac{2}{\pi}\int_1^{n+1}\frac{dx}{x}$$

$$= \frac{2}{\pi}\log(n+1) \to \infty \quad (n \to \infty)$$

例6（ガンマ関数） $t > 0$ ならば，広義積分

$$\Gamma(t) = \int_0^\infty e^{-x}x^{t-1}dx$$

は収束している（$t > 0$ で定義される関数 $\Gamma(t)$ を**ガンマ関数**という）．

[**解**] 積分を $(0, 1]$ と $[1, \infty)$ の2つに分けて考える．まず $(0, 1]$ において
$$0 < e^{-x}x^{t-1} \leqq x^{-(1-t)} \quad (0 < x \leqq 1)$$
だから，定理 3-22，系と例1により

$$\int_0^1 e^{-x}x^{t-1}dx < \infty$$

次に，$[1, \infty)$ では 2-3 節，例題 2，2）により $\lim_{x \to \infty} x^{t+1}/e^x = 0$ であるから，定数 K があって，

$$0 < e^{-x}x^{t-1} \leqq Kx^{-2} \quad (1 \leqq x < \infty)$$

したがって，定理 3-22，系と例3により

$$\int_1^\infty e^{-x}x^{t-1}dx < \infty$$

合わせて

$$\Gamma(t) = \int_0^1 e^{-x}x^{t-1}dx + \int_1^\infty e^{-x}x^{t-1}dx < \infty \quad (t > 0)$$

例7（ベータ関数） $p > 0$, $q > 0$ に対して，積分

$$B(p, q) = \int_0^1 x^{p-1}(1-x)^{q-1}dx$$

は収束している（3-4 節，例4 参照）．

[**解**] $p \geqq 1$, $q \geqq 1$ のときには被積分関数は $[0, 1]$ で連続であるから，積分は存在する．$0 < p < 1$ のとき，
$$x^{p-1}(1-x)^{q-1} \leqq Kx^{p-1} \quad (0 < x \leqq 1/2)$$
$0 < q < 1$ のとき，
$$x^{p-1}(1-x)^{q-1} \leqq K(1-x)^{-(1-q)} \quad (1/2 \leqq x < 1)$$
（K は定数）であるから，定理 3-22，系と例1あるいは例4 [1] により

$$\int_0^{1/2} x^{p-1}(1-x)^{q-1}dx \quad (0 < p < 1, 0 < q)$$

および

$$\int_{1/2}^1 x^{p-1}(1-x)^{q-1}dx \quad (0 < p, 0 < q < 1)$$

は収束している．以上より $B(p, q)$ は $p > 0$, $q > 0$ で収束している．

問8 （1）$\Gamma(t+1) = t\Gamma(t)$，（2）$\Gamma(n+1) = n!$（n は自然数），を示せ．

問9 （1） $B(p, q) = B(q, p)$

（2） $\displaystyle\int_0^a x^{p-1}(a-x)^{q-1}dx = a^{p+q-1}B(p, q)$ $(a > 0)$

（3） $\displaystyle B(p, q) = \int_0^\infty \frac{t^{p-1}}{(1+t)^{p+q}}dt$, を示せ.

問題 3-5 （答は p. 314）

1. 次の広義積分は収束か発散か.

（1） $\displaystyle\int_1^\infty \frac{dx}{1+\log x}$ （2） $\displaystyle\int_1^\infty \frac{\log x}{1+x^2}dx$ （3） $\displaystyle\int_0^1 \frac{\log x}{1+x^2}dx$

（4） $\displaystyle\int_1^\infty \frac{\cos x}{x^2}dx$ （5） $\displaystyle\int_0^\infty \sin(x^2)dx$ （6） $\displaystyle\int_0^\infty e^{-x^2}dx$

（7） $\displaystyle\int_0^\infty |\sin x|e^{-x}dx$ （8） $\displaystyle\int_0^\infty \frac{\sin^2 x}{x}dx$ （9） $\displaystyle\int_0^\infty \frac{\sin x}{x^a}dx$ $(a > 0)$

（10） $\displaystyle\int_0^{\pi/2} \log(\sin x)dx$ （11） $\displaystyle\int_0^{\pi/2} \sqrt{\tan x}\,dx$

2. 次の積分の値を求めよ.

（1） $\displaystyle\int_{-1}^0 \frac{dx}{\sqrt{x+1}}$ （2） $\displaystyle\int_1^\infty \frac{dx}{x(1+x^2)}$ （3） $\displaystyle\int_0^\infty \frac{x^2}{(1+x^2)^2}dx$

（4） $\displaystyle\int_0^\infty \frac{xe^x}{(e^x+1)^2}dx$ （5） $\displaystyle\int_0^{\pi/2} \frac{\cos x}{\cos x + \sin x}dx$

（6） $\displaystyle\int_0^a \frac{x^2}{\sqrt{ax-x^2}}dx$ （7） $\displaystyle\int_0^1 \frac{x^4}{\sqrt{1-x}}dx$ （8） $\displaystyle\int_0^\infty \frac{x\tan^{-1}x}{(1+x^2)^2}dx$

（9） $\displaystyle\int_0^\infty xe^{-x}\sin x\,dx$

3. 次の積分を求めよ（$n \in \boldsymbol{N}$, （5）, （6）, （9）で $a > 0$）.

（1） $\displaystyle\int_0^\infty \frac{dx}{(x+\sqrt{x^2+1})^n}$ $(n \geqq 2)$ （2） $\displaystyle\int_0^{\pi/2} \frac{dx}{\sqrt{\tan x}}$

（3） $\displaystyle\int_0^1 x^{m-1}(\log x)^n dx$ $(m > 0)$ （4） $\displaystyle\int_a^b \frac{dx}{\sqrt{(b-x)(x-a)}}$ $(b > a)$

（5） $\displaystyle\int_0^a \frac{x^n}{\sqrt{ax-x^2}}dx$ （6） $\displaystyle\int_0^\infty \frac{dx}{(a^2+x^2)^{n-1}}$ （7） $\displaystyle\int_0^\infty |\sin x|e^{-x}dx$

（8） $\displaystyle\int_0^\infty e^{-x^2}x^{2n-1}dx$ （9） $\displaystyle\int_0^\infty \frac{dx}{(a^2+x^2)^{n/2}}$ （n：奇数 $\geqq 3$）

4. 次を示せ（$n \in \boldsymbol{N}$）.

（1） $\displaystyle\int_0^\pi \frac{\sin nx}{\sin x}dx = \begin{cases} \pi & (n：奇数) \\ 0 & (n：偶数) \end{cases}$

（2） $\displaystyle\int_0^\pi \sin n\theta \cot\theta\,d\theta = \begin{cases} 0 & (n：奇数) \\ \pi & (n：偶数) \end{cases}$ （3） $\displaystyle\int_0^\pi \left(\frac{\sin nx}{\sin x}\right)^2 dx = n\pi$

5. $L_n(x) = e^x \dfrac{d^n}{dx^n}(x^n e^{-x})$ （問題2-2, 3参照）について次を示せ（$n \in \boldsymbol{N}$）.

（1） $\displaystyle\int_0^\infty x^k L_n(x) e^{-x} dx = \begin{cases} 0 & (0 \leq k < n) \\ (-1)^n (n!)^2 & (k = n) \end{cases}$

（2） $\displaystyle\int_0^\infty L_m(x) L_n(x) e^{-x} dx = \begin{cases} 0 & (m \neq n) \\ (n!)^2 & (m = n) \end{cases}$

6. 次を示せ.

（1） $\sqrt{n} \displaystyle\int_0^1 (1-x^2)^n dx < \int_0^\infty e^{-x^2} dx < \sqrt{n} \int_0^\infty \dfrac{dx}{(1+x^2)^n}$

（2） $\displaystyle\int_0^\infty e^{-x^2} dx = \dfrac{\sqrt{\pi}}{2}$

3-6　定積分の応用と近似値

1. 曲線の長さ ─────────────────────

　曲線の長さについて調べる前に，まず曲線について少し述べる．区間 I での連続関数 $f(x)$ に対して，xy 平面で $y = f(x)$ のグラフは1つの曲線であるが，この形で表しえない曲線も多くある（たとえば円，楕円など）．そこで，一般に曲線は次によって定義される．

定義 3-7　　有界閉区間 $[a, b]$ で定義された2つの連続関数 $x = g(t)$, $y = h(t)$ によって決まる点 $\mathrm{P}(t) = (g(t), h(t))$ の, t が $[a, b]$ を動くとき xy 平面にえがく図形 C を t を媒介変数（パラメーター）とする**曲線**といって

$$C : x = g(t), \quad y = h(t) \quad (a \leq t \leq b) \tag{1}$$

と表す．$\mathrm{P}(a)$ を**始点**，$\mathrm{P}(b)$ を**終点**という．

　（イ）　$\mathrm{P}(t_1) = \mathrm{P}(t_2)$（$t_1 \neq t_2$）なる点を**重複点**といい，重複点がないとき C は**単純曲線**あるいは**ジョルダン曲線**という．

　（ロ）　$\mathrm{P}(a) = \mathrm{P}(b)$ のとき，C は**閉曲線**という．

　（ハ）　閉曲線であって $t = a, b$ 以外では重複点がないとき，C は**単純閉曲線**という．このとき，始点より C に沿って終点に向かうとき左側が C の内部になっていれば C は**正の向き**をもつという．

　（ニ）　$g(t), h(t) \in C^1([a, b])$ のとき，**C^1 級**あるいは**滑らかな曲線**と

いい，さらに $|g'(t)|+|h'(t)| \neq 0$ のとき，C は**正則曲線**という．

注　$[a, b]$ の代りに (a, b) や $[a, \infty)$ などで表される曲線もある．

例 1　[1]　$y = f(x)$ は $x = t$，$y = f(t)$ として式（1）の表示になる．

　[2]　円 $x^2+y^2 = r^2$（$r > 0$）は，$x = r \cos t$，$y = r \sin t$（$0 \leqq t \leqq 2\pi$）と表される（単純閉曲線）．

　[3]　$x = t-t^3$，$y = 1-t^4$（$-2 \leqq t \leqq 2$）の表す曲線は $P(-1) = P(1) = (0, 0)$ となり重複点をもつ．

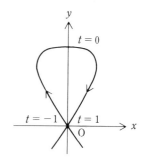

問 1　t を媒介変数として表される次の曲線はどんな曲線か．

（ 1 ）　$x = 1+t \cos \alpha$，$y = 2+t \sin \alpha$

（ 2 ）　$x = t^3$，$y = t^2$

（ 3 ）　$x = \sin t$，$y = \cos 2t$

（ 4 ）　$x = t+\dfrac{1}{t}$，$y = t-\dfrac{1}{t}$

さて，式（1）で与えられた曲線 C の長さは次のように定義される．

区間 $[a, b]$ の分割

$$\varDelta : a = t_0 < t_1 < \cdots < t_n = b$$

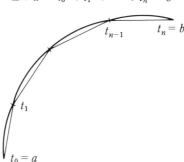

に対して，$t = t_0, t_1, \cdots, t_{n-1}, t_n$ に対応する C 上の点を順次結んで得られる折線の長さを $L(\varDelta)$ とする：

$$L(\varDelta) = \sum_{i=1}^{n} \sqrt{(g(t_i) - g(t_{i-1}))^2 + (h(t_i) - h(t_{i-1}))^2}$$

定義 3-8 $l = \begin{cases} \sup_{\Delta} L(\Delta) & (L(\Delta) \text{ が } \Delta \text{ のとり方によらず有界のとき}) \\ \infty & (L(\Delta) \text{ が有界でないとき}) \end{cases}$

としたとき，l を曲線 C の長さという．特に，$l < \infty$ のとき C は**長さのある曲線**（rectifiable curve）という．

定理 3-24

曲線 C が C^1 級のとき

$$l = \int_a^b \sqrt{g'(t)^2 + h'(t)^2}\, dt$$

証明　上記のような分割 Δ に対して，平均値の定理により，

$$g(t_i) - g(t_{i-1}) = g'(\xi_i)(t_i - t_{i-1}), \quad h(t_i) - h(t_{i-1}) = h'(\eta_i)(t_i - t_{i-1})$$

$$(t_{i-1} < \xi_i, \quad \eta_i < t_i)$$

をみたす ξ_i, η_i が存在する．したがって，

$$\sqrt{(g(t_i) - g(t_{i-1}))^2 + (h(t_i) - h(t_{i-1}))^2} = \sqrt{g'(\xi_i)^2 + h'(\eta_i)^2}\,(t_i - t_{i-1})$$

$[t_{i-1}, t_i]$ の任意の点 τ_i に対して不等式

$$\left| \sqrt{g'(\xi_i)^2 + h'(\eta_i)^2} - \sqrt{g'(\tau_i)^2 + h'(\tau_i)^2} \right| \leq |g'(\xi_i) - g'(\tau_i)| + |h'(\eta_i) - h'(\tau_i)|$$

が成り立つから，分割 Δ と $\{\tau_i\}$ に対する $\sqrt{(g')^2 + (h')^2}$ のリーマン和 $R(\Delta)$ に対して，不等式

$$|L(\Delta) - R(\Delta)| \leq \sum_{i=1}^{n} (|g'(\xi_i) - g'(\tau_i)| + |h'(\eta_i) - h'(\tau_i)|)(t_i - t_{i-1})$$

$$\leq S(\Delta, g') - s(\Delta, g') + S(\Delta, h') - s(\Delta, h') \tag{2}$$

を得る．$\{\Delta_k\}$ を $|\Delta_k| \to 0 \ (k \to \infty)$ なる $[a, b]$ の分割の列とする．Δ と Δ_k の分点を合わせた分割を Δ_k' とおく．$L(\Delta) \leq L(\Delta_k')$ である．式（2）の Δ に Δ_k' を代入し，$k \to \infty$ とすると，$|\Delta_k'| \to 0$，g', h' が連続だから，定理 3-2 および 3-3 により

$$\lim_{k \to \infty} L(\Delta_k') = \lim_{k \to \infty} R(\Delta_k') = \int_a^b \sqrt{g'(t)^2 + h'(t)^2}\, dt \tag{3}$$

$L(\Delta) \leq L(\Delta_k')$ と合わせて

$$l = \sup_{\Delta} L(\Delta) \leqq \int_a^b \sqrt{g'(t)^2 + h'(t)^2}\, dt$$

この不等式と $L(\Delta_k') \leqq l$ および式（3）より定理を得る．∎

　空間での C^1 級の曲線 $C : x = f(t),\ y = g(t),\ z = h(t)\ (a \leqq t \leqq b)$ の長さ l についても，同様にして，次の式が成り立つ．

$$l = \int_a^b \sqrt{f'(t)^2 + g'(t)^2 + h'(t)^2}\, dt$$

── 系 1 ──

　$f(x)$ を $[a, b]$ で C^1 級としたとき，曲線 $y = f(x)\ (a \leqq x \leqq b)$ の長さ l は

$$l = \int_a^b \sqrt{1 + (f'(x))^2}\, dx$$

　証明　定理 3-24 で，$g(t) = t$，$h(t) = f(t)$ ととり，t を x に変えればよい．∎

例題 1　次の曲線の長さを求めよ $(a > 0)$．

　1）　サイクロイド　$x = a(t - \sin t),\ y = a(1 - \cos t)\ (0 \leqq t \leqq 2\pi)$

　2）　放物線　$y = \dfrac{1}{2}x^2\ (0 \leqq x \leqq 2)$

　3）　楕円　$\dfrac{x^2}{a^2} + \dfrac{y^2}{b^2} = 1\ (a \geqq b > 0)$

［解］　1）　$l = \displaystyle\int_0^{2\pi} \sqrt{a^2(1 - \cos t)^2 + a^2 \sin^2 t}\, dt = \sqrt{2}\, a \int_0^{2\pi} \sqrt{1 - \cos t}\, dt$

$$= 2a \int_0^{2\pi} \sin \frac{t}{2}\, dt = 8a$$

　2）　$l = \displaystyle\int_0^2 \sqrt{1 + x^2}\, dx = \frac{1}{2}\left[x\sqrt{1 + x^2} + \log(x + \sqrt{1 + x^2}) \right]_0^2$

$$= \sqrt{5} + \frac{1}{2}\log(2 + \sqrt{5})$$

　3）　与えられた楕円は $x = a \sin t,\ y = b \cos t\ (0 \leqq t \leqq 2\pi)$ と媒介変数表示される．$k = \sqrt{a^2 - b^2}/a$ とおくと，$0 \leqq k < 1$ で

$$l = \int_0^{2\pi} \sqrt{a^2 \cos^2 t + b^2 \sin^2 t}\, dt = 4a \int_0^{\pi/2} \sqrt{1 - k^2 \sin^2 t}\, dt$$

$k = 0$ すなわち曲線が半径 a の円のときには $l = 2\pi a$ となるが，$0 < k <$

1 のときには $\displaystyle\int_0^{\pi/2}\sqrt{1-k^2\sin^2 t}\,dt$ は原始関数を用いてその値を求めることが

できないことが知られていて，**楕円積分**とよばれている．

問 2　次の曲線の長さを求めよ（$a > 0$）．

（1）　$y = \log x$ $(1 \leqq x \leqq 3)$　　（2）　$\sqrt{x} + \sqrt{y} = 1$

（3）　$x^{2/3} + y^{2/3} = a^{2/3}$　　（4）　$y = \dfrac{a}{2}(e^{x/a} + e^{-x/a})$ $(0 \leqq x \leqq k)$

xy 平面上の点 $\mathrm{P}(x, y)$ に対して，原点から P までの距離を r，半直線 OP と x 軸の正の方向のなす角を θ とする（x 軸の正の方向より時計の針の回転と反対方向に測った角を正とする）．このとき，(r, θ) を点 P の**極座標**という．P の直交座標 (x, y) と極座標 (r, θ) の関係は

$$x = r\cos\theta, \quad y = r\sin\theta \quad (r > 0)$$

および

$$r = \sqrt{x^2 + y^2}, \quad \tan\theta = \frac{y}{x}$$

である．ただし，原点 $(0, 0)$ には $r = 0$ が対応し，角 θ は定めない．

極座標 (r, θ) を用いて表示された曲線の長さを求める公式を述べる．

> ─**系 2**─────────────────
>
> $f(\theta)$ が C^1 級のとき，$r = f(\theta)$ によって表される曲線の $\alpha \leqq \theta \leqq \beta$ の部分の長さ l は
>
> $$l = \int_\alpha^\beta \sqrt{r^2 + \left(\frac{dr}{d\theta}\right)^2}\,d\theta$$

証明　$x = r\cos\theta,\ y = r\sin\theta,\ r = f(\theta)$ より，曲線は θ を媒介変数として $x = f(\theta)\cos\theta,\ y = f(\theta)\sin\theta$ $(\alpha \leqq \theta \leqq \beta)$ で表される．

$$\frac{dx}{d\theta} = f'(\theta)\cos\theta - f(\theta)\sin\theta, \quad \frac{dy}{d\theta} = f'(\theta)\sin\theta + f(\theta)\cos\theta$$

より

$$\left(\frac{dx}{d\theta}\right)^2 + \left(\frac{dy}{d\theta}\right)^2 = (f(\theta))^2 + (f'(\theta))^2 = r^2 + \left(\frac{dr}{d\theta}\right)^2$$

となり，定理 3-24 よりこの系を得る．

例題2 曲線 $r = a(1+\cos\theta)$ $(a > 0)$ の周の長さを求めよ．

[解] $r^2 = a^2(1+2\cos\theta+\cos^2\theta)$, $(r')^2 = a^2\sin^2\theta$ だから

$$l = 2\int_0^\pi \sqrt{2a^2(1+\cos\theta)}\,d\theta = 4a\int_0^\pi \cos\frac{\theta}{2}\,d\theta$$

$$= 4a\left[2\sin\frac{\theta}{2}\right]_0^\pi = 8a$$

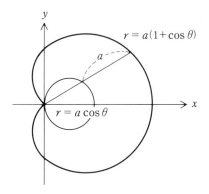

問3 次の曲線の長さを求めよ．

（1）　$r = a\theta$ $(0 \leqq \theta \leqq A,\ a > 0)$（アルキメデスの螺線）

（2）　$r = a^\theta$ $(\alpha \leqq \theta \leqq \beta,\ a > 1)$（等角螺線）

2.　面　積

$[a, b]$ で連続かつ負でない関数 $f(x)$ に対して，曲線 $y = f(x)$, $x = a$, $x = b$ および x 軸で囲まれた部分 D の面積 S は

$$S = \int_a^b f(x)\,dx$$

で与えられる（6-2 節，定理 6-5，系参照）．

$[a, b]$ の任意の分割 $\varDelta: a = x_0 < x_1 < \cdots < x_{n-1} < x_n = b$ に対して，3-1 節での $s(\varDelta)$ は D を内側から近似した n 個の長方形の和集合の面積，

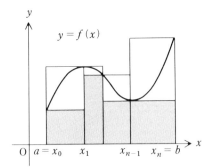

$S(\varDelta)$ は D を外側から近似した n 個の長方形の和集合の面積である．$f(x)$ が連続なことから，$s(\varDelta)$, $S(\varDelta)$ はともにリーマン和であり，$\varDelta = \varDelta_k$（$|\varDelta_k| \to 0$ $(k \to \infty)$）ととると，

$$\lim_{k \to \infty} s(\varDelta_k) = \lim_{k \to \infty} S(\varDelta_k) = \int_a^b f(x)\,dx$$

となり，D の面積は $f(x)$ の a から b までの定積分で与えられる．

例題 3　次の図形の面積を求めよ．

1 ）　曲線 $\sqrt{x} + \sqrt{y} = 1$ と x 軸，y 軸で囲まれた部分．

2 ）　$x = a(t - \sin t)$, $y = a(1 - \cos t)$ $(0 \le t \le 2\pi,\ a > 0)$ と x 軸で囲まれた部分．

［**解**］　1 ）　$y = 1 - 2\sqrt{x} + x$ であるから

$$S = \int_0^1 (1 - 2\sqrt{x} + x)\,dx = \left[x - \frac{4}{3}x^{3/2} + \frac{1}{2}x^2 \right]_0^1 = \frac{1}{6}$$

2 ）
$$S = \int_0^{2\pi a} y\,dx = \int_0^{2\pi} y \frac{dx}{dt}\,dt = \int_0^{2\pi} a(1 - \cos t)\cdot a(1 - \cos t)\,dt$$
$$= a^2 \int_0^{2\pi} (1 - 2\cos t + \cos^2 t)\,dt$$
$$= a^2 \int_0^{2\pi} \left(\frac{3}{2} - 2\cos t + \frac{\cos 2t}{2} \right) dt$$
$$= a^2 \left[\frac{3}{2}t - 2\sin t + \frac{1}{4}\sin 2t \right]_0^{2\pi} = 3\pi a^2$$

問 4　次の図形の面積を求めよ．

（ 1 ）　$y = (4 - x)\sqrt{x}$ と x 軸で囲まれた部分．

（ 2 ）　$y = 2x^2$ と $y - 2x = 4$ で囲まれた部分．

（ 3 ）　$x^{2/3} + y^{2/3} = a^{2/3}$ $(a > 0)$ の囲む部分．

（極座標表示の場合の面積については 6-5 節，1 参照）

3. 定積分の近似値

有界閉区間での連続関数 $f(x)$ の定積分 $\int_a^b f(x)dx$ の近似値を $f(x)$ の値を用いて求める公式を 2 つ述べる.

A. 台 形 公 式

> ― 補題 3-1 ―――――
>
> f を C^2 級とする. このとき次の式をみたす c がある：
> $$\int_a^b f(x)dx = \frac{f(a)+f(b)}{2}(b-a) - \frac{f''(c)}{12}(b-a)^3 \quad (a < c < b)$$

証明　$\varphi(t) = \int_a^t f(x)dx - \frac{(t-a)}{2}(f(t)+f(a)) - k(t-a)^3$ 　　（4）

とおくと，$\varphi(t)$ は C^2 級. $\varphi(b) = 0$ となるように定数 k を定める.

$\varphi(a) = \varphi'(a) = 0$ であるからテイラーの定理（定理 2-16）により

$$\varphi(b) = \frac{\varphi''(c)}{2}(b-a)^2 \quad (a < c < b)$$

となる c がある. $\varphi(b) = 0$ より $\varphi''(c) = 0$. 一方，式（4）より

$$\varphi''(c) = -(c-a)(12k+f''(c))/2$$

したがって，$k = -f''(c)/12$. これを式（4）へ代入して補題を得る. ∎

> ― 定理 3-25（台形公式）―――――
>
> （ i ）　$f(x)$ は $[a, b]$ で C^2 級で $|f''(x)| \leq M$,
>
> （ ii ）　$[a, b]$ を n 等分し，その分点を $x_i\ (i = 0, 1, \cdots, n)$,
>
> （iii）　$h = (b-a)/n$
>
> とするとき
> $$\int_a^b f(x)dx = h\left\{\frac{f(a)}{2} + \sum_{i=1}^{n-1} f(x_i) + \frac{f(b)}{2}\right\} + E, \quad |E| \leq \frac{(b-a)^3}{12n^2}M$$

証明　補題 3-1 を $[x_{i-1}, x_i]$ で $f(x)$ に適用し，$i = 1, 2, \cdots, n$ について

加える.

$$\int_a^b f(x)dx = h\left\{\frac{f(a)}{2} + \sum_{i=1}^{n-1} f(x_i) + \frac{f(b)}{2}\right\} + E$$

$$E = -\sum_{i=1}^{n} \frac{f''(c_i)}{12} h^3 \quad (x_{i-1} < c_i < x_i)$$

したがって,

$$|E| \leqq n\frac{M}{12}\cdot h^3 = \frac{(b-a)^3}{12n^2} M \qquad \blacksquare$$

注 $f(x)$ が直線のときは,$E = 0$(3-3 節,問 4 参照).

B. シンプソンの公式

補題 3-2

f を C^4 級とする.このとき,次の式をみたす c がある:

$$\int_a^b f(x)dx = \frac{(b-a)}{6}\left\{f(a)+f(b)+4f\left(\frac{a+b}{2}\right)\right\} - \frac{f^{(4)}(c)}{2880}(b-a)^5$$

$$(a < c < b)$$

証明 $\varphi(t) = \int_a^t f(x)dx - \frac{(t-a)}{6}\left\{f(a)+f(t)+4f\left(\frac{t+a}{2}\right)\right\} - k(t-a)^5$

$$(5)$$

とおくと,$\varphi(t)$ は C^4 級.$\varphi(b) = 0$ となるように定数 k を定める.

$\varphi(a) = \varphi'(a) = 0$ であるから,定理 2-16 により

$$\varphi(b) = \frac{\varphi''(\alpha)}{2}(b-a)^2 \quad (a < \alpha < b)$$

となる α がある.$\varphi(b) = 0$ より $\varphi''(\alpha) = 0$.一方,

$$\varphi''(t) = \frac{2}{3}\left\{f'(t) - f'\left(\frac{t+a}{2}\right)\right\} - \frac{(t-a)}{6}\left\{f''(t) + f''\left(\frac{t+a}{2}\right)\right\}$$

$$- 20k(t-a)^3$$

であるから,

$$\int_{(\alpha+a)/2}^{\alpha} f''(x)dx = f'(\alpha) - f'\left(\frac{\alpha+a}{2}\right)$$

$$= \frac{(\alpha-a)}{4}\left\{f''(\alpha) + f''\left(\frac{\alpha+a}{2}\right)\right\} + 30k(\alpha-a)^3$$

f'' と $\left[\dfrac{a+a}{2}, a\right]$ に補題 3-1 を適用すると，$a-a = 2\left(a-\dfrac{a+a}{2}\right)$ であるから

$$240k = -\frac{f^{(4)}(c)}{12} \quad (a < c < b)$$

となる c がある．すなわち，$k = -f^{(4)}(c)/2880$. ■

定理 3-26 （シンプソンの公式）

（ⅰ） $f(x)$ は $[a, b]$ で C^4 級で，$|f^{(4)}(x)| \leqq M$，

（ⅱ） $[a, b]$ を $2n$ 等分し，その分点を $x_i\,(i = 0, 1, \cdots, 2n)$，

（ⅲ） $h = (b-a)/2n$

とするとき，

$$\int_a^b f(x)\,dx = \frac{h}{3}\left\{f(a) + 4\sum_{i=1}^{n} f(x_{2i-1}) + 2\sum_{i=1}^{n-1} f(x_{2i}) + f(b)\right\} + E$$

$$|E| \leqq \frac{(b-a)^5}{2880\,n^4}M$$

証明 $[x_{2i-2}, x_{2i}]$ での $f(x)$ に補題 3-2 を適用すると，$x_{2i} - x_{2i-2} = 2h$ より

$$\int_{x_{2i-2}}^{x_{2i}} f(x)\,dx = \frac{h}{3}\{f(x_{2i-2}) + f(x_{2i}) + 4f(x_{2i-1})\} + E_i$$

$$|E_i| \leqq \frac{M}{2880}(2h)^5 = \frac{M}{2880}\left(\frac{b-a}{n}\right)^5$$

これらを $i = 1$ から n まで加えると

$$\int_a^b f(x)\,dx = \frac{h}{3}\left\{f(a) + 4\sum_{i=1}^{n} f(x_{2i-1}) + 2\sum_{i=1}^{n-1} f(x_{2i}) + f(b)\right\} + \sum_{i=1}^{n} E_i$$

$$|E| \leqq \sum_{i=1}^{n} |E_i| \leqq n\cdot\frac{M}{2880}\cdot\left(\frac{b-a}{n}\right)^5 = \frac{(b-a)^5}{2880\,n^4}M \qquad ■$$

注 $f(x)$ がたかだか 3 次の多項式のときは $E = 0$.

例 2 $\log 2 = \displaystyle\int_0^1 \frac{dx}{1+x}$ を区間 $[0, 1]$ を 10 等分して台形公式とシンプソンの公式で計算してみる．

（イ） 台形公式．$n = 10,\ b-a = 1,\ h = 0.1,\ f''(x) = 2/(1+x)^3$ より

$|f''(x)| \leqq 2 = M.$ 各分点における $f(x) = 1/(1+x)$ の値を計算すると下のようになる（小数第 9 位まで正確）.

$$f(0) = 1, \quad f(1) = 0.5$$
$$f(1/10) = 10/11 = 0.909090909\cdots$$
$$f(2/10) = 10/12 = 0.833333333\cdots$$
$$f(3/10) = 10/13 = 0.769230769\cdots$$
$$f(4/10) = 10/14 = 0.714285714\cdots$$
$$f(5/10) = 10/15 = 0.666666666\cdots$$
$$f(6/10) = 10/16 = 0.625000000\cdots$$
$$f(7/10) = 10/17 = 0.588235294\cdots$$
$$f(8/10) = 10/18 = 0.555555555\cdots$$
$$f(9/10) = 10/19 = 0.526315789\cdots$$

したがって,

$$\int_0^1 \frac{dx}{1+x} \fallingdotseq 0.6937714029, \quad |E| \leqq \frac{2}{12 \cdot 100} = \frac{1}{600} = 0.001666\cdots$$

正確な桁まで求めると

$$\log 2 = \int_0^1 \frac{dx}{1+x} = 0.69\cdots$$

（ロ）　シンプソンの公式. $n = 5$, $b - a = 1$, $f^{(4)}(x) = 24(1+x)^{-4}$ より $M = 24$. 先の値を利用して

$$4\sum_{i=1}^5 f(x_{2i-1}) \fallingdotseq 13.83815771, \quad 2\sum_{i=1}^4 f(x_{2i}) \fallingdotseq 5.456349204$$

$$\therefore \int_0^1 \frac{dx}{1+x} \fallingdotseq 0.693150240, \quad |E| \leqq \frac{24}{2880 \cdot 5^4} = \frac{1}{75000} = 0.00001333\cdots$$

したがって, $\log 2 = 0.6931\cdots$ までは正確である.

問 5　次の定積分の近似値を台形公式およびシンプソンの公式で求めよ（[0, 1] を 10 等分して）.

（1）　$\displaystyle\int_0^1 \frac{dx}{1+x^2}$　　（2）　$\displaystyle\int_0^2 \frac{1}{1+x} dx$

問題 3-6（答は p. 315）

1. 次の曲線の長さを求めよ.

（1） $y^2 = 4px$ の $(0,0)$ から $(p, 2p)$ まで.

（2） $y^2(a^2 - y^2) = 8a^2x^2$ の全長 $(a > 0)$.

（3） $x = e^t \sin t,\ y = e^t \cos t\ \left(0 \le t \le \dfrac{\pi}{2}\right)$

（4） $r = 2a \sin^3 \dfrac{\theta}{3}\ \left(0 \le \theta \le 3\pi,\ a > 0\right)$

（5） $x = a \cos t,\ y = a \sin t,\ z = bt\ (0 \le t \le T,\ a, b > 0)$

2. 次の図形の面積を求めよ.

（1） $\sqrt{\dfrac{x}{a}} + \sqrt{\dfrac{y}{b}} = 1\ (a, b > 0)$ と両軸で囲まれた部分.

（2） $x^2 + xy + y^2 = 1$ で囲まれた部分.

（3） $y^2 = x^2(4 - x)$ と x 軸で囲まれた部分.

（4） $y^2(a^2 + x^2) = x^2(a^2 - x^2)\ (a > 0)$ で囲まれた部分.

（5） $\dfrac{x^2}{a^2} + \dfrac{y^2}{b^2} \le 1$ と $\dfrac{x^2}{b^2} + \dfrac{y^2}{a^2} \le 1\ (a, b > 0)$ の共通部分.

3. $[0, 1/2], [0, 1/3]$ を 10 等分して, 台形およびシンプソンの公式を用いて

$$\frac{\pi}{4} = \tan^{-1}\frac{1}{2} + \tan^{-1}\frac{1}{3}$$

の近似値および誤差の範囲を求めよ.

4

無限級数と微分・積分

4-1　無限級数

1.　級数の収束

数列 $\{a_n\}_{n=1}^{\infty}$ が与えられたとき，これを順々に＋で結んだ式

$$a_1 + a_2 + \cdots + a_n + \cdots \quad \text{あるいは} \quad \sum_{n=1}^{\infty} a_n \tag{1}$$

を**無限級数**（以下，簡単に級数という）といい，a_n を第 n 項あるいは**一般項**という．簡単に $\sum a_n$ とも書く．級数（1）の初項から第 n 項までの和

$$S_n = a_1 + a_2 + \cdots + a_n \quad (n = 1, 2, \cdots) \tag{2}$$

を級数（1）の**第 n 部分和**といい，1つの新しい数列 $\{S_n\}_{n=1}^{\infty}$ が生じる．

定義 4-1　　数列 $\{S_n\}$ が収束しているとき，すなわち

$$\lim_{n \to \infty} S_n = S$$

のとき，**級数（1）は収束**していてその和は S であるといって

$$a_1 + a_2 + \cdots + a_n + \cdots = S \quad \text{あるいは} \quad \sum_{n=1}^{\infty} a_n = S$$

と表す．数列 $\{S_n\}$ が発散のとき，**級数（1）は発散**であるという．特に

$$\lim_{n \to \infty} S_n = \infty \ (-\infty) \quad \text{のとき} \quad \sum_{n=1}^{\infty} a_n = \infty \ (-\infty)$$

と書く．

定理 1-6 を用いると，定義より次のことがすぐわかる．

─ 定理4-1 ─

[I]　級数 $\sum\limits_{n=1}^{\infty} a_n$ が収束していたら，任意の $k \in N$ に対して級数

$\sum\limits_{n=k}^{\infty} a_n$ も収束していて，

$$\sum_{n=1}^{\infty} a_n = \sum_{n=1}^{k-1} a_n + \sum_{n=k}^{\infty} a_n$$

[II]　級数 $\sum\limits_{n=1}^{\infty} a_n$, $\sum\limits_{n=1}^{\infty} b_n$ が収束しているとき，次が成り立つ．

[1]　$\sum\limits_{n=1}^{\infty} (a_n + b_n) = \sum\limits_{n=1}^{\infty} a_n + \sum\limits_{n=1}^{\infty} b_n$

[2]　$\sum\limits_{n=1}^{\infty} c a_n = c \sum\limits_{n=1}^{\infty} a_n$　　（c は定数）

問1　これを示せ．

例題1　公比 r の等比級数 $\sum\limits_{n=0}^{\infty} r^n$ は次のようになっていることを示せ．

$$\sum_{n=0}^{\infty} r^n = \begin{cases} \infty & (r \geq 1) \\ \dfrac{1}{1-r} & (|r| < 1) \\ \text{発散} & (r \leq -1) \end{cases}$$

[**解**]　$S_n = 1 + r + \cdots + r^{n-1} = \dfrac{1-r^n}{1-r}$ $(r \neq 1)$, $S_n = n$ $(r = 1)$ である．

$$\lim_{n \to \infty} r^n = \begin{cases} \infty & (r > 1) \\ 0 & (|r| < 1) \\ \text{発散} & (r \leq -1) \end{cases} \quad \text{より} \quad \lim_{n \to \infty} S_n = \begin{cases} \infty & (r \geq 1) \\ \dfrac{1}{1-r} & (|r| < 1) \\ \text{発散} & (r \leq -1) \end{cases}$$

─ 定理4-2 ─

級数 $\sum a_n$ が収束していたら，$\lim\limits_{n \to \infty} a_n = 0$．

証明　仮定より $\lim\limits_{n \to \infty} S_n = S$ とする．$a_n = S_n - S_{n-1}$ より

$$\lim_{n \to \infty} a_n = \lim_{n \to \infty} S_n - \lim_{n \to \infty} S_{n-1} = S - S = 0$$

注1　数列 $\{a_n\}$ が発散か，収束していてもその極限が 0 でなかったら，級数 $\sum a_n$ は発散（定理 4-2 の対偶）．

注2　この定理の逆は成り立たない．

例1　$a_n = \log(1+1/n)$ $(n = 1, 2, \cdots)$ のとき，$\displaystyle\lim_{n\to\infty} a_n = 0$ であるが

$$S_n = \log\frac{2}{1} + \log\frac{3}{2} + \cdots + \log\frac{n+1}{n} = \log(n+1) \to \infty \quad (n \to \infty)$$

であるので，$\sum a_n = \infty$．

問2　次の級数の和を求めよ．

（1）$\displaystyle\sum_{n=1}^{\infty}\frac{1}{n(n+1)}$　　（2）$\displaystyle\sum_{n=1}^{\infty}\frac{1+2^n}{3^n}$　　（3）$\displaystyle\sum_{n=1}^{\infty}\frac{1}{n(n+1)(n+2)}$

（4）$\displaystyle\sum_{n=1}^{\infty}\left\{\left(\frac{3}{5}\right)^n + \frac{1}{n(n+2)}\right\}$

問3　次の級数は発散することを示せ．

（1）$\displaystyle\sum_{n=1}^{\infty}\frac{n}{2n+1}$　　（2）$\displaystyle\sum_{n=1}^{\infty}\frac{1}{\sqrt{n+1}+\sqrt{n}}$　　（3）$\displaystyle\sum_{n=1}^{\infty}(-1)^n$

（4）$\displaystyle\sum_{n=1}^{\infty}\frac{1}{\sqrt[n]{n}}$　　（5）$\displaystyle\sum_{n=1}^{\infty}n\sin\frac{1}{n}$

　以下において，どんな級数が収束するかあるいは発散するかを判定する方法について，いくつかの場合に分けて調べる．

2. 正 項 級 数

　級数

$$\sum_{n=1}^{\infty} a_n = a_1 + a_2 + \cdots + a_n + \cdots \tag{3}$$

において，各項 a_n が負でないとき，すなわち $a_n \geqq 0$ $(n = 1, 2, \cdots)$ であるとき，この級数を**正項級数**という．このとき，第 n 部分和 S_n は単調増加：

$$S_1 \leqq S_2 \leqq \cdots \leqq S_n \leqq \cdots \tag{4}$$

であるから，級数（3）が収束するための判定条件が得られる．

定理4-3

　正項級数 $\sum a_n$ が収束するための必要十分な条件は数列 $\{S_n\}$ が上に有界なことである．

証明　$\sum_{n=1}^{\infty} a_n = S$ とすると，定義 4-1 より $\lim_{n\to\infty} S_n = S$. したがって $\{S_n\}$ は有界（定理 1-5）（それゆえ，もちろん上に有界）.

逆に，数列 $\{S_n\}$ が上に有界なら，単調増加なこと（式（4））と合わせて $\{S_n\}$ は収束する（定理 1-7）. したがって，級数 $\sum a_n$ は収束する. ∎

正項級数 $\sum a_n$ が収束していることを $\sum a_n < \infty$ で表す.

定理 4-4

　2 つの正項級数 $\sum a_n, \sum b_n$ に対して，次の［I］，［II］が成り立つ.

　［I］　正の定数 K と $n_0 \in \boldsymbol{N}$ があって $a_n \leq K b_n$ $(n \geq n_0)$ のとき，

　（イ）　$\sum b_n < \infty \Longrightarrow \sum a_n < \infty$

　（ロ）　$\sum a_n = \infty \Longrightarrow \sum b_n = \infty$

　［II］　$\lim_{n\to\infty}(a_n/b_n) = l$ が存在して，$0 < l < \infty$ ならば，2 つの級数は同時に収束するかあるいは同時に発散する.

証明　［I］（ロ）は（イ）の対偶だから（イ）のみを示す. $\sum b_n = B$ とすると，$\sum a_n$ の部分和 S_n は，

$$S_n \leq a_1 + \cdots + a_{n_0-1} + KB \quad (n = 1, 2, \cdots)$$

をみたしているから $\{S_n\}$ は上に有界. ゆえに $\sum a_n < \infty$（定理 4-3）.

　［II］　仮定より定義 1-2［i］（＊）で $\varepsilon = l/2$ ととると，$n_0 \in \boldsymbol{N}$ があり

$$n_0 < n \Longrightarrow \frac{l}{2} b_n < a_n < \frac{3}{2} l b_n$$

したがって，［I］により結論を得る. ∎

問4　定理 4-4［II］において，次を示せ.

　（イ）　$l = 0$ のときは，$\sum b_n < \infty \Longrightarrow \sum a_n < \infty$.

　（ロ）　$l = \infty$ のときは，$\sum a_n < \infty \Longrightarrow \sum b_n < \infty$.

例2　一般調和級数 $\sum_{n=1}^{\infty} \dfrac{1}{n^\lambda}$ $(\lambda > 0)$ は

　［1］　$\lambda > 1$ のとき収束　　［2］　$\lambda \leq 1$ のとき発散

［解］ ［1］ $\lambda > 1$ であるから，$k \leqq x \leqq k+1$ のとき

$$\frac{1}{(k+1)^\lambda} = \int_k^{k+1} \frac{dx}{(k+1)^\lambda} \leqq \int_k^{k+1} \frac{dx}{x^\lambda}$$

したがって，

$$S_n = \sum_{k=1}^n \frac{1}{k^\lambda} \leqq 1 + \sum_{k=1}^{n-1} \int_k^{k+1} \frac{dx}{x^\lambda} = 1 + \int_1^n \frac{dx}{x^\lambda} < 1 + \int_1^\infty \frac{dx}{x^\lambda} = 1 + \frac{1}{\lambda-1}$$

すなわち，$\{S_n\}$ は上に有界だから，定理 4-3 により収束.

［2］ $\lambda \leqq 1$ であるから，$1/n^\lambda \geqq 1/n$（$n \geqq 1$）．したがって，$\sum_{n=1}^\infty (1/n) = \infty$ を示せばよい（定理 4-4）．$k \leqq x \leqq k+1$ のとき

$$\int_k^{k+1} \frac{1}{x} dx \leqq \int_k^{k+1} \frac{1}{k} dx = \frac{1}{k}$$

ゆえに，

$$\log(n+1) = \int_1^{n+1} \frac{1}{x} dx = \sum_{k=1}^n \int_k^{k+1} \frac{1}{x} dx \leqq \sum_{k=1}^n \frac{1}{k} = S_n$$

すなわち，$\lim_{n \to \infty} S_n = \infty$，したがって，$\sum_{n=1}^\infty \frac{1}{n} = \infty$.

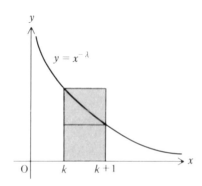

例題 2 次の級数の収束，発散を調べよ.

1) $\sum \dfrac{1}{2n-1}$　　2) $\sum \dfrac{1}{n\sqrt{n}}$　　3) $\sum \dfrac{1}{\sqrt{2n-1}}$　　4) $\sum \dfrac{1}{(2n-1)^2}$

5) $\sum \dfrac{\log n}{n}$

［解］ 1) $\dfrac{1}{n} < 2 \cdot \dfrac{1}{2n-1}$ で $\sum \dfrac{1}{n} = \infty$ より発散（定理 4-4 ［I］（ロ））.

2) 例 2 で $\lambda = 3/2$ だから収束.

3）$\dfrac{1}{\sqrt{n}} < 2 \cdot \dfrac{1}{\sqrt{2n-1}}$ で $\sum \dfrac{1}{\sqrt{n}} = \infty$ より発散（定理4-4［I］（ロ））.

4）$\displaystyle\lim_{n\to\infty} \dfrac{1/(2n-1)^2}{1/n^2} = \dfrac{1}{4}$ で $\sum \dfrac{1}{n^2} < \infty$ であるから収束（定理4-4［II］）.

5）$\dfrac{1}{n} < \dfrac{\log n}{n}\ (n \geqq 3)$ で $\sum \dfrac{1}{n} = \infty$ だから発散（定理4-4［I］（ロ））.

問5　次の級数の収束，発散を調べよ.

（1）$\sum \dfrac{1}{3n-2}$　　（2）$\sum \dfrac{1}{n^2-n+1}$　　（3）$\sum \dfrac{1}{\sqrt{n^2-1}}$

（4）$\sum \dfrac{n}{n^3-2n^2+1}$　　（5）$\sum (\sqrt[n]{n}-1)$

定理4-5

正項級数 $\sum a_n$ において

（i）$\displaystyle\lim_{n\to\infty} \dfrac{a_{n+1}}{a_n} = \rho$, あるいは，（ii）$\displaystyle\lim_{n\to\infty} \sqrt[n]{a_n} = \rho\ (0 \leqq \rho \leqq \infty)$

が存在するとき，

（イ）$\rho < 1 \implies \sum a_n < \infty$　　（ロ）$\rho > 1 \implies \sum a_n = \infty$

証明　（i）（イ）　仮定より $\rho < l < 1$ なる l に対してある自然数 n_0 があって

$$n_0 \leqq n \implies \dfrac{a_{n+1}}{a_n} < l \quad \text{すなわち} \quad a_{n+1} < la_n$$

ゆえに，

$$a_n \leqq a_{n_0} l^{n-n_0} \quad (n \geqq n_0)$$

したがって，$b_n = l^n$, $K = a_{n_0}/l^{n_0}$ とおくと，$\sum l^n < \infty$（$\because\ 0 < l < 1$）であるから定理4-4［I］（イ）により $\sum a_n$ は収束.

（ロ）　ある自然数 n_0 があって，

$$n_0 \leqq n \implies \dfrac{a_{n+1}}{a_n} > 1 \quad \text{すなわち} \quad a_{n+1} > a_n$$

したがって，$\displaystyle\lim_{n\to\infty} a_n = 0$ とはならない. ゆえに，$\sum a_n = \infty$.

（ii）（イ）　$\rho < l < 1$ なる l に対して，ある自然数 n_0 があって

$$n_0 \leqq n \Longrightarrow \sqrt[n]{a_n} < l \quad \text{すなわち} \quad a_n < l^n$$

したがって，$\sum l^n < \infty$ であるから定理 4-4〔Ⅰ〕（イ）により $\sum a_n < \infty$.

（ロ） ある自然数 n_0 があって

$$n_0 \leqq n \Longrightarrow \sqrt[n]{a_n} > 1 \quad \text{すなわち} \quad a_n > 1$$

したがって，$\lim_{n \to \infty} a_n = 0$ とはならない．ゆえに $\sum a_n = \infty$. ∎

問 6 （1） 次の級数の ρ を求め収束，発散を判定せよ（$a \geqq 0$）.

（イ） $\displaystyle\sum_{n=0}^{\infty} \frac{a^n}{n!}$ （ロ） $\displaystyle\sum_{n=1}^{\infty} n^k a^n \ (k \in \mathbf{N})$ （ハ） $\displaystyle\sum_{n=0}^{\infty} n! \, a^n$

（ニ） $\displaystyle\sum_{n=0}^{\infty} \frac{(n!)^2}{(2n)!}$

（2） $\rho = 1$ のときにはこの判定法は使えない．$\sum(1/n)$, $\sum(1/n^2)$ で確認せよ.

3. 交項級数

正，負の項が交互に出てくる級数

$$\sum_{n=1}^{\infty} (-1)^{n-1} a_n = a_1 - a_2 + a_3 - a_4 + \cdots \quad (a_n > 0) \tag{5}$$

を**交項級数**という．このような級数の収束を判定する条件として次の定理が重要である．

定理 4-6

交項級数（5）が次の 2 つの条件をみたしているならば，（5）は収束する．

（ⅰ） $a_1 \geqq a_2 \geqq a_3 \geqq \cdots \geqq a_n \geqq \cdots$

（ⅱ） $\lim_{n \to \infty} a_n = 0$

証明 $n = 1, 2, 3, \cdots$ に対して

$$S_{2n+2} = S_{2n} + (a_{2n+1} - a_{2n+2}), \quad S_{2n+1} = S_{2n-1} - (a_{2n} - a_{2n+1})$$

$$S_{2n} = S_{2n-1} - a_{2n}$$

であり，仮定（ⅰ）を用いると

$$S_2 \leqq S_4 \leqq \cdots \leqq S_{2n} \leqq \cdots\cdots \leqq S_{2n-1} \leqq \cdots \leqq S_3 \leqq S_1$$

すなわち，数列 $\{S_{2n}\}$ は上に有界な単調増加数列，$\{S_{2n-1}\}$ は下に有界な単調

減少数列であるから，ともに極限をもつ．仮定（ii）より

$$\lim_{n\to\infty}(S_{2n-1}-S_{2n})=\lim_{n\to\infty}a_{2n}=0$$

であるから，これらの極限は等しい．これを S とおけば，$\lim_{n\to\infty}S_n=S$ となり

$\sum_{n=1}^{\infty}(-1)^{n-1}a_n=S$ である．　　　　　　　　　　　　　　　　■

例題3　$\lambda>0$ のとき，次の級数は収束していることを示せ．

$$\sum_{n=1}^{\infty}(-1)^{n-1}\frac{1}{n^\lambda}=1-\frac{1}{2^\lambda}+\frac{1}{3^\lambda}-\frac{1}{4^\lambda}+\cdots$$

［解］$1>\dfrac{1}{2^\lambda}>\dfrac{1}{3^\lambda}>\cdots$ および $\lim_{n\to\infty}\dfrac{1}{n^\lambda}=0$ であるから，定理4-6の条件（i），（ii）をみたしている．

問7　次の級数の収束，発散を調べよ．

（1）　$\sum_{n=1}^{\infty}(-1)^n\dfrac{1}{\sqrt{2n}}$　　（2）　$\sum_{n=1}^{\infty}(-1)^{n-1}\dfrac{n}{2n-1}$　　（3）　$\sum_{n=1}^{\infty}\dfrac{(-1)^{n+1}}{\log(n+1)}$

（4）　$\sum_{n=1}^{\infty}(-1)^{n-1}\dfrac{\log n}{\log(n+1)}$

4.　絶対収束と条件収束

一般の級数

$$\sum_{n=1}^{\infty}a_n=a_1+a_2+\cdots+a_n+\cdots$$

に対して，各項を絶対値 $|a_n|$ で置き換えた級数（**絶対値級数**という）：

$$\sum_{n=1}^{\infty}|a_n|=|a_1|+|a_2|+\cdots+|a_n|+\cdots$$

という正項級数を考える．正項級数は収束，発散の判定が比較的容易であり，次の定理は，一般の級数の収束を判定するのによく用いられる．

―― **定理4-7** ――

$$\sum_{n=1}^{\infty}|a_n|<\infty\implies\sum_{n=1}^{\infty}a_n \text{ は収束}$$

証明　実数 x に対して不等式

$$0\le\frac{1}{2}(|x|+x)\le|x|,\quad 0\le\frac{1}{2}(|x|-x)\le|x|$$

が成り立っていることに注意する．$x = a_n$ を代入すると

$$0 \le \frac{1}{2}(|a_n|+a_n) \le |a_n|, \quad 0 \le \frac{1}{2}(|a_n|-a_n) \le |a_n|$$

$$a_n = \frac{1}{2}(|a_n|+a_n) - \frac{1}{2}(|a_n|-a_n) \tag{6}$$

である．仮定と定理 4-4［Ⅰ］（イ）より，2つの級数

$$\sum_{n=1}^{\infty} \frac{1}{2}(|a_n|+a_n), \quad \sum_{n=1}^{\infty} \frac{1}{2}(|a_n|-a_n)$$

は収束している．式（6）を用いると，定理 4-1（Ⅱ）より

$$\sum_{n=1}^{\infty} a_n = \sum_{n=1}^{\infty} \frac{1}{2}(|a_n|+a_n) - \sum_{n=1}^{\infty} \frac{1}{2}(|a_n|-a_n) \tag{7}$$

となって，$\sum a_n$ は収束している．　　　　　　　　　　　　■

定義 4-2　　$\sum |a_n| < \infty$ のとき，$\sum a_n$ は**絶対収束**するといい，$\sum a_n$ が収束していて，$\sum |a_n| = \infty$ のときには，$\sum a_n$ は**条件収束**するという．

　定理 4-7 は「絶対収束する級数は収束する」ことを示している．

例3　級数 $\sum_{n=1}^{\infty} (-1)^{n-1} \dfrac{1}{n^\lambda}$ は，$\lambda > 1$ のときは絶対収束，$0 < \lambda \le 1$ のときは条件収束．

　［**解**］　例2，例題3より明らか．

　絶対収束級数 $\sum a_n$ において，

$$a_n \ge 0 \implies \frac{1}{2}(|a_n|+a_n) = a_n, \quad \frac{1}{2}(|a_n|-a_n) = 0$$

$$a_n < 0 \implies \frac{1}{2}(|a_n|+a_n) = 0, \quad \frac{1}{2}(|a_n|-a_n) = -a_n$$

であるから，2つの級数

$$\sum_{n=1}^{\infty} \frac{1}{2}(|a_n|+a_n), \quad \sum_{n=1}^{\infty} \frac{1}{2}(|a_n|-a_n)$$

は収束している正項級数で，それぞれの和を P, Q とすると式（7）より

$$\sum_{n=1}^{\infty} a_n = P - Q \tag{8}$$

補題 4-1

正項級数 $\sum\limits_{n=1}^{\infty} b_n$ の項の順序を入れかえてできた級数を $\sum\limits_{n=1}^{\infty} d_n$ とする.

このとき $\sum b_n$ が収束, 発散いずれの場合にも

$$\sum_{n=1}^{\infty} b_n = \sum_{n=1}^{\infty} d_n$$

証明　いま, $\sum b_n = B < \infty$ とする. $\sum b_n, \sum d_n$ の第 n 部分和をそれぞれ B_n, D_n とおく. 任意の n に対して, D_n に含まれる b_n の最大の番号を m とすると, $D_n \leqq B_m$. $B_m \leqq B$ より $\{D_n\}$ は単調増加, 上に有界. したがって $\{D_n\}$ は収束し, $\lim\limits_{n \to \infty} D_n = D \leqq B$.

逆に考えて, $\sum b_n$ は $\sum d_n$ の項の順序を入れかえたものであり, $\sum d_n = D < \infty$ であるから, 上と同様にして, $B \leqq D$ を得る. したがって, $B = D$.

次に, $\sum b_n = \infty$ のとき, 仮に $\sum d_n < \infty$ とすると, 上の議論から

$$\sum b_n = \sum d_n < \infty$$

でなければならない. これは矛盾. したがって, $\sum d_n = \infty$.　∎

定理 4-8

絶対収束級数の項の順序を入れかえてできた級数は絶対収束していて, 両方の級数の和は等しい.

証明　$\sum a_n$ を絶対収束級数, $\sum a_n'$ をその項の順序を入れかえた級数とする. 補題 4-1 により

$$\sum_{n=1}^{\infty} |a_n| = \sum_{n=1}^{\infty} |a_n'|$$

したがって, $\sum a_n'$ も絶対収束している. また, 補題 4-1 により

$$P = \sum_{n=1}^{\infty} \frac{1}{2}(|a_n| + a_n) = \sum_{n=1}^{\infty} \frac{1}{2}(|a_n'| + a_n')$$

$$Q = \sum_{n=1}^{\infty} \frac{1}{2}(|a_n| - a_n) = \sum_{n=1}^{\infty} \frac{1}{2}(|a_n'| - a_n')$$

であるから, 式（8）より $\sum a_n = P - Q = \sum a_n'$.　∎

最後に，一般の級数について少し調べておく．いま，$\sum_{n=1}^{\infty} a_n$, $\sum_{n=1}^{\infty} \frac{1}{2}(|a_n|+a_n)$, $\sum_{n=1}^{\infty} \frac{1}{2}(|a_n|-a_n)$ の第 n 部分和をそれぞれ S_n, P_n, Q_n とすると，

$$S_n = P_n - Q_n \qquad\qquad (9)$$

である．$\{P_n\}$, $\{Q_n\}$ は単調増加数列であるから，これらは収束か ∞ に発散する．次の4つの場合が起こる．

（イ）　$\lim P_n = P$,　$\lim Q_n = Q$ のとき：$\sum |a_n| < \infty$ で

$$\sum a_n = P - Q, \qquad \sum |a_n| = P + Q$$

（ロ）　$\lim P_n = \infty$,　$\lim Q_n = Q$ のとき：$\sum a_n = \infty$

（ハ）　$\lim P_n = P$,　$\lim Q_n = \infty$ のとき：$\sum a_n = -\infty$

（ニ）　$\lim P_n = \infty$,　$\lim Q_n = \infty$ のとき：収束する級数と発散する級数がある．収束の場合，

$$\sum_{n=1}^{\infty} a_n = \lim_{n\to\infty}(P_n - Q_n), \qquad \sum_{n=1}^{\infty} |a_n| = \lim_{n\to\infty}(P_n + Q_n) = \infty$$

であり，$\sum a_n$ は条件収束である．

問8　（1）（イ），（ロ），（ハ），（ニ）の場合の例を1つずつあげよ．
（2）（ニ）の条件収束の場合，$P_n/Q_n \to 1$ $(n \to \infty)$ を示せ．

問9　次の級数は絶対収束か発散かを調べよ．

（1）　$\sum_{n=1}^{\infty} \frac{\cos na}{n^2}$　（2）　$\sum_{n=1}^{\infty}(-1)^n \frac{3^n}{n!}$　（3）　$\sum_{n=1}^{\infty}(-1)^{n-1}\frac{1}{2n-1}$

（4）　$\sum_{n=1}^{\infty}(-1)^{n-1}(\sqrt[n]{n}-1)$

5. 級数の積

2つの級数 $\sum_{n=0}^{\infty} a_n$ と $\sum_{n=0}^{\infty} b_n$ に対して

$$c_n = \sum_{i+j=n} a_i b_j = a_0 b_n + a_1 b_{n-1} + \cdots + a_n b_0$$

とおく．これを一般項とする級数

$$\sum_{n=0}^{\infty} c_n = c_0 + c_1 + c_2 + \cdots + c_n + \cdots$$

のことを $\sum a_n$ と $\sum b_n$ の**積級数**という．

	a_0	a_1	a_2	a_3	$\cdots$	a_n
b_0	a_0b_0	a_1b_0	a_2b_0	a_3b_0	$\cdots$	a_nb_0
b_1	a_0b_1	a_1b_1	a_2b_1		$\cdots$	$\vdots$
b_2	a_0b_2	a_1b_2		$\cdots$		$\vdots$
b_3	a_0b_3		$\cdots$			$\vdots$
$\vdots$	$\vdots$	$\cdots$				$\vdots$
b_n	a_0b_n	$\cdots$	$\cdots$	$\cdots$	$\cdots$	a_nb_n

定理 4-9

$\sum\limits_{n=0}^{\infty} a_n$, $\sum\limits_{n=0}^{\infty} b_n$ がともに絶対収束していて

$$\sum_{n=0}^{\infty} a_n = A, \qquad \sum_{n=0}^{\infty} b_n = B$$

とする．このとき，$\sum a_n$ と $\sum b_n$ の積級数 $\sum\limits_{n=0}^{\infty} c_n$ も絶対収束していて

$$\sum_{n=0}^{\infty} c_n = AB$$

証明　$A_n = a_0 + \cdots + a_n, \quad B_n = b_0 + \cdots + b_n, \quad C_n = c_0 + \cdots + c_n$

とおく．$\lim\limits_{n\to\infty} A_n = A$, $\lim\limits_{n\to\infty} B_n = B$ である．

（イ）　$\sum a_n$, $\sum b_n$ がともに正項級数のとき．

$$C_n \leqq A_nB_n \leqq AB$$

であるから，数列 $\{C_n\}$ は単調増加，上に有界．したがって収束する（定理 1-7）．$\lim\limits_{n\to\infty} C_n = C$ とすると，$C \leqq AB$．一方，不等式

$$A_nB_n \leqq C_{2n}$$

で $n \to \infty$ とすると，$AB \leqq C$．ゆえに $C = AB$．

（ロ）　一般のとき．

$$a_n{}' = |a_n|, \quad b_n{}' = |b_n|, \quad c_n{}' = \sum_{i+j=n} a_i{}' b_j{}'$$

とおき，対応する級数の部分和を $A_n{}', B_n{}', C_n{}'$ とする．仮定より $\sum a_n, \sum b_n$ は絶対収束しているから，

$$\sum_{n=0}^{\infty} a_n' = A', \qquad \sum_{n=0}^{\infty} b_n' = B'$$

とおくと，定義と（イ）より

$$A_n' \to A', \qquad B_n' \to B', \qquad C_n' \to A'B'$$

で，$|c_n| \le c_n'$ より $\sum |c_n| < \infty$ かつ不等式

$$|A_n B_n - C_n| \le A_n' B_n' - C_n'$$

において，$n \to \infty$ のとき右辺は 0 に収束する．$A_n \to A,\ B_n \to B$ より

$$\lim_{n \to \infty} C_n = AB$$

でなければならない．すなわち，$\sum_{n=0}^{\infty} c_n = AB$. ∎

問題 4-1 （答は p. 315）

1. 次の級数の和を求めよ（$p \in \mathbf{N}$）.

（1）$\displaystyle\sum_{n=1}^{\infty} \frac{1}{n^2 + 4n + 3}$ （2）$\displaystyle\sum_{n=1}^{\infty} \frac{n}{(n+1)!}$ （3）$\displaystyle\sum_{n=1}^{\infty} \frac{1}{n(n+1)\cdots(n+p)}$

2. 次の正項級数の収束，発散を調べよ（$\lambda > 0$）.

（1）$\displaystyle\sum \frac{\sqrt{n}}{n^2 + 1}$ （2）$\displaystyle\sum \frac{n}{3^n}$ （3）$\displaystyle\sum \frac{c^n}{n}$ （$c > 0$）

（4）$\displaystyle\sum \frac{2^n \cdot n!}{n^n}$ （5）$\displaystyle\sum \left(1 - \frac{1}{n}\right)^{n^2}$ （6）$\displaystyle\sum \frac{1}{n} \log\left(1 + \frac{1}{n}\right)$

（7）$\displaystyle\sum (\sqrt[3]{n+2} - \sqrt[3]{n})$ （8）$\displaystyle\sum \frac{1}{1 + n^{\lambda}}$ （9）$\displaystyle\sum \frac{1}{(\log(n+1))^{\lambda}}$

（10）$\displaystyle\sum (\sqrt[n]{a} - 1)$ （$a > 1$） （11）$\displaystyle\sum \frac{\log n}{n^{\lambda}}$ （12）$\displaystyle\sum \frac{1 \cdot 3 \cdots (2n-1)}{n!}$

3. 次の級数が絶対収束か条件収束か発散かを調べよ（$a \ne 0$）.

（1）$\displaystyle\sum \sin \frac{n\pi}{4}$ （2）$\displaystyle\sum \sin \frac{a}{n}$ （3）$\displaystyle\sum (-1)^{n-1} \frac{1}{\log(n+1)}$

（4）$\displaystyle\sum \frac{\sin na}{n^2}$ （5）$\displaystyle\sum (-1)^{n-1} \frac{n^2}{n^2 + n}$ （6）$\displaystyle\sum \left(1 - \cos \frac{a}{n}\right)$

（7）$\displaystyle\sum (-1)^{n-1} \sin \frac{a}{n}$ （8）$\displaystyle\sum \frac{\cos n\pi}{n(n+1)}$

4. $\lambda > 0$ のとき，$\displaystyle\int_2^{\infty} \frac{dx}{x(\log x)^{\lambda}}$ と比較して，$\displaystyle\sum_{n=2}^{\infty} \frac{1}{n(\log n)^{\lambda}}$ の収束，発散を調べよ．

5. $a_n = \displaystyle\sum_{k=1}^{n} \frac{1}{k} - \log n,\ b_n = \sum_{k=1}^{n} \frac{1}{k} - \log(n+1)$ （$n \in \mathbf{N}$）とする．次を示せ．

（1）$a_n > b_n > 0$ （2）$a_n > a_{n+1},\ b_{n+1} > b_n$ （$n = 1, 2, \cdots$）

（3）$\displaystyle\lim_{n \to \infty} a_n = \lim_{n \to \infty} b_n$ （$= 0.57721\cdots$，オイラーの定数という）

6. $a_n > 0$, $b_n = (1+a_1)(1+a_2)\cdots(1+a_n)$ $(n \geq 1)$ とおくとき，次を示せ．

  （1） $\sum a_n < \infty \iff$ 数列 $\{b_n\}$ が収束　　（2） $\sum a_n/b_n < \infty$

  （3） $\sum a_n = \infty \implies \sum a_n/b_n = 1$

7. （1） $\sum a_n$ が絶対収束していたら $\sum a_n^2 < \infty$ を示せ．

  （2） $\sum a_n^2 < \infty$ ならば $\sum |a_n/n| < \infty$ を示せ．

  （3）（1）および（2）において逆が成り立たない例をあげよ．

8. 級数 $\sum a_n$ は，有限個の項を取り去ったり，あるいは有限個の項を付け加えたりしても収束，発散は変わらないことを示せ．

9. 条件収束級数（＊）$\sum_{n=1}^{\infty}(-1)^{n-1}(1/n)$ の和は $\log 2$ であることがわかっている（4-3節，例5参照）．このとき（＊）の順序を入れかえた次の級数の和を求めよ．

  （1） $1 + \dfrac{1}{3} - \dfrac{1}{2} + \dfrac{1}{5} + \dfrac{1}{7} - \dfrac{1}{4} + \cdots$　　（2） $1 - \dfrac{1}{2} - \dfrac{1}{4} + \dfrac{1}{3} - \dfrac{1}{6} - \dfrac{1}{8} + \dfrac{1}{5} - \cdots$

10. 問題9の級数（＊）の順序を入れかえて発散級数をつくれ．

11. 級数 $\sum a_n$ が収束するための必要十分な条件は，「任意の $\varepsilon > 0$ に対して $n_0 \in \boldsymbol{N}$ があって $n_0 < n$, $p \in \boldsymbol{N} \implies |a_{n+1} + \cdots + a_{n+p}| < \varepsilon$」が成り立つことである（コーシーの判定法）．

12. 2つの数列 $\{a_n\}$, $\{b_n\}$ が次をみたすとする．

  （i）$\{a_n\}$ は単調減少で，$\lim_{n \to \infty} a_n = 0$　　（ii）$|\sum_{k=1}^{n} b_k| \leq B$（$n$ に無関係）

  このとき，級数 $\sum a_n b_n$ は収束していることを示せ．

13. 次を示せ（$a \neq 2l\pi$, $l = 0, \pm 1, \pm 2, \cdots, \lambda > 0$）．

  （1） $\left|\sum_{k=1}^{n} \sin ka\right| \leq S$（$n$ に無関係）　　（2） $\sum_{n=1}^{\infty} \dfrac{\sin na}{n^\lambda}$ は収束している．

4-2　関数列と関数項級数

1.　関　数　列

区間 I で定義された関数に対して番号をつけて順に並べた

$$f_1, \quad f_2, \quad \cdots, \quad f_n, \quad \cdots \tag{1}$$

を**関数列**といい，$\{f_n\}_{n=1}^{\infty}$ あるいは簡単に $\{f_n\}$ とも書く．

定義 4-3　　区間 I の各点 x で数列 $\{f_n(x)\}$ が $f(x)$ に収束しているとき，関数列 $\{f_n\}$ は関数 f に I で**各点収束**しているといい，$f_n \to f$ $(n \to \infty)$ と表す．すなわち，各 $x \in I$ に対して

$$\lim_{n \to \infty} f_n(x) = f(x)$$

であるが，これは言いかえると

「任意に $\varepsilon > 0$ をとるとき, 各 $x \in I$ に対してある自然数 n_0 があって

$$n_0 < n \implies |f_n(x) - f(x)| < \varepsilon」$$

となっていることである (定義 1-2 [i] (*)). このとき, n_0 は一般には x と ε の両方に依存している.

例1 $I = [0, 1]$ で $f_n(x) = x^n$ ($n = 1, 2, \cdots$) を考える.

$$\lim_{n \to \infty} f_n(x) = \begin{cases} 0 & (0 \leq x < 1) \\ 1 & (x = 1) \end{cases}$$

であるが, $0 < x < 1$ のとき, 任意の $1 > \varepsilon > 0$ に対して

$$|f_n(x) - 0| = x^n < \varepsilon$$

となっているためには $n > \log \varepsilon / \log x$ でなければならない. したがって,

$$n_0 \geq \left[\frac{\log \varepsilon}{\log x} \right] + 1$$

ととらなければならない. $x \to 1$ のとき $n_0 \to \infty$ である.

これに対して, n_0 が点 x には依存しなくて選べることがある.

定義 4-4 区間 I での関数列 $\{f_n\}$ と関数 f に対して, 条件:

「任意の $\varepsilon > 0$ に対して, ある自然数 n_0 があって, I のどの x に対しても

$$n_0 < n \implies |f_n(x) - f(x)| < \varepsilon」$$

がみたされているとき, $\{f_n\}$ は f に I で**一様収束**しているという.

この定義より明らかなように, 一様収束ならば各点収束である. しかし, 例1が示すように逆は成り立たない. 一様収束の判定条件を1つあげる.

定理 4-10

区間 I で, 関数列 $\{f_n\}$ は関数 f に収束していて, 条件:

(i) $|f_n(x) - f(x)| \leq M_n$

(ii) $\lim_{n \to \infty} M_n = 0$

をみたす数列 $\{M_n\}$ が存在したら, $\{f_n\}$ は f に I で一様収束している.

証明 （ⅱ）より，任意の $\varepsilon > 0$ に対して，ある自然数 n_0 があって，

$$n_0 < n \Longrightarrow M_n < \varepsilon$$

これと（ⅰ）を合わせると，どの点 $x \in I$ に対しても

$$n_0 < n \Longrightarrow |f_n(x) - f(x)| < \varepsilon$$

となって，$\{f_n\}$ が f に I で一様収束していることがわかる. ∎

問1 $f_n(x) = x^n$ は区間 $[0, a]$ $(0 < a < 1)$ では $f(x) \equiv 0$ に一様収束していることを確かめよ.

問2 I で一様収束している関数列は，I のどんな部分集合でも一様収束していることを示せ.

問3 定理4-10において，$I = [a, b]$，各 f_n および f が連続のとき，$M_n = \max_{x \in I} |f_n(x) - f(x)|$ ととると，条件（ⅱ）は $\{f_n\}$ が f に I で一様収束するための必要十分条件であることを示せ.

さて，一様収束性を導入することによって極限関数の取り扱いが容易になっていることを見よう. まず，一様収束によって連続性が保たれる.

───**定理4-11**───

区間 I で連続関数列 $\{f_n\}$ が f に一様収束していたら，f は I で連続である.

証明 a を I の任意の点，ε を任意の正数とする. $\{f_n\}$ が f に I で一様収束することから，ある自然数 n_0 があって，

$$n_0 < n \Longrightarrow |f_n(x) - f(x)| < \varepsilon \quad (x \in I) \qquad (2)$$

式（2）のような n に対して，f_n が I で連続なことから，$\delta > 0$ があって

$$|h| < \delta, \ a+h \in I \Longrightarrow |f_n(a+h) - f_n(a)| < \varepsilon \qquad (3)$$

式（2）において $x = a+h$ および $x = a$ を代入した2つの不等式と式（3）より，$|h| < \delta, \ a+h \in I$ ならば

$$|f(a+h) - f(a)| \leq |f(a+h) - f_n(a+h)| + |f_n(a+h) - f_n(a)|$$
$$+ |f_n(a) - f(a)| < 3\varepsilon$$

すなわち，f は $x = a$ で連続である. ∎

f_n が連続でも $f_n \to f$ が一様収束でなかったら，例1が示すように，極限関数 f は必ずしも連続とは限らない．

次に積分と一様収束の関係として

定理 4-12

関数列 $\{f_n\}$ が区間 $I = [a, b]$ で次の条件をみたしているとする．

（ⅰ） 各 f_n は連続

（ⅱ） 関数列 $\{f_n\}$ は f に一様収束

このとき，

$$\lim_{n \to \infty} \int_a^b f_n(x)dx = \int_a^b f(x)dx$$

証明　条件から，定理4-11により f は I で連続である．したがって，I で積分ができる（3-1節，例3）．さて，条件（ⅱ）より任意の正数 ε に対してある自然数 n_0 があって

$$n_0 < n \implies |f_n(x) - f(x)| < \varepsilon \quad (x \in I) \tag{4}$$

したがって，$n_0 < n$ ならば

$$\left| \int_a^b f_n(x)dx - \int_a^b f(x)dx \right| = \left| \int_a^b (f_n(x) - f(x))dx \right|$$

$$\leq \int_a^b |f_n(x) - f(x)|dx < \varepsilon(b - a)$$

これは数列 $\left\{ \int_a^b f_n(x)dx \right\}$ が $\int_a^b f(x)dx$ に収束していることを示している．■

なお $\int_a^b f(x)dx = \int_a^b \{\lim_{n \to \infty} f_n(x)\}dx$ であるから，この定理は条件（ⅰ），（ⅱ）のもとでは $\lim$ と $\int$ の順序を交換してもよいことを示している．

問4　定理4-12で，$\int_a^t f_n(x)dx$ は $\int_a^t f(x)dx$ に I で一様収束することを示せ．

問5　$f_n(x) = n^2 x \ (0 \leq x \leq 1/n), = -n^2\left(x - \dfrac{2}{n}\right)(1/n \leq x \leq 2/n), = 0 \ (2/n \leq x \leq 2) \ (n \geq 1)$ としたとき $[0, 2]$ での関数列 $\{f_n\}$ について答えよ．

（1）　極限関数 f を求めよ．　（2）　$\lim_{n \to \infty} \int_0^2 f_n(x)dx, \int_0^2 f(x)dx$ を計算せよ．

（3） $f_n \to f$ は $[0, 2]$ で一様収束か.

最後に微分と一様収束の関係として

定理4-13

関数列 $\{f_n\}$ が区間 $I = [a, b]$ で次の条件をみたしているとする.

（ i ） $\{f_n\}$ は f に各点収束

（ ii ） $f_n \in C^1(I)$

（iii） $\{f_n{}'\}$ は一様収束

このとき，f は I で微分可能で $\displaystyle\lim_{n\to\infty} f_n{}'(x) = f'(x)$.

証明　$\{f_n{}'\}$ の一様収束極限を $F(x)$ とする．$F(x)$ は I で連続（定理4-11）かつ $[a, b]$ の任意の x に対して（問4参照）

$$\int_a^x F(t)dt = \lim_{n\to\infty}\int_a^x f_n{}'(t)dt = \lim_{n\to\infty}\{f_n(x) - f_n(a)\}$$
$$= f(x) - f(a)$$

$F(x)$ が連続なことから，定理3-15により左辺，したがって右辺は微分可能であり，かつ $F(x) = f'(x)$. ▨

なお，$F(x) = \displaystyle\lim_{n\to\infty}\left(\frac{d}{dx}f_n(x)\right)$, $f'(x) = \dfrac{d}{dx}\left(\displaystyle\lim_{n\to\infty} f_n(x)\right)$ であるから，この定理は条件（ i ），（ ii ），（iii）のもとでは $\lim$ と d/dx の順序の交換をしてもよいことを示している.

問6　$[0, 1]$ で $f_n(x) = \dfrac{nx^2}{n+x}$ に対して定理4-13の各条件を調べ，$(\lim f_n(x))'$ と $\lim f_n{}'(x)$ を比べよ.

問7　定理4-13で $f_n(x)$ は $f(x)$ に $[a, b]$ で一様収束していることを示せ.

2.　関 数 項 級 数

区間 I での関数列 $\{f_n\}_{n=1}^{\infty}$ に対して

$$\sum_{n=1}^{\infty} f_n(x) = f_1(x) + f_2(x) + \cdots + f_n(x) + \cdots \tag{5}$$

を I での**関数項級数**（あるいは簡単に，級数）といい，$\sum f_n$ とも書く．

$$S_n(x) = f_1(x) + \cdots + f_n(x) \quad (n = 1, 2, \cdots)$$

をその**第 n 部分和**という．$\{S_n\}$ は I での新しい関数列である．

定義 4-5 ［ⅰ］ $\{S_n\}$ が I で f に各点収束しているとき，関数項級数 $\sum f_n$ は f に**各点収束**しているという．

　　［ⅱ］ $\{S_n\}$ が I で一様収束のとき，$\sum f_n$ は I で**一様収束**するという．

　　［ⅲ］ $\{S_n\}$ が 1 点 a で発散のとき，$\sum f_n$ は $x = a$ で発散するという．

例2 $(-\infty, \infty)$ で $f_n(x) = x^n$ $(n = 0, 1, 2, \cdots)$ のとき，級数

$$\sum_{n=0}^{\infty} f_n(x) = 1 + x + x^2 + \cdots + x^n + \cdots$$

を考える．

$$S_n(x) = \sum_{k=0}^{n-1} f_k(x) = 1 + x + \cdots + x^{n-1} = \begin{cases} n & (x = 1) \\ \dfrac{1 - x^n}{1 - x} & (x \neq 1) \end{cases}$$

であるから，4-1 節，例題 1 により

$$\lim_{n \to \infty} S_n(x) = \begin{cases} \dfrac{1}{1 - x} & (|x| < 1) \\ 発散 & (|x| \geq 1) \end{cases}$$

したがって区間 $(-1, 1)$ で

$$\sum_{n=0}^{\infty} x^n = \frac{1}{1 - x}$$

　これは各点収束．しかし，問 1 により $0 < a < 1$ なる a に対しては $|x| \leq a$ で一様収束している．

　関数項級数において有用なのは一様収束である．まず，一様収束であることの有効な判定法として

定理 4-14（ワイヤストラスの優級数定理）

区間 I での関数列 $\{f_n\}$ に対して

（ⅰ） $|f_n(x)| \leq M_n \quad (x \in I)$

（ⅱ） $\displaystyle\sum_{n=1}^{\infty} M_n < \infty$

をみたす数列 $\{M_n\}$ があったら，級数 $\sum_{n=1}^{\infty} f_n$ は I で一様収束している.

証明　（ⅰ），（ⅱ）により，定理 4-4 ［Ⅰ］（イ）から級数 $\sum f_n(x)$ は区間 I の各点 x で絶対収束している. したがって，$\sum f_n(x)$ は I で各点収束（定理 4-7）.

$$S_n(x) = f_1(x) + \cdots + f_n(x), \quad \sum f_n(x) = S(x)$$

とおく.（ⅱ）より任意の $\varepsilon > 0$ に対して，ある自然数 n_0 があって

$$n_0 < n \implies \sum_{k=n+1}^{\infty} M_k < \varepsilon$$

そして，I の任意の点 x に対して

$$|S_n(x) - S(x)| = \left| \sum_{k=n+1}^{\infty} f_k(x) \right| \leqq \sum_{k=n+1}^{\infty} |f_k(x)| \leqq \sum_{k=n+1}^{\infty} M_k < \varepsilon$$

これは $S_n(x)$ が $S(x)$ に I で一様収束していること，すなわち $\sum f_n(x)$ が $S(x)$ に I で一様収束していることを示している.　　　　■

例3　$f_n(x) = x^n,\ I = [-a, a]\ (0 < a < 1)$ のとき，$\sum_{n=0}^{\infty} f_n(x)$ は I で一様収束していることは例2で知っているが，この定理を適用してみよう.

（ⅰ）　$|f_n(x)| = |x^n| \leqq a^n$　　（ⅱ）$\sum_{n=0}^{\infty} a^n = \dfrac{1}{1-a}$

となっていて，条件（ⅰ），（ⅱ）をみたしているから，$\sum_{n=0}^{\infty} x^n$ は I で $1/(1-x)$ に一様収束していることがわかる.

問8　次の級数は（　）内に与えられた区間で一様収束していることを示せ.
（1）$\sum_{n=1}^{\infty} \dfrac{\sin nx}{n^2}$（$(-\infty, \infty)$）　　（2）$\sum_{n=0}^{\infty} \dfrac{x^n}{n!}$（$[-a, a],\ a > 0$）

定理 4-11，4-12，4-13 を級数の場合に適用すると次のようになる.

―**定理4-15**――――
関数列 $\{f_n\}$ は区間 I で次の条件をみたしているとする.
（ⅰ）　各 f_n は連続

（ⅱ）　$\displaystyle\sum_{n=1}^{\infty} f_n$ は一様収束

このとき，$f(x) = \displaystyle\sum_{n=1}^{\infty} f_n(x)$ は I で連続である．

定理 4-16（項別積分の定理）

関数列 $\{f_n\}$ が区間 $I = [a, b]$ で次の条件をみたしているとする．

（ⅰ）　各 f_n は連続

（ⅱ）　$\displaystyle\sum_{n=1}^{\infty} f_n$ は f に一様収束

このとき，

$$\int_a^b f(x)dx = \sum_{n=1}^{\infty}\int_a^b f_n(x)dx$$

$\displaystyle\int_a^b f(x)dx = \int_a^b \sum_{n=1}^{\infty} f_n(x)dx$ であるから，この定理は条件（ⅰ），（ⅱ）のも

とで $\displaystyle\sum_{n=1}^{\infty}$ と $\displaystyle\int$ の順序の交換をしてもよいことを示している．

問 9　定理 4-16 で，$\displaystyle\sum_{n=1}^{\infty}\int_a^x f_n(t)dt$ は $\displaystyle\int_a^x f(t)dt$ に $[a, b]$ で一様収束していること
を示せ（問 4 参照）．

定理 4-17（項別微分の定理）

関数列 $\{f_n\}$ は区間 $I = [a, b]$ で次の条件をみたしているとする．

（ⅰ）　$\displaystyle\sum_{n=1}^{\infty} f_n(x) = f(x)$（各点収束）

（ⅱ）　$f_n \in C^1(I)$

（ⅲ）　$\displaystyle\sum_{n=1}^{\infty} f_n{}'(x)$ は一様収束

このとき，$f(x)$ は I で微分可能で

$$f'(x) = \sum_{n=1}^{\infty} f_n{}'(x)$$

この定理は $\sum_{n=1}^{\infty}$ と d/dx の順序の交換が可能な場合を与えている.

問 10　この定理で, $\sum_{n=1}^{\infty} f_n(x) = f(x)$ は $[a, b]$ で一様収束であることを示せ（問7参照）.

問 11　これらの3つの定理を確かめよ.

例 4　級数 $\sum_{n=1}^{\infty} \dfrac{\cos(4n-1)x}{(4n-1)^2}$ を $(-\infty, \infty)$ で考える. すべての x に対して

$$\left| \frac{\cos(4n-1)x}{(4n-1)^2} \right| \leq \frac{1}{(4n-1)^2} \quad \text{かつ} \quad \sum_{n=1}^{\infty} \frac{1}{(4n-1)^2} < \infty$$

であるから, 定理 4-14 によりこの級数は $(-\infty, \infty)$ で一様収束している.

[1]　$f(x) = \sum_{n=1}^{\infty} \dfrac{\cos(4n-1)x}{(4n-1)^2}$ は $(-\infty, \infty)$ で連続（定理 4-15）.

[2]　$\displaystyle\int_0^x f(t)dt = \sum_{n=1}^{\infty} \int_0^x \frac{\cos(4n-1)t}{(4n-1)^2}\,dt = \sum_{n=1}^{\infty} \frac{\sin(4n-1)x}{(4n-1)^3}$ $(-\infty < x < \infty)$（定理 4-16）.

　しかし,

$$f'(x) = -\sum_{n=1}^{\infty} \frac{\sin(4n-1)x}{(4n-1)} \quad (-\infty < x < \infty)$$

は成立しない. この右辺は, $x = \dfrac{\pi}{2}$ のとき $\sum_{n=1}^{\infty} \dfrac{1}{4n-1} = \infty$ となり発散. これは単に $\sum f_n$ が一様収束しているのみでは項別微分の定理が成り立たないことを示している.

例 5　$f(\theta) = 1 + 2\sum_{n=1}^{\infty} a^n \cos n\theta \ (0 \leq a < 1)$ とおく.

[1]　右辺の級数は θ に関して $[0, 2\pi]$ で一様収束している.

[2]　$f(\theta)$ は微分可能で,

$$f'(\theta) = -2\sum_{n=1}^{\infty} na^n \sin n\theta \tag{6}$$

[解]　[1]　$|2a^n \cos n\theta| \leq 2a^n$, $\sum_{n=1}^{\infty} a^n = a/(1-a) < \infty$ であるから, 定理 4-14 により $1 + 2\sum_{n=1}^{\infty} a^n \cos n\theta$ は θ に関して $[0, 2\pi]$ で一様収束している.

[2] $|(a^n \cos n\theta)'| = |-na^n \sin n\theta| \leqq na^n$

$\displaystyle\sum_{n=1}^{\infty} na^n < \infty$ （4-1 節，問 6 （ 1 ）（ロ））

したがって，$-2\displaystyle\sum_{n=1}^{\infty} na^n \sin n\theta$ は θ に関して $[0, 2\pi]$ で一様収束しているから，定理 4-17 により $f(\theta)$ は微分可能で式（ 6 ）が成り立つ．

問12 例 5 において次を示せ（$m \in \boldsymbol{N}$）．

（ 1 ）　$(1 - 2a \cos\theta + a^2)f(\theta) = 1 - a^2$　　（ 2 ）　$\displaystyle\int_0^{2\pi} f(\theta)\cos m\theta \, d\theta = 2\pi a^m$

問題 4-2 （答は p. 316）

1. （ i ）　$(-\infty, \infty)$ での次の関数列の極限関数 f を求めよ．

　　（ 1 ）　$\left\{\dfrac{1}{1 + x^{2n}}\right\}$　　（ 2 ）　$\left\{e^{-n(1+x^2)}\right\}$　　（ 3 ）　$\left\{\dfrac{nx}{1 + nx^2}\right\}$

　（ ii ）　（ i ）の（ 1 ），（ 2 ），（ 3 ）のうち一様収束するのはどれか．一様収束していないのはどんな区間で一様収束するか．

2. 次の f_n に対する $\sum f_n$ の和 f を求めよ．また，一様収束かどうか調べよ．

　　（ 1 ）　$f_n(x) = \dfrac{|x|}{(1 + |x|)^n}$　$(-\infty < x < \infty)$

　　（ 2 ）　$f_n(x) = \dfrac{1}{(x + n)(x + n + 1)}$　$(x \geqq 0)$

3. 次の級数が収束する x の範囲を定めよ．

　　（ 1 ）　$\displaystyle\sum_{n=1}^{\infty} \dfrac{1}{1 + |x|^n}$　　（ 2 ）　$\displaystyle\sum_{n=0}^{\infty} \sin^n x$　　（ 3 ）　$\displaystyle\sum_{n=0}^{\infty} \tan^n x$

4. $f_n(x) = n^2 x e^{-nx}$ $(n = 1, 2, \cdots)$ のとき次に答えよ．

　　（ 1 ）　$[0, a]$ $(a > 0)$ で $\displaystyle\lim_{n \to \infty} f_n(x) = f(x)$ を求めよ．

　　（ 2 ）　$\displaystyle\lim_{n \to \infty}\int_0^a f_n(x)dx$ と $\displaystyle\int_0^a f(x)dx$ を比べよ．

　　（ 3 ）　f_n は f に $[0, a]$ で一様収束しているか．

5. 級数（ ＊ ）についての問（ 1 ），（ 2 ）に答えよ．

$$（＊）\quad \dfrac{a_0}{2} + \sum_{n=1}^{\infty}(a_n \cos nx + b_n \sin nx)$$

　　（ 1 ）　級数 $\sum a_n$，$\sum b_n$ が絶対収束していたら，この級数（ ＊ ）は $\boldsymbol{R}$ で一様収束していることを示せ．

　　（ 2 ）　このとき，級数（ ＊ ）の和を $f(x)$ とおくと

$$a_0 = \dfrac{1}{\pi}\int_0^{2\pi} f(x)dx,$$

$$a_n = \dfrac{1}{\pi}\int_0^{2\pi} f(x)\cos nx \, dx, \qquad b_n = \dfrac{1}{\pi}\int_0^{2\pi} f(x)\sin nx \, dx \quad (n \geqq 1)$$

6.（1）区間 I で関数列 $\{f_n\}$ が一様収束するための必要十分な条件は，
「任意な $\varepsilon > 0$ に対して，x に無関係な $n_0 \in \boldsymbol{N}$ があって
$$n_0 < m < n,\ x \in I \Longrightarrow |f_n(x) - f_m(x)| < \varepsilon」$$
が成り立つことである（コーシーの判定法）．

（2）区間 I で $\sum f_n$ が一様収束しているための必要十分な条件は，
「任意の $\varepsilon > 0$ に対して，x に無関係な $n_0 \in \boldsymbol{N}$ があって
$$n_0 < m < n,\ x \in I \Longrightarrow |f_{m+1}(x) + \cdots + f_n(x)| < \varepsilon」$$
が成り立つことである（コーシーの判定法）．

7. 区間 I で級数 $\sum f_n$ と関数列 $\{g_n\}$ が次の条件をみたしているとする．
（ⅰ）$|f_1(x) + \cdots + f_n(x)| \leqq M$（$x$ と n に無関係）
（ⅱ）$g_1(x) \geqq g_2(x) \geqq \cdots \geqq g_n(x) > 0$ かつ一様に $g_n(x) \to 0$（$n \to \infty$）．このとき，級数 $\sum f_n g_n$ は I で一様収束していることを示せ．

8. $\displaystyle\sum_{n=1}^{\infty} \frac{\sin nx}{n^\lambda}$（$\lambda > 0$）は $[a, 2\pi - a]$（$0 < a < \pi$）で一様収束していることを示せ．

9. $g(\theta) = \displaystyle\sum_{n=1}^{\infty} a^n \sin n\theta$ とおくとき，次を示せ（$0 \leqq a < 1$）．

（1）右辺の級数は θ に関して $[0, 2\pi]$ で一様収束している．

（2）$g(\theta)$ は微分可能で，$g'(\theta) = \displaystyle\sum_{n=1}^{\infty} na^n \cos n\theta$．

（3）（イ）$g(\theta) = \dfrac{a \sin \theta}{1 - 2a \cos \theta + a^2}$

（ロ）$\displaystyle\int_0^{2\pi} \frac{\sin \theta \sin n\theta}{1 - 2a \cos \theta + a^2} d\theta = \pi a^{n-1}$（$n \in \boldsymbol{N}$）

4-3 べ き 級 数

1. べ き 級 数

4-2節，2項で取り扱った関数項級数で，特に，a を1つの数，$\{a_n\}_{n=0}^{\infty}$ を1つの数列，$f_n(x) = a_n(x - a)^n$（$n = 0, 1, 2, \cdots$）とした関数項級数：

$$\sum_{n=0}^{\infty} a_n(x - a)^n = a_0 + a_1(x - a) + \cdots + a_n(x - a)^n + \cdots$$

を a を**中心**とする**べき級数**（あるいは**整数級**）という．必要なら平行移動をすればよいので，以下 $a = 0$ とした（原点中心の）べき級数

$$\sum_{n=0}^{\infty} a_n x^n = a_0 + a_1 x + a_2 x^2 + \cdots + a_n x^n + \cdots \tag{1}$$

の性質を調べることにする．

　べき級数の性質を調べるためにはどんな x に対して収束しているのかを知るのが第一で，それがわかったのち 4-2 節，2 項の議論を応用していくつかの重要な定理を証明する．最後に 2-4 節で述べたマクローリンの定理（定理 2-16, 系）と合わせて $e^x, \sin x, \cos x$ などの初等関数をべき級数で表すことを考える．

　まず級数（1）がどんな x に対して収束しているのかを調べる．

定理 4-18

　$x = a\,(\neq 0)$ に対して級数（1）が収束していたら，$|x| < |a|$ なる任意の x に対して（1）は絶対収束している．

証明　　級数

$$a_0 + a_1 a + a_2 a^2 + \cdots + a_n a^n + \cdots$$

が収束しているから，$\displaystyle\lim_{n \to \infty} a_n a^n = 0$（定理 4-2）．したがって，$\{a_n a^n\}$ は有界（定理 1-5）．すなわち，正数 L があって，$|a_n a^n| < L\ (n \in \mathbf{N})$．

　さて，$|x| < |a|$ なる任意の x に対して

$$|a_n x^n| = |a_n a^n| \cdot \left| \frac{x}{a} \right|^n < L \left| \frac{x}{a} \right|^n$$

であり，$|x/a| < 1$ であるから $\displaystyle\sum_{n=0}^{\infty} |x/a|^n < \infty$．定理 4-4 ［Ⅰ］（イ）により

$$\sum_{n=0}^{\infty} |a_n x^n| < \infty \quad (|x| < |a|) \qquad ■$$

系

　$x = b$ のとき級数（1）が発散していたら，$|x| > |b|$ なる任意の x に対して（1）は発散である．

証明　　$|x_0| > |b|$ なる $x = x_0$ で級数（1）が収束しているとする．$x_0 \neq 0$ であるから，定理 4-18 により（1）は $|x| < |x_0|$ なる任意の x で収束していなければならない．これは $x = b$ で（1）が発散という仮定に反する．■

例 1　級数

$$x - \frac{x^2}{2} + \frac{x^3}{3} - \frac{x^4}{4} + \cdots + (-1)^{n-1}\frac{x^n}{n} + \cdots \qquad (2)$$

は $x = 1$ で収束している．したがって，定理 4-18 により $|x| < 1$ で絶対収束している．一方 $x = -1$ では発散であるから，系により $|x| > 1$ では発散である．

$x = 1$ では収束しているが $|x| \leqq 1$ で収束とはいえないことに注意．

2. 収束半径

定理 4-18 とその系により，べき級数（1）が $x = a$（$\neq 0$）で収束し $x = b$ で発散していたら，$|a| < r < |b|$ なる r で次をみたすものがある．

$$\left. \begin{array}{l} |x| < r \text{ では（1）は絶対収束} \\ |x| > r \text{ では（1）は発散} \end{array} \right\} \qquad (3)$$

このような r のことをべき級数（1）の収束半径という．なお，

$$x = 0 \text{ 以外では（1）は発散} \iff \text{収束半径 } r = 0 \qquad (4)$$

$$\text{すべての } x \text{ で（1）は絶対収束} \iff \text{収束半径 } r = \infty \qquad (5)$$

と定める．すなわち，言いかえると次のようになる．

定義 4-6　　べき級数（1）において

$$S = \left\{ |a| \; ; \; \sum_{n=0}^{\infty} a_n a^n \text{ は絶対収束} \right\}$$

としたとき，$S \ni 0$ であるから S は空集合ではない．そこで

$$r = \begin{cases} \sup S & (S \text{ が上に有界のとき}) \\ \infty & (S \text{ が上に有界でないとき}) \end{cases}$$

によって定まる r のことをべき級数（1）の**収束半径**という．

　この定義で定まる r が有限のとき，$|x_0| > r$ なる x_0 では（1）の絶対値級数が発散しているばかりでなく，（1）自身が発散していることに注意．実際，x_0 で（1）が収束しているとすると，定理 4-18 と r の定義により $r \geqq |x_0|$ となってしまう．

問1　定義 4-6 の r が（3），（4），（5）の性質をもっていることを示せ．

　たとえば，例 1 のべき級数の収束半径は 1，またべき級数

$$1+x+x^2+\cdots+x^n+\cdots$$

の収束半径が 1 であることは 4-2 節，例 2 により容易にわかる．

　さて，具体的に収束半径を求める公式としては次のようなものがある．以下 $1/0 = \infty$, $1/\infty = 0$ と約束する．

定理 4-19

　べき級数（1）において

（ⅰ）$\displaystyle\lim_{n\to\infty}\left|\frac{a_{n+1}}{a_n}\right| = l$, あるいは，（ⅱ）$\displaystyle\lim_{n\to\infty}\sqrt[n]{|a_n|} = l$ $(0 \le l \le \infty)$

のとき，（1）の収束半径は

$$r = \frac{1}{l}$$

証明　正項級数

$$|a_0|+|a_1x|+\cdots+|a_nx^n|+\cdots \quad (x \in \boldsymbol{R}) \tag{6}$$

に定理 4-5 を適用する．

（ⅰ）のとき．

$$\rho = \lim_{n\to\infty}\left|\frac{a_{n+1}x^{n+1}}{a_nx^n}\right| = |x|\lim_{n\to\infty}\left|\frac{a_{n+1}}{a_n}\right| = |x|l$$

したがって，（イ）$0 < l < \infty$ のとき．

　　　$\rho = |x|l < 1$　すなわち　$|x| < 1/l$　なら（6）は収束

　　　$\rho = |x|l > 1$　すなわち　$|x| > 1/l$　なら（6）は発散

ゆえに，$r = 1/l$.

　（ロ）$l = 0$ のとき．どんな x に対しても $\rho = 0$ であるから（6）は収束．ゆえに，$r = \infty (= 1/0)$.

　（ハ）$l = \infty$ のとき．0 以外のどんな x に対しても $\rho = \infty$ であるから（6）は発散．ゆえに，$r = 0 (= 1/\infty)$.

　（ⅱ）のときは，定理 4-5 の後半を用いて（ⅰ）と同様に示せる．　∎

問 2　これを確かめよ．

例題1　次のべき級数の収束半径を求めよ.

1）$\displaystyle\sum_{n=0}^{\infty} nx^n$　　　2）$\displaystyle\sum_{n=0}^{\infty}\frac{x^n}{n!}$　　　3）$\displaystyle\sum_{n=1}^{\infty} n^n x^n$　　　4）$\displaystyle\sum_{n=1}^{\infty} 2^n x^{2n}$

[**解**]　1）$\displaystyle\lim_{n\to\infty}|a_{n+1}/a_n| = \lim_{n\to\infty}(n+1)/n = 1$ より $r=1$.

2）$\displaystyle\lim_{n\to\infty}|a_{n+1}/a_n| = \lim_{n\to\infty} n!/(n+1)! = \lim_{n\to\infty} 1/(n+1) = 0$ より $r=\infty$.

3）$\displaystyle\lim_{n\to\infty}\sqrt[n]{|a_n|} = \lim_{n\to\infty} n = \infty$ より $r=0$.

4）$x^2 = t$ とおくと, べき級数は $\displaystyle\sum_{n=0}^{\infty} 2^n t^n$ となる. 変数 t のべき級数としての収束半径は, $\displaystyle\lim_{n\to\infty}\sqrt[n]{|a_n|} = 2$ より $1/2$. すなわち与えられた無限級数4）は

$$x^2 < 1/2 \text{ で絶対収束}, \quad x^2 > 1/2 \text{ で発散}$$

であるから, 最初に与えられたべき級数の収束半径は $1/\sqrt{2}$.

問3　次のべき級数の収束半径を求めよ.

（1）$\displaystyle\sum_{n=0}^{\infty}\frac{x^n}{n+1}$　　（2）$\displaystyle\sum_{n=0}^{\infty} n!x^n$　　（3）$\displaystyle\sum_{n=0}^{\infty}(-1)^n\frac{x^{2n}}{(2n)!}$

（4）$\displaystyle\sum_{n=1}^{\infty}(-1)^{n-1}\frac{x^{2n-1}}{(2n-1)!}$

定理4-19のような極限が存在しない場合にも, 一般に収束半径は次によって与えられることが知られている. すなわち,

べき級数（1）において, 数列 $\{\sqrt[n]{|a_n|}\}$ を考える. l を次によって定める.

（イ）　数列 $\{\sqrt[n]{|a_n|}\}$ が有界でないとき, $l=\infty$.

（ロ）　数列 $\{\sqrt[n]{|a_n|}\}$ が有界のとき, $l = \displaystyle\limsup_{n\to\infty}\sqrt[n]{|a_n|}$（問題1-1, 16参照）.

このとき, 次が成り立つ.

定理4-20（コーシー-アダマールの定理）

べき級数（1）の収束半径 r は次の式で与えられる:

$$r = \frac{1}{l}$$

問4　定理4-19の場合には, 定理4-20の r と一致することを示せ.

3. べき級数の性質

次に収束半径内でのべき級数の性質を調べよう．以下，特にことわらない限り**収束半径 r は 0 でないとする．**

定理 4-21

べき級数（1）の収束半径を r としたとき，$0 < a < r$ なる任意の a に対して，べき級数（1）は区間 $[-a, a]$ で一様収束している．

証明 収束半径の性質から，級数 $\sum_{n=0}^{\infty} |a_n| a^n$ は収束している．さらに，

$$|a_n x^n| \leqq |a_n| a^n \quad (-a \leqq x \leqq a)$$

ゆえに，べき級数（1）は $[-a, a]$ で一様収束している（定理 4-14）． ∎

定理 4-22

べき級数（1）の収束半径を r とする．（1）によって表される関数
$$f(x) = a_0 + a_1 x + \cdots + a_n x^n + \cdots$$
は $|x| < r$ で連続である．

証明 （イ）$r < \infty$ のとき．$|x| < r$ の任意の点 x_0 に対して $a = (|x_0| + r)/2$ とおく．$0 < a < r$ であり，べき級数（1）は $[-a, a]$ で一様収束している（定理 4-21）．したがって，定理 4-15 により $f(x)$ は $[-a, a] \ni x_0$ で連続である．

（ロ）$r = \infty$ のとき．任意の点 x_0 に対して $|x_0| < a < \infty$ なる a を 1 つとれば，べき級数（1）は $[-a, a]$ で一様収束しているから，$f(x)$ は x_0 で連続である． ∎

定理 4-23（べき級数の項別微分の定理）

べき級数（1）の収束半径を r としたとき，（1）を項別に微分したべき級数
$$\sum_{n=1}^{\infty} n a_n x^{n-1} = a_1 + 2a_2 x + \cdots + n a_n x^{n-1} + \cdots$$

の収束半径も r に等しく，$|x| < r$ で次が成り立つ．

$$\left(\sum_{n=0}^{\infty} a_n x^n\right)' = \sum_{n=1}^{\infty} n a_n x^{n-1} \tag{7}$$

証明　まず $\sum_{n=1}^{\infty} n a_n x^{n-1}$ の収束半径が r に等しいことを示す．そのために

は，$\sum_{n=1}^{\infty} n a_n x^{n-1}$ と $\sum_{n=1}^{\infty} n a_n x^n$ は同じ収束半径をもつことから，$\sum_{n=1}^{\infty} n a_n x^n$ の収束

半径 r' が r に等しいことを示せばよい．

$$|a_n x^n| \leqq |n a_n x^n| \quad (n = 1, 2, \cdots)$$

であるから，まず，$r' \leqq r$ を得る．一方，$|x| < r$ なる任意の x に対して $|x|$

$+ \varepsilon < r$ をみたす正数 ε をとる．このとき，収束半径の性質から

$$\sum_{n=0}^{\infty} |a_n|(|x| + \varepsilon)^n < \infty$$

したがって，ある $M > 0$ があって $n = 0, 1, 2, \cdots$ に対して

$$|a_n|(|x| + \varepsilon)^n \leqq M \quad \text{すなわち} \quad |a_n| \leqq M/(|x| + \varepsilon)^n$$

そして，

$$|n a_n x^n| \leqq nM\left(\frac{|x|}{|x| + \varepsilon}\right)^n \quad (n = 0, 1, 2, \cdots)$$

級数

$$\sum_{n=1}^{\infty} n\left(\frac{|x|}{|x| + \varepsilon}\right)^n$$

は収束している［例題 1, 1）のべき級数で x に $|x|/(|x| + \varepsilon)$（< 1）を代入し

た級数］．したがって，$\sum_{n=1}^{\infty} |n a_n x^n|$ も収束している（定理 4-4［I］）．これは，

$r \leqq r'$ を示している．よって，$r = r'$ である．

　次に，$0 < a < r$ なる任意の a に対して，区間 $[-a, a]$ で

$$f_n(x) = a_n x^n$$

とすると，f_n, f_n' は定理 4-21 により区間 $[-a, a]$ で定理 4-17 の条件をみた

している．したがって，$[-a, a]$ で（7）を得る．a（$< r$）が任意なことか

ら，結局 $|x| < r$ で（7）が成り立つ．∎

べき級数（1）の収束半径を r とし，その表す関数を $f(x)$ とする：

$$f(x) = \sum_{n=0}^{\infty} a_n x^n = a_0 + a_1 x + \cdots + a_n x^n + \cdots$$

このとき，$f(x)$ は区間 $(-r, r)$ で何回でも微分可能で，任意の自然数 k に対して

$$f^{(k)}(x) = \sum_{n=k}^{\infty} n(n-1)\cdots(n-k+1)a_n x^{n-k} \quad (|x| < r)$$

特に，

$$a_n = \frac{f^{(n)}(0)}{n!} \quad (n = 0, 1, 2, \cdots)$$

問5 これを確かめよ.

定理4-24（べき級数の項別積分の定理）

べき級数（1）の収束半径を r, $|x| < r$ で（1）の表す関数を $f(x)$ とするとき

$$\int_0^x f(t)dt = \sum_{n=0}^{\infty} \frac{a_n}{n+1} x^{n+1} \quad (|x| < r)$$

証明 まずべき級数 $\sum_{n=0}^{\infty} \frac{a_n}{n+1} x^{n+1}$ の収束半径 r'' は r に等しい．実際，

$$\left| \frac{a_n}{n+1} x^{n+1} \right| \leq |a_n x^{n+1}|$$

であるから $r \leq r''$ である．したがって $r'' \neq 0$. そして

$$\left(\frac{a_n}{n+1} x^{n+1} \right)' = a_n x^n$$

であるので，$r'' = r$（定理4-23）.

さて，べき級数（1）は任意の a $(|a| < r)$ に対して $[-|a|, |a|]$ で一様収束だから，$f_n(x) = a_n x^n$ として

$$\int_0^a f(x)dx = \sum_{n=0}^\infty \int_0^a a_n x^n dx = \sum_{n=0}^\infty \frac{a_n}{n+1}a^{n+1} \quad (\text{定理 4-16})$$ ∎

4. 関数のべき級数展開

2-4節の定理2-16（およびその系）において $b = x$ ととり，a を固定して考える．いま $f(x)$ が無限回微分可能で，I の各点に対して

$$\lim_{n\to\infty}\frac{f^{(n)}(c)}{n!}(x-a)^n = 0$$

のとき，$f(x)$ は

$$f(x) = f(a)+\frac{f'(a)}{1!}(x-a)+\frac{f''(a)}{2!}(x-a)^2+\cdots+\frac{f^{(n)}(a)}{n!}(x-a)^n+\cdots$$

と a 中心のべき級数でもって表される．これを $f(x)$ の**テイラー級数**といい，このように $f(x)$ を表すことを $f(x)$ を a 中心の**テイラー級数に展開する**という．特に $a = 0$ のときには原点中心のべき級数となり，これを**マクローリン級数**および**マクローリン級数に展開する**という．

ここでは，この方法を2-4節で扱った初等関数に適用することによって，いくつかの関数のマクローリン級数展開を得る．

例2
$$e^x = 1+x+\frac{x^2}{2!}+\cdots+\frac{x^n}{n!}+\cdots \quad (|x| < \infty) \qquad (8)$$

[解] 2-4節，例2において $|x| < \infty$ の任意の x に対して，

$$\left|\frac{e^{\theta x}}{n!}x^n\right| \le e^{\theta|x|}\frac{|x|^n}{n!} \to 0 \quad (n \to \infty) \quad (\text{1-1節, 例7})$$

であるから，等式（8）を得る．右辺のべき級数の収束半径は ∞ である．

例題2 式（8）を e^x の定義として，定理4-9を応用して次を示せ．

$$e^a \cdot e^b = e^{a+b} \quad (a, b \in \boldsymbol{R})$$

[解] 式（8）で $x = a, b$ をそれぞれ代入した右辺の級数は絶対収束で

$$c_n = \sum_{k=0}^n \frac{a^k}{k!}\cdot\frac{b^{n-k}}{(n-k)!} \quad \text{とおくと} \quad e^a \cdot e^b = \sum_{n=0}^\infty c_n \quad (\text{定理 4-9})$$

一方，

$$c_n = \frac{1}{n!}\sum_{k=0}^n \frac{n!}{k!(n-k)!}a^k b^{n-k} = \frac{1}{n!}(a+b)^n$$

したがって，

$$e^a e^b = \sum_{n=0}^\infty \frac{(a+b)^n}{n!} = e^{a+b}$$

問6 次の関数のマクローリン級数展開を求めよ.
（1） $a^x\ (a>0)$ （2） $(e^x+1)^2$

例3　$\sin x = x-\dfrac{x^3}{3!}+\dfrac{x^5}{5!}-\cdots+(-1)^{n-1}\dfrac{x^{2n-1}}{(2n-1)!}+\cdots\quad(|x|<\infty)$ （9）

［解］ 2-4節，例3において，$|x|<\infty$ なる任意の x に対し
$$\left|\frac{x^{2n+1}}{(2n+1)!}\cos\theta x\right|\le\frac{|x|^{2n+1}}{(2n+1)!}\to0\quad(n\to\infty)$$
であるから，等式（9）を得る．右辺のべき級数の収束半径は ∞.

例4　$\cos x = 1-\dfrac{x^2}{2!}+\dfrac{x^4}{4!}-\cdots+(-1)^n\dfrac{x^{2n}}{(2n)!}+\cdots\quad(|x|<\infty)$ （10）

［解］ 式（9）の辺々を微分することによって（定理4-23），ただちに式（10）を得る.
注 2-4節，例4を用いて，例3のようにしてももちろんよい.

問7 式（9），（10）をそれぞれ $\sin x, \cos x$ の定義と思い，次を示せ.
（1） $\sin 2x = 2\sin x\cos x$ （2） $\sin^2 x+\cos^2 x=1$

例5　$\log(1+x) = x-\dfrac{x^2}{2}+\dfrac{x^3}{3}-\cdots+(-1)^{n-1}\dfrac{x^n}{n}+\cdots\quad(-1<x\le1)$
(11)

［解］ 4-2節，例2で x の代りに $-x$ を代入して
$$\frac{1}{1+x}=1-x+x^2-x^3+\cdots+(-1)^{n-1}x^{n-1}+\cdots\tag{12}$$
が $|x|<1$ で成り立ち，右辺のべき級数の収束半径は1．そこで，定理4-24により，0から $x\ (|x|<1)$ まで項別積分をして
$$\log(1+x)=\int_0^x\frac{1}{1+x}dx=\int_0^x dx-\int_0^x x\,dx+\cdots+(-1)^{n-1}\int_0^x x^{n-1}dx+\cdots$$
$$=x-\frac{x^2}{2}+\cdots+(-1)^{n-1}\frac{x^n}{n}+\cdots$$
を得る．$x=1$ のときは次のようにする．等式
$$\frac{1}{1+x}=1-x+x^2-\cdots+(-1)^{n-1}x^{n-1}+(-1)^n\frac{x^n}{1+x}\tag{13}$$
の辺々を0から1まで積分すると
$$\log2=1-\frac{1}{2}+\frac{1}{3}-\cdots+(-1)^{n-1}\frac{1}{n}+(-1)^n\int_0^1\frac{x^n}{1+x}dx$$
そして

$$0 < \int_0^1 \frac{x^n}{1+x}dx < \int_0^1 x^n dx = \frac{1}{n+1} \to 0 \quad (n \to \infty)$$

ゆえに

$$\log 2 = 1 - \frac{1}{2} + \frac{1}{3} - \frac{1}{4} \cdots$$

これは式 (11) が $x = 1$ で成立していることを示している.

例6 （2-4節, 例6参照）

$$(1+x)^a = 1 + \binom{a}{1}x + \binom{a}{2}x^2 + \cdots + \binom{a}{n}x^n + \cdots \quad (|x| < 1) \tag{14}$$

[**解**]　定理4-19により右辺のべき級数の収束半径は1. そこで,

$$f(x) = \sum_{n=0}^{\infty} \binom{a}{n}x^n \quad (|x| < 1)$$

とおく. 定理4-23により,

$$f'(x) = \sum_{n=1}^{\infty} n\binom{a}{n}x^{n-1}$$

この両辺に $(1+x)$ をかけて整頓すると

$$(1+x)f'(x) = a + \sum_{n=1}^{\infty} \left\{ (n+1)\binom{a}{n+1} + n\binom{a}{n} \right\}x^n = af(x)$$

すなわち,

$$\frac{f'(x)}{f(x)} = \frac{a}{1+x}$$

辺々を0から x （$|x| < 1$）まで積分して

$$\log |f(x)| = a\log(1+x) \quad \text{すなわち} \quad f(x) = \pm(1+x)^a$$

ところが $f(0) = 1$ であるから, $f(x) = (1+x)^a$.

例7　$\tan^{-1}x = x - \frac{x^3}{3} + \frac{x^5}{5} - \frac{x^7}{7} + \cdots + (-1)^{n-1}\frac{x^{2n-1}}{2n-1} + \cdots \quad (-1 \leqq x \leqq 1)$

[**解**]　$\dfrac{1}{1+x^2} = 1 - x^2 + x^4 - x^6 + \cdots + (-1)^{n-1}x^{2(n-1)} + \cdots \quad (|x| < 1)$

の辺々を0から x （$|x| < 1$）まで積分して

$$\tan^{-1}x = \int_0^x \frac{dx}{1+x^2} = x - \frac{x^3}{3} + \frac{x^5}{5} - \frac{x^7}{7} + \cdots + (-1)^{n-1}\frac{x^{2n-1}}{2n-1} + \cdots \quad (|x| < 1)$$

を得る. $x = \pm 1$ のときには, 式 (13) で x の代りに x^2 を代入した式を用いて, 例5の場合と同様にすればよい. $x = 1$ のとき

$$\frac{\pi}{4} = 1 - \frac{1}{3} + \frac{1}{5} - \frac{1}{7} + \cdots + (-1)^{n-1}\frac{1}{2n-1} + \cdots$$

問8　次の関数のマクローリン級数展開を求めよ.

（1）$\log\dfrac{1+x}{1-x}$　　（2）$(1+x)^{1/2}$　　（3）$\sin^{-1}x$

（4） $\cos^{-1}x$ （5） $\dfrac{1}{3x^2-4x+1}$

問題 4-3 （答は p. 317）

1. 次のべき級数の収束半径を求めよ.

（1） $\displaystyle\sum_{n=0}^{\infty}\dfrac{x^{2n}}{2^n}$ （2） $\displaystyle\sum_{n=0}^{\infty}\dfrac{(n!)^2}{(2n)!}x^n$ （3） $\displaystyle\sum_{n=0}^{\infty}\dfrac{x^n}{\sqrt[n]{n!}}$

2. 次の関数を原点中心のべき級数に展開せよ. その収束半径を求めよ.

（1） $\sinh x$ （2） $\cosh x$ （3） $\dfrac{1}{(1-x)^2}$ （4） $\dfrac{2}{(1-x)^3}$

3. 次の展開式を証明せよ（$|x| < \pi/2$）.

（1） $\cos x = 1 - \displaystyle\sum_{n=1}^{\infty}\dfrac{1\cdot3\cdots\cdots(2n-1)}{2\cdot4\cdots\cdots(2n)}\sin^{2n}x$

（2） $\tan x = \sin x + \displaystyle\sum_{n=1}^{\infty}\dfrac{1\cdot3\cdots\cdots(2n-1)}{2\cdot4\cdots\cdots(2n)}\sin^{2n+1}x$

4. $f(x) = \log(x+\sqrt{x^2+1})$ について次に答えよ.

（1） $f'(x)$ および $f(x)$ の原点中心のべき級数展開を求めよ.

（2） べき級数展開を利用して $f^{(n)}(0)$ を求めよ.

5. $f(x)$ を $\displaystyle\sum_{n=0}^{\infty}a_nx^n$ と展開したとき, 次を示せ.

（イ） $f(x)$ が偶関数 $\Longleftrightarrow a_n = 0$（$n$：奇数）

（ロ） $f(x)$ が奇関数 $\Longleftrightarrow a_n = 0$（$n$：偶数）

6. 次の関数の原点中心のべき級数展開とその成り立つ x の範囲を求めよ.

（1） $\dfrac{\sin^{-1}x}{\sqrt{1-x^2}}$ （2） $\dfrac{\tan^{-1}x}{1+x^2}$ （3） $\dfrac{\log(1+x)}{1+x}$

（4） $(\sin^{-1}x)^2$ （5） $(\tan^{-1}x)^2$

7. フィボナッチの数列 $\{a_n\}$：$a_0 = a_1 = 1,\ a_{n+1} = a_n + a_{n-1}$（$n \geqq 1$）によってできるべき級数

$$\sum_{n=0}^{\infty}a_nx^n = 1 + x + 2x^2 + 3x^3 + 5x^4 + \cdots$$

の収束半径を求めよ. またこの和 f を求めよ.

8. べき級数 $\sum a_nx^n$ において, ある自然数 n_0 があって

$$n_0 < n \Longrightarrow |a_{n+1}/a_n| < L \quad （あるいは \sqrt[n]{|a_n|} < L）$$

ならば, その収束半径は $r \geqq 1/L$ であることを示せ.

9. 区間 $(-\delta, \delta)$（$\delta > 0$）で, べき級数 $\displaystyle\sum_{n=0}^{\infty}a_nx^n = 0$ ならば $a_n = 0$（$n = 0, 1, 2, \cdots$）であることを示せ.

10. $f(x) = e^{-1/x}$（$x > 0$）, $= 0$（$x \leqq 0$）について次を示せ.

（1） $x > 0$ のとき, $f^{(n)}(x) = P_n\!\left(\dfrac{1}{x}\right)e^{-1/x}$ （$P_n(t)$ は t の $2n$ 次の多項式）

（2） $f^{(n)}(0) = 0$ （$n = 0, 1, 2, \cdots$）

（3） $f(x)$ は C^∞ 級であるが, マクローリン級数には展開できない.

5 多変数関数の微分

5-1 多変数の関数

1. ユークリッド空間 R^p ─────────

p 個（$p \in N$）の実数の組（$x_1, \cdots, x_p$）の全体

$$R^p = \{(x_1, \cdots, x_p) \,;\, x_i \in R\}$$

の元のことを R^p の点とよぶ．R^p は 2 つの演算

$$(x_1, \cdots, x_p) + (y_1, \cdots, y_p) = (x_1 + y_1, \cdots, x_p + y_p)$$

$$\lambda(x_1, \cdots, x_p) = (\lambda x_1, \cdots, \lambda x_p) \quad (\lambda \in R)$$

によって R 上のベクトル空間である．2 点 $x = (x_1, \cdots, x_p)$, $y = (y_1, \cdots, y_p)$ の間の距離 $d(x, y)$ は

$$d(x, y) = \sqrt{\sum_{i=1}^{p} (x_i - y_i)^2}$$

で与えられる．このとき，R^p は p 次元ユークリッド空間とよばれる．特に $p = 2$, $p = 3$ のときは，平面および空間である．

距離 $d(x, y)$ は次の 3 つの基本的な性質をもっている（$x, y, z \in R^p$）.

[1] $d(x, y) \geqq 0$, 等号が成立 $\Longleftrightarrow x = y$

[2] $d(x, y) = d(y, x)$

[3] $d(x, y) + d(y, z) \geqq d(x, z)$（三角不等式）

問1 これらを確かめよ.

2. R^p の点列の収束

R^p の点列 $\{x_k\}_{k=1}^{\infty}$ が R^p の点 a に**収束する**というのを

$$\lim_{k \to \infty} d(x_k, a) = 0$$

によって定め，a を**極限**あるいは**極限点**といい，次のように書く：

$$x_k \to a \ (k \to \infty) \quad \text{あるいは} \quad \lim_{k \to \infty} x_k = a$$

なお，今後点列といえば常に無限点列を意味する．

―― 補題 5-1 ―――――――――――――――――――――――――

$x_k = (x_{1k}, x_{2k}, \cdots, x_{pk}) \ (k \geqq 1)$，$a = (a_1, a_2, \cdots, a_p)$ とおくとき，

$$\lim_{k \to \infty} x_k = a \iff \lim_{k \to \infty} x_{ik} = a_i \ (i = 1, \cdots, p)$$

問2 これを確かめよ．

　1-1節，3項で述べた数列などに関するいくつかの事柄は，言葉を適当に言いかえるだけで R^p でもそのまま成り立つ．すなわち「数列」を「点列」，「部分列」を「部分点列」，「集積値」を「集積点」と変えることによって定理1-9，その系，補題1-2，定理1-10は成り立つ．

　なお，R^p の部分集合 S が**有界**であるとは，ある正数 L があって

$$S \subset \{x ; d(x, o) < L\} \quad (o = (0, \cdots, 0)：原点)$$

となっていることをいう．また，点列 $\{a_k\}$ が有界であるとは，集合 $\{a_k ; k \in N\}$ が有界なことをいう．

―― 定理 5-1（ボルツァノ-ワイヤストラス）―――――――――――――

　有界な無限点列は必ず集積点をもつ．

　証明　$p = 2$ のときを示す．$x_k = (x_{1k}, x_{2k}) \ (k = 1, 2, \cdots)$ を有界点列とする．$\{x_{1k}\}$ は有界数列であるから，定理1-9により $\{x_{1k}\}$ の収束する部分列 $\{x_{1k_l}\}$ が存在する．次に数列 $\{x_{2k_l}\}$ を考えると，これも有界であるから収束する部分列 $\{x_{2k_{lm}}\}$ が存在する．したがって，$\{x_k\}$ の部分点列 $\{x_{k_{lm}}\}$ を考えると，

これは収束している（補題5-1）. ゆえに, $\{x_k\}$ は集積点をもっている. 一般の場合も同様である. ∎

― 系 ―

R^p の有界な無限部分集合は集積点をもつ.

定理5-1を用いて定理1-9, 系のように証明すればよい.

問3 補題1-2, 定理1-10に対応する命題を述べて, 証明せよ.

例題1 次の集合の集積点を求めよ.

　　1） $\left\{\left(\dfrac{1}{m}, \dfrac{1}{n}\right) ; m, n \text{ 自然数}\right\}$　　2） $\{(x, y) ; a < x < b, c < y < d\}$

　　［解］　1） $\left(0, \dfrac{1}{n}\right), \left(\dfrac{1}{m}, 0\right)$ $(m, n：自然数)$ および $(0, 0)$

　　2） $\{(x, y) ; a \le x \le b, c \le y \le d\}$

問4 次の集合の集積点を求めよ.

　　（1） $\left\{\left(\dfrac{1}{k}, \dfrac{1}{m} + \dfrac{1}{n}\right) ; k, m, n \text{ 自然数}\right\}$　　（2） $\{(x, y) ; x^2 + y^2 < 1\}$

　　（3） $\{(x, y) ; x^2 + y^2 \le 1\}$　　（4） $\{(x, y, z) ; 0 < x^2 + y^2 + z^2 < r^2\}$

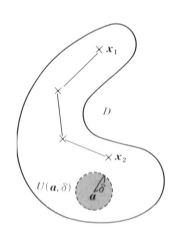

　　R^p の空でない部分集合 D が次の条件：

　　（ⅰ）　D の各点 a に対して, ある正数 δ があって,

　　$U(a, \delta) = \{x ; d(x, a) < \delta\} \subset D$

　　（ⅱ）　D のどの点 x_1, x_2 をとっても, D 内の折線で結べる.

をみたしているとき, D のことを領域, （ⅰ）をみたす点 a を D の **内点**, $U(a, \delta)$ を a の $(\delta-)$ **近傍**という.

　　R^p の部分集合 F がその集積点をすべて含むとき, すなわち

「F の中からとった収束する点列の極限は常に F に属する」

とき，F は**閉集合**であるという．

領域 D にその集積点をすべて付け加えた集合を**閉領域**といい，$\overline{D}$ で表す．

例1 $p = 2$ のとき $(r > 0)$

[1] 開円板 $\{(x, y)\,;\,(x-a)^2+(y-b)^2 < r^2\}$ は有界領域．

[2] 閉円板 $\{(x, y)\,;\,(x-a)^2+(y-b)^2 \leqq r^2\}$ は有界閉領域．

[3] 閉長方形 $\{(x, y)\,;\,a \leqq x \leqq b,\ c \leqq y \leqq d\}$ $(a < b,\ c < d)$ は有界閉領域．

[4] 平面全体 $= \boldsymbol{R}^2$ は領域であるが有界ではない．

[5] 集合 $\{(x, y)\,;\,x^2+y^2 < 1\} \cup \{(x, y)\,;\,x \geqq 0,\ x^2+y^2 = 1\}$ は有界集合であるが，領域でも閉集合でもない．

[1] の開円板にその集積点を付け加えたのが [2] の閉円板である．

3. 多変数の関数 ―――――――――――――――――――

$\boldsymbol{R}^p$ $(p \geqq 2)$ の部分集合 S の各点 $\boldsymbol{x} = (x_1, \cdots, x_p)$ に対して1つずつの実数 y を対応させるとき，これを一般に

$$y = f(\boldsymbol{x}) \quad \text{あるいは} \quad y = f(x_1, \cdots, x_p)$$

と書いて S を定義域とする p 変数の関数という．特に $p = 2, 3$ のときには

$$z = f(x, y) \quad \text{あるいは} \quad w = f(x, y, z)$$

などと書かれる．2個以上の変数をもつ関数を多変数の関数という．

集合 $f(S) = \{f(\boldsymbol{x})\,;\,\boldsymbol{x} \in S\}$ を f の**値域**という．

例2 [1] $y = f(x_1, \cdots, x_p) = (x_1+ \cdots +x_p)/p$, 定義域は $\boldsymbol{R}^p$

[2] $y = f(x_1, \cdots, x_p) = \sqrt{x_1 \cdots x_p}$, 定義域は $\{(x_1, \cdots, x_p)\,;\,x_i \geqq 0\ (i = 1, \cdots, p)\}$

[3] $z = f(x, y) = \sum\limits_{j=0}^{n} \sum\limits_{i=0}^{m} a_{ij}x^i y^j$, 定義域は $\boldsymbol{R}^2$

これは2変数の多項式で，$\max \{i+j\,;\,a_{ij} \neq 0\}$ が f の次数．

[4] $w = f(x, y, z) = \sqrt{1-x^2-y^2-z^2}$, 定義域は $x^2+y^2+z^2 \leqq 1$

2変数関数 $z = f(x, y)$ は，$\boldsymbol{R}^3$ で集合

$$\{(x, y, z) ; z = f(x, y), (x, y) \in S\}$$

を考えることによってグラフに表すことができる．これを $z = f(x, y)$ の表す**曲面**という．たとえば，$z = \sqrt{a^2 - x^2 - y^2}$ $(a > 0)$ は原点中心，半径 a の球面の上半分である．

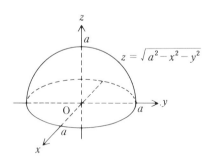

4. 多変数関数の極限

定義 5-1　　$\boldsymbol{R}^p$ の部分集合 D で定義された関数 $y = f(\boldsymbol{x})$ と D の集積点である $\boldsymbol{R}^p$ の1点 $\boldsymbol{a}$ に対して，定数 A があって，$\boldsymbol{x} \in D$ かつ $\boldsymbol{x} \neq \boldsymbol{a}$ で

$$d(\boldsymbol{x}, \boldsymbol{a}) \to 0 \implies |f(\boldsymbol{x}) - A| \to 0$$

が成り立つとき，$f(\boldsymbol{x})$ は $\boldsymbol{a}$ で**極限**があり，A を極限値といい，

$$\lim_{\boldsymbol{x} \cdot \boldsymbol{a}} f(\boldsymbol{x}) = A$$

と書く．このような A がないとき，**極限はない**という．

1変数の場合（定理 1-11）と同様に次が成り立つ．

定理 5-2

$\displaystyle\lim_{\boldsymbol{x} \cdot \boldsymbol{a}} f(\boldsymbol{x}) = A$, $\displaystyle\lim_{\boldsymbol{x} \cdot \boldsymbol{a}} g(\boldsymbol{x}) = B$, c を定数としたとき

[I]　$\displaystyle\lim_{\boldsymbol{x} \cdot \boldsymbol{a}} \{f(\boldsymbol{x}) \pm g(\boldsymbol{x})\} = A \pm B$ （複号同順）

[II]　$\displaystyle\lim_{\boldsymbol{x} \cdot \boldsymbol{a}} f(\boldsymbol{x}) g(\boldsymbol{x}) = AB$, 　特に $\displaystyle\lim_{\boldsymbol{x} \cdot \boldsymbol{a}} cf(\boldsymbol{x}) = cA$

[III]　$\displaystyle\lim_{\boldsymbol{x} \cdot \boldsymbol{a}} \frac{f(\boldsymbol{x})}{g(\boldsymbol{x})} = \frac{A}{B}$ $(B \neq 0)$

問5 これらを確かめよ.

例題 2 次の極限が存在したらその値を求めよ.

1) $\displaystyle\lim_{(x,y)\to(1,2)}(x+y)$ 2) $\displaystyle\lim_{(x,y)\to(0,0)}\frac{xy}{x^2+y^2}$ 3) $\displaystyle\lim_{(x,y)\to(0,0)}\frac{x^2y}{x^2+y^2}$

[**解**] 1) $\displaystyle\lim_{(x,y)\to(1,2)}(x+y)=1+2=3$ は明らかである.

2) 直線 $y=mx$ に沿って $(x,y)\to(0,0)$ のとき $xy/(x^2+y^2)=m/(1+m^2)$ と m に依存しているので,$(x,y)\to(0,0)$ のとき,一定数に近づかない.

3) $x=r\cos\theta,\ y=r\sin\theta$ とおくと,$(x,y)\to(0,0)$ のとき $r\to0$.

$$\left|\frac{x^2y}{x^2+y^2}\right|=r\,|\cos^2\theta\sin\theta|\ \le r\to0\quad(r\to0)$$

より,極限は存在してその値は 0.

問6 次の極限を求めよ.

(1) $\displaystyle\lim_{(x,y)\to(0,0)}\frac{x^3+y^3}{x^2+y^2}$ (2) $\displaystyle\lim_{(x,y)\to(0,0)}\frac{xy}{\sqrt{x^2+y^2}}$

(3) $\displaystyle\lim_{(x,y)\to(0,1)}\frac{x^2+y^2-1+2x-4(y-1)}{\sqrt{x^2+(y-1)^2}}$

5. 多変数関数の連続性

定義 5-2 $(R^p\supset)D$ で定義された関数 $f(\boldsymbol{x})$ が D の点 $\boldsymbol{a}$ で**連続である**とは,$\boldsymbol{a}$ が D の集積点でないかあるいは

$$\lim_{\boldsymbol{x}\to\boldsymbol{a}}f(\boldsymbol{x})=f(\boldsymbol{a})$$

が成り立っていることをいう.D の各点で連続のとき **D で連続**という.

1 変数の場合(定理 1-16)と同様に次が成り立つ.

定理 5-3

$f(\boldsymbol{x}),\ g(\boldsymbol{x})$ が $\boldsymbol{x}=\boldsymbol{a}$ で連続,c を定数とすると

$cf(\boldsymbol{x}),\quad f(\boldsymbol{x})+g(\boldsymbol{x}),\quad f(\boldsymbol{x})g(\boldsymbol{x}),\quad f(\boldsymbol{x})/g(\boldsymbol{x})\ (g(\boldsymbol{a})\ne0)$

は $\boldsymbol{x}=\boldsymbol{a}$ で連続である.

問7 これを確かめよ.

多変数の場合にも1変数のときと同様に連続関数は重要である．いくつか
の基本的な性質を述べておく．

定理 5-4

$f(\boldsymbol{x})$ が $\boldsymbol{a}$ で連続で $f(\boldsymbol{a}) > 0$ のとき，$\boldsymbol{a}$ のある近傍 U があって

$$f(\boldsymbol{x}) - \frac{1}{2} f(\boldsymbol{a}) > 0 \quad (\boldsymbol{x} \in D \cap U)$$

定理 1-14 の考えを応用すれば定理 1-17 と同様に証明できる．

問8 これを確かめよ．

定理 5-5（最大値・最小値の定理）

有界な閉集合 F で連続な関数 $f(\boldsymbol{x})$ は F で最大値および最小値をと
る．すなわち，次の不等式をみたす点 $\boldsymbol{a}, \boldsymbol{b}$ が F にある．

$$f(\boldsymbol{a}) \leq f(\boldsymbol{x}) \leq f(\boldsymbol{b}) \quad (\boldsymbol{x} \in F)$$

問9 これを確かめよ（定理 1-19 と同様である）．

定義 5-3 $\boldsymbol{R}^p$ の部分集合 D で定義された関数 $f(\boldsymbol{x})$ が条件

「任意の正数 ε に対して，ある正数 δ があって

$$d(\boldsymbol{x}, \boldsymbol{x}') < \delta, \ \boldsymbol{x}, \boldsymbol{x}' \in D \implies |f(\boldsymbol{x}) - f(\boldsymbol{x}')| < \varepsilon」$$

をみたしているとき，$f(\boldsymbol{x})$ は D で**一様連続**であるという．

定理 5-6

有界閉集合 F で連続な関数は F で一様連続である．

問10 これを確かめよ（定理 1-20 と同様である）．
問11 $D \supset S$ のとき，$f(\boldsymbol{x})$ が D で一様連続なら S でもそうであることを示せ．

定理 5-7（合成関数の連続性）

関数 $y = f(x_1, x_2, \cdots, x_p)$ は $D \subset \boldsymbol{R}^p$ で連続とし，さらに次の関数

$$x_i = g_i(u_1, \cdots, u_q) \quad (i = 1, \cdots, p)$$

は $D' \subset \mathbf{R}^q$ で連続で

$$(u_1, \cdots, u_q) \in D' \implies (x_1, \cdots, x_p) \in D$$

とする．このとき，合成関数

$$y = f(g_1(u_1, \cdots, u_q), \cdots, g_p(u_1, \cdots, u_q)) = F(u_1, \cdots, u_q)$$

は D' で連続である．

問12　これを確かめよ（1変数の場合と同様である）．

例 3　［1］ $f(x, y) = 1/(x^2 + y^2)$ は $a \leqq x^2 + y^2 \leqq 1 \ (0 < a < 1)$ で一様連続であるが，$0 < x^2 + y^2 \leqq 1$ では一様連続でない．

　　　［2］ $z = \sqrt{1 - x^2 - y^2}$ は $x^2 + y^2 \leqq 1$ で連続である．

［解］　［1］ $a \leqq x^2 + y^2 \leqq 1$ は有界閉集合であり，$f(x, y)$ は連続だから，そこで一様連続（定理 5-6）．一方，$0 < x^2 + y^2 \leqq 1$ では，$f(x, 0) = 1/x^2$ が $(0, 1]$ で一様連続ではない（1-3 節，問 9（3））ので，問 11 と合わせて，$f(x, y)$ はそこで一様連続ではない．

　　　［2］ $z = \sqrt{u}$，$u = 1 - x^2 - y^2$ の合成関数．両者ともに連続であり，$1 - x^2 - y^2 \geqq 0$ のとき $u \geqq 0$ だから，$x^2 + y^2 \leqq 1$ で連続である．

問題 5-1（答は p. 318）

1.　次の式で表される集合は領域か．有界なものはどれか（$a, b > 0$）．
（1）　$a^2 \leqq x^2 + y^2 < b^2$　　（2）　$a^2 < x^2 - y^2 < b^2$　　（3）　$|x| + |y| < a$
（4）　$|x| - |y| < a$　　（5）　$x^2 + y^2 + z^2 < a^2$　　（6）　$x^2 + y^2 - z^2 < a^2$

2.　次の関数の原点における極限値を調べよ．

（1）　$\dfrac{x - y}{x + y}$　　（2）　$(x + y) \sin \dfrac{y}{x}$　　（3）　$xy \log(x^2 + y^2)$

3.　次の関数の連続性を調べよ．

（1）　$\begin{cases} \dfrac{\sin xy}{xy} & (xy \neq 0) \\ 1 & (xy = 0) \end{cases}$　　（2）　$\begin{cases} xy\dfrac{x^2 - y^2}{x^2 + y^2} & ((x, y) \neq (0, 0)) \\ 0 & ((x, y) = (0, 0)) \end{cases}$

4.　$a < t < b$ で C^1 級の $f(t)$ に対して次の極限を求めよ（$a < c < b$）．

（1）　$\displaystyle\lim_{(h,\,k)\to(0,0)}\frac{f(c+h)-f(c-k)}{h+k}$　　　（2）　$\displaystyle\lim_{(x,\,y)\to(c,\,c)}\frac{f(x)-f(y)}{x-y}$

5.　関数 $f(x,y)$ が次の条件（ⅰ），（ⅱ）をみたしていたら点 (a,b) で連続か．
（ⅰ）　$f(x,b)$ は $x=a$ で連続　　（ⅱ）　$f(a,y)$ は $y=b$ で連続

6.　$f(x,y)$ は領域 D で連続，$(x_1,y_1),(x_2,y_2)\in D$ に対して $f(x_1,y_1)<f(x_2,y_2)$ とする．$f(x_1,y_1)<\alpha<f(x_2,y_2)$ なる任意の値 α に対して $f(a,b)=\alpha$ をみたす点 (a,b) が D にあることを示せ（中間値の定理）．

5-2　偏　微　分

1.　偏微分・偏導関数

ここでは主に $\boldsymbol{R}^2$ での関数すなわち 2 変数の関数について述べるが，変数が多い場合でも同様である．$\boldsymbol{R}^2$ の領域 D で定義された関数 $z=f(x,y)$ に対して，y を固定して x のみを動かして関数 z の変化を調べ，また x を固定して y のみを動かして関数 z の変化を調べ，合わせて $f(x,y)$ の性質のいくつかを知ることができる．

定義 5-4 ［ⅰ］　　D の点 (a,b) に対して，極限
$$\lim_{h\to0}\frac{f(a+h,b)-f(a,b)}{h}\quad\left(\lim_{k\to0}\frac{f(a,b+k)-f(a,b)}{k}\right)$$
が存在するとき，$f(x,y)$ は点 (a,b) で $\boldsymbol{x}(\boldsymbol{y})$ に関して**偏微分可能**といい，その極限値を $z=f(x,y)$ の点 (a,b) における**偏微分係数**といって
$$f_x(a,b)\quad(f_y(a,b))$$
で表す．

　［ⅱ］　$z=f(x,y)$ が D の各点で偏微分可能のとき，D の各点 (x,y) に対してその偏微分係数を対応させる関数を $z=f(x,y)$ の x あるいは y に関する**偏導関数**といって
$$f_x(x,y),\quad f_x,\quad z_x,\quad \frac{\partial f}{\partial x},\quad \frac{\partial z}{\partial x}$$
あるいは
$$f_y(x,y),\quad f_y,\quad z_y,\quad \frac{\partial f}{\partial y},\quad \frac{\partial z}{\partial y}$$

などと表す．これらを求めることを $z = f(x, y)$ を**偏微分する**という．

例1 ［1］ $f(x, y) = x^2 - xy + y^2$ のとき，

$$f_x(x, y) = 2x - y, \quad f_y(x, y) = -x + 2y$$

［2］ $z = \tan^{-1}\dfrac{y}{x}$ のとき，$z_x = -\dfrac{y}{x^2 + y^2}, \quad z_y = \dfrac{x}{x^2 + y^2}.$

問1 次の関数を偏微分せよ．

（1） $x^2 y + xy^2$ （2） $\log(x^2 + y^2)$ （3） $e^{x^2 + y^2}$ （4） $\sin^{-1}\dfrac{y}{x}$

（5） $\cos xy$ （6） $\dfrac{x}{x^2 + y^2}$ （7） $-\dfrac{y}{x^2 + y^2}$ （8） $x^y + y^x$

$p\,(\geqq 3)$ 変数の関数 $y = f(x_1, x_2, \cdots, x_p)$ の偏微分も同様に定義され，

$$\frac{\partial y}{\partial x_i}, \quad \frac{\partial f}{\partial x_i}, \quad y_{x_i}, \quad f_{x_i} \quad (i = 1, 2, \cdots, p)$$

などの記号が用いられる．

問2 次の関数の偏導関数を求めよ．

（1） xyz （2） $\log(x^2 + y^2 + z^2)$ （3） $r \sin\theta \cos\varphi$

（4） $\tan^{-1}(x + y + z + w)$

問3 次のことを証明せよ．

（1） $f(x, y, z) = \dfrac{x}{y+z} + \dfrac{y}{z+x} + \dfrac{z}{x+y}$ のとき，$xf_x + yf_y + zf_z = 0.$

（2） $z = x^a \log(y/x)$ のとき，$xz_x + yz_y = az.$

2. 微分（あるいは全微分）

定義5-5 $z = f(x, y)$ は領域 D で偏微分可能とする．

［i］ $f(x + h, y + k) - f(x, y) - hf_x(x, y) - kf_y(x, y) = \varepsilon(x, y, h, k)$

$$\tag{1}$$

とおいたとき，$\varepsilon(x, y, h, k)$ が

$$\lim_{(h, k) \to (0, 0)} \frac{\varepsilon(x, y, h, k)}{\sqrt{h^2 + k^2}} = 0$$

をみたしていたら，関数 $f(x, y)$ は点 (x, y) で**微分可能**（あるいは**全微分可能**）であるという．

［ii］ このとき，次式で定める $df(x, y)$（簡単に df とも書く）

$$df(x, y) = hf_x(x, y) + kf_y(x, y) \qquad (2)$$

を点（x, y）における $f(x, y)$ の微分（あるいは**全微分**）という．これは $|h|, |k|$ が十分小さいときには

$$f(x+h, y+k) - f(x, y)$$

の近似を与えている．とくに $f(x, y) = x$ のときには $df = dx = h$, $f(x, y) = y$ のときには $df = dy = k$ であるから，式（2）は

$$df = f_x(x, y)dx + f_y(x, y)dy$$

と書かれる．

　[iii]　$z = f(x, y)$ が点（a, b）で微分可能としたとき，平面

$$z - c = f_x(a, b)(x - a) + f_y(a, b)(y - b) \quad (c = f(a, b)) \qquad (3)$$

のことを，点（a, b）における曲面 $z = f(x, y)$ の**接平面**という．

問4　微分可能ならば連続であることを示せ．

┌─── **定理 5-8** ─────────────────────────────────

　領域 D での関数 $z = f(x, y)$ は，$f_x(x, y)$ および $f_y(x, y)$ が連続な点で微分可能である．

└──

証明　$$\Delta f = f(x+h, y+k) - f(x, y)$$

とおき，これを次のように変形する．

$$\Delta f = \{f(x+h, y+k) - f(x, y+k)\} + \{f(x, y+k) - f(x, y)\} \qquad (4)$$

式（4）の右辺の第1項，第2項に平均値の定理（定理2-11）を応用すると，

$$f(x+h, y+k) - f(x, y+k) = hf_x(x + \theta_1 h, y + k) \quad (0 < \theta_1 < 1)$$

$$f(x, y+k) - f(x, y) = kf_y(x, y + \theta_2 k) \qquad (0 < \theta_2 < 1)$$

をみたす θ_1, θ_2 がある．したがって

$$\Delta f = hf_x(x + \theta_1 h, y + k) + kf_y(x, y + \theta_2 k)$$

ここで，f_x, f_y が（x, y）で連続とする．

$$f_x(x + \theta_1 h, y + k) - f_x(x, y) = \varepsilon_1$$

$$f_y(x, y + \theta_2 k) - f_y(x, y) = \varepsilon_2$$

とおくと，$\displaystyle\lim_{(h,\,k)\to(0,\,0)}\varepsilon_1 = 0$, $\displaystyle\lim_{(h,\,k)\to(0,\,0)}\varepsilon_2 = 0$.

$$\Delta f = hf_x(x,\,y) + kf_y(x,\,y) + h\varepsilon_1 + k\varepsilon_2$$

において，$\varepsilon(x,\,y,\,h,\,k) = h\varepsilon_1 + k\varepsilon_2$ であり

$$0 \le \lim_{(h,\,k)\to(0,\,0)}\frac{|\varepsilon(x,\,y,\,h,\,k)|}{\sqrt{h^2+k^2}} \le \lim_{(h,\,k)\to(0,\,0)}\left(\frac{|h|}{\sqrt{h^2+k^2}}|\varepsilon_1| + \frac{|k|}{\sqrt{h^2+k^2}}|\varepsilon_2|\right)$$

$$\le \lim_{(h,\,k)\to(0,\,0)}|\varepsilon_1| + \lim_{(h,\,k)\to(0,\,0)}|\varepsilon_2| = 0$$

すなわち，$f(x,\,y)$ は点 $(x,\,y)$ で微分可能である． ■

― 系 ―

f_x, f_y が連続ならば f は連続である．

問5 次の関数の，与えられた点での微分と接平面を求めよ．

（1） xy, $(1, 2)$ （2） y/x, $(2, 4)$ （3） $\log(x^2+y^2)$, $(1, 3)$

問6 定義 5-5 [iii] での接平面（3）に点 (a, b, c) で直交している直線：

$$\frac{x-a}{f_x(a,\,b)} = \frac{y-b}{f_y(a,\,b)} = \frac{z-c}{-1}$$

を $z = f(x,\,y)$ の点 (a, b, c) での**法線**という．前問の場合の法線を求めよ．

問題 5-2（答は p. 318）

1. 次の関数の偏導関数を求めよ．

（1） $\log\dfrac{x}{y}$ （2） $\sqrt{1-x-y}$ （3） e^{xy} （4） $\sin^{-1}(xy)$

（5） $y\tan^{-1}\dfrac{x}{y}$ （6） $e^{x\cos y}$

2. 次を示せ．

（1） $z = \tan^{-1}(x/y)$ のとき $xz_x + yz_y = 0$

（2） $f(x,\,y) = \dfrac{ax+by}{cx+dy}$ のとき $xf_x + yf_y = 0$

（3） $z = \sqrt{x^2+y^2}\,\sin^{-1}(y/x)$ のとき $xz_x + yz_y = z$

3. 次の関数の表す曲面の点 $(1, 1, 1)$ における接平面と法線を求めよ．

（1） $z = xy$ （2） $z = \dfrac{1}{2}(x^2+y^2)$

4. （1） f, φ が微分可能で，$z = f(t)$, $t = \varphi(x,\,y)$ のとき，z_x, z_y を求めよ．

（2） 次を示せ（f は微分可能）．

（イ） $z = f(ax+by)$ のとき，$bz_x = az_y$

（ロ）　$z = f(xy)$ のとき $xz_x - yz_y = 0$

（ハ）　$z - c = (x - a)f\left(\dfrac{y - b}{x - a}\right)$ のとき，$(x - a)z_x + (y - b)z_y = z - c$

5.　$z = 1/xy$ に対して次を求めよ.

（1）　曲面上の点 (a, β, γ) における接平面.

（2）　（1）で求めた接平面と3つの座標平面で囲まれた四面体の体積.

6.　$f(x, y) = \sqrt{|xy|}$ について次を示せ.

（1）　$f(x, y)$ は $(0, 0)$ で連続である.　　（2）　$f_x(0, 0) = 0$，$f_y(0, 0) = 0$

（3）　$(0, 0)$ で微分可能でない.

7.　f_x, f_y が存在しても，f は必ずしも連続ではない. 次の関数で確かめよ.

$$f(x, y) = \begin{cases} \dfrac{xy}{x^2 + y^2} & ((x, y) \neq (0, 0)) \\ 0 & ((x, y) = (0, 0)) \end{cases}$$

8.　$u = \begin{vmatrix} 1 & 1 & \cdots & 1 \\ x_1 & x_2 & \cdots & x_n \\ \vdots & \vdots & & \vdots \\ x_1^{n-1} & x_2^{n-1} & \cdots & x_n^{n-1} \end{vmatrix}$ のとき次の値を計算せよ.

（1）　$\displaystyle\sum_{i=1}^{n} u_{x_i}$　　（2）　$\displaystyle\sum_{i=1}^{n} x_i u_{x_i}$

5-3　高次偏導関数

1.　2次偏導関数

領域 D での関数 $z = f(x, y)$ の偏導関数 $f_x(x, y)$，$f_y(x, y)$ がまた，x，y に関して D で偏微分可能であるとき，次の4種類の偏微分が考えられる：

$$\frac{\partial}{\partial x} f_x(x, y), \quad \frac{\partial}{\partial y} f_x(x, y), \quad \frac{\partial}{\partial x} f_y(x, y), \quad \frac{\partial}{\partial y} f_y(x, y)$$

これらを $f(x, y)$ の2次あるいは2階の偏導関数といい，

$$\frac{\partial}{\partial x} f_x(x, y) = f_{xx}(x, y) = \frac{\partial^2 f}{\partial x^2} = \frac{\partial^2 z}{\partial x^2} = z_{xx}$$

$$\frac{\partial}{\partial y} f_x(x, y) = f_{xy}(x, y) = \frac{\partial^2 f}{\partial y \partial x} = \frac{\partial^2 z}{\partial y \partial x} = z_{xy}$$

$$\frac{\partial}{\partial x} f_y(x, y) = f_{yx}(x, y) = \frac{\partial^2 f}{\partial x \partial y} = \frac{\partial^2 z}{\partial x \partial y} = z_{yx}$$

$$\frac{\partial}{\partial y} f_y(x, y) = f_{yy}(x, y) = \frac{\partial^2 f}{\partial y^2} = \frac{\partial^2 z}{\partial y^2} = z_{yy}$$

などと書く. これらがすべて D で連続のとき, $z = f(x, y)$ は D で C^2 級の
関数であるといい, $f \in C^2(D)$ と表す.

例1　$z = \log(x^2 + y^2)$ のとき, $z_x = 2x/(x^2 + y^2)$, $z_y = 2y/(x^2 + y^2)$.

$$\therefore \quad \frac{\partial^2 z}{\partial x^2} = z_{xx} = \frac{\partial}{\partial x}\left(\frac{2x}{x^2 + y^2}\right) = \frac{2(y^2 - x^2)}{(x^2 + y^2)^2}$$

$$\frac{\partial^2 z}{\partial y \partial x} = z_{xy} = \frac{\partial}{\partial y}\left(\frac{2x}{x^2 + y^2}\right) = \frac{-4xy}{(x^2 + y^2)^2}$$

$$\frac{\partial^2 z}{\partial x \partial y} = z_{yx} = \frac{\partial}{\partial x}\left(\frac{2y}{x^2 + y^2}\right) = \frac{-4xy}{(x^2 + y^2)^2}$$

$$\frac{\partial^2 z}{\partial y^2} = z_{yy} = \frac{\partial}{\partial y}\left(\frac{2y}{x^2 + y^2}\right) = \frac{2(x^2 - y^2)}{(x^2 + y^2)^2}$$

注　このとき, $\Delta z \equiv z_{xx} + z_{yy} = 0$. $\Delta z = 0$ をみたす関数 $z = f(x, y)$ のこと
を**調和関数**という.

問1　次の2次偏導関数を求めよ.

（1）　$ax^2 + 2bxy + cy^2$　　（2）　$\cos(x + y)$　　（3）　$\tan^{-1}\dfrac{y}{x}$

問2　$z = f(x + cy) + g(x - cy)$ は $z_{yy} = c^2 z_{xx}$ をみたすことを示せ（c は定数）.

2. 偏微分の順序

f_{xy} は f_x を y で偏微分したもの, f_{yx} は f_y を x で偏微分したものであるか
ら, f_{xy} と f_{yx} は一般には別物である.

例2　$f(x, y) = \begin{cases} \dfrac{xy(x^2 - y^2)}{x^2 + y^2} & (x, y) \neq (0, 0) \\ 0 & (x, y) = (0, 0) \end{cases}$ のとき

$$f_{xy}(0, 0) = -1, \quad f_{yx}(0, 0) = 1.$$

問3　これを確かめよ.

しかしながら, 例1でわかるように, $f_{xy} = f_{yx}$ となっている関数もある.
これに対して一般的に次の定理が成り立つ.

┌─── **定理5-9**（偏微分の順序交換）───

$z = f(x, y)$ について, f_{xy}, f_{yx} がともに連続ならば, $f_{xy} = f_{yx}$.

証明　$\Delta = f(x+h, y+k) - f(x+h, y) - f(x, y+k) + f(x, y)$

とおき，$\Phi(x) = f(x, y+k) - f(x, y)$ とすると

$$\Delta = \Phi(x+h) - \Phi(x)$$

これに平均値の定理を適用して

$$= h\Phi'(x+\theta_1 h) \quad (0 < \theta_1 < 1)$$

$$= h\{f_x(x+\theta_1 h, y+k) - f_x(x+\theta_1 h, y)\}$$

ここで，変数 y に関して平均値の定理を適用すると

$$= hkf_{xy}(x+\theta_1 h, y+\theta_2 k) \quad (0 < \theta_2 < 1) \tag{1}$$

一方，$\Psi(y) = f(x+h, y) - f(x, y)$

とおくと，

$\Delta = \Psi(y+k) - \Psi(y)$

$= k\Psi'(y+\theta_3 k) \quad (0 < \theta_3 < 1)$

$= k\{f_y(x+h, y+\theta_3 k)$

$\quad - f_y(x, y+\theta_3 k)\}$

$= khf_{yx}(x+\theta_4 h, y+\theta_3 k)$

$\quad (0 < \theta_4 < 1) \tag{2}$

式（1）と式（2）は同じ Δ の別の表現だから

$$f_{xy}(x+\theta_1 h, y+\theta_2 k) = f_{yx}(x+\theta_4 h, y+\theta_3 k)$$

ここで $(h, k) \to (0, 0)$ とする．f_{xy}, f_{yx} がともに連続だから $f_{xy} = f_{yx}$．　∎

3. 高次偏導関数

$z = f(x, y)$ の 2 次の偏導関数が x, y に関してさらに偏微分可能なとき

$$\frac{\partial}{\partial x}\left(\frac{\partial^2 f}{\partial x^2}\right) = \frac{\partial^3 f}{\partial x^3} = f_{xxx} = z_{xxx} = f_{xxx}(x, y)$$

$$\frac{\partial}{\partial x}\left(\frac{\partial^2 f}{\partial y \partial x}\right) = \frac{\partial^3 f}{\partial x \partial y \partial x} = f_{xyx} = z_{xyx} = f_{xyx}(x, y)$$

などの記号を用い，

$$f_{xxy}, \quad f_{xyy}, \quad f_{yxx}, \quad f_{yyx}, \quad f_{yxy}, \quad f_{yyy}$$

を合わせて，8 つの 3 次の偏導関数がある．同様にして，4 次，…，n 次の偏

導関数を定義することができる．2 次以上の偏導関数を合わせて**高次偏導関数**という．n 次の偏導関数がすべて連続のとき，f は C^n **級**であるという．任意の n に対して C^n 級のとき，C^∞ **級**であるという．

定理 5-9 よりただちに次を得る．

― 系 ―

　C^n 級の関数では，n 次までの偏導関数は偏微分の順序に関係しない．

証明　　たとえば，$n = 3$ のとき $f_{xxy} = f_{xyx} = f_{yxx}$．

実際，f_{xyx} と f_{xyy} が連続なので，定理 5-8，系により f_{xy} は連続．同様に f_{yx} も連続．したがって，$f_{xy} = f_{yx}$．よって $f_{xyx} = f_{yxx}$．一方，$(f_x)_{xy}$ と $(f_x)_{yx}$ は仮定より連続であるから等しい（定理 5-9）．　■

これより，C^3 級の関数 $z = f(x, y)$ の相異なる 3 次の偏導関数は f_{xxx}, f_{xxy}, f_{xyy}, f_{yyy} の 4 つになる．

問 4　一般の場合に系を確かめよ．

$p\ (\geqq 3)$ 変数の関数 $y = f(x_1, x_2, \cdots, x_p)$ の高次偏導関数も同様に定義され，定理 5-9 も成り立つ．たとえば

$$\frac{\partial}{\partial x_j}\left(\frac{\partial f}{\partial x_i}\right) = \frac{\partial^2 f}{\partial x_j \partial x_i} = f_{x_i x_j}, \quad \frac{\partial}{\partial x_i}\left(\frac{\partial f}{\partial x_j}\right) = \frac{\partial^2 f}{\partial x_i \partial x_j} = f_{x_j x_i}$$

これらが連続のときには，$f_{x_i x_j} = f_{x_j x_i}$ である．

問 5　次の関数の 1 次，2 次の偏導関数を求めよ．

　（ 1 ）　$x^m y^n z^p$　　（ 2 ）　$\sqrt{x^2 + y^2 + z^2}$

　（ 3 ）　$\log(x^2 + y^2 + z^2)$　　（ 4 ）　$\sum_{i=1}^{p} \sum_{j=1}^{p} a_{ij} x_i x_j$

問 6　$w = \begin{vmatrix} 1 & 1 & 1 \\ x & y & z \\ x^2 & y^2 & z^2 \end{vmatrix}$ のとき，次の式の値を求めよ．

　（ 1 ）　$\dfrac{\partial w}{\partial x} + \dfrac{\partial w}{\partial y} + \dfrac{\partial w}{\partial z}$　　（ 2 ）　$\dfrac{\partial^2 w}{\partial x^2} + \dfrac{\partial^2 w}{\partial y^2} + \dfrac{\partial^2 w}{\partial z^2}$

問 7　$\dfrac{\partial^2 z}{\partial y \partial x} = 0$ をみたす $x,\ y$ の関数 z を求めよ．

問題 5-3（答は p. 318）

1. 次の関数 u に対して，$\Delta u = \dfrac{\partial^2 u}{\partial x^2} + \dfrac{\partial^2 u}{\partial y^2}$ を計算せよ $(f \in C^2)$.

（1） $u = \log \sqrt{x^2 + y^2}$ 　（2） $u = \tan^{-1}\dfrac{y}{x}$ 　（3） $u = f(x^2 + y^2)$

2. 次の z に対して $z_{xy} = z_{yx}$ を確かめよ.

（1） $z = \tan^{-1}\dfrac{y}{x}$ 　（2） $z = \log(1 - x^2 - y^2)$ 　（3） $\sin^{-1}(x^2 + y^2)$

3. $u = 1/\sqrt{1 - 2xy + y^2}$ に対して $\dfrac{\partial}{\partial x}\left((1 - x^2)\dfrac{\partial u}{\partial x}\right) + \dfrac{\partial}{\partial y}\left(y^2 \dfrac{\partial u}{\partial y}\right)$ を計算せよ.

4. 次の関数の $\dfrac{\partial^m z}{\partial x^m}$, $\dfrac{\partial^n z}{\partial y^n}$ を求めよ.

（1） $e^{ax + by}$ 　（2） $\sin(xy)$ 　（3） $\cos(xy)$

5. 次の条件をみたす $\boldsymbol{R}^2$ での C^2 級の関数 $z = f(x, y)$ を求めよ.

（1） $z_{xy} = 0$, $f(x, 0) = e^x$, $f(0, y) = e^y$

（2） $z_{xy} = 1$, $f(x, 0) = \cos x$, $f(0, y) = \cos y$

6. 次を示せ.

（1） $z = e^{a\theta}\cos(a \log r)$ のとき $z_{rr} + \dfrac{1}{r}z_r + \dfrac{1}{r^2}z_{\theta\theta} = 0$.

（2） $u = f(r)$, $r = \sqrt{x^2 + y^2 + z^2}$ のとき，$\Delta u = \dfrac{\partial^2 u}{\partial x^2} + \dfrac{\partial^2 u}{\partial y^2} + \dfrac{\partial^2 u}{\partial z^2} = f''(r)$ $+ \dfrac{2}{r}f'(r)$.

7. 領域 D で C^2 級の $f(x, y)$, $g(x, y)$ がコーシー-リーマンの方程式（＊）「$f_x = g_y$, $f_y = -g_x$」をみたしているとき，次を示せ.

（1） $\Delta f = 0$, $\Delta g = 0$ 　（2） $\Delta(fg) = 2(f_x g_x + f_y g_y)$

（3） $f(x, y) = e^x \cos y$, $g(x, y) = e^x \sin y$ は方程式（＊）をみたす.

8. 次を示せ $(f, g \in C^2)$.

（1） $z = xf(ax + by) + yg(ax + by)$ のとき $b^2 z_{xx} - 2abz_{xy} + a^2 z_{yy} = 0$.

（2） $z = xf(y/x) + yg(y/x)$ のとき，$x^2 z_{xx} + 2xyz_{xy} + y^2 z_{yy} = 0$.

（3） $z = \dfrac{1 - r^2}{1 - 2r\cos\theta + r^2}$ のとき，$z_{rr} + \dfrac{1}{r}z_r + \dfrac{1}{r^2}z_{\theta\theta} = 0$.

9. $u = f(r)$, $r = \sqrt{x_1^2 + x_2^2 + \cdots + x_p^2}$ $(f \in C^2)$ のとき次を示せ.

$$\Delta u = \sum_{i=1}^{p} \frac{\partial^2 u}{\partial x_i^2} = f''(r) + \frac{p-1}{r}f'(r)$$

10. 問題 5-2, 8 の u に対して $\Delta u = \displaystyle\sum_{i=1}^{n}\frac{\partial^2 u}{\partial x_i^2} = 0$ を示せ.

11. $f(r, \theta) = 1 + 2\displaystyle\sum_{n=1}^{\infty} r^n \cos n\theta$ について次を示せ.

（1） $0 < a < 1$ のとき，$0 \leqq r \leqq a$, $0 \leqq \theta \leqq 2\pi$ で一様収束している.

（2）　$f(r, \theta)$ は $0 \leq r \leq 1$, $0 \leq \theta \leq 2\pi$ で C^2 級で

$$\frac{\partial^2 f}{\partial r^2} + \frac{1}{r}\frac{\partial f}{\partial r} + \frac{1}{r^2}\frac{\partial^2 f}{\partial \theta^2} = 0$$

5-4　合成関数の偏微分と平均値の定理

1.　合成関数の微分

x, y の関数 $z = f(x, y)$ において，x, y がともに t の関数 $x = \varphi(t)$, $y = \psi(t)$ のとき，z は t の関数 $z = f(\varphi(t), \psi(t))$ となる．この関数の t に関する導関数は次の定理で与えられる．

定理 5-10

$z = f(x, y)$ が C^1 級，$x = \varphi(t)$, $y = \psi(t)$ もともに C^1 級なら，t の関数 $z = f(\varphi(t), \psi(t))$ も C^1 級で次の式が成り立つ．

$$\frac{dz}{dt} = \frac{\partial z}{\partial x}\frac{dx}{dt} + \frac{\partial z}{\partial y}\frac{dy}{dt} \qquad (1)$$

証明　　　$\Delta x = \varphi(t+\Delta t) - \varphi(t)$,　　$\Delta y = \psi(t+\Delta t) - \psi(t)$

$$\begin{aligned}
\Delta z &= z(t+\Delta t) - z(t) \\
&= f(\varphi(t+\Delta t), \psi(t+\Delta t)) - f(\varphi(t), \psi(t)) \\
&= f(x+\Delta x, y+\Delta y) - f(x, y)
\end{aligned}$$

とおき，次のように変形する．

$$\Delta z = \{f(x+\Delta x, y+\Delta y) - f(x, y+\Delta y)\} + \{f(x, y+\Delta y) - f(x, y)\}$$

右辺の各 { } 内に平均値の定理（定理2-11）を適用すると

$$= f_x(x+\theta_1\Delta x, y+\Delta y)\Delta x + f_y(x, y+\theta_2\Delta y)\Delta y \quad (0 < \theta_1, \theta_2 < 1)$$

両辺を Δt で割ると

$$\frac{\Delta z}{\Delta t} = f_x(x+\theta_1\Delta x, y+\Delta y)\frac{\Delta x}{\Delta t} + f_y(x, y+\theta_2\Delta y)\frac{\Delta y}{\Delta t} \qquad (2)$$

ここで $\Delta t \to 0$ とすると，$\varphi(t)$, $\psi(t)$ が微分可能なことから

$$\lim_{\Delta t \to 0}\frac{\Delta x}{\Delta t} = \varphi'(t) = \frac{dx}{dt}, \quad \lim_{\Delta t \to 0}\frac{\Delta y}{\Delta t} = \psi'(t) = \frac{dy}{dt}$$

かつ

$$\lim_{\Delta t \to 0} \Delta x = 0, \qquad \lim_{\Delta t \to 0} \Delta y = 0$$

であり，さらに f_x, f_y が連続なことから，式（2）より

$$\frac{dz}{dt} = f_x(x, y)\varphi'(t) + f_y(x, y)\psi'(t) = \frac{\partial z}{\partial x}\frac{dx}{dt} + \frac{\partial z}{\partial y}\frac{dy}{dt}$$

を得る．仮定より $f_x(x, y)$, $f_y(x, y)$ が連続なことから合成関数

$$f_x(\varphi(t), \psi(t)), \qquad f_y(\varphi(t), \psi(t))$$

も連続（定理 5-7），$\varphi'(t)$, $\psi'(t)$ も連続であるから dz/dt は連続．すなわち $f(\varphi(t), \psi(t))$ は C^1 級である． ∎

例1 $z = f(\cos t, \sin t)$ のとき，$x = \cos t$, $y = \sin t$ だから

$$\frac{dz}{dt} = f_x \cdot (\cos t)' + f_y \cdot (\sin t)'$$

$$= -f_x(\cos t, \sin t)\sin t + f_y(\cos t, \sin t)\cos t$$

問1 次の関数を t で微分せよ．
（1） $z = (\cos t)^5(\sin t)^3$ （2） $z = f(at, bt^2)$ （a, b は定数）
（3） $z = f(tx, ty)$

注 定理 5-10 で，$z = f(x, y)$, $x = \varphi(t)$, $y = \psi(t)$ がすべて微分可能ならば，$z = f(\varphi(t), \psi(t))$ も微分可能で式（1）が成り立つ．

問2 これを示せ．

3変数以上の関数についても定理 5-10 と同様のことが成り立つ：

$y = f(x_1, \cdots, x_p)$ が C^1 級，$x_i = \varphi_i(t)$ （$i = 1, \cdots, p$）が C^1 級ならば，$y = f(\varphi_1(t), \cdots, \varphi_p(t))$ も C^1 級で

$$\frac{dy}{dt} = \sum_{i=1}^{p} \frac{\partial f}{\partial x_i}\frac{dx_i}{dt} \tag{3}$$

問3 これを確かめよ．

次に $f(\varphi(t), \psi(t))$ の2階の導関数を考えてみよう．$z = f(x, y)$ は C^2 級，$x = \varphi(t)$, $y = \psi(t)$ も C^2 級とする．まず，定理 5-10 により

$$\frac{dz}{dt} = \frac{\partial z}{\partial x}\frac{dx}{dt} + \frac{\partial z}{\partial y}\frac{dy}{dt}$$

$\partial z/\partial x$, $\partial z/\partial y$ は C^1 級だから，$x = \varphi(t)$, $y = \psi(t)$ を代入して t で微分

すると

$$\frac{d}{dt}\left(\frac{\partial z}{\partial x}\right) = \frac{\partial^2 z}{\partial x^2}\frac{dx}{dt} + \frac{\partial^2 z}{\partial y\partial x}\frac{dy}{dt}$$

$$\frac{d}{dt}\left(\frac{\partial z}{\partial y}\right) = \frac{\partial^2 z}{\partial x\partial y}\frac{dx}{dt} + \frac{\partial^2 z}{\partial y^2}\frac{dy}{dt}$$

f が C^2 級なことから $z_{xy} = z_{yx}$（定理5-9）であるから

$$\begin{aligned}
\frac{d^2 z}{dt^2} &= \frac{d}{dt}\left(\frac{\partial z}{\partial x}\right)\frac{dx}{dt} + \frac{\partial z}{\partial x}\frac{d^2 x}{dt^2} + \frac{d}{dt}\left(\frac{\partial z}{\partial y}\right)\frac{dy}{dt} + \frac{\partial z}{\partial y}\frac{d^2 y}{dt^2} \\
&= \frac{\partial^2 z}{\partial x^2}\left(\frac{dx}{dt}\right)^2 + 2\frac{\partial^2 z}{\partial x\partial y}\frac{dx}{dt}\frac{dy}{dt} + \frac{\partial^2 z}{\partial y^2}\left(\frac{dy}{dt}\right)^2 \\
&\quad + \frac{\partial z}{\partial x}\frac{d^2 x}{dt^2} + \frac{\partial z}{\partial y}\frac{d^2 y}{dt^2} \qquad\qquad (4)
\end{aligned}$$

となる．右辺は t の関数として連続．したがって，$z(t)$ は C^2 級である．

問4 次の関数の d^2z/dt^2 を求めよ．

（1） $z = f(\cos t, \sin t)$ 　　（2） $z = f(t, t^2)$

2. 合成関数の偏微分

$z = f(x, y)$ において，$x = \varphi(u, v)$，$y = \psi(u, v)$ のときには，$z = f(\varphi(u, v), \psi(u, v))$ となり，関数 z は独立変数が x, y から u, v に変わっている．いわゆる**変数の変換**である．このとき z_u, z_v はどのようになるであろうか．定理5-10 より次の定理がただちに得られる．

定理5-11（連鎖律）

$z = f(x, y)$, $x = \varphi(u, v)$, $y = \psi(u, v)$ がすべて C^1 級ならば，u, v の関数 $z = f(\varphi(u, v), \psi(u, v))$ も C^1 級で

$$\frac{\partial z}{\partial u} = \frac{\partial f}{\partial x}\frac{\partial x}{\partial u} + \frac{\partial f}{\partial y}\frac{\partial y}{\partial u} \qquad\qquad (5)$$

$$\frac{\partial z}{\partial v} = \frac{\partial f}{\partial x}\frac{\partial x}{\partial v} + \frac{\partial f}{\partial y}\frac{\partial y}{\partial v} \qquad\qquad (6)$$

証明 　$z = f(\varphi(u, v), \psi(u, v))$ において，まず v を固定して u の関数と考えると，定理5-10 より式（5）を，次に u を固定して v の関数と考え

ると式（6）を得る．式（5），（6）の右辺はともに仮定より u, v の関数として連続である．したがって，z は u, v の関数として C^1 級である．　∎

　注　一般に，定理5-7 にでてくる形の合成関数に対してこの定理の型の命題が成り立つ（式（3）を応用）．

例2　$z = f(x, y)$, $x = r \cos \theta$, $y = r \sin \theta$（f は C^2 級）のとき

$$z_x{}^2 + z_y{}^2 = z_r{}^2 + \frac{1}{r^2} z_\theta{}^2$$

$$z_{xx} + z_{yy} = z_{rr} + \frac{1}{r} z_r + \frac{1}{r^2} z_{\theta\theta}$$

［解］　$x_r = \cos \theta$, $y_r = \sin \theta$, $x_\theta = -r \sin \theta$, $y_\theta = r \cos \theta$ であるから

$$z_r = z_x x_r + z_y y_r = z_x \cos \theta + z_y \sin \theta \tag{7}$$
$$z_\theta = z_x x_\theta + z_y y_\theta = r(-z_x \sin \theta + z_y \cos \theta) \tag{8}$$

したがって，

$$z_r{}^2 + \frac{1}{r^2} z_\theta{}^2 = z_x{}^2 + z_y{}^2$$

次に，式（7），（8）より

$$z_{rr} = \frac{\partial}{\partial r}(z_x \cos \theta + z_y \sin \theta)$$
$$= \cos \theta (z_{xx} x_r + z_{xy} y_r) + \sin \theta (z_{yx} x_r + z_{yy} y_r)$$
$$= \cos^2 \theta \, z_{xx} + 2 \cos \theta \sin \theta \, z_{xy} + \sin^2 \theta \, z_{yy}$$

$$z_{\theta\theta} = r \frac{\partial}{\partial \theta}(-z_x \sin \theta + z_y \cos \theta)$$
$$= r\{-\sin \theta (z_{xx} x_\theta + z_{xy} y_\theta) - \cos \theta \, z_x + \cos \theta (z_{yx} x_\theta + z_{yy} y_\theta) - \sin \theta \, z_y\}$$
$$= r^2(\sin^2 \theta \, z_{xx} - 2 \cos \theta \sin \theta \, z_{xy} + \cos^2 \theta \, z_{yy}) - r(\cos \theta \, z_x + \sin \theta \, z_y)$$
$$\therefore \quad z_{rr} + \frac{1}{r^2} z_{\theta\theta} = z_{xx} + z_{yy} - \frac{1}{r} z_r$$

z_r/r を移項して求める等式を得る．

問5　$z = f(x, y)$, $x = u \cos \alpha - v \sin \alpha$, $y = u \sin \alpha + v \cos \alpha$ のとき，
（1）$z_x{}^2 + z_y{}^2 = z_u{}^2 + z_v{}^2$，（2）$z_{xx} + z_{yy} = z_{uu} + z_{vv}$ $(f \in C^2)$ を示せ．

例3　方程式

$$z_{tt} = c^2 z_{xx} \quad （c は正の定数）$$

の C^2 級の解は $z = F(x + ct) + G(x - ct)$ の形である（$F, G \in C^2$ 級）．

［解］　まず，$z = F(x + ct) + G(x - ct)$ の形であったら

$$z_t = cF'(x+ct) - cG'(x-ct)$$
$$z_{tt} = c^2F''(x+ct) + c^2G''(x-ct)$$
$$z_{xx} = F''(x+ct) + G''(x-ct)$$

したがって，$z_{tt} = c^2 z_{xx}$. 逆に，z を方程式の解とする.

$u = x+ct,\ v = x-ct$　すなわち　$x = (u+v)/2,\ t = (u-v)/2c$

と変換すると

$$z_u = z_x x_u + z_t t_u = \frac{1}{2}\left(z_x + \frac{1}{c}z_t\right)$$
$$z_{uv} = \frac{1}{2}\left\{z_{xx}x_v + z_{xt}t_v + \frac{1}{c}(z_{tx}x_v + z_{tt}t_v)\right\}$$
$$= \frac{1}{4}\left(z_{xx} - \frac{1}{c}z_{xt} + \frac{1}{c}z_{tx} - \frac{1}{c^2}z_{tt}\right) = 0$$

したがって，5-3節，問7より
$$z = F(u) + G(v) = F(x+ct) + G(x-ct)$$

3.　多変数関数の平均値の定理

2変数の関数の平均値の定理は次により与えられる．さらに変数が増えても同様である．

定理 5-12（2変数関数の平均値の定理）

$z = f(x, y)$ が領域 D で C^1 級，D の2点 (x, y)，$(x+h, y+k)$ を結ぶ線分が D に含まれていたら，次の式をみたす θ が存在する：

$f(x+h, y+k) - f(x, y)$
$$= hf_x(x+\theta h, y+\theta k) + kf_y(x+\theta h, y+\theta k)\quad (0 < \theta < 1)$$

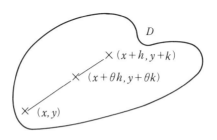

証明　　　　　　$\varphi(t) = f(x+ht, y+kt)\quad (0 \leqq t \leqq 1)$　　　　　（9）

とおくと，$\varphi(t)$ は $[0, 1]$ で微分可能で，1変数の平均値の定理（定理2-11）

により

$$\varphi(1) - \varphi(0) = \varphi'(\theta) \quad (0 < \theta < 1) \tag{10}$$

をみたす θ がある. 一方, 定理5-10 より

$$\varphi'(t) = hf_x(x+ht, y+kt) + kf_y(x+ht, y+kt)$$

であるから, 式 (9), (10) より

$$f(x+h, y+k) - f(x, y) = hf_x(x+\theta h, y+\theta k) + kf_y(x+\theta h, y+\theta k) \quad ■$$

系

領域 D で C^1 級の関数 $f(x, y)$ が

$$f_x(x, y) \equiv 0, \quad f_y(x, y) \equiv 0$$

をみたしていたら, $f(x, y)$ は定数である.

証明　D の1点 (a, b) をとり固定する. (x, y) を D の任意の点とする. D は領域だから, (a, b) と (x, y) を D の点 $(x_1, y_1), \cdots, (x_n, y_n)$ を経由する D 内の折線で結べる. まず (a, b) と (x_1, y_1) を結ぶ線分上で, 定理5-12 より

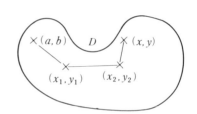

$$f(x_1, y_1) - f(a, b) = (x_1 - a)f_x(a + \theta(x_1 - a), b + \theta(y_1 - b))$$
$$+ (y_1 - b)f_y(a + \theta(x_1 - a), b + \theta(y_1 - b))$$
$$= 0 \quad (0 < \theta < 1)$$

したがって, $f(x_1, y_1) = f(a, b)$. 同様に, $f(x_2, y_2) = f(x_1, y_1), \cdots,$ $f(x_n, y_n) = f(x, y)$ を得る. ゆえに $f(x, y) = f(a, b)$. すなわち, $f(x, y)$ は定数である. 　　■

問6　$\boldsymbol{R}^2$ で $f_x \equiv 0$ ($f_y \equiv 0$) ならば, C^1 級の f は $y(x)$ のみの関数である.

問7　定理5-12 および系は, $f(x, y)$ が微分可能でも成り立つことを確かめよ.

問題 **5-4**（答は p. 319）

1. 次の関係式より dz/dt を求めよ.

（1）　$z = \tan^{-1}(y/x)$, $x = \cos t$, $y = \sin t$

（2）　$z = e^{\sin(xy)}$, $x = 2t+1$, $y = t^2$

（3）　$z = \log(x^2+y^2)$, $x = \cos^3 t$, $y = \sin^3 t$

（4）　$z = \tan^{-1}(x^2+y^2+z^2)$, $x = a\cos t$, $y = a\sin t$, $z = ht$

2. 次の関係式より z_u, z_v を求めよ.

（1）　$z = \log(x^2+y^2)$, $x = u-v$, $y = u+v$

（2）　$z = xy$, $x = \sin^{-1}(uv)$, $y = \cos^{-1}(uv)$

（3）　$z = \tan^{-1}(y/x)$, $x = \sin u$, $y = \sin v$

3.　（1）　$z = f(x, y, u), u = g(x, y)$ $(f, g \in C^1)$ のとき, $z = f(x, y, g(x, y))$
$= F(x, y)$ を x, y で偏微分せよ.

（2）　次の関係式より z_x, z_y を求めよ.

（イ）　$z = \log(x^2+y^2+u^2), u = e^x \cos y$

（ロ）　$z = \sqrt{x^2+y^2+u^2}, u = \sin^{-1}(xy)$

（ハ）　$z = x^m y^n u^p, u = x+y$

4. $z = f(x, y)$, $x = e^u \cos v$, $y = e^u \sin v$ $(f \in C^2)$ のとき次を示せ.
$$\frac{\partial^2 z}{\partial u^2} + \frac{\partial^2 z}{\partial v^2} = (x^2+y^2)\left(\frac{\partial^2 z}{\partial x^2} + \frac{\partial^2 z}{\partial y^2}\right)$$

5. $z = f(x, y)$, $x = u\cosh v$, $y = u\sinh v$ $(f \in C^2)$ のとき次を示せ.
$$\frac{\partial^2 z}{\partial x^2} - \frac{\partial^2 z}{\partial y^2} = \frac{\partial^2 z}{\partial u^2} + \frac{1}{u}\frac{\partial z}{\partial u} - \frac{1}{u^2}\frac{\partial^2 z}{\partial v^2}$$

6. $z = F(u, v)$, $u = f(x, y)$, $v = g(x, y)$ $(F, f, g \in C^2)$ において, f, g が
「$f_x = g_y, f_y = -g_x$」をみたしているとき, 次を示せ.
$$\frac{\partial^2 z}{\partial x^2} + \frac{\partial^2 z}{\partial y^2} = (f_x^2 + f_y^2)\left(\frac{\partial^2 z}{\partial u^2} + \frac{\partial^2 z}{\partial v^2}\right)$$

7. $f(x, y)$ を, $\boldsymbol{R}^2$ で, 任意の t に対して
$$(\ast)\quad f(tx, ty) = t^a f(x, y)$$
をみたす C^2 級の関数とする（$(\ast)$ をみたす f を a 次の**同次関数**という）. このとき, $(\ast)$ の両辺を t で微分することにより次を示せ.

（1）　$xf_x(x, y) + yf_y(x, y) = af(x, y)$

（2）　$x^2 f_{xx}(x, y) + 2xyf_{xy}(x, y) + y^2 f_{yy}(x, y) = a(a-1)f(x, y)$

（3）　問題 5-2, 2 の各関数に（1）,（2）を適用せよ.

8. $\boldsymbol{R}^2$ で C^1 級の関数 f が $bf_x = af_y$ をみたすとき次を示せ（$ab \neq 0$）.

（イ）　$ax+by = u$ として $f(x, y) = f(x, (u-ax)/b) = \varphi(x, u)$ とおくとき
$\varphi_x = 0$.

（ロ）　$f(x, y) = \varphi(ax+by)$

9. $\mathbf{R}^2$ で C^1 級の関数 f について次を示せ.

（1）$xf_x - yf_y = 0 \Longrightarrow f = \varphi(xy)$　　（2）$xf_x + yf_y = 0 \Longrightarrow f = \varphi(y/x)$

（3）$yf_x - xf_y = 0 \Longrightarrow f = \varphi(x^2 + y^2)$

10. $C^1(\mathbf{R}^2) \ni f$ が問題 7（1）をみたしていたら, f は a の同次関数であることを示せ.

5-5　テイラーの定理

定理 5-10 によれば, $F(t) = f(a + ht, b + kt)$ を t で微分すると

$$F'(t) = hf_x(a + ht, b + kt) + kf_y(a + ht, b + kt) \tag{1}$$

となる. いま, これをさらに微分するために, 次の**微分演算子**を導入する:

$$d = h\frac{\partial}{\partial x} + k\frac{\partial}{\partial y}$$

すなわち,

$$df = \left(h\frac{\partial}{\partial x} + k\frac{\partial}{\partial y}\right)f = h\frac{\partial f}{\partial x} + k\frac{\partial f}{\partial y}$$

で, これを用いると式（1）は

$$F'(t) = \left(h\frac{\partial}{\partial x} + k\frac{\partial}{\partial y}\right)f(a + ht, b + kt) = df(a + ht, b + kt) \tag{2}$$

と書ける. 一般に, 次のようにおく.

$$d^n f = \left(h\frac{\partial}{\partial x} + k\frac{\partial}{\partial y}\right)^n f = \sum_{j=0}^{n} {}_nC_j h^j k^{n-j} \frac{\partial^n f}{\partial x^j \partial y^{n-j}} \quad (n \geq 1)$$

補題 5-2

　領域 D で $f(x, y)$ が C^n 級, 2 点 (a, b), $(a+h, b+k)$ を結ぶ線分が D に含まれているとき, $F(t) = f(a + ht, b + kt)$ $(0 \leq t \leq 1)$ の m 次導関数は

$$F^{(m)}(t) = d^m f(a + ht, b + kt) \quad (1 \leq m \leq n)$$

証明　帰納法による. $m = 1$ のときは式（2）. $m - 1$ のとき成立するとして, m のとき,

$$F^{(m)}(t) = (F^{(m-1)}(t))' = d\left\{\left(h\frac{\partial}{\partial x} + k\frac{\partial}{\partial y}\right)^{m-1} f(a + ht, b + kt)\right\}$$

f が C^n 級だから，定理 5-9，系を用いてライプニッツの公式（定理 2-8）と同様にして

$$= d^m f(a+ht, b+kt)$$ ∎

定理 5-13（テイラーの定理）

領域 D で $z = f(x, y)$ は C^n 級，2 点 (a, b)，$(a+h, b+k)$ を結ぶ線分が D に含まれているとき，次の式をみたす θ が存在する．

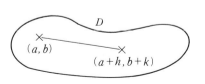

$$f(a+h, b+k) = f(a, b) + df(a, b) + \frac{1}{2!} d^2 f(a, b)$$

$$+ \cdots + \frac{1}{(n-1)!} d^{n-1} f(a, b)$$

$$+ \frac{1}{n!} d^n f(a+\theta h, b+\theta k) \quad (0 < \theta < 1)$$

証明
$$F(t) = f(a+ht, b+kt) \quad (0 \le t \le 1)$$
とおく．F は C^n 級．1 変数のテイラーの定理を $F(t)$ に適用すると

$$F(t) = F(0) + F'(0)t + \frac{F''(0)}{2!} t^2 + \cdots + \frac{F^{(n-1)}(0)}{(n-1)!} t^{n-1} + \frac{F^{(n)}(\theta t)}{n!} t^n$$

$$(0 < \theta < 1) \qquad (3)$$

補題 5-2 を用いて式（3）を書きなおし $t=1$ とおけば，定理を得る． ∎

注　$n=1$ のとき，平均値の定理（定理 5-12）である．

例 1　R^2 で C^{n+1} 級の関数 $z = f(x, y)$ の $n+1$ 次の偏導関数がすべて恒等的に 0 に等しかったら，$f(x, y)$ はたかだか n 次の多項式である．

[解]　定理 5-13 で n の代りに $n+1$ とし，$a=0$，$b=0$ とすると，$f(h, k)$ は h，k のたかだか n 次の多項式である．

例題 1　$f(x, y) = x^2 + 5xy + 2y^2$ を $(x-1)$ と $(y-2)$ の多項式に表せ．

[解]　定理 5-13 において $(a, b) = (1, 2)$，$(1+h, 2+k) = (x, y)$ とおく．$f_x = 2x+5y$，$f_y = 5x+4y$，$f_{xx} = 2$，$f_{xy} = 5$，$f_{yy} = 4$，3 次以上の偏導関数はすべて 0．したがって，

$$df(1, 2) = 12(x-1)+13(y-2)$$
$$d^2f(1, 2) = 2(x-1)^2+10(x-1)(y-2)+4(y-2)^2$$
$$d^nf(x, y) \equiv 0 \quad (n \geq 3)$$

より

$$x^2+5xy+2y^2 = 19+12(x-1)+13(y-2)+(x-1)^2$$
$$+5(x-1)(y-2)+2(y-2)^2$$

問1 $ax^2+2bxy+cy^2$ を次に示す変数の組の多項式で表せ.

（1）$(x-2)$ と $(y-1)$　　（2）$(x-1)$ と y　　（3）$(x-1)$ と $(y+1)$

問2 $(a, b) = (0, 0)$, $n = 3$ に対して, 次の関数に定理5-13を適用してみよ.

（1）e^{x+y}　　（2）$\sin(x+y)$

（3）$\cos(x+y)$　　（4）$\log(x+y+1)$

問題 5-5 （答は p.319）

1. 次の関数 $f(x, y)$ に対して, $df(0,0)$, $d^2f(0,0)$, $d^3f(0,0)$ を求めよ.

（1）$(1-x-y)^{-1}$　　（2）e^{x+y}　　（3）x^2-y^2　　（4）$2x^3-3xy^2-y^3$

2. 次の関数に $(0,0)$ の近傍で $n=2$ に対してテイラーの定理を適用せよ.

（1）$e^{-(x+y)}$　　（2）$(1-x-y)^{-1}$　　（3）$e^x\cos y$

3. （1）多項式 $f(x, y) = \sum\limits_{j=0}^{m} \sum\limits_{i=0}^{n} a_{ij}x^iy^j$ のとき

$$a_{ij} = \frac{1}{i!\,j!} \frac{\partial^{i+j}f}{\partial x^i \partial y^j}(0,0) \begin{pmatrix} i \leq n \\ j \leq m \end{pmatrix}, \quad \frac{\partial^{p+q}f}{\partial x^p \partial y^q}(x, y) = 0 \ (p > n \text{ あるいは } q > m)$$

（2）$C^\infty(\mathbf{R}^2) \ni f$ が「$i > n$ あるいは $j > m \Longrightarrow \dfrac{\partial^{i+j}f}{\partial x^i \partial y^j}(x, y) \equiv 0$」をみた

していたら f はたかだか $m+n$ 次の多項式である.

4. $f(x, y)$ が C^n 級の α 次の同次関数 $f(tx, ty) = t^\alpha f(x, y)$ のとき次を示せ.

$$\left(x\frac{\partial}{\partial x} + y\frac{\partial}{\partial y}\right)^m f = \alpha(\alpha-1)\cdots(\alpha-m+1)f \quad (1 \leq m \leq n)$$

5. 空間 $\mathbf{R}^3$ の領域 D での C^1 級の関数 f に対して $(a+th, b+tk, c+tl) \in D$

$(0 \leq t \leq 1)$ のとき, 次の式をみたす θ があることを示せ（平均値の定理）.

$$f(a+h, b+k, c+l) - f(a, b, c)$$
$$= (hf_x + kf_y + lf_z)(a+\theta h, b+\theta k, c+\theta l) \quad (0 < \theta < 1)$$

6. f を点 (a, b) の近傍で C^n 級とすると, $\sqrt{h^2+k^2}$ が小さいとき次を示せ.

$$f(a+h, b+k) = f(a, b) + df(a, b) + \frac{d^2f(a, b)}{2!} + \cdots + \frac{d^nf(a, b)}{n!}$$
$$+ o(r^n) \quad (r = \sqrt{h^2+k^2})$$

5-6　2変数関数の極値と最大・最小

1. 極 大 ・ 極 小 ────────────────────────

この節では，2変数の関数の変化の様子を偏微分を用いて調べてみる.

定義5-6　点 (a, b) の近傍で定義された関数 $z = f(x, y)$ が (a, b) で**極小（極大）**になるというのは，(a, b) を中心とする十分小さい半径の円内の，(a, b) とは異なる任意の点 (x, y) に対して

$$f(x, y) > f(a, b) \quad (f(x, y) < f(a, b)) \qquad (1)$$

が成り立っていることをいう. このとき，$f(a, b)$ を**極小値（極大値）**といい，極小値と極大値を合わせて**極値**という. また，式（1）が等号も含めて成り立つときには，$f(a, b)$ は**広義の極小値（広義の極大値）**であるといい，合わせて**広義の極値**という.

┌─── **定理5-14**（極値の必要条件）───────────

$z = f(x, y)$ が偏微分可能で，点 (a, b) で広義の極値をとるならば

$$f_x(a, b) = 0, \quad f_y(a, b) = 0.$$

└──────────────────────────────────────

証明　$f(x, y)$ が点 (a, b) で広義の極小値をとるとする.

$$F(t) = f(a+t, b), \quad G(t) = f(a, b+t)$$

とおくと，$F(t)$, $G(t)$ ともに $t = 0$ の近傍で微分可能，かつ $t = 0$ で広義の極小値をとる. したがって，$F'(0) = 0$, $G'(0) = 0$（定理2-9）. すなわち，

$$F'(0) = f_x(a, b) = 0, \quad G'(0) = f_y(a, b) = 0$$

極大値のときも同様である. ∎

注　極値の定義およびこの定理は，変数が多くなっても同様である.

問1　3変数の場合に定義5-6, 定理5-14を述べ，「定理」を証明せよ.

例1　$z = x^2 + y^2$ は $(0, 0)$ で極小値 0 をとる. $x^2 + y^2 > 0$ $((x, y) \neq (0, 0))$ より明らかである.

例2　$f(x, y) = x^2 - y^2$, $f_x(0, 0) = f_y(0, 0) = 0$ であるが，この関数は $(0, 0)$ で極値をとらない.

$$x^2-y^2 > 0 \ (|x| > |y|), \quad x^2-y^2 < 0 \ (|x| < |y|)$$

となって $(0,0)$ のいくらでも近いところに $f(x,y)$ が正のところも負のところもある．

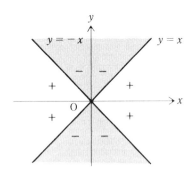

定義 5-7　　$z = f(x,y)$ において，

$$f_x(a, b) = 0, \quad f_y(a, b) = 0$$

をみたす点 (a, b) のことを f の**停留点**という．

問2　次の関数の停留点を求めよ（$a > 0, \ b > 0$）．
（1）　x^3+y^3-3xy　　（2）　$e^{-(x^2+y^2)}(ax^2+by^2)$　　（3）　$xy(1-x-y)$

次に極値をとるための十分条件を述べる．

定理 5-15（極値の十分条件）

$z = f(x,y)$ は (a, b) の近くで C^2 級とし，(a, b) は停留点，すなわち

$$f_x(a, b) = 0, \quad f_y(a, b) = 0 \tag{2}$$

とする．さらに

$$H(x, y) = f_{xx}(x, y)f_{yy}(x, y) - f_{xy}(x, y)^2$$

とおく．このとき，

[I]　$H(a, b) > 0$ の場合

（ i ）　$f_{xx}(a, b) > 0 \implies f(x, y)$ は (a, b) で極小

（ ii ）　$f_{xx}(a, b) < 0 \implies f(x, y)$ は (a, b) で極大

[II]　$H(a, b) < 0$ の場合，$f(x, y)$ は (a, b) で極値をとらない．

証明　D を点 (a, b) 中心の十分小さい半径の円とする．D 内の任意の点 (x, y) に対して，テイラーの定理（定理5-13）に条件（2）を用いると

$$f(x, y) = f(a, b)$$
$$+ \frac{1}{2!}\left(h^2\frac{\partial^2}{\partial x^2} + 2hk\frac{\partial^2}{\partial x\partial y} + k^2\frac{\partial^2}{\partial y^2}\right)f(a+\theta h, b+\theta k)$$
$$(0 < \theta < 1) \qquad (3)$$

ここで，$h = x - a,\ k = y - b$.

$$A = f_{xx}(a+\theta h, b+\theta k), \quad B = f_{xy}(a+\theta h, b+\theta k),$$
$$C = f_{yy}(a+\theta h, b+\theta k)$$

とおくと，式（3）は次のように書ける．

$$f(x, y) - f(a, b) = \frac{1}{2}\{Ah^2 + 2Bhk + Ck^2\}$$

［I］（i）　$H(a, b) > 0$ で $f_{xx}(a, b) > 0$ のとき．

f が C^2 級であるから，H, f_{xx} とも連続．したがって，D を十分小さくとって D 内で $H > 0,\ f_{xx} > 0$ としてよい（定理5-4）．このとき，D の (a, b) 以外の各点 (x, y) では

$$Ah^2 + 2Bhk + Ck^2 = \frac{1}{A}\{(Ah+Bk)^2 + (AC-B^2)k^2\} > 0$$

したがって，

$$f(x, y) > f(a, b) \quad ((x, y) \in D - \{(a, b)\})$$

であるから点 (a, b) で f は極小である．

（ii）　$H(a, b) > 0$ で $f_{xx}(a, b) < 0$ のとき．

（i）と同様に D 内で $H > 0,\ f_{xx} < 0$ としてよい．このとき，D の (a, b) 以外の各点 (x, y) では

$$Ah^2 + 2Bhk + Ck^2 < 0$$

ゆえに，

$$f(x, y) < f(a, b) \quad ((x, y) \in D - \{(a, b)\})$$

であるから点 (a, b) で f は極大である．

［II］　$H(a, b) < 0$ のとき．

まず，$f_{xx}(a, b) \neq 0$ の場合．D 内で $f_{xx} \neq 0$ としてよい．$k \neq 0$ のとき：

$$f(x, y) - f(a, b) = \frac{1}{2A}\{(Ah + Bk)^2 + (AC - B^2)k^2\}$$

$$= \frac{k^2}{2A}\left\{\left(\frac{h}{k}A + B\right)^2 + AC - B^2\right\} \tag{4}$$

$k = 0,\ h \neq 0$ のとき：

$$f(x, y) - f(a, b) = Ah^2 \tag{5}$$

いま，$hk \neq 0$ を $hf_{xx}(a, b) + kf_{xy}(a, b) = 0$ をみたすようにとる．このとき，直線

$$(x - a)f_{xx}(a, b) + (y - b)f_{xy}(a, b) = 0$$

上の点で (a, b) に十分近い点 (x, y) に対しては，式

$$\left(-\frac{f_{xy}(a, b)}{f_{xx}(a, b)}A + B\right)^2 + AC - B^2 \tag{6}$$

は負となる．式（6）は (a, b) で負であり，f が C^2 級だからである．したがって，式（4）は A と異符号，式（5）は A と同符号なことから，(a, b) にいくらでも近い点で $f(x, y) - f(a, b)$ が正にも負にもなる．すなわち，(a, b) は極値を与えない．$f_{yy}(a, b) \neq 0$ のときも同様である．

次に，$f_{xx}(a, b) = f_{yy}(a, b) = 0$ の場合．

$$H(a, b) = -f_{xy}(a, b)^2 < 0 \quad \text{すなわち} \quad f_{xy}(a, b) \neq 0$$

$h = k \neq 0$ のときには

$$f(x, y) - f(a, b) = \frac{h^2}{2}\{A + 2B + C\} \tag{7}$$

$h = -k \neq 0$ のときには

$$f(x, y) - f(a, b) = \frac{h^2}{2}\{A - 2B + C\} \tag{8}$$

いま，２つの関数

$$F(x, y) = f_{xx}(x, y) + 2f_{xy}(x, y) + f_{yy}(x, y)$$

$$G(x, y) = f_{xx}(x, y) - 2f_{xy}(x, y) + f_{yy}(x, y)$$

を考える．これらは連続であり，かつ

$$F(a, b) = 2f_{xy}(a, b), \quad G(a, b) = -2f_{xy}(a, b)$$

したがって，(a, b) 中心の十分小さい円 D 内で，$F(x, y)$ は $f_{xy}(a, b)$ と，

$G(x, y)$ は $-f_{xy}(a, b)$ と同符号．これを式（7），（8）に適用すれば

$$h = k \neq 0 \text{ かつ } (x, y) \in D$$
$$\Longrightarrow f(x, y) - f(a, b) \text{ は } f_{xy}(a, b) \text{ と同符号}$$
$$h = -k \neq 0 \text{ かつ } (x, y) \in D$$
$$\Longrightarrow f(x, y) - f(a, b) \text{ は } -f_{xy}(a, b) \text{ と同符号}$$

を得る．これは (a, b) にいくらでも近い点で $f(x, y) - f(a, b)$ が正にも負に
もなることを示している．すなわち，$f(a, b)$ は極値ではない． ■

例題1 $f(x, y) = x^3 - 3xy + y^3$ の極値を求めよ．

　［解］ まず，必要条件より，f の停留点を求める．方程式
$$f_x(x, y) = 3x^2 - 3y = 0, \quad f_y(x, y) = -3x + 3y^2 = 0$$
を解いて，$(x, y) = (0, 0)$, $(x, y) = (1, 1)$.
$$H(x, y) = f_{xx}f_{yy} - f_{xy}{}^2 = 36xy - 9$$
　（イ） $H(0, 0) = -9 < 0$. したがって，$(0, 0)$ では極値をとらない．
　（ロ） $H(1, 1) = 27 > 0$. $f_{xx}(1, 1) = 6 > 0$. したがって $(1, 1)$ では f は極小
となり，その値は $f(1, 1) = -1$.

　注 $H(a, b) = 0$ のときには，極値のときもそうでないときもあり，別の角度か
ら調べなければならない．

例3 ［1］ $f(x, y) = x^4 + y^4$ のとき，$f_x(0, 0) = f_y(0, 0) = 0$, $H(0, 0) = 0$
である．そして，$f(0, 0) = 0$ は極小値．

　　［2］ $f(x, y) = x^3 + y^3$ のとき，$f_x(0, 0) = f_y(0, 0) = 0$, $H(0, 0) = 0$
である．そして，$f(0, 0) = 0$ は極値ではない．実際，
$$x + y > 0 \Longrightarrow f(x, y) > 0, \quad x + y < 0 \Longrightarrow f(x, y) < 0$$

問3 次の関数の極値を求めよ．
　（1） $x^2 - xy + y^2 - 4x - y + 2$ 　（2） $ax^2 + 2bxy + cy^2$（$abc \neq 0$）
　（3） $x^3 + y^3 - 9xy + 1$ 　（4） $e^{-(x^2+y^2)}(ax^2 + by^2)$（$0 < a < b$）
　（5） $(x - y)^2 + y^3$ 　（6） $(x - y)^2 + y^4$

2. 最 大 ・ 最 小

　定理5-5 によれば，有界閉集合で連続な関数は最大値および最小値を必ず
とる．そのとる点が内点の場合には，最大値，最小値は広義の極値である．
定理5-14 と合わせて，次のことがいえる．

「有界閉領域 $\bar{D}$ で連続，領域 D で偏微分可能な関数 $f(x, y)$ が最大値あるいは最小値をとるのは

（ⅰ）　$f_x(x, y) = 0,\ f_y(x, y) = 0$ をみたす D の点か

（ⅱ）　$\bar{D}$ の境界（$= \bar{D} - D$）の上の点

のいずれかである」

なお，この事実は 3 変数以上の関数に対しても同様に成り立つ．

例題 2　平面上に n 個の点 $A_i(x_i, y_i)\,(i = 1, \cdots, n)$ が与えられたとき，$\sum_{i=1}^{n} \overline{PA}_i^2$ が最小となる点 P を求めよ．

［解］　平面上の任意の点 $P(x, y)$ に対して
$$f(x, y) = \sum_{i=1}^{n} \overline{PA}_i^2 = \sum_{i=1}^{n} \{(x - x_i)^2 + (y - y_i)^2\}$$
とおく．$x \to \infty$ あるいは $y \to \infty$ のとき $f(x, y) \to \infty$ であるから，a を十分大きくとって，正方形 $S = \{(x, y) ;\ |x| \leq a,\ |y| \leq a\}$ の境界上および外では
$$f(x, y) > \sum_{i=1}^{n} \{x_i^2 + y_i^2\} \quad (= f(0, 0)) \tag{9}$$
となっているようにする．このとき，S は有界閉集合であるから S での $f(x, y)$ の最小値を与える点 $P(x_0, y_0)$ が存在する．この点は平面全体でも $f(x, y)$ の最小値を与える点である．実際，S の外の点 (x, y) に対して
$$f(x_0, y_0) \leq f(0, 0) = \sum_{i=1}^{n} \{x_i^2 + y_i^2\} < f(x, y)$$
となっているからである．したがって，$P(x_0, y_0)$ を求めればよい．
$$\left. \begin{aligned} f_x(x, y) &= 2\sum_{i=1}^{n}(x - x_i) = 2\Big(nx - \sum_{i=1}^{n} x_i\Big) = 0 \\ f_y(x, y) &= 2\sum_{i=1}^{n}(y - y_i) = 2\Big(ny - \sum_{i=1}^{n} y_i\Big) = 0 \end{aligned} \right\} \tag{10}$$
S の境界上では式（9）をみたしており，式（10）をみたす点はただ 1 つ
$$\left(\sum_{i=1}^{n} x_i/n,\quad \sum_{i=1}^{n} y_i/n \right)$$
のみであるから，これが求める点 $P(x_0, y_0)$ である．

例題 3　x, y, z が正数で，$x + y + z = l$（一定）のとき，3 つの数の積 xyz の最大値を求めよ．

［解］　$z = l - x - y > 0$ であるから $xyz = xy(l - x - y)$ となり，$D = \{(x, y) ;$ $x > 0,\ y > 0,\ l > x + y\}$ で $f(x, y) = xy(l - x - y)$ の最大値をさがせばよい．そこで，D にその境界を含めた閉領域 $\bar{D}$ で $f(x, y)$ を考える．$\bar{D}$ では確かに $f(x, y)$ が最大となるところがある．そして，D の境界では $f(x, y) = 0$ であり，

D では $f(x, y) > 0$. したがって, $f(x, y)$ を最大にするところは D の中に必ずある. その点は, $f(x, y)$ が広義の極大であるから, 定理 5-14 より

$$f_x = y(l - 2x - y) = 0,$$
$$f_y = x(l - x - 2y) = 0$$

を解けば得られる. D の内部にあるものは

$$x = \frac{l}{3}, \quad y = \frac{l}{3}$$

このとき, $z = l/3$ であるから, xyz が

最大になるのは $x = y = z = l/3$ のときで, その値は $l^3/27$ である.

問4 例題3を利用して, x, y, z が正のとき, 次の不等式を示せ.

$$\frac{x + y + z}{3} \geqq \sqrt[3]{xyz} \quad （等号は x = y = z）$$

問5 $x, y, z > 0$, $xy + yz + zx = l$ のとき, xyz の最大値を求めよ.

問6 定円に内接する面積最大の三角形は正三角形であることを示せ.

問7 $x, y, z, w > 0$, $x + y + z + w = l$ のとき, $xyzw$ の最大値を求めよ.

問題 5-6 （答は p.320）

1. 次の関数の極値を求めよ.

（1） $xy(1 - x^2 - y^2)$　（2） $\dfrac{x^2 y^2}{(x - 2)(y - 2)}$　（3） $\dfrac{(x + y + 1)^2}{x^2 + y^2 + 1}$

（4） $x^2 - 2xy + y^3$

2. 空間 $\mathbf{R}^3$ に n 個の点 $A_i(x_i, y_i, z_i)$ $(i = 1, \cdots, n)$ が与えられたとき, $\mathbf{R}^3$ の点 $P(x, y, z)$ に対して $\sum_{i=1}^{n} \overline{PA_i}^2$ が最小となる点 P を求めよ.

3. $\dfrac{x^2}{a^2} + \dfrac{y^2}{b^2} = 1$ $(a, b > 0)$ に内接する三角形の面積の最大値を求めよ.

4. 半径 r の円に外接する三角形の面積の最小値を求めよ.

5. $\dfrac{x^2}{a^2} + \dfrac{y^2}{b^2} + \dfrac{z^2}{c^2} = 1$ $(a, b, c > 0)$, $x, y, z > 0$ のとき, xyz の最大値を求めよ.

6. （1） $x_1 + x_2 + \cdots + x_p = a$ $(x_1, x_2, \cdots, x_p > 0)$ のとき, $x_1, x_2, \cdots, x_p$ の積 $f(x_1, x_2, \cdots, x_p) = x_1 x_2 \cdots x_p$ の最大値を求めよ.

（2） $x_1 \geqq 0$, $x_2 \geqq 0$, $\cdots$, $x_p \geqq 0$ のとき, 次の不等式を証明せよ.

$$\sqrt[p]{x_1 x_2 \cdots x_p} \leqq \frac{x_1 + x_2 + \cdots + x_p}{p}$$

5-7　陰関数と逆写像

1.　陰　関　数 ─────────────────────────

いままで一般に用いてきた 1 変数の関数は $y = f(x)$ の形をしていた. これは特に陽関数ともいわれる. これに対して, $y = f(x)$ とは表されていない関数を陰関数という. すなわち

定義 5-8　　2 変数関数 $f(x, y)$ が与えられたとき, 1 つの区間での関数 $y = \varphi(x)$ が, そこで $f(x, \varphi(x)) \equiv 0$ をみたしているとき, $y = \varphi(x)$ のことを

$$f(x, y) = 0 \tag{1}$$

によって定まる**陰関数**という.

簡単にいえば, 式 (1) を y について解いたものが, (1) によって定まる陰関数である. しかし, 解くことができるか, ただ 1 つ定まるかなどいくつかの問題点がある.

例 1　$f(x, y) = ax + by + c$ のとき, $f_y = b \neq 0$ ならば, $y = -(ax + c)/b$ が $f(x, y) = 0$ によって $(-\infty, \infty)$ で定まる陰関数である.

例 2　$f(x, y) = x^2 + y^2 - 1$ のとき, $y_1 = \sqrt{1 - x^2}$ $(-1 \leq x \leq 1)$, $y_2 = -\sqrt{1 - x^2}$ $(-1 \leq x \leq 1)$, $y_3 = \sqrt{1 - x^2}$ $(-1 \leq x \leq 0)$, $-\sqrt{1 - x^2}$ $(0 < x \leq 1)$ など多くの陰関数が $f(x, y) = 0$ より定まる.

例 1 では $f_y \neq 0$ のときただ 1 つの陰関数が決まったが, 例 2 では複数の陰関数が定義しえた. しかしながら, ある条件のもとでは, 一般にただ 1 つの陰関数が定まることがわかっている. すなわち,

> ─── **定理 5-16（陰関数定理）** ───────────
>
> 　領域 D で $f(x, y)$ は C^1 級とする. D の点 (a, b) において
>
> $$f(a, b) = 0, \quad f_y(a, b) \neq 0$$
>
> をみたしているとき, $x = a$ を含むある開区間で, 次の (ⅰ), (ⅱ) をみたす C^1 級の関数 $y = \varphi(x)$ が一意に定まる.
>
> 　(ⅰ)　$b = \varphi(a)$

（ii）　$f(x, \varphi(x)) = 0$

このとき，その導関数は次の式をみたす：

$$\varphi'(x) = -\frac{f_x(x, y)}{f_y(x, y)} = -\frac{f_x(x, \varphi(x))}{f_y(x, \varphi(x))}$$

証明　$f_y(a, b) > 0$ とする（$f_y(a, b) < 0$ のときも同様）．仮定より $f_y(x, y)$ は D で連続だから，定理5-4により，(a, b) を中心とする十分小さい円 U の内側で

$$f_y(x, y) > \frac{1}{2}f_y(a, b) > 0 \qquad (2)$$

したがって，$f(a, y)$ は U の内部で y の関数として増加関数であり，条件より $f(a, b) = 0$ であるから

$$y_1 < b < y_2 \implies f(a, y_1) < 0 < f(a, y_2)$$

そして，$f(x, y_1),\ f(x, y_2)$ は x の連続関数だから $\delta > 0$ があって

$$f(x, y_1) < 0 < f(x, y_2), \quad x \in I = (a - \delta,\ a + \delta) \quad （定理1\text{-}17）$$

$x\ (\in I)$ を任意に固定し，$f(x, y)$ を区間 $[y_1, y_2]$ での y の関数と考えると，これは連続であり $f_y(x, y) > 0$ であるから増加関数．したがって，中間値の定理（定理1-18）により $f(x, y) = 0$ となる y がただ1つある．すなわち，$x \in I$ に対して $f(x, y) = 0$ をみたすただ1つの $y\ ((x, y) \in U)$ が対応

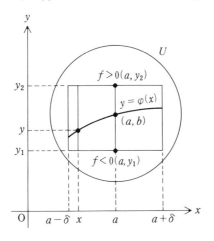

している．これを $y = \varphi(x)$ とおく．この関数の決まり方から

（ⅰ）　$b = \varphi(a)$

（ⅱ）　$f(x, \varphi(x)) = 0 \ (x \in I)$

をみたしている．次に $\varphi(x)$ が微分可能なことを見る．$y = \varphi(x)$ において

$$y + \Delta y = \varphi(x + \Delta x)$$

とする．平均値の定理（定理 5-12）により

$$f(x + \Delta x, y + \Delta y) - f(x, y)$$
$$= \Delta x f_x(x + \theta \Delta x, y + \theta \Delta y) + \Delta y f_y(x + \theta \Delta x, y + \theta \Delta y) \quad (0 < \theta < 1)$$

を得るが，この式で $f(x, y) = 0$, $f(x + \Delta x, y + \Delta y) = 0$ を用いると

$$\Delta x f_x(x + \theta \Delta x, y + \theta \Delta y) + \Delta y f_y(x + \theta \Delta x, y + \theta \Delta y) = 0 \qquad (3)$$

となる．$\Delta x f_x(x + \theta \Delta x, y + \theta \Delta x) \to 0 \ (\Delta x \to 0)$ であるから

$$\Delta y f_y(x + \theta \Delta x, y + \theta \Delta y) \to 0 \quad (\Delta x \to 0)$$

そして，U では不等式（2）をみたしているから，$\Delta y \to 0 \ (\Delta x \to 0)$．これは $\varphi(x)$ が I で連続なことを示している．式（3）より

$$\frac{\Delta y}{\Delta x} = - \frac{f_x(x + \theta \Delta x, y + \theta \Delta y)}{f_y(x + \theta \Delta x, y + \theta \Delta y)}$$

となり，f_x, f_y が連続なことに注意して，$\Delta x \to 0$ のとき $\Delta y \to 0$ より

$$\varphi'(x) = \frac{dy}{dx} = - \frac{f_x(x, y)}{f_y(x, y)}$$

を得る．右辺が連続なので $\varphi(x)$ は C^1 級である．

　最後に，（ⅰ），（ⅱ）をみたす C^1 級の関数 $y = \varphi_1(x)$ がもう１つあるとする．$\varphi_1(x)$ が連続なことから，a の近傍で $(x, \varphi_1(x)) \in U$ である．

　平均値の定理（定理 5-12）により

$$0 = f(x, \varphi(x)) - f(x, \varphi_1(x))$$
$$= \{\varphi(x) - \varphi_1(x)\} f_y(x, \varphi_1(x) + \theta(\varphi(x) - \varphi_1(x))) \quad (0 < \theta < 1)$$

となっていて，$(x, \varphi_1(x) + \theta(\varphi(x) - \varphi_1(x))) \in U$ なることから

$$f_y(x, \varphi_1(x) + \theta(\varphi(x) - \varphi_1(x))) > 0$$

したがって，$\varphi(x) = \varphi_1(x)$ でなければならない．すなわち，（ⅰ），（ⅱ）をみたす C^1 級関数は一意である．　∎

注 1　$f(a, b) = 0$, $f_x(a, b) \neq 0$ なら C^1 級の陰関数 $x = \varphi(y)$ が定まる.

注 2　例 2 の場合には, $(a, b) = (0, 1)$ とすると C^1 級の陰関数 $y = \sqrt{1-x^2}$ が, $(a, b) = (0, -1)$ とすれば $y = -\sqrt{1-x^2}$ が定まる.

以下, 陰関数といえば定理に述べられた形の陰関数をさすものとする.

例題 1　$x^3 - 3xy + y^3 = 0$ により定まる陰関数 y に対して dy/dx を求めよ.

[解]　$f(x, y) = x^3 - 3xy + y^3$ とおく. $f_x = 3x^2 - 3y$, $f_y = 3y^2 - 3x$ であるから $(x, y) \neq (0, 0)$, $(\sqrt[3]{4}, \sqrt[3]{2})$ のとき, $f_y \neq 0$ で $\dfrac{dy}{dx} = -\dfrac{x^2 - y}{y^2 - x}$.

例 3　C^2 級の関数 $f(x, y) = 0$ によって定まる陰関数 $y = \varphi(x)$ の d^2y/dx^2. $y = \varphi(x)$ は

$$f_x(x, y) + f_y(x, y)\frac{dy}{dx} = 0$$

をみたしている. x で微分して

$$f_{xx}(x, y) + 2f_{xy}(x, y)\frac{dy}{dx} + f_{yy}(x, y)\left(\frac{dy}{dx}\right)^2 + f_y(x, y)\frac{d^2y}{dx^2} = 0$$

$dy/dx = -f_x(x, y)/f_y(x, y)$ を代入して, d^2y/dx^2 について解けば

$$\frac{d^2y}{dx^2} = -\frac{f_{xx}f_y^2 - 2f_{xy}f_xf_y + f_{yy}f_x^2}{f_y^3}$$

問 1　次の場合, どこで y は x の関数と考えられるか. そのとき dy/dx を求めよ.
（1）　$x^2 - xy + y^2 = 1$　　（2）　$x^3 - 3xy + y^3 = 1$　　（3）　$e^x + e^y = e^{x+y}$

問 2　問 1 の各陰関数の d^2y/dx^2 を求めよ.

定理 5-16 で変数を増すと次の定理を得る.

定理 5-17

関数 $f(x, y, z)$ は $\boldsymbol{R}^3$ の領域 D で C^1 級とする. D の点 (a, b, c) で
$$f(a, b, c) = 0, \quad f_z(a, b, c) \neq 0$$
とすると, 点 (a, b) の近傍で, C^1 級の関数 $z = \varphi(x, y)$ で
$$f(x, y, \varphi(x, y)) = 0, \quad c = \varphi(a, b)$$
をみたすものが定まり
$$\frac{\partial \varphi}{\partial x} = -\frac{f_x}{f_z}, \quad \frac{\partial \varphi}{\partial y} = -\frac{f_y}{f_z}$$

証明　$\boldsymbol{R}^3$ の点 (x, y, z) の (x, y) をひとまとめにして扱い，定理 5-16 の証明の前半を適用することによって $z = \varphi(x, y)$ が定まり，後半は，$y(x)$ を固定して同様に議論を進めることによって，次の式を得る．

$$\frac{\partial \varphi}{\partial x} = -\frac{f_x(x, y, z)}{f_z(x, y, z)} \quad \left(\frac{\partial \varphi}{\partial y} = -\frac{f_y(x, y, z)}{f_z(x, y, z)}\right) \quad ∎$$

問 3　この定理で求めた $z = \varphi(x, y)$ の点 (a, b, c) における接平面を求めよ．

さらに，一般の場合：$f(x_1, x_2, \cdots, x_p, y)$ にも同様の定理が成り立つ．

問 4　これを述べて証明を考えよ．

定理 5-18

2 つの関数 $f(x, y, z)$, $g(x, y, z)$ は $\boldsymbol{R}^3$ の領域 D で C^1 級とし，D のある点 (a, b, c) で

$$f(a, b, c) = 0, \quad g(a, b, c) = 0 \tag{4}$$

$$J = \begin{vmatrix} f_y & f_z \\ g_y & g_z \end{vmatrix} \neq 0 \tag{5}$$

をみたしているとする．このとき，点 a を含むある区間での C^1 級の関数の組

$$y = \varphi(x), \quad z = \psi(x)$$

が定まり，次をみたす．

$$b = \varphi(a), \quad c = \psi(a)$$

$$f(x, \varphi(x), \psi(x)) = 0, \quad g(x, \varphi(x), \psi(x)) = 0$$

$$\frac{dy}{dx} = \begin{vmatrix} f_z & f_x \\ g_z & g_x \end{vmatrix} \bigg/ \begin{vmatrix} f_y & f_z \\ g_y & g_z \end{vmatrix}, \quad \frac{dz}{dx} = \begin{vmatrix} f_x & f_y \\ g_x & g_y \end{vmatrix} \bigg/ \begin{vmatrix} f_y & f_z \\ g_y & g_z \end{vmatrix} \tag{6}$$

証明　f, g が C^1 級であるから，(a, b, c) のある近傍 U で $J \neq 0$．以下 U で考える．条件（5）より $f_y(a, b, c) \neq 0$ か $f_z(a, b, c) \neq 0$．そこで $f_z(a, b, c) \neq 0$ とする．前定理より (a, b) の近傍で C^1 級の関数 $z = F(x, y)$ があり

をみたしている．$G(x, y) = g(x, y, F(x, y))$ とおくと，G は (a, b) の近傍で C^1 級で

$$c = F(a, b), \quad f(x, y, F(x, y)) = 0, \quad F_y = -f_y/f_z$$

$$G_y = g_y + g_z F_y = g_y + g_z(-f_y/f_z) = (g_y f_z - g_z f_y)/f_z$$

$$G_y(a, b) = -J/f_z(a, b, c) \neq 0 \quad かつ \quad G(a, b) = g(a, b, c) = 0$$

であるから $G(x, y) = 0$ によって，a を含むある開区間 I で C^1 級の陰関数 $y = \varphi(x)$ が定まる（定理5-16）：

$$b = \varphi(a), \quad G(x, \varphi(x)) = 0$$

ここで $z = F(x, \varphi(x)) = \psi(x)$ とおくと，

$$y = \varphi(x), \quad z = \psi(x)$$

が求める関数である．つくり方から，I で

$$f(x, \varphi(x), \psi(x)) = 0, \quad g(x, \varphi(x), \psi(x)) = 0$$

であり，これを x で微分すると

$$f_x + f_y \varphi'(x) + f_z \psi'(x) = 0$$

$$g_x + g_y \varphi'(x) + g_z \psi'(x) = 0$$

となり，$\varphi'(x), \psi'(x)$ について解いて式（6）を得る． ∎

　注　これは y, z を未知数とする連立方程式

$$f(x, y, z) = 0, \quad g(x, y, z) = 0$$

が条件（5）のもとで解けることを示している．

例題2 次を求めよ．

1) $xy + yz + zx = 1$ で定まる x, y の関数 z の偏導関数

2) $x^2 + y^2 + z^2 = a^2$, $x + y + z = a$ で定まる x の関数 y, z の導関数

［解］ 1) 両辺を x, y で偏微分すると

$$y + y\frac{\partial z}{\partial x} + x\frac{\partial z}{\partial x} + z = 0, \quad x + z + y\frac{\partial z}{\partial y} + x\frac{\partial z}{\partial y} = 0$$

これより

$$\frac{\partial z}{\partial x} = -\frac{y+z}{x+y}, \quad \frac{\partial z}{\partial y} = -\frac{x+z}{x+y}$$

2) 2つの式を x で微分すると

$$2x + 2y\frac{dy}{dx} + 2z\frac{dz}{dx} = 0, \quad 1 + \frac{dy}{dx} + \frac{dz}{dx} = 0$$

を得る．これらを $dy/dx, dz/dx$ について解くと

$$\frac{dy}{dx} = \frac{x-z}{z-y}, \quad \frac{dz}{dx} = \frac{y-x}{z-y}$$

2.　関数行列式と逆写像

$\boldsymbol{R}^p$ の領域 D での p 個の関数

$$y_i = f_i(x_1, x_2, \cdots, x_p) \quad (i=1, 2, \cdots, p)$$

に対して

$$\boldsymbol{f}(x_1, x_2, \cdots, x_p) = (f_1(x_1, \cdots, x_p), \cdots, f_p(x_1, \cdots, x_p))$$

は D から $\boldsymbol{R}^p$ への写像である．$f_1, \cdots, f_p$ がすべて C^n 級のとき，$\boldsymbol{f}$ を $\boldsymbol{C}^n$ **級写像**とよぶ．$\boldsymbol{f}$ が C^1 級のとき，行列

$$\begin{bmatrix} \dfrac{\partial f_1}{\partial x_1} & \dfrac{\partial f_1}{\partial x_2} & \cdots & \dfrac{\partial f_1}{\partial x_p} \\ \cdots & \cdots & \cdots & \cdots \\ \cdots & \cdots & \cdots & \cdots \\ \dfrac{\partial f_p}{\partial x_1} & \dfrac{\partial f_p}{\partial x_2} & \cdots & \dfrac{\partial f_p}{\partial x_p} \end{bmatrix} = \left(\frac{\partial f_i}{\partial x_j}\right)$$

を写像 $\boldsymbol{f}$ の**関数行列**あるいは**ヤコービ行列**といい，その行列式を J あるいは

$$\frac{\partial(f_1, f_2, \cdots, f_p)}{\partial(x_1, x_2, \cdots, x_p)}$$

で表し，$\boldsymbol{f}$ の**関数行列式**あるいは**ヤコービアン**とよぶ．

例4　$u = ax+by, \ v = cx+dy$（a, b, c, d は定数）のとき，

$$J = \frac{\partial(u, v)}{\partial(x, y)} = \begin{vmatrix} a & b \\ c & d \end{vmatrix} = ad-bc$$

このとき，$J \neq 0$ ならば x, y について解けて

$$x = (du-bv)/J, \quad y = (-cu+av)/J$$

例5　$x = r\cos\theta, \ y = r\sin\theta$ のとき，

$$\frac{\partial(x, y)}{\partial(r, \theta)} = \begin{vmatrix} \cos\theta & -r\sin\theta \\ \sin\theta & r\cos\theta \end{vmatrix} = r$$

問5　次の場合のヤコービアンを計算せよ．
（1）　$u = x+y, \quad v = xy$

（2）　$u = x+y+z$,　　$v = xy+yz+zx$,　　$w = x^2+y^2+z^2$

（3）　$x = r\sin\theta\cos\varphi$,　　$y = r\sin\theta\sin\varphi$,　　$z = r\cos\theta$

定理 5-19（逆写像の存在）

　　D を $\boldsymbol{R}^2$ の領域，$u = f(x, y)$, $v = g(x, y)$ を D での C^1 級関数とし，f, g によって定まる D での写像を F とする．D の1点 (x_0, y_0) で F の関数行列式が

$$\begin{vmatrix} f_x & f_y \\ g_x & g_y \end{vmatrix} \neq 0 \qquad\qquad (7)$$

とする．このとき，$u_0 = f(x_0, y_0)$, $v_0 = g(x_0, y_0)$ とおくと，(u_0, v_0) のある近傍で C^1 級の関数 $x = p(u, v)$, $y = q(u, v)$ が存在し，次の式をみたす：

$$f(p(u, v), q(u, v)) = u, \qquad g(p(u, v), q(u, v)) = v$$

証明　$A(u, v, x, y) = f(x, y) - u$,　　$B(u, v, x, y) = g(x, y) - v$

とおくと，写像 F は

$$A(u, v, x, y) = 0, \qquad B(u, v, x, y) = 0 \qquad\qquad (8)$$

と同じである．(u_0, v_0, x_0, y_0) は式（8）をみたし，この点で

$$\begin{vmatrix} A_x & A_y \\ B_x & B_y \end{vmatrix} = \begin{vmatrix} f_x & f_y \\ g_x & g_y \end{vmatrix} \neq 0$$

あとは，(u, v) ひとまとめにして，定理 5-18 の証明方法を用いればよい．　∎

定義 5-9　　定理 5-19 において求まった $x = p(u, v)$, $y = q(u, v)$ によって定まる写像 G を F の**逆写像**という．

例6　A を p 次正方行列，$\boldsymbol{y} = A\boldsymbol{x}$（$\boldsymbol{x} = {}^t(x_1, \cdots, x_p)$, $\boldsymbol{y} = {}^t(y_1, \cdots, y_p)$）によって $\boldsymbol{R}^p$ から $\boldsymbol{R}^p$ への写像 F を考える．このとき，

$$\frac{\partial(y_1, y_2, \cdots, y_p)}{\partial(x_1, x_2, \cdots, x_p)} = |A|$$

$|A| \neq 0$ のとき，$\boldsymbol{x} = A^{-1}\boldsymbol{y}$ で，これの表す写像が F の逆写像である．

注　定理の $u = f(x, y)$, $v = g(x, y)$ は C^1 級だから微分可能（定理 5-8）：

$$f(x, y) - f(x_0, y_0) = f_x(x_0, y_0)(x - x_0) + f_y(x_0, y_0)(y - y_0) + \varepsilon_1$$

$$g(x, y) - g(x_0, y_0) = g_x(x_0, y_0)(x - x_0) + g_y(x_0, y_0)(y - y_0) + \varepsilon_2$$

(x, y) が (x_0, y_0) に十分近いときには，$\varepsilon_1, \varepsilon_2$ ともに $\sqrt{(x-x_0)^2 + (y-y_0)^2}$ より高位の無限小だから，近似的に

$$\left. \begin{array}{l} u - u_0 = f_x(x_0, y_0)(x - x_0) + f_y(x_0, y_0)(y - y_0) \\ v - v_0 = g_x(x_0, y_0)(x - x_0) + g_y(x_0, y_0)(y - y_0) \end{array} \right\} \tag{9}$$

が成り立つ．定理の条件（7）は式（9）が $(x - x_0)$, $(y - y_0)$ に関して解けることを示している．式（9）の解は式（8）の「近似解」である．例 6 を参考にして，この考え方を $\boldsymbol{R}^p$ から $\boldsymbol{R}^p$ への一般の写像に対して応用することによって，定理の一般化が得られる．

問 6　（1）　2 つの C^1 級写像 $x = x(u, v)$, $y = y(u, v)$ と $u = u(\xi, \eta)$, $v = v(\xi, \eta)$ を合成した写像 $x = x(u(\xi, \eta), v(\xi, \eta))$, $y = y(u(\xi, \eta), v(\xi, \eta))$ について

$$\frac{\partial(x, y)}{\partial(\xi, \eta)} = \frac{\partial(x, y)}{\partial(u, v)} \frac{\partial(u, v)}{\partial(\xi, \eta)}$$

が成り立つことを示せ．

（2）　定理 5-19 における $u = f(x, y)$, $v = g(x, y)$ と $x = p(u, v)$, $y = q(u, v)$ に対して次の関係があることを示せ．

$$\frac{\partial(x, y)}{\partial(u, v)} = 1 \left/ \frac{\partial(u, v)}{\partial(x, y)} \right.$$

問題 5-7 （答は p. 320）

1. 次の式により定まる陰関数 y の dy/dx, d^2y/dx^2 を求めよ．

（1）　$ax^2 + 2hxy + by^2 - 1 = 0$　　　（2）　$x^3 + y^3 - 3axy = 0$

（3）　$\log \sqrt{x^2 + y^2} = \tan^{-1}(y/x)$　　　（4）　$\dfrac{x^2}{a^2} + \dfrac{y^2}{b^2} - 1 = 0$

2. 次の関係式より z_x, z_y を求めよ．

（1）　$\dfrac{x^2}{a^2} + \dfrac{y^2}{b^2} + \dfrac{z^2}{c^2} = 1$　　　（2）　$x^3 + y^3 + z^3 - 3xy = 1$

3. 次の関係式より dy/dx, dz/dx を求めよ．

（1）　$x^2 + y^2 + z^2 = 4$,　$x + y + z = 1$

（2）　$x^2 + y^2 + z^2 = a^2$,　$x^2 + y^2 = 2ax$

（3）　$x^3 + y^3 + z^3 - 3x = 0$,　$x + y + z = 1$

4. 次の変換のヤコービアンを求めよ．

（1）　$u = x^2 + y^2 + z^2$, $v = x + y + z$, $w = xy + yz + zx$

（2）　$u = \dfrac{x}{\sqrt{1-x^2-y^2-z^2}}, \ v = \dfrac{y}{\sqrt{1-x^2-y^2-z^2}}, \ w = \dfrac{z}{\sqrt{1-x^2-y^2-z^2}}$

（3）　$u = x+y+z, \ v = xy+yz+zx, \ w = xyz$

5.　$x^2+2xyz+z^2 = 4$ の点 $(1,1,1)$ における接平面と法線を求めよ．

6.　次の関係式によって定まる u, v の x, y に関する偏導関数を求めよ．

（1）　$x^2+y^2+u^2+v^2 = a^2, \ x+y+u+v = b$

（2）　$x^2+y^2+u^2+v^2 = a^2, \ x^2+y^2+u^2 = 2ax+2ay$

7.　$f \in C^2$ 級として，$f(x,y,z) = 0$ のとき次に答えよ．

（1）　陰関数 $z = \varphi(x,y)$ に対して，z_{xx}, z_{xy}, z_{yy} を求めよ．

（2）　$\dfrac{\partial z}{\partial x} \dfrac{\partial x}{\partial y} \dfrac{\partial y}{\partial z} = -1$ を示せ．

8.　$ax+by+cz = f(x^2+y^2+z^2)$ は次の式をみたしていることを示せ．

$$(cy-bz)z_x+(az-cx)z_y = bx-ay$$

5-8　陰関数の極値と条件付極値

1.　陰関数の極値

定理 5-16 により，$f(x,y)$ が C^1 級で

$$f(x,y) = 0, \quad f_y(x,y) \neq 0$$

のとき，y はある区間において x の C^1 級の関数 $y = \varphi(x)$ と見ることができる．この関数の極値を求めることを考える．

補題 5-3

C^1 級の関数 $f(x,y)$ に対して，$f(x,y) = 0, \ f_y(x,y) \neq 0$ のとき，陰関数 $y = \varphi(x)$ について

$$\dfrac{dy}{dx} = 0 \iff f_x(x,y) = 0$$

証明　定理 5-16 により $dy/dx = -f_x(x,y)/f_y(x,y)$ であるから，

$$\dfrac{dy}{dx} = 0 \iff f_x(x,y) = 0$$

定理 5-20

C^2 級の関数 $f(x,y)$ に対して，$f(x,y) = 0, \ f_y(x,y) \neq 0$ のとき，陰関数 $y = \varphi(x)$ は，$f(x,y) = 0, \ f_x(x,y) = 0$ となる点 (x,y) で

（ⅰ） $\dfrac{f_{xx}(x, y)}{f_y(x, y)} > 0 \Longrightarrow$ 極大

（ⅱ） $\dfrac{f_{xx}(x, y)}{f_y(x, y)} < 0 \Longrightarrow$ 極小

証明　$f_x(x, y) = 0$ なる点では，補題 5-3 により $dy/dx = 0$ であり，5-7 節，例 3 より

$$\frac{d^2 y}{dx^2} = -\frac{f_{xx}(x, y)}{f_y(x, y)}$$

となる．したがって，定理 2-19 により結論を得る．　■

例題 1　$f(x, y) = x^4 + y^4 - 4xy = 0$ によって定まる陰関数 $y = \varphi(x)$ の極値を求めよ．

［解］　　　　　$f_x = 4(x^3 - y)$,　$f_y = 4(y^3 - x)$,　$f_{xx} = 12 x^2$

であるから，$f = 0$, $f_y = 0$ なる点は，連立方程式

$$x^4 + y^4 - 4xy = 0, \quad x = y^3$$

を解いて，$(x, y) = (0, 0)$, $(\sqrt[8]{27}, \sqrt[8]{3})$, $(-\sqrt[8]{27}, -\sqrt[8]{3})$. これらの 3 点を除いて $y = \varphi(x)$ が定まる．$f = 0$, $f_x = 0$ となる点は，連立方程式

$$x^4 + y^4 - 4xy = 0, \quad x^3 = y$$

を解いて，$(x, y) \neq (0, 0)$ だから $(x, y) = (\sqrt[8]{3}, \sqrt[8]{27})$, $(-\sqrt[8]{3}, -\sqrt[8]{27})$.

（イ）　$(x, y) = (\sqrt[8]{3}, \sqrt[8]{27})$ のとき：$\dfrac{f_{xx}}{f_y} = \dfrac{3}{2}\sqrt[8]{3} > 0$ であるから，$x = \sqrt[8]{3}$ のとき $y = \varphi(x)$ は極大値 $\sqrt[8]{27}$ をとる．

（ロ）　$(x, y) = (-\sqrt[8]{3}, -\sqrt[8]{27})$ のとき：$\dfrac{f_{xx}}{f_y} = -\dfrac{3}{2}\sqrt[8]{3} < 0$ であるから，$x = -\sqrt[8]{3}$ のとき $y = \varphi(x)$ は極小値 $-\sqrt[8]{27}$ をとる．

問 1　次により定まる陰関数 $y = \varphi(x)$ の極値を求めよ．
（1）　$x^2 - xy - y^2 - 2 = 0$　　（2）　$x^3 - 3axy + y^3 = 0$ $(a > 0)$
（3）　$x^3 y^3 + x - y = 0$　　（4）　$x^5 + y^5 - 5xy^2 = 0$

2.　条 件 付 極 値

x, y が

$$g(x, y) = 0 \tag{1}$$

をみたしながら動くとき，関数 $z = f(x, y)$ の極値を求める問題を考える．

式（1）よりyについて解いて$z = f(x, y)$へ代入するとxの関数が得られ，このxの関数の極値を調べればよいが，一般には式（1）はyについて簡単には解けない場合が多い．そこで，式（1）をyについて解くことなく$z = f(x, y)$の極値を調べる方法を考える：

定理5-21（ラグランジュの未定乗数法）

　2つの関数$f(x, y)$, $g(x, y)$は領域DでC^1級とする．(x, y)が$g(x, y)$の停留点ではなく$g(x, y) = 0$をみたしているとき，関数$z = f(x, y)$が広義の極値をとる点(a, b)では，ある定数λがあって次の式をみたす：

$$\left.\begin{array}{l} g(a, b) = 0 \\ f_x(a, b) + \lambda g_x(a, b) = 0 \\ f_y(a, b) + \lambda g_y(a, b) = 0 \end{array}\right\} \qquad (2)$$

証明　$g_y \neq 0$のところでは，$g(x, y) = 0$より陰関数$y = \varphi(x)$が定まり

$$z = f(x, y) = f(x, \varphi(x))$$

となる．zが広義の極値をとる点(a, b)では

$$\frac{dz}{dx} = f_x(a, b) + f_y(a, b)\frac{dy}{dx} = 0 \qquad (3)$$

一方，$g(x, y) = 0$より

$$g_x(a, b) + g_y(a, b)\frac{dy}{dx} = 0 \qquad (4)$$

$\lambda = -f_y(a, b)/g_y(a, b)$すなわち$f_y(a, b) + \lambda g_y(a, b) = 0$とする．

　式（4）にλをかけて式（3）を加えると

$$f_x(a, b) + \lambda g_x(a, b) = 0$$

以上により式（2）を得る．$g_x \neq 0$のところでも同様である．　∎

注1　式（2）を解いて得られる点(a, b)は，$z = f(x, y)$が極値をとる点の必要条件を与えるだけで，その点で極値になるかどうかは，一般にはさらに調べる必要がある．

注2　λのことをラグランジュの未定乗数という．λを含む3変数の関数

$$F(x, y, \lambda) = f(x, y) + \lambda g(x, y)$$

の極値を無条件で求めるとき，条件（2）はその必要条件になっている．

注3 変数が多い場合にも同様の結果が成り立つ．

問2　3変数の場合に定理を述べよ．

例題2　$x^2 + y^2 = 1$ のとき，$2x^2 - xy + y^2$ の最大値，最小値を求めよ．

　[解]　$S = \{(x, y)\,;\ x^2 + y^2 = 1\}$ は有界閉集合であるから，多項式

$$f(x, y) = 2x^2 - xy + y^2$$

は S で最大値および最小値を必ずとる（定理5-5）．これらの値は広義の極値であるから，これらをとる点 (a, b) において，

$$a^2 + b^2 = 1 \tag{5}$$
$$(2\lambda + 4)a - b = 0 \tag{6}$$
$$-a + (2\lambda + 2)b = 0 \tag{7}$$

をみたす定数 λ がある．（6）×a＋（7）×b をつくると，式（5）より，

$$\lambda = -(2a^2 - ab + b^2)$$

一方，式（5），（6），（7）をみたす (a, b) は $(0, 0)$ とは異なる．したがって，式（6），（7）より a, b を消去して $4\lambda^2 + 12\lambda + 7 = 0$．これを解いて $\lambda = (-3 \pm \sqrt{2})/2$．これより求める最大値は $(3 + \sqrt{2})/2$，最小値は $(3 - \sqrt{2})/2$．

問3　$x^2 + y^2 = 1$ のとき，次の関数の最大値，最小値を求めよ．

　（1）　xy　　（2）　$4x^2 + 4xy + y^2$　　（3）　$ax^2 + 2bxy + cy^2$

問題 5-8（答は p. 321）

1. 次の式により定まる陰関数 y の極値を求めよ．

　（1）　$x^4 - 4xy + 3y^2 = 0$　　（2）　$x^3 - 6xy + 2y^3 = 0$

2. 次の条件 $g(x, y) = 0$ のもとで $f(x, y)$ の極値を求めよ．

　（1）　$g(x, y) = x + y + 1,\ f(x, y) = x^2 + y^2$

　（2）　$g(x, y) = x^3 + y^3 - 3xy,\ f(x, y) = x^2 + y^2$

　（3）　$g(x, y) = x^2 + y^2 - 1,\ f(x, y) = x^3 + y^3$

3. 点 (a, b) から $\alpha x + \beta y + c = 0$ までの最短距離を条件付極値の方法で求めよ．

5-9　包　絡　線

1.　曲線 $f(x, y) = 0$

xy 平面において，$f(x, y)$ を C^1 級の関数としたとき，方程式

$$f(x, y) = 0 \tag{1}$$

をみたす点 (x, y) の集まりは一般に曲線を表す．

定義 5-10　　曲線（1）の点で

$$f_x(x, y) = 0, \quad f_y(x, y) = 0$$

をみたす点を**特異点**，そうでない点を**通常点**という．

── 補題 5-4 ──

　　曲線（1）の通常点 (a, b) においては接線が存在し，その方程式は

$$(x-a)f_x(a, b) + (y-b)f_y(a, b) = 0$$

で与えられる．

　　証明　　（イ）　$f_y(a, b) \neq 0$ のとき．陰関数定理により $x = a$ の近傍で C^1 級の関数 $y = \varphi(x)$ があって，

$$b = \varphi(a), \, f(x, \varphi(x)) = 0 \quad および \quad \varphi'(x) = -f_x(x, y)/f_y(x, y)$$

をみたしている．すなわち，$y = \varphi(x)$ は (a, b) を通る（1）の表す曲線の一部である．したがって，曲線（1）の (a, b) における接線は $y = \varphi(x)$ の $x = a$ における接線と同じである．それは，

$$y - b = \varphi'(a)(x-a) \quad ただし \quad \varphi'(a) = -f_x(a, b)/f_y(a, b)$$

ゆえに，

$$(x-a)f_x(a, b) + (y-b)f_y(a, b) = 0 \tag{2}$$

　　（ロ）　$f_y(a, b) = 0, \, f_x(a, b) \neq 0$ のとき．同様にして，$y = b$ の近傍で C^1 級の関数 $x = \psi(y)$ があって，

$$a = \psi(b), \, f(\psi(y), y) = 0 \quad および \quad \psi'(y) = -f_y(x, y)/f_x(x, y)$$

をみたしている．いま，$\psi'(b) = 0$ だから $x = \psi(y)$ の (a, b) における接線は y 軸に平行な直線 $x - a = 0$ である．これは $f_y(a, b) = 0, \, f_x(a, b) \neq 0$ のときの式（2）の形である．　　　　　■

例題 1　　曲線 $\alpha x^2 + \beta y^2 = 1$（$\alpha\beta \neq 0$）上の点 (a, b) における接線の方程式を求めよ．

　　［解］　　　　　　$f(x, y) = \alpha x^2 + \beta y^2 - 1, \quad f_x = 2\alpha x, \quad f_y = 2\beta y$

だから特異点はない．したがって，接線は

$$2\,\alpha a(x-a)+2\,\beta b(y-b)=0$$

$\alpha a^2+\beta b^2=1$ より

$$\alpha ax+\beta by=1$$

問1　次の方程式で表される曲線の特異点と通常点での接線を求めよ.
（1）　$x^3-3\,xy+y^3=0$　　（2）　$x^2-3\,xy+y^2=0$　　（3）　$y^2=x^2(1-x^2)$

2.　包　絡　線 ─────────────────

定義 5-11　　xy 平面での, 区間 I を動く t を媒介変数とする曲線群

$$f(x,y,t)=0 \qquad\qquad (3)$$

に対して, 1つの曲線 Γ があって,（3）の各曲線に接しかつその接点の軌跡になっているとき Γ を曲線群（3）の**包絡線**という. なお, 接線を共有しているとき, 2つの曲線は接しているという.

例1　円 $x^2+y^2=1$ の接線全体

$$\{ax+by=1,\ a^2+b^2=1\}$$

を考えるとき, この直線群の包絡線は円 $x^2+y^2=1$ である.

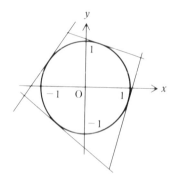

┌─**定理 5-22**─────────────────────
│
│　　C^1 級の関数 $f(x,y,t)$ によって決まる曲線群
│
│　　　　$f(x,y,t)=0\quad(t\in I)$ 　　　　　　　　　（4）
│
│　が正則曲線 Γ を包絡線としてもつならば, Γ 上の点 (x,y) は
│
│　　　　$f(x,y,t)=0$　および　$f_t(x,y,t)=0$ 　　　　（5）
│
│　をみたす. 逆に式（5）をみたす点 (x,y) が C^1 級の関数で

$$x = g(t), \quad y = h(t) \quad (|g'(t)| + |h'(t)| \neq 0) \quad (t \in I) \qquad (6)$$

と表されるならば，曲線

$$C : x = g(t), \ y = h(t) \quad (t \in I)$$

は曲線群（4）の包絡線か特異点の軌跡となる．

証明　まず，Γ 上の点 (x, y) は曲線群（4）と Γ の接点であるから，x および y は t の関数である．

$$x = g(t), \quad y = h(t) \qquad (7)$$

とする．式（7）の表す曲線が Γ である．Γ が正則なので

$$g(t), h(t) \in C^1 \quad \text{かつ} \quad |g'(t)| + |h'(t)| \neq 0$$

また，式（7）は曲線（4）の上にあるから

$$f(g(t), h(t), t) = 0 \qquad (8)$$

$(g(t), h(t))$ で曲線（4）と Γ が接しているから，接点での接線は一致している．

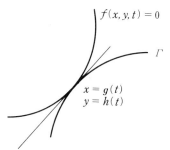

Γ の接線　$:(x - g(t))h'(t) - (y - h(t))g'(t) = 0 \qquad (9)$

（4）の接線：$(x - g(t))f_x(g(t), h(t), t) + (y - h(t))f_y(g(t), h(t), t) = 0$
$$\qquad (10)$$

であるから

$$f_x(g(t), h(t), t)g'(t) + f_y(g(t), h(t), t)h'(t) = 0 \qquad (11)$$

式（8）を t で微分して

$$f_x(g(t), h(t), t)g'(t) + f_y(g(t), h(t), t)h'(t) + f_t(g(t), h(t), t) = 0 \ (12)$$

式（11），（12）を合わせて

$$f_t(g(t), h(t), t) = 0 \tag{13}$$

を得る．すなわち，Γ 上の点 (x, y) は式（5）をみたしている．

逆に，$x = g(t)$，$y = h(t)$ が式（5）をみたすことから式（12），（13）を得，したがって式（11）を得る．これは，$x = g(t)$，$y = h(t)$ が曲線（4）の特異点：

$$f_x(g(t), h(t), t) = 0, \quad f_y(g(t), h(t), t) = 0$$

でなければ，$(g(t), h(t))$ における Γ の接線（9）と曲線（4）の接線（10）が一致していることを示しているので包絡線上の点である． ∎

例2 直線群 $y = tx - t^2$ の包絡線

　［解］　　　　　　$f(x, y, t) = y - tx + t^2,$
　　　　　　　　　　$f_t(x, y, t) = -x + 2t$

であるから，$f = 0$，$f_t = 0$ より
　　　　　　$x = 2t, \quad y = t^2 \tag{14}$
を得る．特異点はないので，式（14）すなわち
$y = (1/4)x^2$ は包絡線．$(2t, t^2)$ が $y = tx - t^2$
と $y = (1/4)x^2$ の接点である．

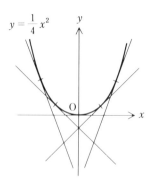

例題2 曲線群

$$(y - t)^2 = x^2 - x^4$$

の包絡線あるいは特異点の軌跡を求めよ．

　［解］　$f(x, y, t) = (y - t)^2 - x^2 + x^4$ とおくと
　　　　　　$f_t(x, y, t) = -2(y - t)$
　$f = 0$，$f_t = 0$ を解いて
　　　　　　$(0, t), \quad (1, t), \quad (-1, t)$
を得る．$(0, t)$ は $f_x = 0$，$f_y = 0$ をみたすので特異点である．すなわち，
　　　直線 $x = 1$ および $x = -1$ が包絡線
　　　直線 $x = 0$ が特異点の軌跡

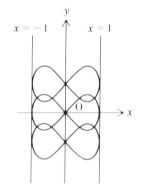

問2　次の曲線群の包絡線を求めよ．
　（1）　$x = t + t^2 y$
　（2）　$\dfrac{x}{2}\sin t + \dfrac{y}{3}\cos t = 1$

（3）　$\dfrac{x^2}{a^2}+\dfrac{y^2}{b^2}=1,\ ab=1$

問題 5-9 （答は p.321）

1. 次の各曲線の特異点を求め，変化の様子を調べよ．

（1）　$y^2=x^2\dfrac{1+x}{1-x}$　　（2）　$y^2=x^3$　　（3）　$y^2=x(x-\alpha)^2$

2. 次の曲線群の包絡線を求めよ．

（1）　x,y 両軸で切り取られる部分が一定の長さ a である直線群

（2）　$\dfrac{x^2}{a^2}+\dfrac{y^2}{b^2}=1\,(a>b>0)$ の短軸に垂直な弦を直径とする円群

（3）　双曲線 $x^2-y^2=a^2\,(a>0)$ 上に中心をもち原点を通る円群

（4）　$y^2=x(x-\alpha)^2$

3. 曲線群 $f(x,y)\cos t+g(x,y)\sin t=h(x,y)$ の包絡線を求めよ．

4. $\boldsymbol{R}^3$ で $f(x,y,z)=0$ をみたす点は1つの曲面を表す．この曲面上の点で
$$f_x(x,y,z)=0,\quad f_y(x,y,z)=0,\quad f_z(x,y,z)=0$$
をみたす点を特異点，そうでない点を通常点という．通常点 (a,b,c) では接平面があり
$$(x-a)f_x(a,b,c)+(y-b)f_y(a,b,c)+(z-c)f_z(a,b,c)=0$$
で与えられることを示せ（5-7節，問3参照）．また法線を求めよ．

5. 次の式により表される曲面は特異点がないことを確かめ，曲面上の任意の点 (α,β,γ) での接平面を求めよ $(a,b,c>0)$．

（1）　$x^2+y^2+z^2=a^2$　　（2）　$\dfrac{x^2}{a^2}+\dfrac{y^2}{b^2}+\dfrac{z^2}{c^2}=1$

（3）　$x^{2/3}+y^{2/3}+z^{2/3}=a^{2/3}$

6. 曲面 $f(ax-bz,ay-cz)=0$ の接平面は一定直線に平行であることを示せ．

7. 曲面 $f\left(\dfrac{y-b}{x-a},\dfrac{z-c}{x-a}\right)=0$ の接平面は定点を通ることを示せ．

⑥

多変数関数の積分

6-1　重積分（１）（閉長方形の場合）

1. 定　義

xy 平面 $\boldsymbol{R}^2$ の閉長方形 $W : a \le x \le b,\ c \le y \le d$ で関数 $z = f(x, y)$ は有界，すなわち，ある定数 M があって

$$|f(x, y)| \le M \quad ((x, y) \in W)$$

とする．

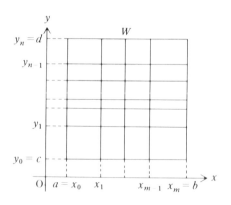

区間 $[a, b]$，$[c, d]$ 上にそれぞれ分点

$$\Delta : \begin{array}{l} a = x_0 < x_1 < \cdots < x_{m-1} < x_m = b \\ c = y_0 < y_1 < \cdots < y_{n-1} < y_n = d \end{array}$$

をとり，W を mn 個の小長方形

$$w_{ij} : x_{i-1} \le x \le x_i,\ y_{j-1} \le y \le y_j \quad (1 \le i \le m,\ 1 \le j \le n)$$

に分ける．w_{ij} の対角線の長さの最大値を $\|\Delta\|$ とおく．さらに

$$M_{ij} = \sup_{w_{ij}} f(x, y), \quad m_{ij} = \inf_{w_{ij}} f(x, y)$$

$$|w_{ij}| = (x_i - x_{i-1})(y_j - y_{j-1})$$

として，すべての小長方形に対する次の和を考える：

$$S(\varDelta, f) = S(\varDelta) = \sum_{j=1}^{n} \sum_{i=1}^{m} M_{ij}|w_{ij}|$$

$$s(\varDelta, f) = s(\varDelta) = \sum_{j=1}^{n} \sum_{i=1}^{m} m_{ij}|w_{ij}|$$

$$-M(b-a)(d-c) \leqq s(\varDelta) \leqq S(\varDelta) \leqq M(b-a)(d-c)$$

であるから，$\varDelta$ のとり方によらず $s(\varDelta), S(\varDelta)$ は有界である．そこで

$$\inf_{\varDelta} S(\varDelta) = S, \quad \sup_{\varDelta} s(\varDelta) = s$$

とおく．一般には，$S \geqq s$ であり，次が成り立つことが知られている：

　　$\|\varDelta\| \to 0$ のとき　$S(\varDelta) \to S, s(\varDelta) \to s$ （ダルブーの定理）

問1　$S > s$ なる例を考えよ．

定義6-1　　$S = s$ のとき，$f(x, y)$ は W 上**2重積分可能**あるいは**重積分可能**といい，この共通の値 $S = s$ を

$$\iint_W f(x, y)dx\, dy \quad \text{あるいは} \quad \iint_{\substack{a \leqq x \leqq b \\ c \leqq y \leqq d}} f(x, y)dx\, dy$$

で表し，$f(x, y)$ の W 上の**2重積分**あるいは**重積分**という．

例1　W 上で $f(x, y) \equiv 1$ は重積分可能で，その積分は $\iint_W dx\, dy$ で表し

$$\iint_W dx\, dy = |W| \quad （W \text{の面積}）$$

さて，w_{ij} の任意の点 $\mathrm{P}_{ij}(\xi_i, \eta_j)$ をとって**リーマン和**

$$R(\varDelta, f) = R(\varDelta) = \sum_{j=1}^{n} \sum_{i=1}^{m} f(\xi_i, \eta_j)|w_{ij}|$$

をつくる．このとき，次のことが知られている．

（A）　W で連続な関数 $f(x, y)$ は重積分可能．

（B）　$f(x, y)$ が W 上重積分可能ならば，$\displaystyle\lim_{\|\varDelta\| \to 0} R(\varDelta) = \iint_W f(x, y)dx\, dy$．

逆に点 P_{ij} の選び方に無関係に，極限 $\displaystyle\lim_{\|\varDelta\| \to 0} R(\varDelta) = I$ が存在したら

$f(x, y)$ は W 上重積分可能で，$I = \iint_W f(x, y) dx\, dy$.

（**A**）の証明は定理 5-6 を用いて 3-1 節，例 3 と同様に，また（**B**）は定理 3-4 と同様にすればよい.

重積分の基本的な性質をまとめる.

定理6-1

$f(x, y),\ g(x, y)$ を W 上重積分可能とする.

［Ⅰ］ $\alpha f(x, f) + \beta g(x, y)$（$\alpha, \beta$ は定数）は重積分可能で

$$\iint_W \{\alpha f(x, y) + \beta g(x, y)\} dx\, dy$$

$$= \alpha \iint_W f(x, y) dx\, dy + \beta \iint_W g(x, y) dx\, dy$$

［Ⅱ］ $f(x, y) \leqq g(x, y)$ ならば

$$\iint_W f(x, y) dx\, dy \leqq \iint_W g(x, y) dx\, dy$$

［Ⅲ］ $|f(x, y)|$ も重積分可能で

$$\left| \iint_W f(x, y) dx\, dy \right| \leqq \iint_W |f(x, y)| dx\, dy$$

［Ⅳ］ $a < a_1 < b$ なる a_1 によって W を

$W_1: a \leqq x \leqq a_1,\ c \leqq y \leqq d,\quad W_2: a_1 \leqq x \leqq b,\ c \leqq y \leqq d$

に分割するとき，$f(x, y)$ は W_1, W_2 で重積分可能であって

$$\iint_W f(x, y) dx\, dy = \iint_{W_1} f(x, y) dx\, dy + \iint_{W_2} f(x, y) dx\, dy$$

$c < c_1 < d$ なる c_1 によって W を 2 つに分けた場合も同様である.

証明は 1 変数の場合（3-3 節）と同様である.

2. 重積分の計算

連続関数の場合，1 次元の積分を反復することによって重積分の値を計算することができる.

いま，閉長方形 $W: a \leqq x \leqq b,\ c \leqq y \leqq d$ で $f(x, y)$ は連続とする. ま

ず，y を任意に固定すると，$f(x, y)$ は x の連続関数だから積分

$$F(y) = \int_a^b f(x, y)dx \qquad (1)$$

が存在する．このとき，

補題 6-1

$F(y)$ は $[c, d]$ で連続である．

証明　W は有界閉集合だから，$f(x, y)$ はそこで一様連続である（定理 5-6）．したがって，任意の正数 ε に対して，ある正数 δ があって，$[a, b]$ のどの x に対しても，

$$|y' - y''| < \delta, \ y', y'' \in [c, d] \Longrightarrow |f(x, y') - f(x, y'')| < \varepsilon$$

をみたす．これより，不等式

$$|F(y') - F(y'')| \leqq \int_a^b |f(x, y') - f(x, y'')|dx < \varepsilon(b - a)$$

を得て，$F(y)$ が連続なことがわかる．　∎

これによって，積分

$$\int_c^d F(y)\, dy \quad \left(= \int_c^d \left\{ \int_a^b f(x, y)dx \right\} dy \right)$$

が考えられる．これを

$$\int_c^d dy \int_a^b f(x, y)dx \qquad (2)$$

で表す．同様に

$$\int_a^b dx \int_c^d f(x, y)dy = \int_a^b \left\{ \int_c^d f(x, y)dy \right\} dx \qquad (3)$$

が考えられる．式（2），（3）を**累次積分**とよぶ．このとき，次が成り立つ．

定理 6-2

W で $f(x, y)$ が連続のとき，

$$\iint_W f(x, y)dx\, dy = \int_c^d dy \int_a^b f(x, y)dx = \int_a^b dx \int_c^d f(x, y)dy$$

証明　（前項の記号を用いる）$x_{i-1} \leqq x \leqq x_i, \ y_{j-1} \leqq \eta_j \leqq y_j$ のとき

$$m_{ij}(x_i - x_{i-1}) \leqq \int_{x_{i-1}}^{x_i} f(x, \eta_j) dx \leqq M_{ij}(x_i - x_{i-1})$$

i について 1 から m まで加えると

$$\sum_{i=1}^{m} m_{ij}(x_i - x_{i-1}) \leqq \int_a^b f(x, \eta_j) dx \leqq \sum_{i=1}^{m} M_{ij}(x_i - x_{i-1})$$

辺々に $(y_j - y_{j-1})$ をかけて j について 1 から n まで加えると，式（1）により

$$s(\Delta) \leqq \sum_{j=1}^{n} F(\eta_j)(y_j - y_{j-1}) \leqq S(\Delta)$$

$f(x, y)$ は W で重積分可能だから，$\|\Delta\| \to 0$ のとき

$$s(\Delta), S(\Delta) \to \iint_W f(x, y) dx\, dy$$

また真中の項は，$F(y)$ が連続なことから $[c, d]$ で積分可能であり $\int_c^d F(y) dy$ に収束する．したがって

$$\iint_W f(x, y) dx\, dy = \int_c^d dy \int_a^b f(x, y) dx \qquad \blacksquare$$

問2 残りの等式も同様に得られることを確かめよ．

$f(x, y)$ が連続でなくても，定理 6-2 よりも一般に次が成り立つ．

定理 6-3

W で $f(x, y)$ は重積分可能とする．

［Ⅰ］ $[c, d]$ の任意の y に対して，定積分 $F(y) = \int_a^b f(x, y) dx$ が存在していたら，$F(y)$ は積分可能で

$$\iint_W f(x, y) dx\, dy = \int_c^d dy \int_a^b f(x, y) dx$$

［Ⅱ］ $[a, b]$ の任意の x に対して，定積分 $G(x) = \int_c^d f(x, y) dy$ が存在していたら，$G(x)$ は積分可能で

$$\iint_W f(x, y) dx\, dy = \int_a^b dx \int_c^d f(x, y) dy$$

証明は定理 6-2 と同様にすればよい.

例2　$W : 0 \leqq x \leqq 1,\ 0 \leqq y \leqq 2$ のとき

$$\iint_W (x+y)\,dx\,dy = \int_0^2 dy \int_0^1 (x+y)\,dx = \int_0^2 \left[\frac{x^2}{2} + xy \right]_0^1 dy$$

$$= \int_0^2 \left(\frac{1}{2} + y \right) dy = \left[\frac{1}{2}y + \frac{1}{2}y^2 \right]_0^2 = 1 + 2 = 3$$

例3　$f(x),\ g(y)$ が連続のとき（$W : a \leqq x \leqq b,\ c \leqq y \leqq d$）

$$\iint_W f(x)g(y)\,dx\,dy = \int_a^b f(x)\,dx \int_c^d g(y)\,dy$$

［解］
$$\iint_W f(x)g(y)\,dx\,dy = \int_c^d \left\{ \int_a^b f(x)g(y)\,dx \right\} dy$$

$$= \int_c^d \left\{ g(y) \int_a^b f(x)\,dx \right\} dy$$

$$= \int_a^b f(x)\,dx \int_c^d g(y)\,dy$$

問3　次の積分の値を定理 6-2 によって 2 通りで計算してみよ.

（1）$\displaystyle\iint_W x^3 y^2 dx\,dy,\ W : 0 \leqq x \leqq 1,\ 0 \leqq y \leqq 1$

（2）$\displaystyle\iint_D (x^2 + y^2)\,dx\,dy,\ D : 0 \leqq x \leqq 2,\ 0 \leqq y \leqq 1$

（3）$\displaystyle\iint_K \cos(x+y)\,dx\,dy,\ K : 0 \leqq x \leqq \frac{\pi}{2},\ 0 \leqq y \leqq \frac{\pi}{2}$

3.　R^p（$p \geqq 3$）での重積分

R^3 での閉直方体

$$T : a_1 \leqq x \leqq a_2,\ b_1 \leqq y \leqq b_2,\ c_1 \leqq z \leqq c_2$$

で定義された関数 $f(x, y, z)$ の **3 重積分**

$$\iiint_T f(x, y, z)\,dx\,dy\,dz$$

も同様に定義される. 特に, $f(x, y, z)$ が連続のときには

$$\iiint_T f(x, y, z)\,dx\,dy\,dz = \int_{a_1}^{a_2} \left\{ \int_{b_1}^{b_2} \left(\int_{c_1}^{c_2} f(x, y, z)\,dz \right) dy \right\} dx \qquad (4)$$

が成り立つ. 積分の順序は交換してもよい. 式（4）の最後の項を次のように書く.

$$\int_{a_1}^{a_2}dx\int_{b_1}^{b_2}dy\int_{c_1}^{c_2}f(x,y,z)dz$$

　これらの事柄は $\boldsymbol{R}^p\,(p\geqq 4)$ においてもすべて同様である．2重積分，3重積分，…，p 重積分を一般に**重積分**という．

例4　$T:0\leqq x\leqq 1,\ 0\leqq y\leqq 1,\ 0\leqq z\leqq 1$ のとき，

$$\begin{aligned}
\iiint_T(x+y+z)\,dx\,dy\,dz &= \int_0^1dx\int_0^1dy\int_0^1(x+y+z)dz\\
&= \int_0^1dx\int_0^1\Big[xz+yz+\frac{1}{2}z^2\Big]_0^1dy\\
&= \int_0^1dx\int_0^1\Big(x+y+\frac{1}{2}\Big)dy\\
&= \int_0^1\Big[xy+\frac{1}{2}y^2+\frac{1}{2}y\Big]_0^1dx\\
&= \int_0^1\Big(x+\frac{1}{2}+\frac{1}{2}\Big)dx = \Big[\frac{1}{2}x^2+x\Big]_0^1 = \frac{3}{2}
\end{aligned}$$

問4　次の重積分を求めよ．

（1）　$\displaystyle\iiint_T(x^2+y^2+z^2)dx\,dy\,dz,\ T:0\leqq x\leqq 1,\ 0\leqq y\leqq 1,\ 0\leqq z\leqq 1$

（2）　$\displaystyle\iiint_T\sin(x+y+z)dx\,dy\,dz,\ T:0\leqq x,\ y,\ z\leqq\frac{\pi}{2}$

（3）　$\displaystyle\iiiint_T(x+y+z+w)dx\,dy\,dz\,dw,\ T:0\leqq x,\ y,\ z,\ w\leqq 2$

問題 6-1 （答は p. 321）

1. 次の2重積分を計算せよ．

（1）　$\displaystyle\iint_W xy(y-x)dx\,dy,\ W:0\leqq x\leqq a,\ 0\leqq y\leqq b$

（2）　$\displaystyle\iint_W e^{px+qy}dx\,dy,\ W:0\leqq x\leqq a,\ 0\leqq y\leqq b$

（3）　$\displaystyle\iint_W(x^2-y^2)dx\,dy,\ W:0\leqq x\leqq 2,\ 0\leqq y\leqq 3$

（4）　$\displaystyle\iint_D(a-x)y^2dx\,dy,\ D:0\leqq x\leqq a,\ 0\leqq y\leqq 2b$

（5）　$\displaystyle\iint_D re^{-r^2}\sin\theta\,dr\,d\theta,\ D:0\leqq r\leqq a,\ 0\leqq\theta\leqq\frac{\pi}{2}$

（6）　$\displaystyle\iint_D(x+y)^2dx\,dy,\ D:0\leqq x\leqq 1,\ 0\leqq y\leqq 1$

2. $T:a_1\leqq x\leqq a_2,\ b_1\leqq y\leqq b_2,\ c_1\leqq z\leqq c_2$ のとき，次を示せ．

$$\iiint_T f(x)g(y)h(z)\,dx\,dy\,dz = \int_{a_1}^{a_2} f(x)\,dx \cdot \int_{b_1}^{b_2} g(y)\,dy \cdot \int_{c_1}^{c_2} h(z)\,dz$$

3. 次の3重積分を計算せよ.

（1）$\displaystyle\int_0^a dr \int_0^\pi d\theta \int_0^{2\pi} r^2 \sin\theta\,d\varphi$ （2）$\displaystyle\int_0^c dz \int_0^b dy \int_0^a e^{px+qy+rz}\,dx$

（3）$\displaystyle\iiint_T x\,dx\,dy\,dz,\ T: -a \le x, y, z \le a$

（4）$\displaystyle\iiint_T x^2 dx\,dy\,dz,\ T:（3）と同じ$

4. 次の重積分を計算せよ.

（1）$\displaystyle\iint_W \frac{y}{1+(xy)^2}dx\,dy,\ W: 0 \le x \le 1,\ 0 \le y \le 1$

（2）$\displaystyle\iint_W \frac{y}{1+xy}dx\,dy,\ W: 0 \le x \le 1,\ 1 \le y \le e-1$

（3）$\displaystyle\iint_W ye^{xy}dx\,dy,\ W: 0 \le x \le 1,\ 0 \le y \le 1$

（4）$\displaystyle\iint_W \frac{(\log xy)^2}{x}dx\,dy,\ W: 1 \le x \le e,\ 1 \le y \le e$

（5）$\displaystyle\iint_W \frac{y\sin^{-1}(xy)}{\sqrt{1-(xy)^2}}dx\,dy,\ W: 0 \le x \le 1,\ 0 \le y \le 1$

6-2　重積分（2）（有界閉集合の場合）

1. 定　義

1次元の場合と異なり $\boldsymbol{R}^p$ $(p \ge 2)$ では，長方形などばかりでなくさまざまな区域（三角形，円，球，…）での積分を考える必要がある. そこで，この節では2次元の場合を中心にして有界閉集合での重積分を考察する.

xy 平面 $\boldsymbol{R}^2$ での有界閉集合 K で定義された有界関数 $f(x, y)$ に対して

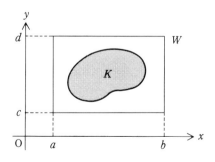

$$f^*(x, y) = \begin{cases} f(x, y) & ((x, y) \in K) \\ 0 & ((x, y) \in W - K) \end{cases}$$

とおく．ここに，W は K を含む1つの閉長方形．

このとき，$f^*(x, y)$ は W での有界関数である．

定義 6-2［ⅰ］　$f^*(x, y)$ が W で重積分可能のとき，$f(x, y)$ は **K で重積分可能**であるといい，K での $f(x, y)$ の重積分を次の式で定める：

$$\iint_K f(x, y)\,dx\,dy = \iint_W f^*(x, y)\,dx\,dy \tag{1}$$

［ⅱ］　$f(x, y) \equiv 1$ のとき，$f(x, y)$ が K で重積分可能ならば，K は**面積確定**であるといい，その面積は重積分

$$\iint_K dx\,dy \quad \left(= \iint_W f^*(x, y)\,dx\,dy \right)$$

で与えられる．

問1　［ⅰ］での重積分可能性と式（1）の値は W の選び方に依存しないことを示せ．

　面積確定' あるいは重積分可能' に関して次のような事柄が成り立つことが知られている．

（**C**）　有界閉領域 K の境界が有限個の C^1 級曲線からなるとき K は面積確定である．

（**D**）　$\varphi_1(x), \varphi_2(x)$ を $[a, b]$ で連続かつ $\varphi_1(x) \leqq \varphi_2(x)$ としたとき

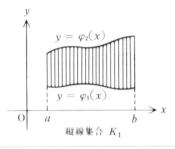

縦線集合 K_1

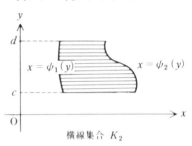

横線集合 K_2

' これらのことをくわしく論じるのは本書の目的からはずれるので，興味のある読者は適当な書物で勉強してほしい．

縦線集合 $K_1 = \{(x, y)\,;\, \varphi_1(x) \le y \le \varphi_2(x),\ a \le x \le b\}$

あるいは，$\psi_1(y), \psi_2(y)$ を $[c, d]$ で連続かつ $\psi_1(y) \le \psi_2(y)$ としたとき

横線集合 $K_2 = \{(x, y)\,;\, \psi_1(y) \le x \le \psi_2(y),\ c \le y \le d\}$

は面積確定である.

（**E**）　面積確定な K での連続関数 $f(x, y)$ は K で重積分可能である.

面積確定な集合上での連続な関数は定理 6-1 と同様に次のような基本的性質をもっている.

定理 6-4

K, K_1, K_2 は面積確定，$f(x, y), g(x, y)$ は K で連続，α, β は定数とする.

[I]
$$\iint_K \{\alpha f(x, y) + \beta g(x, y)\}\,dx\,dy$$
$$= \alpha \iint_K f(x, y)\,dx\,dy + \beta \iint_K g(x, y)\,dx\,dy$$

[II]　K で $f(x, y) \le g(x, y)$
$$\Longrightarrow \iint_K f(x, y)\,dx\,dy \le \iint_K g(x, y)\,dx\,dy$$

[III]　K が K_1, K_2 に分割されるとき
$$\iint_K f(x, y)\,dx\,dy = \iint_{K_1} f(x, y)\,dx\,dy + \iint_{K_2} f(x, y)\,dx\,dy$$

[IV]
$$\left| \iint_K f(x, y)\,dx\,dy \right| \le \iint_K |f(x, y)|\,dx\,dy$$

2.　累 次 積 分

有界閉集合での重積分を計算することを考える.

定理 6-5

[Ⅰ] 縦線集合 $K_1 = \{(x, y)\,;\, \varphi_1(x) \le y \le \varphi_2(x),\ a \le x \le b\}$ で $f(x, y)$ が連続のとき

$$\iint_{K_1} f(x, y)dx\,dy = \int_a^b dx \int_{\varphi_1(x)}^{\varphi_2(x)} f(x, y)dy$$

[Ⅱ] 横線集合 $K_2 = \{(x, y)\,;\, \psi_1(y) \le x \le \psi_2(y),\ c \le y \le d\}$ で $f(x, y)$ が連続のとき

$$\iint_{K_2} f(x, y)dx\,dy = \int_c^d dy \int_{\psi_1(y)}^{\psi_2(y)} f(x, y)dx$$

証明 [Ⅰ] K_1 を含む閉長方形 $W : a \le x \le b,\ c \le y \le d$ を考え，

$$f^*(x, y) = \begin{cases} f(x, y) & ((x, y) \in K_1) \\ 0 & ((x, y) \in W - K_1) \end{cases}$$

とおくと，性質（**E**）と定義 6-2 [ⅰ] によって $f^*(x, y)$ は W で重積分可能．したがって，定理 6-3 により

$$\iint_{K_1} f(x, y)dx\,dy = \iint_W f^*(x, y)dx\,dy = \int_a^b dx \int_c^d f^*(x, y)dy$$
$$= \int_a^b dx \int_{\varphi_1(x)}^{\varphi_2(x)} f(x, y)dy$$

[Ⅱ] も同様． ∎

[Ⅰ], [Ⅱ] での右辺を**累次積分**という．

系

[Ⅰ]
$$K_1 \text{ の面積} = \int_a^b (\varphi_2(x) - \varphi_1(x))dx$$
$$K_2 \text{ の面積} = \int_c^d (\psi_2(y) - \psi_1(y))dy$$

[Ⅱ] （積分順序の交換）K が縦線集合でもあり，横線集合でもあれば，K 上の連続関数 $f(x, y)$ に対して

$$\iint_K f(x, y)dx\,dy = \int_a^b dx \int_{\varphi_1(x)}^{\varphi_2(x)} f(x, y)dy = \int_c^d dy \int_{\psi_1(y)}^{\psi_2(y)} f(x, y)dx$$

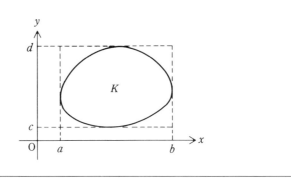

証明 ［I］ K_1 の面積 $= \displaystyle\iint_{K_1} dx\, dy = \int_a^b dx \int_{\varphi_1(x)}^{\varphi_2(x)} dy$

$$= \int_a^b (\varphi_2(x) - \varphi_1(x))\, dx$$

K_2 も同様． ［II］ は定理よりただちに得られる． ∎

例題1 $\displaystyle\iint_K y\, dx\, dy,\ K = \{(x, y)\,;\, x^2 + y^2 \leqq 1,\ y \geqq 0\}$，を求めよ．

［**解**］ この場合，定理6-5 ［I］ で $a = -1,\ b = 1,\ f(x, y) = y,\ \varphi_1(x) = 0,$
$\varphi_2(x) = \sqrt{1 - x^2}$.

$$\iint_K y\, dx\, dy = \int_{-1}^1 dx \int_0^{\sqrt{1-x^2}} y\, dy$$

$$= \int_{-1}^1 \left[\frac{1}{2} y^2 \right]_0^{\sqrt{1-x^2}} dx = \frac{1}{2} \int_{-1}^1 (1 - x^2)\, dx$$

$$= \frac{1}{2} \left[x - \frac{x^3}{3} \right]_{-1}^1 = \frac{2}{3}$$

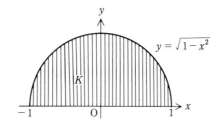

例題 2 $\displaystyle\iint_K xy(l-x-y)dx\,dy,\ K: x \geqq 0,\ y \geqq 0,\ x+y \leqq l\,(l>0)$, を求めよ.

［**解**］　この場合は定理 6-5［Ⅰ］で，$a=0,\ b=l,$
$\varphi_1=0,\ \varphi_2=l-x,\ f=xy(l-x-y)$ である.

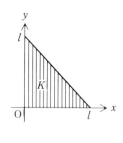

$$\iint_K xy(l-x-y)dx\,dy$$
$$=\int_0^l dx\int_0^{l-x} xy(l-x-y)dy$$
$$=\int_0^l\left[x(l-x)\frac{y^2}{2}-x\frac{y^3}{3}\right]_0^{l-x}dx$$
$$=\frac{1}{6}\int_0^l x(l-x)^3 dx$$
$$=\frac{1}{6}\left[-\frac{1}{4}(l-x)^4 x-\frac{1}{20}(l-x)^5\right]_0^l=\frac{l^5}{120}$$

例題 3　$\displaystyle I=\iint_K (x^2+3y^2)dx\,dy,\ K: x^2+y^2 \leqq 1$, を求めよ.

［**解**］
$$I=\int_{-1}^1 dx\int_{-\sqrt{1-x^2}}^{\sqrt{1-x^2}}(x^2+3y^2)dy=\int_{-1}^1\left[x^2 y+y^3\right]_{-\sqrt{1-x^2}}^{\sqrt{1-x^2}}dx$$
$$=2\int_{-1}^1\{x^2\sqrt{1-x^2}+(1-x^2)\sqrt{1-x^2}\}dx$$
$$=4\int_0^1\sqrt{1-x^2}dx\quad(x=\sin t\ \text{と置換})$$
$$=4\int_0^{\pi/2}\cos^2 t\,dt=4\left[\frac{1}{2}\Bigl(t+\frac{1}{2}\sin 2t\Bigr)\right]_0^{\pi/2}=\pi$$

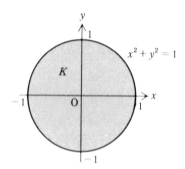

例題 4　$\displaystyle I=\iint_K f(x,y)dx\,dy,\ K:\ \frac{x}{a}+\frac{y}{b} \leqq 1,\ x \geqq 0,\ y \geqq 0\,(a>0,\ b>0)$ を 2 通りの累次積分で表せ.

[**解**]　K を縦線集合と見ると，$K : 0 \le x \le a,\ 0 \le y \le b(1-x/a)$．ゆえに

$$I = \int_0^a dx \int_0^{b(1-x/a)} f(x, y) dy$$

K を横線集合と見ると，$K : 0 \le y \le b,\ 0 \le x \le a(1-y/b)$．

$$I = \int_0^b dy \int_0^{a(1-y/b)} f(x, y) dx$$

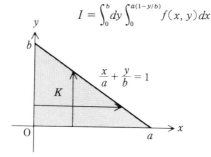

問2　次の重積分の値を求めよ（$a > 0$）．

（1）$\displaystyle\iint_K x^2 dx\, dy,\ K : x+y \le 1,\ x \ge 0,\ y \ge 0$

（2）$\displaystyle\iint_K (2x+3y) dx\, dy,\ K : x^2 \le y \le 2+x$

（3）$\displaystyle\iint_K \sqrt{y}\, dx\, dy,\ K : x^2+y^2 \le y$　　（4）$\displaystyle\iint_{x^2+y^2 \le a^2} (4x^2+3y^2) dx\, dy$

問3　次の累次積分の順序を交換せよ．

（1）$\displaystyle\int_0^1 dx \int_x^{\sqrt{x}} f(x, y) dy$　　（2）$\displaystyle\int_0^{1/4} dy \int_{2y}^{\sqrt{y}} f(x, y) dx$

（3）$\displaystyle\int_0^3 dy \int_{-2(1-y/3)}^{4(1-y/3)} f(x, y) dx$　　（4）$\displaystyle\int_{-1}^2 dx \int_{x^2}^{x+2} f(x, y) dy$

3.　R^3 の 場 合

R^3 での一般な有界閉集合 K における $f(x, y, z)$ の積分は，K を含む直方体 K^* を1つ考え，平面の場合と同じように

$$f^*(x, y, z) = \begin{cases} f(x, y, z) & ((x, y, z) \in K) \\ 0 & ((x, y, z) \in K^*-K) \end{cases}$$

が K^* で積分可能のとき，f は **K で積分可能**といい，その積分は

$$\iiint_K f(x, y, z) dx\, dy\, dz = \iiint_{K^*} f^*(x, y, z) dx\, dy\, dz$$

で与えられる．特に $f(x, y, z) \equiv 1$ が K で積分可能のとき，K は**体積確定**といい，その体積は次の積分で与えられる：

$$\iiint_K dx\,dy\,dz = \iiint_{K^*} f^*(x, y, z)\,dx\,dy\,dz$$

定理 6-5 の場合と同様に，次の定理が成り立つことが知られている．

定理 6-6

［Ⅰ］ D を xy 平面での面積確定な閉領域，$\varphi_1(x, y)$, $\varphi_2(x, y)$ は D で連続かつ $\varphi_1(x, y) \leqq \varphi_2(x, y)$ とする．このとき，

$$K = \{(x, y, z)\,;\, \varphi_1(x, y) \leqq z \leqq \varphi_2(x, y),\, (x, y) \in D\}$$

は体積確定で，K 上の連続関数 $f(x, y, z)$ に対して

$$\iiint_K f(x, y, z)\,dx\,dy\,dz = \iint_D dx\,dy \int_{\varphi_1(x, y)}^{\varphi_2(x, y)} f(x, y, z)\,dz$$

$$K \text{ の体積} = \iiint_K dx\,dy\,dz = \iint_D \{\varphi_2(x, y) - \varphi_1(x, y)\}\,dx\,dy$$

さらに，$D = \{(x, y)\,;\, g_1(x) \leqq y \leqq g_2(x),\, a \leqq x \leqq b\}$ のときには

$$\iiint_K f(x, y, z)\,dx\,dy\,dz = \int_a^b dx \int_{g_1(x)}^{g_2(x)} dy \int_{\varphi_1(x, y)}^{\varphi_2(x, y)} f(x, y, z)\,dz$$

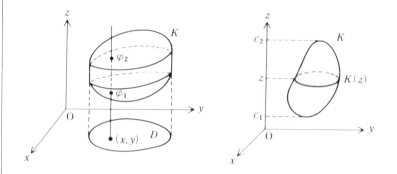

［Ⅱ］ K を体積確定，その z 軸への正射影は $[c_1, c_2]$，xy 平面に平行な平面で切った $K(z) = \{(x, y)\,;\, (x, y, z) \in K\}$ は面積確定とする．K 上の連続関数 $f(x, y, z)$ に対して

$$\iiint_K f(x, y, z)\,dx\,dy\,dz = \int_{c_1}^{c_2} dz \iint_{K(z)} f(x, y, z)\,dx\,dy$$

$$K \text{ の体積} = \iiint_K dx\,dy\,dz = \int_{c_1}^{c_2} S(z)\,dz$$

ただし，$S(z) = \iint_{K(z)} dx\, dy$ は $K(z)$ の面積．

さらに，$K(z) = \{(x, y, z)\,;\ g_1(y, z) \leqq x \leqq g_2(y, z),\ h_1(z) \leqq y \leqq h_2(z)\}$ のときには

$$\iiint_K f(x, y, z)\, dx\, dy\, dz = \int_{c_1}^{c_2} dz \int_{h_1(z)}^{h_2(z)} dy \int_{g_1(y, z)}^{g_2(y, z)} f(x, y, z)\, dx$$

例題 5　$I = \iiint_K x\, dx\, dy\, dz,\ K : x^2 + y^2 + z^2 \leqq 1,\ x \geqq 0$ を求めよ．

［**解**］　定理 6-6 ［ I ］で x と z を取りかえて，yz 平面で

$$D : y^2 + z^2 \leqq 1,\ \varphi_1(y, z) = 0,\ \varphi_2(y, z) = \sqrt{1 - y^2 - z^2},\ f(x, y, z) = x$$

$$I = \iint_D dy\, dz \int_0^{\sqrt{1 - y^2 - z^2}} x\, dx = \frac{1}{2} \iint_D (1 - y^2 - z^2)\, dy\, dz$$

$$= \frac{1}{2} \int_{-1}^1 dz \int_{-\sqrt{1 - z^2}}^{\sqrt{1 - z^2}} (1 - y^2 - z^2)\, dy = \frac{1}{2} \int_{-1}^1 \left[(1 - z^2)y - \frac{y^3}{3} \right]_{-\sqrt{1 - z^2}}^{\sqrt{1 - z^2}} dz$$

$$= \frac{2}{3} \int_{-1}^1 (1 - z^2)^{3/2} dz = \frac{4}{3} \int_0^1 (1 - z^2)^{3/2} dz \quad (z = \sin\theta)$$

$$= \frac{4}{3} \int_0^{\pi/2} \cos^4\theta\, d\theta = \frac{\pi}{4}$$

例題 6　楕円体 $K : \dfrac{x^2}{a^2} + \dfrac{y^2}{b^2} + \dfrac{z^2}{c^2} \leqq 1\ (a, b, c > 0)$ の体積 V を求めよ．

［**解**］　定理 6-6 ［II］により，$K(z) : \dfrac{x^2}{a^2} + \dfrac{y^2}{b^2} \leqq 1 - \dfrac{z^2}{c^2}$ として

$$V = \iiint_K dx\, dy\, dz = \int_{-c}^c dz \iint_{K(z)} dx\, dy$$

$$S(z) = \iint_{K(z)} dx\, dy = \pi ab \left(1 - \frac{z^2}{c^2} \right)$$

ゆえに，

$$V = \int_{-c}^c \pi ab \left(1 - \frac{z^2}{c^2} \right) dz = \frac{4}{3} \pi abc$$

問 4　次の積分の値を求めよ（$a > 0$）．

（1）　$\displaystyle\iiint_K x\, dx\, dy\, dz,\ K : x + y + z \leqq 1,\ x \geqq 0,\ y \geqq 0,\ z \geqq 0$

（2）　$\displaystyle\iiint_D xz\, dx\, dy\, dz,\ D : x^2 + y^2 + z^2 \leqq a^2,\ x \geqq 0,\ z \geqq 0$

（3）　$\displaystyle\iiint_D (x + y + z)\, dx\, dy\, dz,\ D : x^2 + y^2 + z^2 \leqq a^2,\ x \geqq 0,\ y \geqq 0,\ z \geqq 0$

問 5　定理 6-6 を用いて次の命題を証明せよ．

（1）　xy 平面上での曲線 $y = \varphi(x) \geqq 0$ $(a \leqq x \leqq b)$ を x 軸を中心にして回転してできる回転体の体積は $\pi\displaystyle\int_a^b \varphi(x)^2 dx$ である．

（2）　底面積が S，高さが h の錐体の体積は $(1/3)Sh$ である．

問題 6-2 （答は p. 322）

1. 次の累次積分の値を求めよ．

（1）　$\displaystyle\int_0^1 dx \int_{x^2}^x (3x + y^2) dy$ 　　（2）　$\displaystyle\int_0^{\pi/2} dy \int_0^{\pi/2 - y} \sin(x + y) dx$

（3）　$\displaystyle\int_0^\pi d\theta \int_0^{a(1 + \cos\theta)} r\, dr$ 　　（4）　$\displaystyle\int_0^1 dy \int_y^{5y} \sqrt{xy - y^2}\, dx$

（5）　$\displaystyle\int_1^2 dz \int_0^z dy \int_0^{\sqrt{3}\,y} \frac{y}{x^2 + y^2} dx$ 　　（6）　$\displaystyle\int_{-\pi}^\pi d\varphi \int_0^{\pi/2} d\theta \int_0^a r^3 \cos\theta \sin\theta\, dr$

2. 次の重積分の値を求めよ．

（1）　$\displaystyle\iint_D (x^2 + y^2) dx\, dy, \ D : 0 \leqq x,\ x^2 \leqq y \leqq 2 - x$

（2）　$\displaystyle\iint_D xy\, dx\, dy, \ D : 0 \leqq x, y,\ 4x^2 + y^2 \leqq a^2 \ (a > 0)$

（3）　$\displaystyle\iint_D x\, dx\, dy, \ D : \sqrt{x} + \sqrt{y} \leqq 1$

（4）　$\displaystyle\iint_D xy\, dx\, dy, \ D : 0 \leqq y \leqq 1,\ 1 \leqq x^2 + y,\ 0 \leqq y - x + 2$

3. 次の f, T に対して 3 重積分 $\displaystyle\iiint_T f(x, y, z) dx\, dy\, dz$ を計算せよ $(a > 0)$．

（1）　$f = y,\ T : 0 \leqq x, y, z,\ x + y + z \leqq a$

（2）　$f = \sqrt{x + y + z},\ T : 0 \leqq x, y, z \leqq 2$

（3）　$f = xyz,\ T : x^2 + y^2 + z^2 \leqq a^2,\ 0 \leqq x, y, z$

4. 次の積分の順序を交換せよ．

（1）　$\displaystyle\int_0^1 dy \int_{2\sqrt{y}}^{3-y} f(x, y) dx$ 　　（2）　$\displaystyle\int_0^a dy \int_0^{y^2} f(x, y) dx \ (a > 0)$

5. 次の曲線を x 軸のまわりに 1 回転した回転体の体積を求めよ．

（1）　$y = \sin x \ (0 \leqq x \leqq \pi)$ 　　（2）　$\dfrac{x^2}{a^2} + \dfrac{y^2}{b^2} = 1 \ (a, b > 0)$

（3）　$y = \sqrt{x} \ (0 \leqq x \leqq 1)$

6. 次の重積分を計算せよ．

（1）　$\displaystyle\iint_D \sqrt{4y^2 - x^2}\, dx\, dy, \ D : 0 \leqq x \leqq y \leqq 1$

（2）　$\displaystyle\iint_D \log \frac{y}{x^2}\, dx\, dy, \ D : 1 \leqq x \leqq y \leqq e$

（3）　$\displaystyle\iint_D \sqrt{x}\, y\, dx\, dy, \ D : x^2 + y^2 \leqq x$

7. 次を示せ $(a > 0)$.

（1）$\displaystyle\int_0^a dx \int_x^a dy \int_0^y f(x, y, z)dz = \int_0^a dz \int_z^a dy \int_0^y f(x, y, z)dx$

（2）$\displaystyle\int_0^a dx \int_0^x dy \int_0^y f(x, y, z)dz = \int_0^a dz \int_z^a dy \int_y^a f(x, y, z)dx$

8. $\displaystyle\int_0^{x_n} dx_{n-1} \cdots \int_0^{x_2} dx_1 \int_0^{x_1} \varphi(t)dt = \int_0^{x_n} \frac{(x_n - t)^{n-1}}{(n-1)!} \varphi(t)dt$ を示せ.

6-3　変　数　変　換

1.　重積分の変数変換 ──────────────

K を xy 平面の面積確定の有界閉領域, $f(x, y)$ を K で連続な関数とする. 重積分

$$I = \iint_K f(x, y)dx\, dy$$

において変数の変換

$$T : x = \varphi(u, v), \quad y = \psi(u, v) \tag{1}$$

により変数を u, v に変えることを考える.

いま, 変換（1）は C^1 級の写像で, uv 平面の有界閉領域 D を K へ1対1に写し, D で

$$J(u, v) = \frac{\partial(x, y)}{\partial(u, v)} \neq 0$$

とする. このとき次のことが知られている.

（**F**）　D は面積確定である.

（**G**）　(u_0, v_0) を D の任意の点, $x_0 = \varphi(u_0, v_0)$, $y_0 = \psi(u_0, v_0)$ とし, (u_0, v_0) を中心とする1辺が l/n の正方形を Ω_n', T による Ω_n' の像を Ω_n, その面積を $|\Omega_n|$ とする（l は1つの正数）. このとき D において一様に

$$\lim_{n \to \infty} \frac{|\Omega_n|}{(l/n)^2} = |J(u_0, v_0)|$$

（**H**）　$D_0 : a \leq u \leq b, c \leq v \leq d$ を D を含む正方形とし, 各辺をそれぞれ n 等分することによって, D_0 を1辺が $(b-a)/n$ からなる n^2 個の正方形に分割する. D に含まれる正方形全体を $\{w_{ij}'\}$, T による w_{ij}' の像を w_{ij}（$w_{ij} \subset K$）, w_{ij}' の中心 (u_i, v_j) の T による像を (x_i, y_j) とす

るとき，

$$\iint_K f(x, y)\, dx\, dy = \lim_{n \to \infty} \sum f(x_i, y_j)|w_{ij}|$$

これらの事実を利用すると，次の重積分の変数変換の定理が得られる：

───── 定理 6-7（変数変換）─────────────────

$$\iint_K f(x, y)\, dx\, dy = \iint_D f(\varphi(u, v),\ \psi(u, v))|J(u, v)|\, du\, dv$$

略証　$|w_{ij}|/(l/n)^2 - |J(u_i, v_j)| = \varepsilon\ (l = b - a)$ とおく．（**G**）により $\varepsilon \to 0\ (n \to \infty)$.

$$\sum f(x_i, y_j)\,|w_{ij}| = \sum f(\varphi(u_i, v_j),\ \psi(u_i, v_j))|J(u_i, v_j)|\left(\frac{l}{n}\right)^2$$
$$+ \varepsilon \sum f(x_i, y_j)\left(\frac{l}{n}\right)^2 \qquad (2)$$

ここで，$\max_K |f(x, y)| = M$ とすると，

$$\left|\sum f(x_i, y_j)\left(\frac{l}{n}\right)^2\right| \leq M l^2$$

一方，$f(\varphi(u, v),\ \psi(u, v))|J(u, v)|$ は D で連続だから積分可能（6-2 節，（**E**））．定義 6-1, 6-2 およびダルブーの定理を考慮すると

$$\lim_{n \to \infty} \sum f(\varphi(u_i, v_j), \psi(u_i, v_j))|J(u_i, v_j)|\left(\frac{l}{n}\right)^2$$
$$= \iint_D f(\varphi(u, v),\ \psi(u, v))|J(u, v)|\, du\, dv$$

を得る．これと（**H**）を用い，式（2）で $n \to \infty$ として定理を得る．　∎

応用上よく現れる特別な場合について見てみよう．

───── 系 1（1次変換）─────────────────────

　$x = au + bv,\ y = cu + dv\ (a, b, c, d$ は定数で $ad - bc \neq 0)$ のとき，

$$\iint_K f(x, y)\, dx\, dy = |ad - bc| \iint_D f(au + bv,\ cu + dv)\, du\, dv \qquad (3)$$

実際，$ad-bc \neq 0$ より，この変換は uv 平面を xy 平面に1対1に写し，

$$J(u, v) = \frac{\partial(x, y)}{\partial(u, v)} = \begin{vmatrix} a & b \\ c & d \end{vmatrix} = ad - bc \neq 0$$

注　$ad-bc = 0$ とすると，$f(x, y) \equiv 1$，$K : 0 \leq x \leq 1$，$0 \leq y \leq 1$ に対して式（3）の左辺 $= 1$，右辺 $= 0$ となって系1は不成立．定理6-7で $J \neq 0$ は必要な条件．

例題1　$I = \displaystyle\iint_K x \, dx \, dy$，$K : 0 \leq x-y \leq 1$，$0 \leq x+y \leq 1$ を求めよ．

[**解**]　$x-y = u$，$x+y = v$ すなわち $x = (u+v)/2$，$y = (-u+v)/2$ と変換すると，$D : 0 \leq u \leq 1$，$0 \leq v \leq 1$，$J = 1/2$．

$$I = \frac{1}{2} \iint_D \frac{1}{2}(u+v) du \, dv = \frac{1}{4}$$

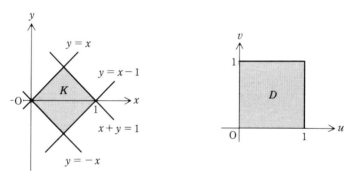

問1　次の積分を求めよ．

（1）　$\displaystyle\iint_K x^2 dx \, dy$，$K : 0 \leq x-y \leq 1$，$0 \leq x+y \leq 1$

（2）　$\displaystyle\iint_K (x^2+y^2)e^{-x-y} dx \, dy$，$K : -1 \leq x+y \leq 1$，$-1 \leq x-y \leq 1$

系2（極座標）

$x = r \cos \theta$，$y = r \sin \theta$（$0 \leq r$，$0 \leq \theta \leq 2\pi$）のとき，

$$\iint_K f(x, y) dx \, dy = \iint_D f(r \cos \theta, r \sin \theta) r \, dr \, d\theta \qquad (4)$$

$J = \partial(x, y) / \partial(r, \theta) = r$ であるから，定理6-7より明らかである．なお，

$r = 0$ では $J = 0$ となり，変換は 1 対 1 ではない．また，$\theta = 2\pi$ のときも 1 対 1 ではなくなるが，$(0 <) \rho \leqq r,\ 0 \leqq \theta \leqq \alpha (< 2\pi)$ で適用し，その後 $\rho \to 0,\ \alpha \to 2\pi$ とすることによって，この公式はこれらの場合にも成立する．この式は K が円または扇形の場合などに有効である．

例題 2　$I = \displaystyle\iint_K (px^2 + qy^2) dx\,dy,\ K : x^2 + y^2 \leqq a^2\ (a > 0)$ を求めよ．

［解］　極座標に変換すると $D : 0 \leqq r \leqq a,\ 0 \leqq \theta \leqq 2\pi$.

$$I = \iint_D (pr^2 \cos^2 \theta + qr^2 \sin^2 \theta) r\,dr\,d\theta = \int_0^a r^3 dr \int_0^{2\pi} (p + (q - p) \sin^2 \theta) d\theta$$

$$= \frac{a^4}{4} \left[p\theta + \frac{q-p}{2}\theta - \frac{q-p}{4}\sin 2\theta \right]_0^{2\pi} = \frac{(p+q)}{4}\pi a^4$$

問 2　次の積分を求めよ．

（1）$\displaystyle\iint_K x\,dx\,dy,\ K : x^2 + y^2 \leqq x$　　（2）$\displaystyle\iint_K y^{3/2} dx\,dy,\ K : x^2 + y^2 \leqq y$

（3）$\displaystyle\iint_K dx\,dy,\ K : (x^2 + y^2)^2 \leqq y^2 - x^2$

2.　3 次元の場合

$\boldsymbol{R}^p\ (p \geqq 3)$ でも同様である．$p = 3$ のとき次が成り立つ．

定理 6-8

$$x = \varphi_1(u, v, w),\quad y = \varphi_2(u, v, w),\quad z = \varphi_3(u, v, w)$$

によって決まる C^1 級の写像で，xyz 空間の有界閉領域 K が 1 対 1 に uvw 空間の有界閉領域 D に対応し

$$J = J(u, v, w) = \frac{\partial(x, y, z)}{\partial(u, v, w)} \neq 0$$

のとき，$f(x, y, z)$ が K で連続ならば

$$\iiint_K f(x, y, z) dx\,dy\,dz$$

$$= \iiint_D f(\varphi_1(u, v, w),\ \varphi_2(u, v, w),\ \varphi_3(u, v, w)) |J| du\,dv\,dw$$

なお，定理での K, D は体積確定とする．以下においても同様．

─ 系1（1次変換）─────────────

$$x = a_1 u + a_2 v + a_3 w, \quad y = b_1 u + b_2 v + b_3 w, \quad z = c_1 u + c_2 v + c_3 w$$

$$J = \frac{\partial(x, y, z)}{\partial(u, v, w)} = \begin{vmatrix} a_1 & a_2 & a_3 \\ b_1 & b_2 & b_3 \\ c_1 & c_2 & c_3 \end{vmatrix} \neq 0$$

のとき，

$$\iiint_K f(x, y, z)\, dx\, dy\, dz$$

$$= |J| \iiint_D f(a_1 u + a_2 v + a_3 w,\ b_1 u + b_2 v + b_3 w,\ c_1 u + c_2 v + c_3 w)\, du\, dv\, dw$$

例題 3　$I = \displaystyle\iiint_K dx\, dy\, dz,\ K : |x+y| \leqq 1,\ |y+z| \leqq 1,\ |z+x| \leqq 1$ を求めよ．

［解］　$u = x+y,\ v = y+z,\ w = z+x$ とおく．$D : |u| \leqq 1,\ |v| \leqq 1,\ |w| \leqq 1$，

$$x = \frac{1}{2}(u - v + w), \quad y = \frac{1}{2}(u + v - w), \quad z = \frac{1}{2}(-u + v + w), \quad J = \frac{1}{2}$$

$$I = \frac{1}{2} \iiint_D du\, dv\, dw = \frac{1}{2} \int_{-1}^{1} du \int_{-1}^{1} dv \int_{-1}^{1} dw = 4$$

─ 系2（円柱座標）─────────────

$$x = r \cos \theta$$
$$y = r \sin \theta$$
$$z = z\ (0 \leqq r,\ 0 \leqq \theta \leqq 2\pi)$$

によって x, y, z を円柱座標 (r, θ, z) に変換するとき，

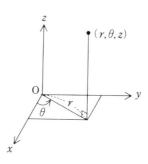

$$\iiint_K f(x, y, z)\,dx\,dy\,dz$$

$$= \iiint_D f(r\cos\theta, r\sin\theta, z)r\,dr\,d\theta\,dz$$

$J = \dfrac{\partial(x, y, z)}{\partial(r, \theta, z)} = r$ だからである.

例題 4　$I = \displaystyle\iiint_K (x^2+y^2)\,dx\,dy\,dz$, $K : x^2+y^2 \leqq a^2, 0 \leqq z \leqq h$ を求めよ $(a > 0)$.

[解]　円柱座標に変換すると, $D : 0 \leqq r \leqq a, 0 \leqq \theta \leqq 2\pi, 0 \leqq z \leqq h$,

$$I = \iiint_D r^2 r\,dr\,d\theta\,dz = \int_0^a r^3\,dr \int_0^{2\pi} d\theta \int_0^h dz = \frac{1}{2}\pi a^4 h$$

系 3（球面座標）

$0 \leqq r, 0 \leqq \theta \leqq \pi, 0 \leqq \varphi \leqq 2\pi$ のとき, x, y, z を

$$x = r\sin\theta\cos\varphi, \quad y = r\sin\theta\sin\varphi$$
$$z = r\cos\theta$$

によって球面座標 (r, θ, φ) に変換すると,

$$\iiint_K f(x, y, z)\,dx\,dy\,dz$$

$$= \iiint_D f(r\sin\theta\cos\varphi, r\sin\theta\sin\varphi, r\cos\theta)r^2\sin\theta\,dr\,d\theta\,d\varphi$$

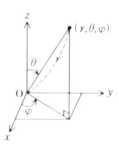

$J = r^2\sin\theta$（5-7 節, 問 5（3）) だからである.

例題 5　$I = \iiint_K x \, dx \, dy \, dz$, $K : x^2 + y^2 + z^2 \leq a^2$ $(a > 0)$, $x \geq 0$ を求めよ.

[**解**]　球面座標に変換する. $D : 0 \leq r \leq a, \ 0 \leq \theta \leq \pi, \ -\pi/2 \leq \varphi \leq \pi/2$

$$I = \iiint_D r \sin\theta \cos\varphi \cdot r^2 \sin\theta \, dr \, d\theta \, d\varphi$$

$$= \int_0^a r^3 dr \int_0^\pi \sin^2\theta \, d\theta \int_{-\pi/2}^{\pi/2} \cos\varphi \, d\varphi = \frac{\pi}{4} a^4$$

例1　$K : \dfrac{x_1}{a_1} + \dfrac{x_2}{a_2} + \cdots + \dfrac{x_p}{a_p} \leq 1$ $(a_i > 0)$, $x_i \geq 0$ $(1 \leq i \leq p)$ のとき

$$I = \iint \cdots \int_K dx_1 \, dx_2 \cdots dx_p = \frac{a_1 a_2 \cdots a_p}{p!}$$

[**解**]　$x_1 = a_1 u_1, \ x_2 = a_2 u_2, \cdots, \ x_p = a_p u_p$ と変換すると, $D : u_1 + u_2 + \cdots + u_p$ $\leq 1, \ u_1 \geq 0, \ u_2 \geq 0, \cdots, \ u_p \geq 0$. そして, $J = a_1 a_2 \cdots a_p$. したがって

$$I = a_1 a_2 \cdots a_p \iint \cdots \int_D du_1 \, du_2 \cdots du_p$$

このことから,

$$I_p = \iint \cdots \int_D du_1 \, du_2 \cdots du_p = \frac{1}{p!}$$

を示せばよい. 帰納法による.

$p = 1$ のときは明らか. $p-1$ のとき成り立つとする.

$$I_p = \int_0^1 du_p \iint \cdots \int_{D_1} du_1 \, du_2 \cdots du_{p-1}, \quad D_1 : u_1 + u_2 + \cdots + u_{p-1} \leq 1 - u_p$$

$$u_1 \geq 0, \ u_2 \geq 0, \cdots, u_{p-1} \geq 0$$

$u_p \neq 1$ のとき, $u_i = (1 - u_p) v_i$ $(i = 1, \cdots, p-1)$ とおくと, $J = \dfrac{\partial(u_1, \cdots, u_{p-1})}{\partial(v_1, \cdots, v_{p-1})}$ $= (1 - u_p)^{p-1}$ だから

$$\iint \cdots \int_{D_1} du_1 \, du_2 \cdots du_{p-1} = \iint \cdots \int_{D_2} (1 - u_p)^{p-1} dv_1 \, dv_2 \cdots dv_{p-1}$$

$$D_2 : v_1 + v_2 + \cdots + v_{p-1} \leq 1, \ v_1 \geq 0, \ v_2 \geq 0, \cdots, v_{p-1} \geq 0$$

$$= \frac{(1 - u_p)^{p-1}}{(p-1)!} \quad (\text{帰納法の仮定より})$$

$u_p = 1$ のとき,

$$\iint \cdots \int_{D_1} du_1 \, du_2 \cdots du_{p-1} = 0$$

以上より,

$$I_p = \int_0^1 \frac{(1 - u_p)^{p-1}}{(p-1)!} du_p = \frac{1}{p!} [-(1 - u_p)^p]_0^1 = \frac{1}{p!}$$

問3　次の積分を計算せよ.

（1）$\displaystyle\iiint_K x\,dx\,dy\,dz,\ K:\frac{x^2}{a^2}+\frac{y^2}{b^2}+\frac{z^2}{c^2}\leqq 1\quad(a,\,b,\,c>0)$

（2）$\displaystyle\iiint_K(ax^2+by^2+cz^2)dx\,dy\,dz,\ K:x^2+y^2+z^2\leqq d^2\quad(d>0)$

（3）$\displaystyle\iiint_K x\,dx\,dy\,dz,\ K:x^2+y^2\leqq ax,\ x^2+y^2+z^2\leqq a^2\quad(a>0)$

（4）$\displaystyle\iint\cdots\int_K x_1 x_2\cdots x_p\,dx_1\,dx_2\cdots dx_p,\ K:x_1+x_2+\cdots+x_p\leqq 1$

$$x_1\geqq 0,\ x_2\geqq 0,\cdots,\ x_p\geqq 0$$

問題 **6-3**（答は p. 322）

1. 次を示せ（$a,\,b,\,c>0$）.

（1）$\displaystyle\iint_{x^2/a^2+y^2/b^2\leqq 1}f(x,\,y)dx\,dy=ab\iint_{u^2+v^2\leqq 1}f(au,\,bv)du\,dv$

（2）$\displaystyle\iiint_{x^2/a^2+y^2/b^2+z^2/c^2\leqq 1}f(x,\,y,\,z)dx\,dy\,dz$

$$=abc\iiint_{u^2+v^2+w^2\leqq 1}f(au,\,bv,\,cw)du\,dv\,dw$$

（3）$\displaystyle\iint_{x^2+y^2\leqq a^2}f'(x^2+y^2)dx\,dy=\pi\{f(a^2)-f(0)\}\quad(f\ \text{は}\ C^1\ \text{級})$

2. 次の積分を計算せよ（$a,\,b,\,c>0$）.

（1）$\displaystyle\iint_K(x^2+y^2)dx\,dy,\ K:\frac{x^2}{a^2}+\frac{y^2}{b^2}\leqq 1$

（2）$\displaystyle\iint_K e^{-(x^2+y^2)}dx\,dy,\ K:x^2+y^2\leqq a^2$

（3）$\displaystyle\iint_D\tan^{-1}\frac{y}{x}dx\,dy,\ D:x^2+y^2\leqq a^2,\ x,\,y\geqq 0$

（4）$\displaystyle\iiint_K xyz\,dx\,dy\,dz,\ K:\frac{x^2}{a^2}+\frac{y^2}{b^2}+\frac{z^2}{c^2}\leqq 1$

（5）$\displaystyle\iiint_K(x^2+y^2+z^2)dx\,dy\,dz,\ K:（4）$と同じ

（6）$\displaystyle\iiint_K z(2x^2-y^2)dx\,dy\,dz,\ K:0\leqq z\leqq\sqrt{a^2-x^2-y^2}$

3. （1）平行四辺形：$|a_1 x+b_1 y|\leqq c_1,\ |a_2 x+b_2 y|\leqq c_2\ \left(\varDelta=\begin{vmatrix}a_1 & b_1\\ a_2 & b_2\end{vmatrix}\neq 0\right)$の

面積を求めよ.

（2）平行六面体：$|a_1 x+b_1 y+c_1 z|\leqq d_1,\ |a_2 x+b_2 y+c_2 z|\leqq d_2,\ |a_3 x+b_3 y$

$+c_3 z|\leqq d_3\ \left(\varDelta=\begin{vmatrix}a_1 & b_1 & c_1\\ a_2 & b_2 & c_2\\ a_3 & b_3 & c_3\end{vmatrix}\neq 0\right)$の体積を求めよ.

4. （1）を示し，（2）を求めよ（$a>0$）.

（1） $\displaystyle\int_0^a dx\int_0^{a-x} f(x, y)dy = \int_0^1 dv\int_0^a f(u-uv, uv)du$

（2） $\displaystyle\int_0^a dx\int_0^{a-x} e^{y/(x+y)}dy$

5. 次の積分を計算せよ（$a > 0$）.

（1） $\displaystyle\iint_D \frac{dx\,dy}{(1+x^2+y^2)^2}$, $D:(x^2+y^2)^2 \leqq x^2-y^2$

（2） $\displaystyle\iint_D \sqrt{\frac{a^2-x^2-y^2}{a^2+x^2+y^2}}dx\,dy$, $D:x^2+y^2 \leqq a^2$

（3） $\displaystyle\iiint_T \frac{dx\,dy\,dz}{(x^2+y^2+z^2+a^2)^2}$, $T:0 \leqq x, y, z, \ x^2+y^2+z^2 \leqq a^2$

（4） $\displaystyle\iiint_K \frac{dx\,dy\,dz}{(x+y+z+1)^3}$, $K:0 \leqq x, y, z, \ x+y+z \leqq 1$

6-4　重積分（３）（広義積分）

6-1, 6-2, 6-3 節では有界閉集合上の有界な関数の重積分を考えたが，この節では応用上よく現れる有界集合上の非有界な関数や，非有界な集合上の関数へ重積分を拡張する.

　K を有界または非有界な $\boldsymbol{R}^2$ の集合とし，次の条件をみたす面積確定な有界閉集合の列 $\{K_n\}$ がとれるとする.

（ⅰ）　$K_n \subset K_{n+1} \subset K$ （$n = 1, 2, \cdots$）

（ⅱ）　K に含まれる任意の有界閉集合 F に対し，$n_0 \in \boldsymbol{N}$ があって，
　　　$F \subset K_{n_0}$.

このとき，$\{K_n\}$ を K の**増加近似列**といい，$K_n \uparrow K$ と書く.

定義 6-3　　$f(x, y)$ を K で連続とし，数列

$$I(K_n) = \iint_{K_n} f(x, y)dx\,dy$$

が増加近似列 $\{K_n\}$ のとり方によらず一定の極限値 I をもつとき，その極限値 I をもって K における $f(x, y)$ の重積分と定める：

$$I = \iint_K f(x, y)dx\,dy = \lim_{n\to\infty} \iint_{K_n} f(x, y)dx\,dy$$

この意味での積分を**広義積分**とよび，このとき**広義積分は収束する**という.

広義積分が収束する場合を2つあげる．

定理 6-9

　[Ⅰ]　$f(x, y) \geqq 0$ のとき，1つの増加近似列 $\{K_n\}$ に対して極限

$$\lim_{n \to \infty} \iint_{K_n} f(x, y)\,dx\,dy$$

が存在するとき，広義積分 $\iint_K f(x, y)\,dx\,dy$ は収束する．

　[Ⅱ]　$|f(x, y)|$ の広義積分が収束すれば，$f(x, y)$ の広義積分は収束する．

　証明　[Ⅰ]　$\{F_n\}$ を別の増加近似列とする．2つの数列

$$\left\{ \iint_{K_n} f(x, y)\,dx\,dy \right\} \quad \text{および} \quad \left\{ \iint_{F_n} f(x, y)\,dx\,dy \right\}$$

は単調増加であるから，増加近似列の条件（ⅱ）より，任意の m に対して十分大きい n をとると $F_m \subset K_n$ となり

$$\iint_{F_m} f(x, y)\,dx\,dy \leqq \iint_{K_n} f(x, y)\,dx\,dy \leqq \lim_{n \to \infty} \iint_{K_n} f(x, y)\,dx\,dy$$

これより，数列 $\left\{ \iint_{F_m} f(x, y)\,dx\,dy \right\}$ は収束して

$$\lim_{m \to \infty} \iint_{F_m} f(x, y)\,dx\,dy \leqq \lim_{n \to \infty} \iint_{K_n} f(x, y)\,dx\,dy$$

同様にして

$$\lim_{n \to \infty} \iint_{K_n} f(x, y)\,dx\,dy \leqq \lim_{m \to \infty} \iint_{F_m} f(x, y)\,dx\,dy$$

ゆえに，2つの数列の極限は一致して広義積分 $\iint_K f(x, y)\,dx\,dy$ は収束する．

　[Ⅱ]　$f^{+}(x, y) = \max\{f(x, y), 0\}$，$f^{-}(x, y) = -\min\{f(x, y), 0\}$ とおくと（定理 3-23 の証明のときと同様に）

$$f^{+}(x, y) \geqq 0, \quad f^{-}(x, y) \geqq 0$$

$$f(x, y) = f^{+}(x, y) - f^{-}(x, y), \quad |f(x, y)| = f^{+}(x, y) + f^{-}(x, y)$$

$$f^{+}(x, y) = \frac{1}{2}\{|f(x, y)| + f(x, y)\}, \quad f^{-}(x, y) = \frac{1}{2}\{|f(x, y)| - f(x, y)\}$$

これより，K の増加近似列 $\{K_n\}$ に対して

$$\iint_{K_n} f^+(x, y)dx\,dy \leqq \iint_{K_n} |f(x, y)|dx\,dy \leqq \iint_{K} |f(x, y)|dx\,dy$$

ゆえに，広義積分 $\displaystyle\iint_{K} f^+(x, y)dx\,dy$ は収束．同様に $\displaystyle\iint_{K} f^-(x, y)dx\,dy$ も収束する．

$$\iint_{K_n} f(x, y)dx\,dy = \iint_{K_n} f^+(x, y)dx\,dy - \iint_{K_n} f^-(x, y)dx\,dy$$

において，右辺の各項は $\{K_n\}$ のとり方によらず一定の値に収束するから，左辺もそうである．これより，広義積分 $\displaystyle\iint_{K} f(x, y)dx\,dy$ は収束し

$$\iint_{K} f(x, y)dx\,dy = \iint_{K} f^+(x, y)dx\,dy - \iint_{K} f^-(x, y)dx\,dy \qquad ∎$$

注　このとき，$\displaystyle\left|\iint_{K} f(x, y)dx\,dy\right| \leqq \iint_{K} |f(x, y)|dx\,dy$.

問1　$f(x, y) \geqq 0$ のとき，$\displaystyle\iint_{K} f(x, y)dx\,dy$ が収束するための必要十分な条件は，K に含まれる面積確定な任意の有界閉集合 F に対して $\displaystyle\iint_{F} f(x, y)dx\,dy$ が有界（F に無関係な定数 M があって，M 以下）なことである．

例題1　$K : 0 < x^2 + y^2 \leqq 1$ のとき，広義積分 $\displaystyle\iint_{K} \frac{dx\,dy}{(x^2+y^2)^{\alpha/2}}$ $(\alpha > 0)$ が収束するかどうかを調べよ．

　[**解**]　$\rho_n > 0$, $\rho_n \downarrow 0$ に対して $K_n : \rho_n^2 \leqq x^2 + y^2 \leqq 1$ とおくと，$K_n \uparrow K$ で

$$
\begin{aligned}
I(K_n) &= \iint_{K_n} \frac{dx\,dy}{(x^2+y^2)^{\alpha/2}} \\
&= \int_{\rho_n}^1 dr \int_0^{2\pi} \frac{r}{r^\alpha} d\theta = 2\pi \int_{\rho_n}^1 r^{1-\alpha} dr \\
&= \begin{cases} \dfrac{2\pi}{2-\alpha}(1 - \rho_n^{2-\alpha}) & (\alpha \neq 2) \\[2mm] -2\pi \log \rho_n & (\alpha = 2) \end{cases}
\end{aligned}
$$

したがって，

　　　（イ）　$0 < \alpha < 2$ のとき，　$I = \displaystyle\lim_{n\to\infty} I(K_n) = \frac{2\pi}{2-\alpha}$

　　　（ロ）　$2 \leqq \alpha$ のとき，　　$\displaystyle\lim_{n\to\infty} I(K_n) = \infty$

例1 $\displaystyle\int_0^\infty e^{-x^2}dx = \frac{\sqrt{\pi}}{2}$ （問題 3-5，6 参照）.

[解] $K_n = \{(x, y) ; x^2+y^2 \leq n^2, x, y \geq 0\}$ とおくと，$K_n \uparrow K : 0 \leq x, y$.

$$I(K_n) = \iint_{K_n} e^{-x^2-y^2}dx\,dy = \int_0^{\pi/2}d\theta\int_0^n e^{-r^2}r\,dr = \frac{\pi}{2}\left[-\frac{1}{2}e^{-r^2}\right]_0^n$$

$$= \frac{\pi}{4}(1-e^{-n^2}) \to \frac{\pi}{4} \quad (n \to \infty)$$

一方，$F_n = \{(x, y) ; 0 \leq x \leq n, 0 \leq y \leq n\}$ とおくと，$F_n \uparrow K$. したがって，定理 6-9 [I] より $\displaystyle\frac{\pi}{4} = \lim_{n\to\infty}\iint_{F_n}e^{-x^2-y^2}dx\,dy$. そして

$$\iint_{F_n}e^{-x^2-y^2}dx\,dy = \int_0^n e^{-x^2}dx\int_0^n e^{-y^2}dy = \left\{\int_0^n e^{-x^2}dx\right\}^2$$

であるから

$$\int_0^\infty e^{-x^2}dx = \frac{\sqrt{\pi}}{2}$$

3次元以上の広義積分についても同様である.

問2 次の広義積分を求めよ.

（1） $\displaystyle\iint_K (1-x^2-y^2)^{-\alpha/2}dx\,dy \ (0 < \alpha < 2), \quad K : 0 \leq x^2+y^2 < 1$

（2） $\displaystyle\iint_K |x-y|^{-\alpha}dx\,dy \ (0 < \alpha < 1), \quad K : 0 \leq x \leq 1, 0 \leq y \leq 1, y \neq x$

（3） $\displaystyle\iiint_K (x^2+y^2+z^2)^{-\alpha/2}dx\,dy\,dz \ (0 < \alpha < 3), \quad K : 0 < x^2+y^2+z^2 \leq 1$

（4） $\displaystyle\iiint_K (1-x^2-y^2-z^2)^{-\alpha/2}dx\,dy\,dz \ (0 < \alpha < 2), \quad K : x^2+y^2+z^2 < 1$

（5） $\displaystyle\iint_K e^{-px^2-qy^2}dx\,dy, \ K : 0 \leq x, 0 \leq y \ (p > 0, q > 0)$

例2（ガンマ関数とベータ関数の関係）

$$B(p, q) = \frac{\Gamma(p)\Gamma(q)}{\Gamma(p+q)} \quad (p > 0, q > 0)$$

[解] 積分

$$\iint_D e^{-x-y}x^{p-1}y^{q-1}dx\,dy \ (p > 0, q > 0), \quad D : x > 0, y > 0$$

を考える. まず，D の増加近似列 $\{D_n\}$ として

$$D_n : \frac{1}{n} \leq x \leq n, \ \frac{1}{n} \leq y \leq n \quad (n \in \mathbf{N})$$

$$\iint_{D_n} e^{-x-y}x^{p-1}y^{q-1}dx\,dy = \int_{1/n}^n e^{-x}x^{p-1}dx \int_{1/n}^n e^{-y}y^{q-1}dy$$

$$\int_{1/n}^n e^{-x}x^{p-1}dx \to \Gamma(p), \quad \int_{1/n}^n e^{-y}y^{q-1}dy \to \Gamma(q) \quad (n \to \infty)$$

である（3-5節，例6）から

$$\iint_D e^{-x-y}x^{p-1}y^{q-1}dx\,dy = \Gamma(p)\Gamma(q) \tag{1}$$

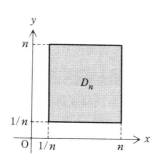 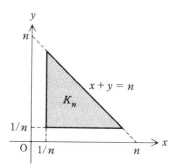

次に D の増加近似列 $\{K_n\}$：

$$K_n : \frac{2}{n} \leqq x+y \leqq n, \ \frac{1}{n} \leqq x, \ \frac{1}{n} \leqq y$$

をとると，$f(x,y) = e^{-x-y}x^{p-1}y^{q-1} \ (p > 0, \ q > 0)$ は正であるから，定理6-9 [I] と（1）により

$$I_n = \iint_{K_n} e^{-x-y}x^{p-1}y^{q-1}dx\,dy \to \Gamma(p)\Gamma(q) \quad (n \to \infty)$$

ここで，変数変換 $T : x = uv, \ y = u-uv$ を行う．uv 平面の有界閉領域

$$F_n : \frac{1}{n} \leqq u \leqq n, \quad \frac{1}{2n^2} \leqq v \leqq 1-\frac{1}{2n^2}$$

の T による像 K_n' は有界閉領域で，$K_n \subset K_n' \subset D \ (n = 1, 2, \cdots)$ ゆえに

$$I_n \leqq \iint_{K_n'} e^{-x-y}x^{p-1}y^{q-1}dx\,dy$$

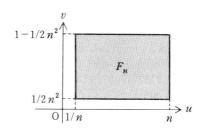

したがって，

$$\lim_{n\to\infty}\iint_{K_n}e^{-x-y}x^{p-1}y^{q-1}dx\,dy=\Gamma(p)\Gamma(q)$$

一方，変数変換 T により，$|J|=u$ であるから，定理 6-7 を用いて

$$\iint_{K_n}e^{-x-y}x^{p-1}y^{q-1}dx\,dy=\iint_{F_n}e^{-u}(uv)^{p-1}(u-uv)^{q-1}u\,du\,dv$$

$$=\int_{1/n}^{n}e^{-u}u^{p+q-1}du\cdot\int_{1/2n^2}^{1-1/2n^2}v^{p-1}(1-v)^{q-1}dv$$

ここで，$n\to\infty$ とすると，3-5 節，例 7 により $p>0$，$q>0$ のとき，

$$\int_{1/2n^2}^{1-1/2n^2}v^{p-1}(1-v)^{q-1}dv\to B(p,q)$$

であるから次の式を得る．

$$\Gamma(p)\Gamma(q)=\Gamma(p+q)B(p,q)\quad(p>0,\ q>0)$$

問 3 $B(p+1,q)=\dfrac{p}{p+q}B(p,q)$ を示せ．

問題 6-4 （答は p. 322）

1. 次の広義積分を計算せよ（$a>0$）.

(1) $\displaystyle\iint_D\frac{dx\,dy}{(x+y)^4},\ D:1\leq x,\ 1\leq y$

(2) $\displaystyle\iint_D\frac{x^2y}{\sqrt{a^2-y^2}}dx\,dy,\ D:0\leq y<a,\ x^2+y^2\leq a^2$

(3) $\displaystyle\iint_D\frac{x+y}{x^2+y^2}dx\,dy,\ D:0<y\leq x\leq 1$

(4) $\displaystyle\iint_D\frac{y}{(x^2+y^2)(1+y^2)}dx\,dy,\ D:0<x\leq y$

(5) $\displaystyle\iint_D\log(x^2+y^2)dx\,dy,\ D:0<x^2+y^2\leq 1$

(6) $\displaystyle\iint_D\frac{f'(y)}{\sqrt{(a-x)(x-y)}}dx\,dy,\ D:0<y<x<a\ (f\in C^1\text{級})$

(7) $\displaystyle\iint_D\frac{dx\,dy}{\sqrt{(x^2+y^2)(a^2+x^2+y^2)^2}},\ D:0\leq x,y$

(8) $\displaystyle\iiint_K\frac{dx\,dy\,dz}{(x^2+y^2+z^2+a^2)^2},\ K:0\leq x,y,z$

(9) $\displaystyle\iint_D\frac{dx\,dy}{\sqrt{a^2-x^2-y^2}},\ D:x^2+y^2<a^2$

(10) $\displaystyle\iiint_K\frac{dx\,dy\,dz}{\sqrt{a^2-x^2-y^2-z^2}},\ K:x^2+y^2+z^2<a^2$

2. （1）　$[0, \infty)$ で，$f(t) \geqq 0$, 連続のとき，$\displaystyle\int_0^\infty f(t)dt = A \ (0 \leqq A \leqq \infty)$ とおく．次を示せ．

$$\iint_D f(a^2x^2 + b^2y^2)\,dx\,dy = \frac{\pi}{4ab}A, \quad D : 0 \leqq x, y$$

（2）　$(0, 1]$ で，$f(t) \geqq 0$, 連続のとき，$\displaystyle\int_0^1 f(t)dt = B \ (0 \leqq B \leqq \infty)$ とおく．次を示せ．

$$\iint_D f(x^2 + y^2)\,dx\,dy = \pi B, \quad D : 0 < x^2 + y^2 \leqq 1$$

3. 次を示せ．

（1）　$\displaystyle\int_0^{\pi/2} \sin^p \theta \cos^q \theta \, d\theta = \frac{1}{2}B\Big(\frac{p+1}{2}, \frac{q+1}{2}\Big) \quad (p, q > -1)$

（2）　$B\Big(\dfrac{1}{2}, \dfrac{1}{2}\Big) = \pi$　　（3）　$\Gamma\Big(\dfrac{1}{2}\Big) = \sqrt{\pi}$

（4）　$\Gamma\Big(n + \dfrac{1}{2}\Big) = \dfrac{1 \cdot 3 \cdot \cdots \cdot (2n-1)}{2^n}\sqrt{\pi} \quad (n \in \boldsymbol{N})$

4. $\displaystyle\int_0^1 \frac{dx}{\sqrt{1 - x^{1/4}}}$ を求めよ．

6-5　重積分の応用

1.　面　積

定義 6-2 により，xy 平面の面積確定の有界閉領域 K の面積は

$$S = \iint_K dx\,dy$$

で与えられる．特に K が，極座標 (r, θ) を用いて表すと，$f(\theta)$ を連続として，$D = \{(r, \theta) ; 0 \leqq r \leqq f(\theta), \alpha \leqq \theta \leqq \beta\}$ となっているときには，定理 6-7, 系 2 より

$$S = \iint_D r\,dr\,d\theta = \frac{1}{2}\int_\alpha^\beta \{f(\theta)\}^2 d\theta$$

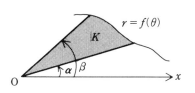
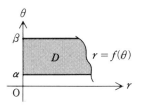

例題 1 $r = a(1+\cos\theta)$ $(a > 0)$ の囲む部分の面積を求めよ（3-6 節の例題 2 参照）．

[解] $D = \{(r, \theta) ; 0 \leqq r \leqq a(1+\cos\theta), 0 \leqq \theta \leqq 2\pi\}$ であるから

$$S = \frac{a^2}{2}\int_0^{2\pi}(1+\cos\theta)^2 d\theta = \frac{a^2}{2}\left[\frac{3}{2}\theta + 2\sin\theta + \frac{1}{4}\sin 2\theta\right]_0^{2\pi} = \frac{3}{2}\pi a^2$$

問 1 次の図形の面積を求めよ $(a > 0)$．
（1） $r = a\sin 2\theta$ の囲む部分 　（2） $r^2 = a^2\cos 2\theta$ の囲む部分

2. 体 積

6-2 節，3 項により空間の体積確定の有界閉領域 K の体積 V は

$$V = \iiint_K dx\,dy\,dz$$

で与えられ，特別な場合が定理 6-6 により計算される．

例題 2 $K = \{(x, y, z) ; x^2+y^2+z^2 \leqq 1, x^2+y^2 \leqq z\}$ の体積 V を求めよ．

[解] $K = \{(x, y, z) ; x^2+y^2 \leqq z \leqq \sqrt{1-x^2-y^2}\}$ であるから定理 6-6 [II] による．$K(z)$ の面積 $S(z)$ は，$a = \dfrac{-1+\sqrt{5}}{2}$ とおいて

$$S(z) = \begin{cases} \pi z & (0 \leqq z \leqq a) \\ \pi(1-z^2) & (a \leqq z \leqq 1) \end{cases}$$

$$V = \pi\left\{\int_0^a z\,dz + \int_a^1(1-z^2)dz\right\} = \frac{5}{12}(3-\sqrt{5}\,)\pi$$

例題 3 $K = \{(x, y, z) ; 0 \leqq z \leqq \sqrt{x^2+y^2}, x^2+y^2 \leqq 4\}$ の体積 V を求めよ．

[解] 定理 6-6 [I] より

$$V = \iint_D \sqrt{x^2+y^2}\,dx\,dy, \quad D : x^2+y^2 \leqq 4$$

極座標に変換して

$$= \int_0^{2\pi} d\theta \int_0^2 r^2 dr = 2\pi\left[\frac{r^3}{3}\right]_0^2 = \frac{16}{3}\pi$$

問 2 次の図形の体積を求めよ．
（1） $\{(x, y, z) ; x^2+z^2 \leqq a^2, y^2+z^2 \leqq a^2\}$ $(a > 0)$
（2） $x^{2/3}+y^{2/3}+z^{2/3} = a^{2/3}$ $(a > 0)$ で囲まれた部分
（3） $\{(x, y, z) ; x^2+y^2+z^2 \leqq a^2, x^2+y^2 \leqq ax$ $(a > 0)\}$

問3 次に答えよ（$a > 0$）.

（1） $x^2 + y^2 + z^2 \leqq a^2$ の体積を求めよ.

（2） 定理6-6 [II] の考えを応用して，$x^2 + y^2 + z^2 + w^2 \leqq a^2$ の体積を求めよ.

3. 曲 面 積

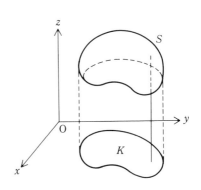

xy 平面の面積確定の有界閉領域 K を含む領域での C^1 級の関数 $z = f(x, y)$ によって空間に得られる曲面の面積について考えてみよう. 6-2節と同様に K を閉長方形 W で囲み，6-1節と同様に W を小長方形 $\{w_{ij}\}$ に分割する. K にすっぽり含まれた小長方形全体を Ω とし，Ω の各長方形 w_{ij} の任意の点 $P_{ij}(x_i, y_j)$ における $z = f(x, y)$ の接平面

$$z - f(x_i, y_j) = f_x(x_i, y_j)(x - x_i) + f_y(x_i, y_j)(y - y_j) \tag{1}$$

の w_{ij} の上にある部分 T_{ij} の面積を $A(T_{ij})$ とする. そして, これらの総和

$$\sum_{w_{ij} \in \Omega} A(T_{ij}) \tag{2}$$

が $\|\varDelta\| \to 0$ のとき, $\{P_{ij}\}$ の選び方に関係なく一定の値 $A(K)$ に収束するとき, $A(K)$ のことを K で $z = f(x, y)$ が表す曲面の**曲面積**という.

定理6-10

$$A(K) = \iint_K \sqrt{1 + f_x{}^2 + f_y{}^2}\, dx\, dy \quad (K \text{ で } z = f(x, y) \text{ が表す曲面の面積})$$

証明 接平面（1）の $(x_i, y_j, f(x_i, y_j))$ における法線は

$$\frac{x - x_i}{f_x(x_i, y_j)} = \frac{y - y_j}{f_y(x_i, y_j)} = \frac{z - f(x_i, y_j)}{-1} \tag{3}$$

であり, その方向余弦は

$$\left(\frac{-f_x}{\sqrt{1+f_x{}^2+f_y{}^2}}, \frac{-f_y}{\sqrt{1+f_x{}^2+f_y{}^2}}, \frac{1}{\sqrt{1+f_x{}^2+f_y{}^2}} \right)$$

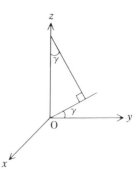

一方, 接平面 (1) と xy 平面のなす角を γ ($|\gamma| < \pi/2$) とすると, 法線 (3) と z 軸のなす角が γ. したがって,

$$\cos \gamma = \frac{1}{\sqrt{1+f_x{}^2+f_y{}^2}}$$

次に, 容易にわかるように $A(T_{ij}) \cos \gamma = |w_{ij}|$ であるから

$$\sum_{w_{ij}\in\Omega} A(T_{ij}) = \sum_{w_{ij}\in\Omega} \sqrt{1+f_x{}^2(x_i, y_j)+f_y{}^2(x_i, y_j)} \, |w_{ij}| \tag{4}$$

ここで $\|\Delta\| \longrightarrow 0$ とすると, $\sqrt{1+f_x{}^2+f_y{}^2}$ が K で連続で積分可能だから, 定義 6-2, 6-1 節 (**B**) により式 (4) の右辺は $\displaystyle\iint_K \sqrt{1+f_x{}^2+f_y{}^2} \, dx\, dy$ に収束する. ■

一般に xy 平面の集合 K では $z = f(x, y)$ が先に述べた条件をみたさないが, K の増加近似列 $\{K_n\}$ があり, 各 K_n に対してはみたしていてかつ $\displaystyle\lim_{n\to\infty} A(K_n) < \infty$ のとき, 極限値

$$\lim_{n\to\infty} A(K_n) = \iint_K \sqrt{1+f_x{}^2+f_y{}^2} \, dx\, dy \text{(広義積分)}$$

を K で $z = f(x, y)$ が表す曲面の曲面積という.

例題 4 半径 a の球面 $x^2+y^2+z^2 = a^2$ の表面積 A を求めよ.

[**解**] $z_x = -x/z$, $z_y = -y/z$ であるから, $z > 0$ の部分の表面積は

$$\frac{A}{2} = \iint_K \sqrt{1+\left(\frac{x}{z}\right)^2+\left(\frac{y}{z}\right)^2} \, dx\, dy, \quad K: x^2+y^2 < a^2$$

$$= a\iint_K \frac{dx\, dy}{z} = a\iint_K \frac{dx\, dy}{\sqrt{a^2-x^2-y^2}}$$

極座標になおして

$$= a\int_0^{2\pi} d\theta \int_0^a \frac{r\, dr}{\sqrt{a^2-r^2}} = 2\pi a[-\sqrt{a^2-r^2}]_0^a = 2\pi a^2$$

したがって,

$$A = 4\pi a^2$$

問 4 次の曲面の曲面積を求めよ ($a > 0$).

（1）　球面 $x^2+y^2+z^2 = a^2$ が $x^2+y^2 = ax$ によって切り取られる部分.

（2）　平面 $x+y+z = 1$ の $x \geqq 0$, $y \geqq 0$, $z \geqq 0$ の部分.

例題 5　曲線 $y = f(x)$ $(f(x) \geqq 0, a \leqq x \leqq b)$ を x 軸のまわりに回転して得られる回転面 S の表面積 $A(S)$ は次の式で与えられることを示せ.

$$A(S) = 2\pi \int_a^b f(x)\sqrt{1+(f'(x))^2}\, dx$$

［解］　回転面 S の方程式は $y^2+z^2 = f(x)^2$. したがって,

$$z_x = \frac{f \cdot f'}{\sqrt{f^2-y^2}}, \quad z_y = \frac{-y}{\sqrt{f^2-y^2}}, \quad \sqrt{1+z_x{}^2+z_y{}^2} = \frac{f\sqrt{1+(f')^2}}{\sqrt{f^2-y^2}}$$

であるから, $z > 0$, $y \geqq 0$ の部分は

$$\frac{A(S)}{4} = \iint_K \frac{f(x)\sqrt{1+(f'(x))^2}}{\sqrt{f^2(x)-y^2}}\, dx\, dy, \quad K : a \leqq x \leqq b,\ 0 \leqq y < f(x)$$

$$= \int_a^b f(x)\sqrt{1+(f'(x))^2}\, dx \int_0^{f(x)} \frac{dy}{\sqrt{f^2(x)-y^2}}$$

$$= \int_a^b f(x)\sqrt{1+(f'(x))^2} \left[\sin^{-1}\frac{y}{f(x)}\right]_0^{f(x)} dx$$

$$= \frac{\pi}{2}\int_a^b f(x)\sqrt{1+(f'(x))^2}\, dx$$

問 5　次の曲線を x 軸のまわりに回転して得られる回転面の表面積を求めよ.

（1）　$y = \sqrt{x}$ $(0 \leqq x \leqq 1)$　　（2）　$y = \sin x$ $(0 \leqq x \leqq \pi)$

（3）　$x^{2/3}+y^{2/3} = a^{2/3}$ $(a > 0)$

（4）　$x = a(1-\sin t)$, $y = a(1-\cos t)$ $(0 \leqq t \leqq 2\pi, a > 0)$

4.　重心, 慣性能率

xy 平面の面積確定の有界閉領域 K の点 (x, y) における密度を $\sigma(x, y)$ とするとき, **質量 M, 重心 $G(X, Y)$, 慣性能率 I_x, I_y** は

$$M = \iint_K \sigma(x, y)\, dx\, dy$$

$$X = \frac{1}{M}\iint_K x\sigma(x, y)\, dx\, dy, \quad Y = \frac{1}{M}\iint_K y\sigma(x, y)\, dx\, dy$$

$$I_x = \iint_K y^2\sigma(x, y)\, dx\, dy, \quad I_y = \iint_K x^2\sigma(x, y)\, dx\, dy$$

によって与えられる. I_x は x 軸のまわりの, I_y は y 軸のまわりの慣性能率で

ある．また，xyz 空間の体積確定の有界閉領域 K の点 (x, y, z) における密度を $\sigma(x, y, z)$ とするとき，質量 M，重心 $\mathrm{G}(X, Y, Z)$，慣性能率 I_x, I_y, I_z は

$$M = \iiint_K \sigma(x, y, z)\, dx\, dy\, dz$$

$$X = \frac{1}{M}\iiint_K x\sigma(x, y, z)\, dx\, dy\, dz, \quad Y = \frac{1}{M}\iiint_K y\sigma(x, y, z)\, dx\, dy\, dz$$

$$Z = \frac{1}{M}\iiint_K z\sigma(x, y, z)\, dx\, dy\, dz$$

$$I_x = \iiint_K (y^2 + z^2)\sigma(x, y, z)\, dx\, dy\, dz$$

$$I_y = \iiint_K (x^2 + z^2)\sigma(x, y, z)\, dx\, dy\, dz$$

$$I_z = \iiint_K (x^2 + y^2)\sigma(x, y, z)\, dx\, dy\, dz$$

で与えられる．

例題 6　$K = \{(x, y) \mid x^2 + y^2 \leqq a^2,\ x \geqq 0\}$, $\sigma(x, y) = 1$ の質量，重心，慣性能率を求めよ（$a > 0$）．

[解]　$M = \displaystyle\iint_K dx\, dy = \frac{\pi}{2}a^2$　（K の面積）

$$X = \frac{2}{\pi a^2}\iint_K x\, dx\, dy = \frac{2}{\pi a^2}\int_0^a dx \int_{-\sqrt{a^2 - x^2}}^{\sqrt{a^2 - x^2}} x\, dy = \frac{4}{\pi a^2}\int_0^a x\sqrt{a^2 - x^2}\, dx$$

$$= \frac{4}{\pi a^2}\left[-\frac{1}{3}(a^2 - x^2)^{3/2} \right]_0^a = \frac{4}{3\pi}a$$

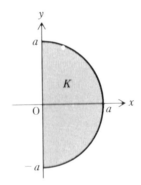

$$Y = \frac{2}{\pi a^2} \iint_K y \, dx \, dy = \frac{2}{\pi a^2} \int_0^a dx \int_{-\sqrt{a^2-x^2}}^{\sqrt{a^2-x^2}} y \, dy = \frac{2}{\pi a^2} \int_0^a 0 \, dx = 0$$

$$I_x = \iint_K y^2 dx \, dy = \int_0^a dx \int_{-\sqrt{a^2-x^2}}^{\sqrt{a^2-x^2}} y^2 dy = \frac{2}{3} \int_0^a (a^2-x^2)^{3/2} dx$$

$x = a \sin \theta \ (0 \leqq \theta \leqq \pi/2)$ と変換し, 3-4 節, 例3を用いて

$$= \frac{2}{3} a^4 \int_0^{\pi/2} \cos^4 \theta \, d\theta = \frac{2}{3} a^4 \frac{3 \cdot 1}{4 \cdot 2} \cdot \frac{\pi}{2} = \frac{\pi}{8} a^4$$

$$I_y = \iint_K x^2 dx \, dy = \int_0^a x^2 dx \int_{-\sqrt{a^2-x^2}}^{\sqrt{a^2-x^2}} dy = 2 \int_0^a x^2 \sqrt{a^2-x^2} \, dx$$

I_x の場合と同様に $x = a \sin \theta \ (0 \leqq \theta \leqq \pi/2)$ と変換して

$$= 2a^4 \int_0^{\pi/2} \sin^2 \theta \cos^2 \theta \, d\theta = \frac{a^4}{2} \int_0^{\pi/2} (\sin 2\theta)^2 d\theta$$

$$= \frac{a^4}{4} \int_0^\pi \sin^2 t \, dt = \frac{\pi}{8} a^4$$

問6 次の場合の質量, 重心, 慣性能率を求めよ.

（1） 例題6で $\sigma(x, y) = |y|$ のとき.

（2） $(0, 0), (a, 0), (0, b) \ (a, b > 0)$ を頂点にもつ三角形で $\sigma(x, y) = 1$.

（3） $y = 2x - x^2$ と $y = 3x^2 - 6x$ で囲まれた部分で $\sigma(x, y) = 1$.

（4） 立方体, $0 \leqq x \leqq 1$, $0 \leqq y \leqq 1$, $0 \leqq z \leqq 1$, $\sigma(x, y, z) = x^2 + y^2 + z^2$.

問題 6-5 （答は p.323）

1. 次の曲線によって囲まれた部分の面積を求めよ $(a, b > 0, \ n \in \mathbf{N})$.

（1） $(x^2 + y^2)^2 = a^2(x^2 - y^2)$ （2） $\left(\dfrac{x}{a}\right)^{2/3} + \left(\dfrac{y}{b}\right)^{2/3} = 1$

（3） $\left(\dfrac{x}{a}\right)^{1/2} + \left(\dfrac{y}{b}\right)^{1/2} = 1, \ x = 0, \ y = 0$ （4） $y^2(a^2 + x^2) = x^2(a^2 - x^2)$

（5） $ax^2 + 2hxy + by^2 = 1 \ (ab - h^2 > 0)$ （6） $r = a \sin n\theta$

2. 次に示された $\mathbf{R}^3$ の部分の体積を求めよ $(a, b > 0)$.

（1） $x^2 + y^2 \leqq z \leqq x$ （2） $\sqrt{x^2 + y^2} \leqq z \leqq \dfrac{1}{2}x + 1$

（3） $0 \leqq z \leqq \dfrac{xy}{a}, \ x + y \leqq a$

（4） $0 \leqq z \leqq \tan^{-1}\dfrac{y}{x}, \ x^2 + y^2 \leqq a^2, \ x \geqq 0, \ y \geqq 0$

（5） $0 \leqq z \leqq xy, \ 0 \leqq x \leqq a, \ 0 \leqq y \leqq a$ （6） $x^2 + y^2 \leqq z \leqq x + y$

（7） $0 \leqq z \leqq (x+y)^2, \ x^2 + y^2 \leqq a^2$ （8） $0 \leqq x \leqq a, \ a^2 y^2 + x^2 z^2 \leqq b^2 x^2$

3. 次の曲面の表面積を求めよ $(a > 0)$.

（1） 円柱 $x^2 + z^2 = a^2$ の円柱 $x^2 + y^2 = a^2$ 内にある部分

（2）　$z = \tan^{-1} \dfrac{y}{x}$ の $x^2 + y^2 \leqq a^2$ の部分

（3）　円柱 $x^2 + y^2 = ax$ の $x^2 + y^2 + z^2 \leqq a^2$ にある部分

4.　次の閉領域の質量，重心，慣性能率を求めよ（$a, b, c > 0,\ \sigma = 1$）.

（1）　$x = a(t - \sin t),\ y = a(1 - \cos t)\ (0 \leqq t \leqq \pi)$ と x 軸で囲まれた部分

（2）　$\dfrac{x^2}{a^2} + \dfrac{y^2}{b^2} + \dfrac{z^2}{c^2} \leqq 1,\ z \geqq 0$

5.　（1）　$0 \leqq \alpha < \beta$ として，$[\alpha, \beta]$ で $f(x) \geqq 0$ とする．$x = \alpha,\ x = \beta,\ y = f(x)$ および x 軸で囲まれた部分を y 軸のまわりに回転してできる立体の体積 V は $V = 2\pi \displaystyle\int_\alpha^\beta x f(x)\,dx$ であることを証明せよ．

（2）　（1）で $f(x),\ \alpha,\ \beta$ を次のようにとったとき V を求めよ．

　（イ）　$f(x) = \sin x,\ \alpha = 0,\ \beta = \pi$

　（ロ）　$f(x) = -x^2 + 4x,\ \alpha = 0,\ \beta = 4$

　（ハ）　$x = a(t - \sin t),\ y = a(1 - \cos t),\ \alpha = 0,\ \beta = 2\pi\ (a > 0)$

6.　（1）　C^1 級の曲線 $C : x = f(t),\ y = g(t)\ (\alpha \leqq t \leqq \beta)$ が x 軸のまわりに 1 回転してできる曲面の表面積は次の式で与えられることを示せ（$g(t) \geqq 0$）.

$$S = 2\pi \int_\alpha^\beta g(t) \sqrt{f'(t)^2 + g'(t)^2}\,dt$$

（2）　次の曲線を x 軸のまわりに 1 回転してできる曲面の表面積を求めよ．

　（イ）　$x = a(t - \sin t),\ y = a(1 - \cos t)\ (0 \leqq t \leqq 2\pi)\ (a > 0)$

　（ロ）　$x = a \cos^3 t,\ y = a \sin^3 t\ (0 \leqq t \leqq \pi)$

　（ハ）　$x^2 + (y - b)^2 = a^2\ (b > a > 0)$

6-6　線積分とグリーンの定理

xy 平面の領域 D での連続関数 $f(x, y)$ および D 内の滑らかな曲線

$$C : x = x(t),\ y = y(t)\quad (a \leqq t \leqq b)$$

（すなわち，$x(t), y(t)$ が $[a, b]$ で C^1 級）が与えられたとき

$$\int_a^b f(x(t), y(t)) x'(t)\,dt \quad \text{および} \quad \int_a^b f(x(t), y(t)) y'(t)\,dt$$

をそれぞれ x および y に関する C に沿っての**線積分**といい，

$$\int_C f(x, y)\,dx \quad \text{および} \quad \int_C f(x, y)\,dy$$

で表す．曲線 C が滑らかな曲線 $C_1, C_2, \cdots, C_n$ をつないだ曲線（このような C を区分的に滑らかな曲線という）のときには

$$\int_C f(x, y) dx = \sum_{i=1}^{n} \int_{C_i} f(x, y) dx$$

と定める. $\int_C f(x, y) dy$ も同様.

例題1 次の線積分を計算せよ.

$$I_1 = \int_C 2xy \, dx, \quad I_2 = \int_C (x - y^2) dy \quad (C : y = x^2, \ 0 \leq x \leq 1)$$

[解] $x = t, \ y = t^2 \ (0 \leq t \leq 1)$ ととって

$$I_1 = \int_0^1 2t^3 dt = \frac{1}{2} [t^4]_0^1 = \frac{1}{2}$$

$$I_2 = \int_0^1 (t - t^4) 2t \, dt = \left[\frac{2}{3} t^3 - \frac{2}{6} t^6 \right]_0^1 = \frac{1}{3}$$

特に C が下図のように, 正の向きをもった区分的に滑らかな単純閉曲線で, その囲む閉領域 K が縦線集合かつ横線集合であるとする. いま弧 $\overset{\frown}{AMB}$ が $y = \varphi_1(x)$, 弧 $\overset{\frown}{ANB}$ が $y = \varphi_2(x)$ とすると

$$\int_C f(x, y) dx = \int_a^b f(x, \varphi_1(x)) dx + \int_b^a f(x, \varphi_2(x)) dx$$

$$= \int_a^b \{ f(x, \varphi_1(x)) - f(x, \varphi_2(x)) \} dx \tag{1}$$

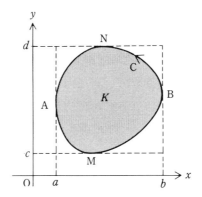

弧 $\overset{\frown}{MBN}$ が $x = \psi_2(y)$, 弧 $\overset{\frown}{MAN}$ が $x = \psi_1(y)$ とすると

$$\int_C f(x, y) dy = \int_c^d f(\psi_2(y), y) dy + \int_d^c f(\psi_1(y), y) dy$$

$$= \int_c^d \{ f(\psi_2(y), y) - f(\psi_1(y), y) \} dy \tag{2}$$

となる．このとき，次の定理を得る．

定理 6-11（グリーンの定理）

$P(x, y), Q(x, y)$ が D で C^1 級の関数のとき（$D \supset K$）

$$\int_C (P(x, y) dx + Q(x, y) dy) = \iint_K \left(\frac{\partial Q}{\partial x} - \frac{\partial P}{\partial y} \right) dx \, dy$$

証明　弧 $\overset{\frown}{\text{ANB}}$ が $y = \varphi_2(x)$，弧 $\overset{\frown}{\text{AMB}}$ が $y = \varphi_1(x)$（$a \le x \le b$）であるから式（1）より

$$\iint_K -\frac{\partial P}{\partial y} dx \, dy = \int_a^b dx \int_{\varphi_1(x)}^{\varphi_2(x)} -\frac{\partial P}{\partial y} dy = \int_a^b [-P(x, y)]_{y=\varphi_1(x)}^{y=\varphi_2(x)} dx$$

$$= \int_a^b \{ P(x, \varphi_1(x)) - P(x, \varphi_2(x)) \} dx = \int_C P(x, y) dx \quad (3)$$

同様にして式（2）を用いて

$$\iint_K \frac{\partial Q}{\partial x} dx \, dy = \int_c^d dy \int_{\psi_1(y)}^{\psi_2(y)} \frac{\partial Q}{\partial x} dx = \int_c^d [Q(x, y)]_{x=\psi_1(y)}^{x=\psi_2(y)} dy$$

$$= \int_c^d \{ Q(\psi_2(y), y) - Q(\psi_1(y), y) \} dy = \int_C Q(x, y) dy \quad (4)$$

式（3）と式（4）の辺々を加えることによって定理を得る．　∎

系

C によって囲まれた部分 K の面積を S とすると

$$S = \int_C x \, dy = -\int_C y \, dx = \frac{1}{2} \int_C (x \, dy - y \, dx) \quad (5)$$

証明　定理において $P \equiv 0, \ Q \equiv x$ ととると

$$S = \iint_K dx \, dy = \int_C x \, dy$$

$P \equiv -y, \ Q \equiv 0$ ととると

$$S = \iint_K dx \, dy = -\int_C y \, dx$$

これらを加えて2で割れば式（5）の最後の関係式を得る．　∎

　注　$\int_C (P \, dx + Q \, dy)$ は以下 $\int_C P \, dx + Q \, dy$ と（　）を付けずに書くことにする．

例題2　C を $x^2+y^2=1$ の正の向きにとったものとしたとき，線積分

$$I = \int_C x^2 y \, dx + (x - y^2) dy$$

を求めよ．

[**解**]　$x^2+y^2 \leqq 1$ を K とするとき，グリーンの定理により

$$I = \iint_K (1-x^2) dx \, dy = \pi - \iint_{\substack{0 \leqq r \leqq 1 \\ 0 \leqq \theta \leqq 2\pi}} r^3 \sin^2\theta \, dr \, d\theta = \pi - \int_0^1 r^3 dr \int_0^{2\pi} \sin^2\theta \, d\theta$$

$$= \pi - \frac{1}{4} \cdot 4 \int_0^{\pi/2} \sin^2\theta \, d\theta = \pi - \frac{\pi}{4} = \frac{3}{4}\pi$$

問1　次の線積分を求めよ．

（1）$\displaystyle\int_C 2x \, dy + 3y \, dx$, $C:(0,0)$ と $(1,1)$ を結ぶ次の各曲線：（a）直線，
（b）$y = x^2$，（c）$x = y^2$

（2）$\displaystyle\int_C x^2 dx - y^2 dy$, $C: x^2+y^2=1$ 上を $(1,0)$ から $(-1,0)$ まで $y \geqq 0$ の
部分

問2　次の線積分を求めよ（C は正の向きに1周）．

（1）$\displaystyle\int_C (x-y^2) dx + 2xy \, dy$, $C: y = \sqrt{x}$, $y = x^2$ で囲まれた部分の境界

（2）$\displaystyle\int_C (x^2+y) dx + (x-y^2) dy$, $C: y = \sqrt{x}$, $y = x^2$ で囲まれた部分の境界

（3）$\displaystyle\int_C x \, dy - y \, dx$, $C: \dfrac{x^2}{a^2} + \dfrac{y^2}{b^2} = 1$ $(a, b > 0)$

なお，定理6-11での C および K がもう少し一般になってもグリーンの
定理が成り立つことが知られている．たとえば

定理6-11′（グリーンの定理）

　有限個の，区分的に滑らかな単純閉
曲線からなる境界 C をもった有界閉
領域を K, $P(x, y)$, $Q(x, y)$ を D で
C^1 級の関数とする．このとき，

$$\int_C P(x, y) dx + Q(x, y) dy$$

$$= \iint_K \left(\frac{\partial Q}{\partial x} - \frac{\partial P}{\partial y} \right) dx \, dy$$

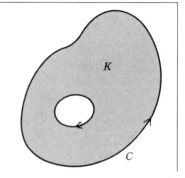

ただし，$D \supset K$ で C は正の向き，すなわち K の内部を左側に見るように回るものとする.

注 定理 6-11 の系に対応する命題も同様にして成り立つことがわかる.

問題 6-6 （答は p. 323）

1. 次の線積分を求めよ.

（1） $\displaystyle\int_C y\,dx + x^2 dy$, C は $(0,0)$ と $(1,1)$ を結ぶ次の曲線.

　（イ） $x = t,\ y = t\ (0 \le t \le 1)$　　（ロ） $x = t,\ y = t^2\ (0 \le t \le 1)$

　（ハ） $x = t^2,\ y = t\ (0 \le t \le 1)$　　（ニ） $x = t^3,\ y = t\ (0 \le t \le 1)$

　（ホ）　折線 $(0,0) \longrightarrow (1,0) \longrightarrow (1,1)$

（2） $\displaystyle\int_C xy\,dx + (x^2 - y^2)dy$, C は $(0,0)$ と $(1,2)$ を結ぶ次の曲線.

　（イ） $y = 2x^2\ (0 \le x \le 1)$　　（ロ） $y = 2x\ (0 \le x \le 1)$

（3） $\displaystyle\int_C x^2 dx + y^2 dy$, C は $x^2 + y^2 = 1$ 上を $(1,0)$ から $(-1,0)$ へ（イ）$y \ge 0$, （ロ）$y \le 0$

2. 次の線積分を求めよ（C は正の向き）.

（1） $\displaystyle\int_C x^2 y\,dx + y^3 dy$, C は $y = x$ と $y = x^2$ の囲む部分の境界.

（2） $\displaystyle\int_C (x^2 + y^2)dx + 2xy\,dy$, C は（1）と同じ.

（3） $\displaystyle\int_C (x^2 - y)dx + (x - y^2)dy$, C は 3 直線 $y = 0$, $x = 1$, $y = x$ で囲む三角形の周.

（4） $\displaystyle\int_C \dfrac{-y}{x^2 + y^2}dx + \dfrac{x}{x^2 + y^2}dy$, C は（イ）$x^2 + y^2 = 1$, （ロ）$(x-2)^2 + y^2 = 1$

（5） $\displaystyle\int_C e^x \cos y\,dx - e^x \sin y\,dy$, C は $x^2 + y^2 = a^2\ (a > 0)$

3. 下に与える C に沿って次の線積分を計算せよ（閉曲線の場合は正の向き, $a > 0$）.

$$\int_C x\,dy - y\,dx$$

（1） $x^2 + y^2 = a^2$

（2） $(1,1)$, $(-1,1)$, $(-1,-1)$, $(-1,1)$ を頂点とする正方形

（3） $x = -t + t^3,\ y = 1 - t^4\ (-1 \le t \le 1)$

（4） $x = \sin 2t,\ y = \sin 3t\ (0 \le t \le \pi)$

（5） $r = a(1 + \cos\theta)\ (-\pi \le \theta \le \pi)$　　（6） $x = t - \sin t,\ y = 1 - \cos t$

4. $\boldsymbol{R}^2$ での 1 つの単純閉曲線で囲まれた領域および $\boldsymbol{R}^2$ 自身を単連結な領域とい

う．単連結な領域 D で，$X(x, y)$, $Y(x, y)$ を C^1 級で，「$X_y = Y_x$」がみたされているとする．次を示せ．

（1）　D 内の曲線 C に沿った線積分 $\int_C X\,dx + Y\,dy$ は始点 $P_0(x_0, y_0)$ と終点 $P(x, y)$ だけで決まり，積分路 C にはよらない．

（2）　この線積分を終点 $P(x, y)$ の関数と見て $F(x, y)$ とする．

$$F(x, y) = \int_{(x_0, y_0)}^{(x, y)} X\,dx + Y\,dy \implies F_x = X,\ F_y = Y$$

5. 次の線積分は積分路にはよらないことを示し，その値を求めよ．

（1）　$\int_{(1, 0)}^{(0, 1)} 2xy\,dx + (x^2 - y)\,dy$　　（2）　$\int_{(0, 0)}^{(1, \pi/2)} e^x \cos y\,dx - e^x \sin y\,dy$

6. 領域 D で C^1 級の関数 $f(x, y)$ に対し，D の点 $P(a, b)$ を始点，$Q(c, d)$ を終点とする D 内の曲線 C に沿った線積分 $\int_C f_x\,dx + f_y\,dy$ は C に無関係で $f(c, d) - f(a, b)$ に等しいことを示せ．

6-7　積分を用いて定義された関数の微分・積分

1.　有界閉区間の場合

関数 $f(x, y)$ が有界閉区間 $W = \{(x, y)\,;\ a \leq x \leq b,\ c \leq y \leq d\}$ で連続であるとする．6-1節，2項でも考えたように

$$F(y) = \int_a^b f(x, y)\,dx$$

は $[c, d]$ での y の関数である．この関数は次の性質をもっている．

定理6-12

[Ⅰ]　$F(y)$ は $[c, d]$ で連続である．

[Ⅱ]　$\int_c^d F(y)\,dy = \int_a^b \left\{ \int_c^d f(x, y)\,dy \right\} dx$　　（積分順序の交換）

[Ⅲ]　$f_y(x, y)$ が W で連続ならば，$[c, d]$ で

$$F'(y) = \int_a^b f_y(x, y)\,dx$$　　（微分と積分の順序交換）

　証明　[Ⅰ]，[Ⅱ] はそれぞれ補題6-1 および定理6-2 と同じものである．あとの議論との関連でここでもとりあげた．[Ⅲ] のみを証明する．

　[Ⅲ] の証明．仮定より $f_y(x, y)$ は連続だから $g(y) = \int_a^b f_y(x, y)\,dx$ とお

く. ［I］により $g(y)$ は $[c, d]$ で連続で, ［II］を適用して

$$\int_c^y g(y)dy = \int_a^b \left\{ \int_c^y f_y(x, y)dy \right\}dx$$

$$= \int_a^b [f(x, y)]_c^y \, dx$$

$$= \int_a^b f(x, y)dx - \int_a^b f(x, c)dx = F(y) - F(c)$$

微分積分学の基本定理（定理 3-15）により

$$F'(y) = g(y) = \int_a^b f_y(x, y)dx \qquad ■$$

例1 $f(x, y) = x^y,\ W : 0 \le x \le 1,\ c \le y \le d\ (c > 0)$ のとき,

　［1］ $\displaystyle\int_0^1 \frac{x^d - x^c}{\log x}dx = \log\frac{d+1}{c+1}$ 　　［2］ $\displaystyle\int_0^1 x^y \log x \, dx = \frac{-1}{(y+1)^2}$

　［解］ ［1］ $f(x, y) = x^y$ に定理の ［II］を適用する.

$$\int_0^1 \frac{x^d - x^c}{\log x}dx = \int_0^1 \left\{ \int_c^d x^y dy \right\}dx = \int_c^d \left\{ \int_0^1 x^y dx \right\}dy = \int_c^d \frac{1}{y+1}dy$$

$$= \log\frac{d+1}{c+1}$$

　［2］ $f_y(x, y) = x^y \log x\ (x \ne 0),\ = 0\ (x = 0)$ は ［III］の条件をみたして

いる. $F(y) = \displaystyle\int_0^1 x^y dx = \frac{1}{y+1}$ だから

$$\int_0^1 x^y \log x \, dx = F'(y) = \frac{-1}{(y+1)^2}$$

問1 $\displaystyle\int_0^1 x^y (\log x)^n dx = (-1)^n n!/(y+1)^{n+1}\ (n = 2, 3, \cdots)\ (y > 0)$ を示せ.

2. 広義積分の場合

　まず, 無限区間 $W' : a \le x < \infty,\ c \le y \le d$ で $f(x, y)$ は連続で広義

積分

$$F(y) = \int_a^\infty f(x, y)dx \qquad (1)$$

は y に関して一様収束, すなわち, $F_t(y) = \displaystyle\int_a^t f(x, y)dx$ が $t \to \infty$ のとき,

$[c, d]$ で一様に $F(y)$ に収束しているとする. 言いかえれば

　「任意の $\varepsilon > 0$ に対して, y に無関係な t_0 があって, $y \in [c, d]$ で

$$t_0 \leqq t \implies \left| \int_a^t f(x, y)dx - F(y) \right| = \left| \int_t^\infty f(x, y)dx \right| < \varepsilon$$

をみたしているとする.

なお，一様収束の判定条件としては次が有効である.

───── 補題 6-2 ─────

$a \leqq x < \infty$, $c \leqq y \leqq d$ で，$f(x, y)$, $g(x)$ は次の条件をみたしているとする.

（ⅰ）　$f(x, y), g(x)$は連続

（ⅱ）　$|f(x, y)| \leqq g(x)$

（ⅲ）　$\displaystyle\int_a^\infty g(x)dx$ は収束

このとき，積分$\displaystyle\int_a^\infty f(x, y)dx$ は y に関して $[c, d]$ で一様収束している.

　　証明　　条件（ⅲ）より，任意の $\varepsilon > 0$ に対して，t_0 があって

$$t_0 \leqq t \implies \int_t^\infty g(x)dx < \varepsilon$$

これより，（ⅱ）を用いると

$$t_0 \leqq t \implies \left| \int_t^\infty f(x, y)dx \right| \leqq \int_t^\infty |f(x, y)|dx \leqq \int_t^\infty g(x)dx < \varepsilon$$

となって，結論を得る.　　∎

　さて，一様収束する積分（1）によって定義された $F(y)$ は次の性質をもつ.

───── 定理 6-13 ─────

［Ⅰ］　$F(y)$ は $[c, d]$ で連続

［Ⅱ］　$\displaystyle\int_c^d F(y)dy = \int_a^\infty \left\{ \int_c^d f(x, y)dy \right\} dx$　　（積分順序の交換）

［Ⅲ］　さらに，$f_y(x, y)$ が W' で連続，かつ$\displaystyle\int_a^\infty f_y(x, y)dx$ が y に関して $[c, d]$ で一様収束しているならば

$$F'(y) = \int_a^\infty f_y(x, y)\,dx \qquad (微分と積分の順序交換)$$

証明 $n \in \boldsymbol{N}$ $(n > a)$ に対し, $F_n(y) = \int_a^n f(x, y)\,dx$ とおく. 定理6-12 により

（α） $F_n(y)$ は $[c, d]$ で連続

（β） $\int_c^d F_t(y)\,dy = \int_a^t \left\{ \int_c^d f(x, y)\,dy \right\} dx$ $(t > a)$

（γ） $F_n{}'(y) = \int_a^n f_y(x, y)\,dx$

が成り立つ. さらに, 仮定から $F_n(y)$ は $F(y)$ に $[c, d]$ で一様収束している. まず, 定理4-11 により $F(y)$ は $[c, d]$ で連続. 次に, 定理4-12と仮定および（β）により

$$\int_c^d F(y)\,dy = \lim_{n \to \infty} \int_c^d F_n(y)\,dy = \lim_{t \to \infty} \int_c^d F_t(y)\,dy$$

$$= \lim_{t \to \infty} \int_a^t \left\{ \int_c^d f(x, y)\,dy \right\} dx = \int_a^\infty \left\{ \int_c^d f(x, y)\,dy \right\} dx$$

最後に, 仮定と（γ）から $F_n{}'(y)$ が $[c, d]$ で $\int_a^\infty f_y(x, y)\,dx$ に一様収束しているから, 定理4-13 により

$$F'(y) = (\lim_{n \to \infty} F_n(y))' = \lim_{n \to \infty} F_n{}'(y)$$

$$= \lim_{n \to \infty} \int_a^n f_y(x, y)\,dx = \int_a^\infty f_y(x, y)\,dx \qquad ∎$$

次に有限区間の広義積分の場合を簡単に見る.

$f(x, y)$ は W'' : $a < x \leq b$, $c \leq y \leq d$ で連続かつ

$$F(y) = \int_a^b f(x, y)\,dx = \lim_{\alpha \to a+0} \int_\alpha^b f(x, y)\,dx$$

が一様収束しているとする. すなわち

「任意の $\varepsilon > 0$ に対して, y に無関係な正数 δ があって, $y \in [c, d]$ で

$$0 < \alpha - a < \delta \implies \left| \int_a^\alpha f(x, y)\,dx \right| < \varepsilon 」$$

をみたしているとする．このとき，定理 6-13 と同様に次が成り立つ．

定理6-14

　　［Ⅰ］　$F(y)$ は $[c, d]$ で連続

　　［Ⅱ］　$\displaystyle\int_c^d F(y)dy = \int_a^b \left\{ \int_c^d f(x, y)dy \right\} dx$　（積分順序の交換）

　　［Ⅲ］　さらに $f_y(x, y)$ が W'' で連続，かつ $\displaystyle\int_a^b f_y(x, y)dx$ が y に関して $[c, d]$ で一様収束していたら

$$F'(y) = \int_a^b f_y(x, y)dx \quad \text{（微分と積分の順序交換）}$$

問2　これを示せ．

問3　補題 6-2 に対応する命題を述べて，証明をつけよ．

例2　ガンマ関数 $\Gamma(y) = \displaystyle\int_0^\infty e^{-x} y^{x-1} dx$ $(y > 0)$（3-5 節，例6）は次の性質をもつ．

　［1］　$\Gamma(y)$ は $y > 0$ で連続

　［2］　$\Gamma(y)$ は微分可能で $\Gamma'(y) = \displaystyle\int_0^\infty e^{-x} x^{y-1} \log x \, dx$

［解］　［1］　定義の積分を2つに分けて考える．まず

$$g_1(y) = \int_1^\infty e^{-x} x^{y-1} dx \tag{2}$$

とおく．$f(x, y) = e^{-x} x^{y-1}$ は $1 \leqq x < \infty, 0 \leqq y \leqq y_0 (y_0 > 0, \text{任意})$ で連続かつ

　（ⅰ）　$|f(x, y)| \leqq e^{-x} x^{y_0 - 1}$

　（ⅱ）　$\displaystyle\int_1^\infty e^{-x} x^{y_0 - 1} dx$ は収束 $(\leqq \Gamma(y_0))$

したがって補題 6-2 により積分（2）は $[0, y_0]$ で一様収束．定理 6-13 により $g_1(y)$ は $0 \leqq y \leqq y_0$ で連続．y_0 が任意だから，結局 $g_1(y)$ は $0 \leqq y$ で連続．

　次に，

$$g_2(y) = \int_0^1 e^{-x} x^{y-1} dx \tag{3}$$

とおく．$f(x, y) = e^{-x} x^{y-1}$ は $0 < x \leqq 1, y_0 \leqq y \leqq y_1 (0 < y_0 < y_1$ は任意$)$ で連続かつ

（ⅰ）′　$|f(x,y)| \leqq e^{-x}x^{y_0-1}$

（ⅱ）′　$\int_0^1 e^{-x}x^{y_0-1}dx$ は収束（$\leqq \Gamma(y_0)$）

であるから積分（3）は $[y_0, y_1]$ で一様収束．ゆえに定理 6-14 により $g_2(y)$ は $[y_0, y_1]$ で連続．$0 < y_0 < y_1$ は任意であったから，結局 $g_2(y)$ は $y > 0$ で連続である．以上より，$\Gamma(y) = g_2(y)+g_1(y)$ は $y > 0$ で連続である．

　［2］　$f_y(x, y) = e^{-x}x^{y-1}\log x$ は $0 < x < \infty, 0 < y$ で連続であるから，積分

$$\int_0^\infty e^{-x}x^{y-1}\log x\,dx \tag{4}$$

が $c \leqq y \leqq d$（$0 < c < d$，任意）で一様収束していることを見る．

$$\int_1^\infty e^{-x}x^{y-1}\log x\,dx \leqq \int_1^\infty e^{-x}x^d dx \leqq \Gamma(d+1) < \infty$$

そして，$0 < x \leqq \delta < 1 \implies |x^{c/2}\log x| \leqq 1$ となるように δ をとる．

$$\left|\int_0^\delta e^{-x}x^{y-1}\log x\,dx\right| = \left|\int_0^\delta e^{-x}x^{c/2-1}(x^{y-c/2}\log x)dx\right|$$
$$\leqq \int_0^\delta e^{-x}x^{c/2-1}dx \leqq \Gamma\left(\frac{c}{2}\right) < \infty$$

これらにより積分（4）が $[c, d]$ で一様収束していることがわかる．$0 < c < d$ が任意なことから，定理 6-13, 6-14 により $\Gamma(y)$ は微分可能で，

$$\Gamma'(y) = \int_0^\infty e^{-x}x^{y-1}\log x\,dx$$

問 4　ガンマ関数は何回でも微分可能で次が成り立つことを示せ．

$$\Gamma^{(n)}(y) = \int_0^\infty e^{-x}x^{y-1}(\log x)^2 dx \quad (n = 1, 2, \cdots)$$

例題 1　積分 $\displaystyle\int_0^\infty e^{-ax}dx = 1/a$（$a > 0$）を用いて次を導け．

1）　$\displaystyle\int_0^\infty x^n e^{-ax}dx = \frac{n!}{a^{n+1}}$（$a > 0$）

2）　$\displaystyle\int_0^\infty \frac{e^{-ax}-e^{-bx}}{x}dx = \log\frac{b}{a}$（$a, b > 0$）

［**解**］　1）　$f(x, a) = e^{-ax}$ とおく．任意の $\delta > 0$ に対して

$$\left|\frac{\partial^n f}{\partial a^n}\right| \leqq x^n e^{-\delta x}\ (\delta \leqq a, n = 0, 1, 2, \cdots)\quad \text{かつ}\quad \int_0^\infty x^n e^{-\delta x}dx < \infty$$

であるから，補題 6-2 により $\displaystyle\int_0^\infty \frac{\partial^n}{\partial a^n}(e^{-ax})dx$ は $\delta \leqq a$ で一様収束している．したがって定理 6-13 により，与えられた積分において辺々を a で n 回微分するとき，左辺において微分と積分の順序を交換してもよい．

$$\int_0^\infty \frac{\partial^n}{\partial a^n}(e^{-ax})dx = (-1)^n \int_0^\infty x^n e^{-ax}dx = \frac{(-1)^n n!}{a^{n+1}}$$

となり $(-1)^n$ で両辺を割ればよい．δ は正で任意だから，結局 $a>0$ で成り立つ．

2）　$0<a<b$ とする．$\int_0^\infty e^{-yx}dx = 1/y$ は $[a,b]$ で y に関して一様収束．

定理 6-13〔II〕を用いて

$$\log \frac{b}{a} = \int_a^b \frac{1}{y}dy = \int_a^b \left\{\int_0^\infty e^{-yx}dx\right\}dy = \int_0^\infty \left\{\int_a^b e^{-yx}dy\right\}dx$$

$$= \int_0^\infty \left[-\frac{e^{-yx}}{x}\right]_a^b dx = \int_0^\infty \frac{e^{-ax}-e^{-bx}}{x}dx$$

注　2）において $x=-\log t$ と変換すると，例 1〔1〕を得る．

問 5　$F(a) = \int_0^\infty \frac{dx}{x^2+a}$ $(a>0)$ について次を示せ $(n \geqq 1)$．

（1）　積分記号のもとで何回でも微分できる．

（2）　$F(a) = \pi/2\sqrt{a}$ を用いて $\int_0^\infty \frac{dx}{(x^2+1)^{n+1}} = \frac{\pi}{2} \frac{1\cdot3\cdot5\cdot\cdots(2n-1)}{2\cdot4\cdot6\cdots\cdot2n}$．

問題 6-7 （答は p. 324）

1.　$\int_0^{\pi/2} \frac{dx}{a^2\cos^2 x + b^2\sin^2 x} = \frac{\pi}{2ab}$ $(a,b>0)$ を知って（問題 3-4, 3），次を示せ．

（1）　$\int_0^{\pi/2} \frac{\cos^2 x\, dx}{(a^2\cos^2 x + b^2\sin^2 x)^2} = \frac{\pi}{4a^3 b}$

（2）　$\int_0^{\pi/2} \frac{\sin^2 x\, dx}{(a^2\cos^2 x + b^2\sin^2 x)^2} = \frac{\pi}{4ab^3}$

（3）　$\int_0^{\pi/2} \frac{dx}{(a^2\cos^2 x + b^2\sin^2 x)^2} = \frac{\pi}{4ab}\left(\frac{1}{a^2}+\frac{1}{b^2}\right)$

2.　次を示せ（f は連続）．

（1）　$\int_0^a dx \int_0^{a-x} f(x,y)dy = \int_0^a dy \int_0^{a-y} f(x,y)dx$　　$(a>0)$

（2）　$\int_a^b dy \int_a^y f(x)(y-x)^n dx = \frac{1}{n+1}\int_a^b f(x)(b-x)^{n+1}dx$ $(n \neq -1, 0 \leqq a < b)$

3.　$F(t) = \int_0^1 \frac{\tan^{-1}(tx)}{x\sqrt{1-x^2}}dx$ とおくとき次を示せ．

（1）　$F(t)$ は任意の $t \in \boldsymbol{R}$ に対して収束している．

（2）　$F(t)$ は微分可能で，$F'(t) = \frac{\pi}{2}\frac{1}{\sqrt{1+t^2}}$

（3）　$F(t) = \frac{\pi}{2}\log(t+\sqrt{t^2+1})$

4. $G(u) = \displaystyle\int_0^\infty \frac{\log(1+u^2x^2)}{b^2+x^2}\,dx$ $(u \geqq 0,\ b > 0)$ とおくとき次を示せ.

（1） $G(u)$ は任意の $u \geqq 0$ で一様収束している.

（2） $G(u)$ は微分可能で, $G'(u) = \dfrac{\pi}{1+bu}$ $(u > 0)$

（3） $G(u) = \dfrac{\pi}{b}\log(1+bu)$

5. $f(x, y) = e^{-x^2}\cos yx,\ F(y) = \displaystyle\int_0^\infty f(x, y)\,dx$ とおくとき次を示せ.

（1） 積分は $-\infty < y < \infty$ に関して一様収束.

（2） $\displaystyle\int_0^\infty f_y(x, y)\,dx$ は $-\infty < y < \infty$ に関して一様収束.

（3） $F'(y) = -\dfrac{y}{2}F(y)$

（4） $F(0) = \displaystyle\int_0^\infty e^{-x^2}\,dx = \dfrac{\sqrt{\pi}}{2}$ （6-4 節，例1) を用いて, $F(y) = \dfrac{\sqrt{\pi}}{2}e^{-y^2/4}$.

問の答とヒント

1-1 実数と数列

問1 $S \ni x \Longrightarrow x \leqq c < c'$, したがって $x < c'$.

問2 （1） $\min N = \inf N = 1$ （2） $\max A = \sup A = 1$, $\inf A = 0$
（3） $\min B = \inf B = -10$, $\sup B = \sqrt{5}$ （4） $\inf C = 0$ （他はない）

問3 S を空でない下に有界な集合とする. このとき, $a = \inf S$ である必要十分な条件は, （i）$S \ni x \Longrightarrow x \geqq a$, （ii）任意の $\varepsilon > 0$ に対し, $a + \varepsilon > x_0$ となる $x_0 \in S$ がある. 証明は略.

問4 $\max S = a$ とする. $S \ni x \Longrightarrow x \leqq a$ であり, 定理 1-2（ii）は $x_0 = a$ ととればよい. したがって, $a = \sup S$. min の方も同様.

問5 S_i の上（下）界全体を $T_i(U_i)$ とする. $T_1 \supset T_2$, $U_1 \supset U_2$ である.
（1） $\sup S_1 = \min T_1 \leqq \min T_2 = \sup S_2$
（2） $\inf S_1 = \max U_1 \geqq \max U_2 = \inf S_2$

問6 $(a+b)/2 = c$, $\varepsilon = (b-a)/2$ とすると $(a, b) = (c-\varepsilon, c+\varepsilon)$. 定理 1-4 により少なくとも 1 つ有理数 r_1 がある. $a < r_1 < b$. (a, r_1) に同じ議論をすると, $a < r_2 < r_1$ なる有理数 r_2 がある. 以下, これを続ける.

問7 ［1］ $a_n \to 0$, $b_n \to 0$ より任意の $\varepsilon > 0$ に対して, $n_1, n_2 \in N$ があり $n_1 < n \Longrightarrow |a_n| < \varepsilon/2$, $n_2 < n \Longrightarrow |b_n| < \varepsilon/2$. したがって, $\max(n_1, n_2) < n \Longrightarrow |a_n + b_n| \leqq |a_n| + |b_n| < \varepsilon$. 他も同様.

問8 まず $c_n \geqq 0$, $c_n \to c \Longrightarrow c \geqq 0$ をいう. 仮に $c < 0$ とすると, $\varepsilon = |c| > 0$ に対して, 自然数 $n_0 \in N$ があって, $n_0 < n \Longrightarrow |c_n - c| < |c|$. したがって, $c_n < |c| + c = 0$. 矛盾. ゆえに $c \geqq 0$. そこで, $c_n = a_n - b_n$ とおくと, $\lim(a_n - b_n) = \alpha - \beta \geqq 0$, $||a_n| - |\alpha|| \leqq |a_n - \alpha| \to 0$ $(n \to \infty)$. ゆえに $|a_n| \to |\alpha|$.

問9 $a_n \downarrow$ とする. $-a_n \uparrow$, 有界. したがって, $-a_n \uparrow \beta$ ゆえに $a_n \downarrow -\beta$.

問10 （1） $1/a_n \downarrow$, > 0. ゆえに $\lim 1/a_n = \alpha$ がある（定理 1-7）. $0 \leqq \alpha \leqq 1/a_n$. $\alpha > 0$ とすると, $a_n \to \infty$ より $1/\alpha < a_{n_0}$ なる $n_0 \in N$ がある. $1/a_{n_0} < \alpha$. 矛盾.
（2） 任意の $M > 0$ に対して, $n_0 \in N$ があって, $n_0 < n \Longrightarrow a_n > M^2$, ゆえに $\sqrt{a_n} > M$ $(n > n_0)$. これは $\lim \sqrt{a_n} = \infty$ を意味する.

問11 e

問12 （1） $[-1, 1]$ （2） $[0, 1]$ （3） $\{1/n ; n \in N\} \cup \{0\}$

1-2　関数の極限

問1　［Ⅰ］　$|f(x)+g(x)-\alpha-\beta| \leqq |f(x)-\alpha|+|g(x)-\beta| \to 0$ $(x \to a)$. 残りについても定理 1-6 の場合と同様に変形をして，$x \to a$ とすればよい.

問2　広義増加のとき．［Ⅱ］　$a < c \leqq b$ なる c に対して $S(c) = \{f(x); a \leqq x < c\}$, $\sup S(c) = \beta$ とすると，$\displaystyle\lim_{x \to c-0} f(x) = \beta$. 他も同様.

問3　［1］　略　　［2］　帰納法.

問4　（1）　1　　（2）　∞　　（3）　0

問5　たとえば「$\displaystyle\lim_{x \to \infty} f(x) = \alpha\ (\neq 0)$ のとき，$x_0 \in \boldsymbol{R}$ があって，$x_0 < x \Longrightarrow f(x)$ は α と同符号」．証明は略．他も同様.

問6　（1）　1/2　　（2）　$-1/2$

問7　（1）　0　　（2）　$a > 1$ のとき 1, $0 < a < 1$ のとき -1. 　（3）　$a > 1$ のとき -1, $0 < a < 1$ のとき 1.

1-3　連続関数

問1　$\displaystyle\lim_{x \to a} f(x) = a \Longleftrightarrow \lim_{x \to a+0} f(x) = \lim_{x \to a-0} f(x) = f(a)$

問2　a が有理数のとき，無理数列 $\{a_n\}$ があって，$a_n \to a$ とでき（問題 1-1, 14），$\displaystyle\lim_{n \to \infty} f(a_n) = 0 \neq 1 = f(a)$. a が無理数のとき，有理数列 $\{r_n\}$ があって，$r_n \to a$ とでき（定理 1-4, 系），$\displaystyle\lim_{n \to \infty} f(r_n) = 1 \neq 0 = f(a)$.

問3　定理 1-11 と定義 1-9 より.

問4　$\cos(x+h) = \cos x \cos h - \sin x \sin h \to \cos x\ (h \to 0)$

問5　$\tan x, \sec x$ は $x \neq \pi/2 + n\pi\ (n = 0, \pm 1, \cdots)$ で連続, $\cot x, \mathrm{cosec}\, x$ は $x \neq n\pi\ (n = 0, \pm 1, \cdots)$ で連続.

問6　定理 1-17 で $l = 0$ ととればよい.

問7　$-f(x)$ に対して同じ議論をする.

問8　例：$[0,1]$ で，$f(x) = x\ (0 < x < 1)$, $f(0) = f(1) = 1/2$ なる $f(x)$.

問9　（1）　○　　（2）　○　　（3）　×（$x = 0$ の近傍に注意）　　（4）　○

問10　（1）　$\pi/2$　　（2）　$-\pi/6$　　（3）　$\pi/6$　　（4）　$2\pi/3$　　（5）　$\pi/3$　　（6）　$\pi/2$

問11　（1）　$\tan^{-1}\dfrac{1}{2} = \alpha$, $\tan^{-1}\dfrac{1}{3} = \beta$ として $\tan(\alpha+\beta)$ を計算せよ. 　（2）　同様.

問12　（1）　$1-x^2$　　（2）　x^2　　（3）　$1+x^2$

2-1　導関数

問1　$f_+'(1) = 2$, $f_+'(-1) = 2$, $f_-'(1) = -2$, $f_-'(-1) = -2$

問 2 存在しない，$\lim_{h\to 0}\sqrt[3]{h}/h = \infty$.

問 3 $n = 1$ のとき，連続，微分不可能．$n = 2$ のとき，微分可能で $f'(0) = 0$. $f'(x)$ は $x = 0$ で不連続．

問 5 （1） $\displaystyle\sum_{k=0}^{n-1}\frac{x^k}{k!}$ 　（2） $-nx^{-n-1}$ 　（3） $\dfrac{ad-bc}{(cx+d)^2}$ 　（4） $-\dfrac{1}{\sin^2 x}$

（5） $\dfrac{\sin x}{\cos^2 x}$ 　（6） $-\dfrac{\cos x}{\sin^2 x}$

問 6 （1） $3\left(x+\dfrac{1}{x}\right)^2\left(1-\dfrac{1}{x^2}\right)$ 　（2） $-\sin 2x$ 　（3） $2x\sec^2(x^2)$

問 8 （1） $\log x$ 　（2） $1/\sqrt{x^2+1}$ 　（3） $2\sqrt{x^2+1}$

問 9 （1） $(\log 2)\cdot\cos x\cdot 2^{\sin x}$ 　（2） $-(\log 3)\cdot 3^{-x}$ 　（3） $\dfrac{2\log 2}{x}4^{\log x}$

（4） $2(\log x)\cdot x^{\log x-1}$ 　（5） $\sec^2 x\cdot e^{\tan x}$

問 11 （1） $1/\sqrt{a^2-x^2}$ 　（2） $-1/\sqrt{a^2-x^2}$ 　（3） $a/(a^2+x^2)$

（4） $-1/(1+x^2)$ 　（5） $-3\sin(3\sin^{-1}x)/\sqrt{1-x^2}$

（6） $a\cos(a\sin^{-1}x)/\sqrt{1-x^2}$ 　（7） $\sec^2(\sin^{-1}x)/\sqrt{1-x^2}$

（8） $-e^{\cos^{-1}x}/\sqrt{1-x^2}$

問 12 楕円 $-\dfrac{b^2}{a^2}\dfrac{x}{y}$，サイクロイド $\dfrac{\sin t}{1-\cos t}$

問 13 （1） $2/3t$ 　（2） $-4\sin t\,(=-4x)$ 　（3） $-\tan t$

問 14 （7）の法線：$f'(a)(y-f(a))+x-a=0$

（8）の法線：$f'(t_0)(x-f(t_0))+g'(t_0)(x-g(t_0))=0$

問 15 （1） $3t_0 y = 2x+t_0{}^3$ （接線），$y = -\dfrac{3t_0}{2}x+3t_0{}^4+2t_0{}^2$ （法線）

（2） $y = -4x\sin t_0+1+2\sin^2 t_0$ （接線），$4(\sin t_0)y = x+4\sin t_0\cos 2t_0$ $-\sin t_0$ （法線）

（3） $y\cos t_0+x\sin t_0 = \dfrac{a}{2}\sin 2t_0$ （接線），$y\sin t_0-x\cos t_0 = -a\cos 2t_0$ （法線）

2-2　高次導関数

問 1 （1），（2）とも帰納法による．

問 2 （1） $\dfrac{1}{3}\left(\dfrac{1}{3}-1\right)\cdots\left(\dfrac{1}{3}-(n-1)\right)x^{1/3-n}$ 　（2） $2^n n!$

（3） $(-1)^{n-1}(n-1)!\,3^n/(1+3x)^n$ 　（4） $4^n e^{4x}$

（5） $2^{n-1}\cos\left(2x+\dfrac{n\pi}{2}\right)$ 　（6） $\dfrac{1}{2}\left(3^n\sin\left(3x+\dfrac{n\pi}{2}\right)-\sin\left(x+\dfrac{n\pi}{2}\right)\right)$

（7） $(-1)^n n!\,(x^{-n-1}-(x+1)^{-n-1})$

（8）　$x^2 \cos\left(x+\dfrac{n\pi}{2}\right)+2_nC_1 x \cos\left(x+\dfrac{(n-1)}{2}\pi\right)+2_nC_2 \cos\left(x+\dfrac{(n-2)}{2}\pi\right)$

（9）　$n=1$ のとき $\log(1+x)+\dfrac{x}{1+x}$, $n\geqq 2$ のとき $(-1)^{n-1}(n-2)!\,(1+x)^{-n}$

　　　$\cdot(n-2-x)$　　（10）　$2^n \sin\left(2x+\dfrac{n\pi}{2}\right)$

問3　$f^{(2n)}(0)=0,\ f^{(2n+1)}(0)=\{1\cdot3\cdot5\cdots(2n-1)\}^2$ $(n=0,1,2,\cdots)$

2-3　平均値の定理

問1　$f(x)=0$ の3実根を $a_1<a_2<a_3$ とすると，ロルの定理により (a_1, a_2)，(a_2, a_3) の各区間に1つずつ $f'(x)=0$ の根がある．

問2　$(a+h)^2=a^2+2h(a+\theta h)$ より $\theta=1/2$.

問3　$a=0,\ b=2$ のとき $\theta=1/\sqrt{3}$, $a=1,\ b=3$ のとき $\theta=(\sqrt{39}-3)/6$.

問4　$f(x)=\tan^{-1}x+\cot^{-1}x$ とおくと $f'(x)=0,\ f(1)=\pi/2.\ \therefore\ f(x)=\pi/2$.

問8　（1）　-2　（2）　$15/2$　（3）　0　（4）　0　（5）　1　（6）　0

　（7）　0　（8）　1

問9　（1）　0　（2）　e^a　（3）　1　（4）　1　（5）　$1/2$　（6）　1

　（7）　1　（8）　1

2-4　テイラーの定理

問1　（1）　$\cosh x=1+\dfrac{x^2}{2!}+\cdots+\dfrac{x^{2n-2}}{(2n-2)!}+\dfrac{\cosh(\theta x)}{(2n)!}x^{2n}$

　（2）　略 $\left(\cos^2 x=\dfrac{1}{2}(\cos 2x+1)\ \text{で例4を利用}\right)$

　（3）　略 $\left(\sin x \sin 2x=\dfrac{1}{2}(\cos x-\cos 3x)\ \text{として例4を利用}\right)$

　（4）　$\log(1-x)=-x-\dfrac{x^2}{2}-\dfrac{x^3}{3}-\cdots-\dfrac{x^{n-1}}{n-1}-\dfrac{x^n}{n}\dfrac{1}{(1-\theta x)^n}$

　（5）　略（例6で $\alpha=-1$）　　（6）　略（例6で $\alpha=-2$）

　（7）　$\sqrt{1+x}=1+\dfrac{1}{2}x-\dfrac{1}{8}x^3+\cdots+\dbinom{1/2}{n-1}x^{n-1}+\dbinom{1/2}{n}x^n(1+\theta x)^{1/2-n}$

　（8）　$\dfrac{1}{\sqrt{1+x}}=1-\dfrac{1}{2}x+\dfrac{3}{8}x^3+\cdots+\dbinom{-1/2}{n-1}x^{n-1}+\dbinom{-1/2}{n}x^n(1+\theta x)^{-1/2-n}$

　（9）　$a^x=1+\dfrac{\log a}{1!}x+\dfrac{(\log a)^2}{2!}x^2+\cdots+\dfrac{(\log a)^{n-1}}{(n-1)!}x^{n-1}+\dfrac{(\log a)^n}{n!}a^{\theta x}x^n$

　（10）　略（（5）で x に $-x^2$ を代入）

2-5　関数の増減

問1　（1）　$f(x)=\sin x-\left(x-\dfrac{x^3}{3!}\right)$ とおく．$f(0)=0,\ f'(x)>0$ をいう．

（2） $f(x) = x - \log(1+x)$, $f(0) = 0$, $f'(x) = 1 - \dfrac{1}{1+x} > 0$

問2 ［1］ $f'(0) = \lim\limits_{x \to 0} \dfrac{f(x)}{x} = 1$ ［2］ $2x^2\left|\sin\dfrac{1}{x}\right| < x \left(0 < x < \dfrac{1}{2}\right)$ より

［3］ $f'(x) = 1 + 4x\sin\dfrac{1}{x} - 2\cos\dfrac{1}{x}$ $(x \ne 0)$ で, $f'\left(\dfrac{1}{2n\pi}\right) = -1 < 0$,

$f'\left(\dfrac{1}{n\pi}\right) = 3 > 0$ $(n = \pm1, \pm2, \cdots)$ より x の左右で無限回増減.

問3 （1） $f'(x) = -2xe^{-x^2}$, $x = 0$ で極大値 1, y 軸に関して左右対称.
$\lim\limits_{x \to \pm\infty} f(x) = 0$.

（2） $x = 0$ で極大値 1, $x = \pm1$ で極小値 0, y 軸に関して左右対称.

（3） $f'(x) = \log x + 1$, $f'\left(\dfrac{1}{e}\right) = 0$, $f'(x) < 0$ $\left(0 < x < \dfrac{1}{e}\right)$, $f'(x) > 0$ $\left(x > \dfrac{1}{e}\right)$, $f\left(\dfrac{1}{e}\right) = -e^{-1}$ (極小値), $\lim\limits_{x \to 0} f(x) = 0$, $\lim\limits_{x \to \infty} f(x) = \infty$.

2-6 関数の近似

問1 （1） 1/2 位 （2） 1 位 （3） 1 位 （4） 2 位 （5） 1 位
（6） 1 位 （7） 1 位 （8） 1 位 （9） 3 位 （10） 2 位
問2 （1） 1/2 位 （2） $O(1)$（極限 = 1） （3） 3 位
（4） どの x^n より高位（$n \in \mathbf{N}$）
問3 （1） 2.000833 （2） 1.9875 （3） 13.785715 （4） 1.00030003
（5） 0.515149 （6） 0.01
問4 （1） 1 （2） 5/2 （3） 2/5
問5 （1） $|R_1(8, 0.01)| < 0.00000035$ （2） $|R_1(32, -1)| < 0.0027$
（3） $|R_1(196, -6)| < 0.0245$ （4） $|R_1(1, 10^{-4})| < 0.0000000300003$
（5） $\left|R_1\left(\dfrac{\pi}{6}, \dfrac{\pi}{180}\right)\right| < 0.00017$ （6） $|R_1(0, 0.01)| < 0.00005$

問6 （1） $|R_1(0, x)| = \dfrac{|\sin\theta x|}{2!} \cdot x^2 \leqq \dfrac{1}{2}x^2$ $\left(0 \leqq x \leqq \dfrac{\pi}{2}\right)$

（2） $|R_1(0, x)| = \dfrac{|\cos\theta x|}{2}x^2 \leqq \dfrac{1}{2}x^2$ $\left(|x| \leqq \dfrac{\pi}{2}\right)$

（3） $|R_1(0, x)| = \dfrac{2|\tan\theta x|}{2 \cdot (\cos\theta x)^2}x^2 \leqq \dfrac{4\sqrt{3}}{9}x^2$ $\left(|x| \leqq \dfrac{\pi}{6}\right)$

問7 2.718281803, 誤差 $\leqq$ 0.0000000752.
問8 $e = q/p$ $(p, q \in \mathbf{N})$, $n \geqq p+1$ とし, $n!e = n!q/p$ から矛盾を出す.
問9 （1） 1.6486 （2） 7.3890 （3） 0.8905 （4） 1.5835
（5） 1.9876 （6） 0.4987

2-7　凸　関　数

問1 （1）$(-\infty, \infty)$ で下に凸　（2）$|x| \geq 1/\sqrt{2}$ で下に凸, $|x| \leq 1/\sqrt{2}$ で上に凸　（3）$[0, \pi/2]$ で下に凸, $(-\pi/2, 0]$ で上に凸　（4）n：偶数のとき，$(-\infty, \infty)$ で下に凸，n：奇数のとき，$(-\infty, 0]$ で上に凸，$[0, \infty)$ で下に凸.

問2 仮定より $f(x) \geq f(c) + f'(c)(x-c)$. 右辺が接線.

問3 例題1：1）$x = n\pi$（$n = 0, \pm 1, \pm 2, \cdots$）, 2）$x = 0$, 3）なし, 問1：（1）なし，（2）$x = \pm 1/\sqrt{2}$,（3）$x = n\pi$（$n = 0, \pm 1, \pm 2, \cdots$）,（4）$n$：偶数のとき，なし，$n$：奇数のとき，$x = 0$.

2-8　方程式の根の近似

問1 （1）2.236067　（2）2.645751　（3）3.162277　（4）1.259921

問2 （1）$a_0^3 > a$ と a_0 をとる．$a_n = \dfrac{1}{3}\left(2a_{n-1} + \dfrac{a}{a_{n-1}^2}\right)$（$n = 1, 2, \cdots$）

（2）$a_0^5 > a$ と a_0 をとる．$a_n = \dfrac{1}{5}\left(4a_{n-1} + \dfrac{a}{a_{n-1}^4}\right)$（$n = 1, 2, \cdots$）

3-1　定積分の定義

問1 $|f(x)| \leq M$ で $a < c < b$ なる1点 c で不連続の場合を示す．$[a, b]$ を $[a, c-1/n]$, $[c-1/n, c+1/n]$, $[c+1/n, b]$ の3つに分け $I_1 = [a, c-1/n]$ では $f(x)$ は連続だから定理3-2より，I_1 の分割 Δ_n' で $S(\Delta_n') - s(\Delta_n') < 1/n$ となるものがある．同様に $I_2 = [c+1/n, b]$ の分割 Δ_n'' で $S(\Delta_n'') - s(\Delta_n'') < 1/n$ となるものがある．$[a, b]$ の分割 Δ_n を Δ_n', $[c-1/n, c+1/n]$, Δ_n'' を合わせたものとすると $S(\Delta_n) - s(\Delta_n) < 2/n + 2M/n \to 0$（$n \to \infty$）．したがって f は積分可能（定理3-2）．不連続点が2個以上の場合も同様．

問2 （1）$A(b-a)$　（2）6　（3）1/3

問3 （1）$\displaystyle\int_0^1 x^4 dx = \frac{1}{5}$　（2）$\displaystyle\int_0^1 \frac{1}{1+x} dx = [\log(1+x)]_0^1 = \log 2$

（3）$\displaystyle\int_0^\pi \sin x\, dx = [-\cos x]_0^\pi = 2$

3-2　不　定　積　分

以下，積分定数は省略する．

問1 （1）$\dfrac{1}{10}(2x+1)^5$　（2）$-\dfrac{1}{4}(2x+3)^{-2}$　（3）$\dfrac{1}{2}e^{2x+1}$

（4）$5^x/\log 5$　（5）$\dfrac{1}{2}x - \dfrac{\sin 2x}{4}$　（6）$\dfrac{3}{20}(5x+1)^{4/3}$

（7）$\tan x - x$　（8）$\dfrac{\sin(x^2+1)}{2}$　（9）$\dfrac{\sin 2x}{4} - \dfrac{\sin 4x}{8}$

(10)　$\dfrac{(\log x)^3}{3}$　　　(11)　$\dfrac{1}{\sqrt{2}}\sin^{-1}(4x-1)$　　　(12)　$\dfrac{1}{\sqrt{2}}\tan^{-1}\dfrac{3}{\sqrt{2}}\left(x-\dfrac{1}{3}\right)$

(13)　$\dfrac{1}{2}\{\sin^{-1}(x-1)+(x-1)\sqrt{2x-x^2}\}$

(14)　$-\dfrac{2}{7}(1-x)^{3/2}\left(x^2+\dfrac{4}{5}x+\dfrac{8}{105}\right)$　　(15)　$\dfrac{1}{a^2}\dfrac{x}{\sqrt{a^2+x^2}}$

(16)　$2\sin\sqrt{x}$　　(17)　$\dfrac{1}{2}e^{x^2}$　　(18)　$\dfrac{1}{3}\log(2+3\sin x)$

(19)　$2\log(\sqrt{x}+1)$

問2（1）　$\dfrac{1}{3}xe^{3x}-\dfrac{1}{9}e^{3x}$　　（2）　$-\dfrac{x^2}{2}\cos 2x+\dfrac{x}{2}\sin 2x+\dfrac{\cos 2x}{4}$

（3）　$x\cos^{-1}x-\sqrt{1-x^2}$　　（4）　$x(\log x)^2-2x\log x+2x$

（5）　$\dfrac{x^2}{2}\log 3x-\dfrac{3}{4}x^2$　　（6）　$\dfrac{1}{2}x^2\cos^{-1}x+\dfrac{1}{4}\sin^{-1}x-\dfrac{x}{4}\sqrt{1-x^2}$

（7）　$\dfrac{e^{3x}(3\sin 2x-2\cos 2x)}{13}$　　（8）　$\left(\dfrac{x^3}{3}+x^2+x\right)\log x-\dfrac{x^3}{9}-\dfrac{x^2}{2}-x$

（9）　$x\log(x^2+1)-2x+2\tan^{-1}x$　　（10）　$\dfrac{x}{2}\{\sin(\log x)-\cos(\log x)\}$

問3（1）の積分を I，（2）の積分を J とし，それぞれを一度部分積分すると，

$$I=\dfrac{1}{a}e^{ax}\sin bx-\dfrac{b}{a}J,\quad J=\dfrac{1}{a}e^{ax}\cos bx+\dfrac{b}{a}I$$

この連立方程式を I と J について解けばよい．

問4　[16]の場合と同様にすればよい．

問5（1）　$-\dfrac{1}{3}\sin^2 x\cos x-\dfrac{2}{3}\cos x$

（2）　$\dfrac{1}{5}\cos^4\sin x+\dfrac{4}{15}\cos^2 x\sin x+\dfrac{8}{15}\sin x$

（3）　$-\dfrac{1}{6}\sin^5 x\cos x-\dfrac{5}{24}\sin^3 x\cos x-\dfrac{5}{16}\sin x\cos x+\dfrac{5}{16}x$

問6（1）　$\tan^n x=\tan^{n-2}x(-1+\sec^2 x)=-\tan^{n-2}x+\tan^{n-2}x\cdot\sec^2 x$ と分解し，後の項に部分積分を適用する．　（2）　部分積分をする．

問7（1）　$\dfrac{1}{2}\left(\dfrac{x}{(3x^2+1)}+\dfrac{\sqrt{3}}{3}\tan^{-1}\sqrt{3}x\right)$

（2）　$\dfrac{1}{32}\left(\dfrac{4(x+1)}{(x^2+2x+3)^2}+\dfrac{3(x+1)}{x^2+2x+3}+\dfrac{3}{\sqrt{2}}\tan^{-1}\dfrac{x+1}{\sqrt{2}}\right)$

（3）　$\dfrac{x}{6a^2(x^2+a^2)^3}+\dfrac{5}{24a^4}\dfrac{x}{(x^2+a^2)^2}+\dfrac{5}{16a^6}\dfrac{x}{(x^2+a^2)}+\dfrac{5}{16a^7}\tan^{-1}\dfrac{x}{a}$

問8（1）　$\dfrac{x^2}{2}-x+\log|x+1|$　　（2）　$\log|x+1|+\dfrac{1}{x+1}$

（3）　$\log|x+1|+\dfrac{2}{\sqrt{3}}\tan^{-1}\dfrac{2x+3}{\sqrt{3}}$　　（4）　$x+\dfrac{1}{2}\log\left|\dfrac{x-1}{x+1}\right|-\tan^{-1}x$

（5）　$\log|x|-\dfrac{1}{2}\log|x^2+1|+\dfrac{1}{2}\dfrac{1}{(x^2+1)}$

（6）　$\dfrac{x^2}{2}+\dfrac{1}{2}\log(x^4-2x^2+2)$　　（7）　$\dfrac{1}{\sqrt5}\log\left|\dfrac{2x-3-\sqrt5}{2x-3+\sqrt5}\right|-\dfrac{1}{x^2-3x+1}$

（8）　$\dfrac{1}{4\sqrt2}\log\left(\dfrac{x^2+\sqrt2x+1}{x^2-\sqrt2x+1}\right)+\dfrac{1}{2\sqrt2}(\tan^{-1}(\sqrt2x+1)+\tan^{-1}(\sqrt2x-1))$

問 9　（1）　$e^x-\tan^{-1}(e^x)$　　（2）　$\dfrac{1}{2}\tan^{-1}(e^x)-\dfrac{1}{2}\dfrac{1}{e^x+e^{-x}}$

（3）　$2\log(e^x+1)-x$　　（4）　$\log(e^{2x}+1)-x$

問 10　（1）　$\dfrac{-2}{1+\tan(x/2)}$　$(=\tan x-\sec x-1)$

（2）　$\dfrac{2}{13}\log|2\sin x+3\cos x|+\dfrac{3}{13}x$

（3）　$-\dfrac{1}{5}\cos^5x+\dfrac{2}{3}\cos^3x-\cos x$　　（4）　$\dfrac{2}{\sqrt3}\tan^{-1}\left(\dfrac{2}{\sqrt3}\tan x\right)-x$

問 11　（1）　$2\sqrt x-2\log(1+\sqrt x)$　　（2）　$\dfrac{2}{5}(x+1)^{3/2}\left(x-\dfrac{2}{3}\right)$

（3）　$x-\dfrac{3}{2}x^{2/3}+3x^{1/3}-3\log|x^{1/3}+1|$　$(x^{1/3}=t)$　　（4）　$-\dfrac{\sqrt{1+x^2}}{x}$

（5）　$\dfrac{1}{6}(2x^2+x+1)\sqrt{x^2+2x+2}-\dfrac{1}{2}\log|x+1|+\sqrt{x^2+2x+2}|\,(x+1=t)$

（6）　$5\tan^{-1}\sqrt{\dfrac{x-2}{3-x}}-\sqrt{5x-6-x^2}\ \left(t=\sqrt{\dfrac{x-2}{3-x}}\right)$

3-3　定積分の性質

問 1　（1）　$\dfrac{1}{\sqrt2}<\sqrt{1-\dfrac{1}{2}\cos^2x}<1\ \left(0<x<\dfrac{\pi}{2}\right)$ より.

（2）　$\sqrt{\dfrac{7}{8}}<\sqrt{1-x^3}<1\ \left(0<x<\dfrac{1}{2}\right)$ より.

問 2　（1）　$1-\dfrac{\pi}{4}$　　（2）　$\sqrt2-1$　　（3）　$\dfrac{\log2}{2}$　　（4）　$\dfrac{\pi}{2}$

（5）　$0\ (m\neq n),\ \pi\ (m=n)$　　（6）　$0\ (m\neq n),\ \pi\ (m=n)$　　（7）　0

問 3　（1）　$-f(x)$　　（2）　$f(x)+f(-x)$　　（3）　1　　（4）　$\displaystyle\int_0^x f(t)dt$

問 4　（1）　$f(x)=\alpha x+\beta$ として両辺を計算する.　（2）　a を任意に固定して

$\displaystyle\int_a^x f(t)dt=\dfrac{x-a}{2}\{f(x)+f(a)\}$ の両辺を x で微分すると, $f(a)=(a-x)f'(x)$

$+f(x)$.　$x=b$（固定）を代入し a の関数を見ると $f(a)$ は a の1次式.

3-4　定積分の計算

問 1　（1）　$\dfrac{16}{45}$　　（2）　$1-\dfrac{1}{2}\log\dfrac{e^2+1}{2}$　　（3）　$\dfrac{\pi}{4}a^2$　　（4）　1

（5）　$2-2\log 2$　　（6）　$\dfrac{5}{2}-3\log 2$

問2　（1）　$1/(n+1)$　　（2）　$\dfrac{1}{4}$　　（3）　$\dfrac{\pi^2}{72}$　　（4）　$\dfrac{\pi^2}{32}$

（5）　$\tan^{-1}e-\dfrac{\pi}{4}$　　（6）　$\dfrac{1}{2}(1-1/e)$

問3　$1-x=t$ と変換する.

問4　（1）　π　　（2）　$6-2e$　　（3）　$\dfrac{\pi}{4}-\dfrac{1}{2}\log 2$　　（4）　$e-2$

（5）　$\dfrac{\pi^2}{16}-\dfrac{\pi}{4}+\dfrac{1}{2}\log 2$　　（6）　$\dfrac{ne^{n+1}+1}{(n+1)^2}$

3-5　広 義 積 分

問1　$\left|\displaystyle\int_a^b f(x)dx-\int_a^u f(x)dx\right|=\left|\displaystyle\int_u^b f(x)dx\right|\leqq M(b-u)\to 0\ (u\to b)$

問2　$a<c'<b$ の別の c' をとると, $\displaystyle\int_a^{c'}f(x)dx,\ \int_{c'}^b f(x)dx$ も存在し,

$$\int_a^{c'}f(x)dx=\int_a^c f(x)dx+\int_c^{c'}f(x)dx,\ \int_{c'}^b f(x)dx=\int_{c'}^c f(x)dx+\int_c^b f(x)dx$$

$$\therefore\ \int_a^{c'}f(x)dx+\int_{c'}^b f(x)dx=\int_a^c f(x)dx+\int_c^b f(x)dx$$

問3　（1）　$1/2$　　（2）　$\pi/2$　　（3）　$2\pi/\sqrt{3}$　　（4）　$2\pi/3\sqrt{3}$

問5　（1）　$\dfrac{\pi}{2}\left(\dfrac{x}{1-x}=t\right)$　　（2）　$\dfrac{1}{2}$　　（3）　$\dfrac{48}{35}\ (1-x=t^2)$　　（4）　1

問6　（1）　2　　（2）　-1　　（3）　$1/2$　　（4）　$-1/9$

問7　（1）　$27/40$　　（2）　3　　（3）　$\sqrt{2}\pi/4$　　（4）　$\pi/2(a+b)$

（5）　$\dfrac{b}{a^2+b^2}$　　（6）　$\dfrac{a}{a^2+b^2}$

問8　（1）　$\displaystyle\lim_{x\to\infty}x^t/e^x=0$ を用いて, 部分積分による.　　（2）　$t=n$ とおくと

$\Gamma(n+1)=n\Gamma(n)=n(n-1)\Gamma(n-1)=\cdots=n!$

問9　（1）　$1-x=t$ と変換　　（2）　$x/a=t$ と変換　　（3）　例7で $x=t/(1+t)$ と変換.

3-6　定積分の応用と近似値

問1　（1）　$y=(x-1)\tan\alpha+2$　　（2）　$x^2=y^3$

（3）　$y=1-2x^2\ (|x|\leqq 1)$　　（4）　$x^2-y^2=1\ (|x|\geqq 2)$

問2　（1）　$\sqrt{10}-\sqrt{2}+\log(\sqrt{2}+1)-\log(\sqrt{10}+1)+\log 3$

（2）　$1+\dfrac{1}{\sqrt{2}}\log(\sqrt{2}+1)$　　（3）　$6a$　　（4）　$\dfrac{a}{2}(e^{k/a}-e^{-k/a})$

問3　（1）　$\dfrac{a}{2}\{A\sqrt{A^2+1}+\log(A+\sqrt{A^2+1})\}$

（2）　$\sqrt{1+(\log a)^2}(a^\beta - a^\alpha)/\log a$

問4　（1）　$8\dfrac{8}{15}$　　（2）　9　　（3）　$\dfrac{3}{8}\pi a^2$

問5　（1）　台形公式：0.784981，シンプソンの公式：0.785398
　（2）　台形公式：1.101562，シンプソンの公式：1.098660

4-1　無 限 級 数

問1　［Ⅰ］　$\displaystyle\sum_{n=k}^{\infty} a_n$ の第 n 部分和を T_n とおくと，$S_{n+k-1} = a_1 + \cdots + a_{k-1} + T_n$. 他は定義と定理 1-6 より容易.

問2　（1）　1　　（2）　5/2　　（3）　1/4　　（4）　9/4

問3　（1）　$\displaystyle\lim_{n\to\infty} a_n = 1/2 \neq 0$　　（2）　$S_n = \sqrt{n+1} - 1 \to \infty$　　（3）　$\displaystyle\lim_{n\to\infty} (-1)^n$ は存在しない.　（4）　$\displaystyle\lim_{n\to\infty} a_n = 1 \neq 0$　　（5）　$\displaystyle\lim_{n\to\infty} a_n = 1 \neq 0$

問4　（イ）　任意の $\varepsilon > 0$, $n_0 \in \boldsymbol{N}$, $n_0 < n \Longrightarrow a_n < \varepsilon b_n$.　（ロ）　任意の $K > 0$, $n_0 \in \boldsymbol{N}$, $n_0 < n \Longrightarrow K b_n < a_n$

問5　（1）　発散　　（2）　収束　　（3）　発散　　（4）　収束　　（5）　発散，
$\therefore$　$\sqrt[n]{n} - 1 = a_n$ とおくと，$n = (1+a_n)^n$, $\therefore$　$(\log n)/n = \log(1+a_n) < a_n$

問6　（1）　（イ）$\rho = 0$, 任意の a で収束　　（ロ）　$\rho = a$, $0 \leq a < 1$ で収束, $1 \leq a$ で発散　　（ハ）　$a = 0$ で収束, $0 < a$ で $\rho = \infty$, 発散　　（ニ）　$\rho = 1/4$, 収束　　（2）　ともに $\rho = 1$, $\sum(1/n) = \infty$, $\sum(1/n^2) < \infty$.

問7　（1）　収束　　（2）　発散　　（3）　収束　　（4）　発散

問8　（1）　（イ）$\sum (-1)^n \dfrac{1}{n^2}$, （ロ）$a_{2n-1} = \dfrac{1}{n}$, $a_{2n} = -\dfrac{1}{n^2}$, （ハ）$a_{2n-1} = \dfrac{1}{n^2}$, $a_{2n} = -\dfrac{1}{n}$, （ニ）$a_{2n-1} = \dfrac{1}{2n-1}$, $a_{2n} = -\dfrac{1}{2n}$　　（2）　式（9）の利用

問9　（1）　絶対収束　　（2）　絶対収束　　（3）　条件収束　　（4）　条件収束　（$\because$　問5（5）と $a_n \downarrow 0$）

4-2　関数列と関数項級数

問1　定理 4-10 で $M_n = a^n$ ととればよい.

問2　一様収束の定義より明らか.

問3　（十分性）　定理 4-10.（必要性）　定義 4-4 により，任意の $\varepsilon > 0$ に対して $n_0 \in \boldsymbol{N}$ があって，$n_0 < n \Longrightarrow |f_n(x) - f(x)| < \varepsilon$ $(x \in I)$. したがって，$M_n \leq \varepsilon$.

問4　$\left| \displaystyle\int_a^t f_n(x)dx - \int_a^t f(x)dx \right| \leq \int_a^t |f_n(x) - f(x)|dx \leq \int_a^b |f_n(x) - f(x)|dx \to 0$ $(n \to \infty)$ より.

問5　（1）　$f = 0$　　（2）　1 と 0　　（3）　一様収束でない

問6　（ⅰ）　$f_n \to x^2$　　（ⅱ）　$f_n \in C^1$　　（ⅲ）　$f_n'(x) = (2n^2 x + nx^2)/(n+x)^2$

は $[0,1]$ で $2x$ に一様収束, $(\lim f_n(x))' = 2x = \lim f_n'(x)$ で一致.

問 7 $|f_n(x)-f(x)| \leq \int_a^x |f_n'(x)-f'(x)|dx + |f_n(a)-f(a)|$ より.

問 8 （1） $\left|\dfrac{\sin nx}{n^2}\right| \leq \dfrac{1}{n^2}$, $\sum \dfrac{1}{n^2} < \infty$ で定理 4-14 による.

（2） $\left|\dfrac{x^n}{n!}\right| \leq \dfrac{a^n}{n!}$, $\displaystyle\sum_{n=0}^{\infty} \dfrac{a^n}{n!} < \infty$ （4-1 節, 問 6 （1）（イ）).

問 9 $S_n = f_1 + \cdots + f_n$ として, $\displaystyle\sum_{k=1}^{n} \int_a^x f_k(t)dt = \int_a^x S_n(t)dt$ が $\int_a^x f(t)dt$ に一様収束

問 10 $S_n = f_1 + \cdots + f_n$ が f に一様収束していることを問 7 と同様にする.

問 11 部分和 $S_n = f_1 + \cdots + f_n$ に対応する関数列の場合の定理を適用する.

4-3 べ き 級 数

問 1 （イ） $0 < r < \infty$ ならば, 定義 4-6 と sup の性質から $|x| < r$ では絶対収束, $|x| > r$ では発散することは定義 4-6 のすぐ後の注意による. （ロ） $r = 0 \Longrightarrow |x| > 0$ で発散は（イ）と同様. （ハ） $r = \infty \Longrightarrow$ すべての x で絶対収束. 3 つの場合は互いに相容れないので逆も成立.

問 2 $\lim \sqrt[n]{|a_n x^n|} = \rho|x|$ だから.

問 3 （1） 1 （2） 0 （3） ∞ （4） ∞

問 4 問題 1-1, 11（1）利用

問 5 $\sum a_n x^n$ の代りに $\sum n a_n x^{n-1}$ を用いれば $(\sum n a_n x^{n-1})' = \sum n(n-1)a_n x^{n-2}$ の収束半径も r. 以下, 順々に行う. $f^{(k)}(x)$ の式で $x = 0$ とすれば $a_k = f^{(k)}(0)/k!$.

問 6 （1） $\displaystyle\sum_{n=0}^{\infty} \dfrac{(\log a)^n x^n}{n!}$ （2） $1 + \displaystyle\sum_{n=1}^{\infty} \dfrac{2^n+1}{n!}x^n$

問 7 $2^n = (1+1)^n = \displaystyle\sum_{j=0}^{n} {}_nC_j$, $0 = (1-1)^n = \displaystyle\sum_{j=0}^{n} (-1)^j {}_nC_j$ を利用する.

（1） $a_n = (-1)^n \dfrac{a^{2n+1}}{(2n+1)!}$, $b_n = (-1)^n \dfrac{a^{2n}}{(2n)!}$ として例題 2 利用.

（2） $\sin^2 x, \cos^2 x$ のべき級数展開を出し加える.

問 8 （1） $2\left(x + \dfrac{x^3}{3} + \dfrac{x^5}{5} + \cdots\right)$ $(|x| < 1)$

（2） $1 + \dfrac{1}{2}x - \dfrac{1}{8}x^2 + \cdots + (-1)^{n-1}\dfrac{1\cdot3\cdot\cdots\cdot(2n-3)}{2^n\cdot n!}x^n + \cdots$ $(|x| < 1)$

（3） $x + \dfrac{1}{2}\cdot\dfrac{x^3}{3} + \dfrac{1\cdot3}{2\cdot4}\dfrac{x^5}{5} + \cdots + \dfrac{1\cdot3\cdot\cdots\cdot(2n-1)}{2\cdot4\cdot\cdots\cdot(2n)}\dfrac{x^{2n+1}}{2n+1} + \cdots$ $(|x| < 1)$

$\left(\dfrac{1}{\sqrt{1-x^2}}$ を展開し 0 から x まで積分する$\right)$

（4） $\cos^{-1} x + \sin^{-1} x = \dfrac{\pi}{2}$ （2-3 節, 例 1）と（3）を利用

（5）　部分分数に分解して 4-2 節，例 2 応用．$1+\dfrac{1}{2}\sum_{n=1}^{\infty}(3^n-1)x^n\ \left(|x|<\dfrac{1}{3}\right)$

5-1　多変数の関数

問1　[1]，[2]　略　　[3]　$x_i-y_i=a_i,\ y_i-z_i=b_i$ とおくと $x_i-z_i=a_i+b_i$．
これより $\sqrt{\sum_{i=1}^{p}a_i{}^2}+\sqrt{\sum_{i=1}^{p}b_i{}^2}\geqq\sqrt{\sum_{i=1}^{p}(a_i+b_i)^2}$ を示せばよい．両辺とも正なので 2
乗するとシュワルツの不等式 $\left(\sum_{i=1}^{p}a_ib_i\right)^2\leqq\left(\sum_{i=1}^{p}a_i{}^2\right)\left(\sum_{i=1}^{p}b_i{}^2\right)$ に帰着．これは既知．

問2　$\max_{1\leqq i\leqq p}|x_{ik}-a_i|\leqq d(\boldsymbol{x}_k,\boldsymbol{a})\leqq\sum_{i=1}^{p}|x_{ik}-a_i|$ より容易．

問3　（コーシーの判定法）　点列 $\{\boldsymbol{a}_k\}$ が収束 $\Longleftrightarrow$「任意の $\varepsilon>0$ に対し，$n_0\in\boldsymbol{N}$ があって $n_0<m,\ n\Longrightarrow d(\boldsymbol{a}_m,\boldsymbol{a}_n)<\varepsilon$」．証明は，必要性は定理 1-10 と同様，十分性は，各成分ごとに定理 1-10 を適用して補題 5-1 を利用（補題 1-2 の方は略）．

問4　（1）　$\left\{\left(\dfrac{1}{k},\dfrac{1}{m}\right),\left(\dfrac{1}{k},0\right),\left(0,\dfrac{1}{m}\right),\left(0,\dfrac{1}{m}+\dfrac{1}{n}\right);\ k,m,n\in\boldsymbol{N}\right\}$
（2）　$x^2+y^2\leqq1$　　（3）　$x^2+y^2\leqq1$　　（4）　$x^2+y^2+z^2\leqq r^2$

問6　（1）　0　　（2）　0　　（3）　なし

問7　定理 5-2 を利用．

問11　定義による．

5-2　偏　微　分

問1　（f_x,f_y の順）（1）　$2xy+y^2,\ x^2+2xy$　　（2）　$2x/(x^2+y^2),\ 2y/(x^2+y^2)$
（3）　$2xe^{x^2+y^2},\ 2ye^{x^2+y^2}$　　（4）　$-y/|x|\sqrt{x^2-y^2},\ x/|x|\sqrt{x^2-y^2}$
（5）　$-y\sin xy,\ -x\sin xy$　　（6）　$(y^2-x^2)/(x^2+y^2)^2,\ -2xy/(x^2+y^2)^2$
（7）　$2xy/(x^2+y^2)^2,\ (y^2-x^2)/(x^2+y^2)^2$　　（8）　$yx^{y-1}+y^x\log y,$
$xy^{x-1}+x^y\log x$

問2　（1）　$f_x=yz,\ f_y=xz,\ f_z=xy$　　（2）　$f_x=2x/(x^2+y^2+z^2),$
$f_y=2y/(x^2+y^2+z^2),\ f_z=2z/(x^2+y^2+z^2)$　　（3）　$f_r=\sin\theta\cos\varphi,$
$f_\theta=r\cos\theta\cos\varphi,\ f_\varphi=-r\sin\theta\sin\varphi$　　（4）　$f_x=f_y=f_z=f_w=$
$1/(1+(x+y+z+w)^2)$

問4　式（1）で $(h,k)\to(0,0)$ とすると $f(x+h,y+k)\to f(x,y)$．

問5　（1）　$df(1,2)=2dx+dy,\ z=2x+y-2$　　（2）　$df(2,4)=-dx$
$+\dfrac{1}{2}dy,\ 2z=-2x+y+4$　　（3）　$df(1,3)=\dfrac{1}{5}dx+\dfrac{3}{5}dy,\ 5z=x+3y$
$+5\log10-10$

問6　（1）　$\dfrac{x-1}{2}=\dfrac{y-2}{1}=\dfrac{z-2}{-1}$　　（2）　$\dfrac{x-2}{-2}=\dfrac{y-4}{1}=\dfrac{z-2}{-2}$

（3）　$\dfrac{x-1}{1} = \dfrac{y-3}{3} = \dfrac{z-\log 10}{-5}$

5-3　高次偏導関数

問1　（1）　$f_{xx} = 2a,\ f_{xy} = f_{yx} = 2b,\ f_{yy} = 2c$　　（2）　$f_{xx} = f_{xy} = f_{yx} = f_{yy}$
$= -\cos(x+y)$　　（3）　$f_{xx} = 2xy/(x^2+y^2)^2,\ f_{xy} = f_{yx} = (y^2-x^2)/(x^2+y^2)^2$,
$f_{yy} = -2xy/(x^2+y^2)^2$

問2　$z_{xx} = f''(x+cy)+g''(x-cy),\ z_{yy} = c^2\{f''(x+cy)+g''(x-cy)\}$

問4　{連続関数} $\supset C^1$ 級 $\supset C^2$ 級 $\supset \cdots \supset C^n$ 級 $\supset \cdots$ を用いる.

問5　（1）　$f_x = mx^{m-1}y^nz^p,\ f_y = nx^my^{n-1}z^p,\ f_z = px^my^nz^{p-1},\ f_{xx} = m(m-1)$
$x^{m-2}y^nz^p,\ f_{xy} = mnx^{m-1}y^{n-1}z^p, = f_{yx}$, 他も同様　　（2）　$f_x = x/\sqrt{x^2+y^2+z^2}$,
$f_{xx} = (y^2+z^2)/(x^2+y^2+z^2)^{3/2},\ f_{xy} = f_{yx} = -xy/(x^2+y^2+z^2)^{3/2}$, 他も同様
（3）　$f_x = 2x/(x^2+y^2+z^2),\ f_{xx} = 2(y^2+z^2-x^2)/(x^2+y^2+z^2)^2,\ f_{xy} = f_{yx} =$
$-4xy/(x^2+y^2+z^2)^2$, 他も同様　　（4）　$f_{x_i} = \sum_{j=1}^{p}(a_{ij}+a_{ji})x_j,\ f_{x_ix_i} = 2a_{ii},\ f_{x_ix_j}$
$= a_{ij}+a_{ji}$

問6　（1）　0　　（2）　0

問7　$z = f(x)+g(y)\ (f, g \in C^2$ 級$)$

5-4　合成関数の偏微分と平均値の定理

問1　（1）　$-5\cos^4 t \sin^4 t+3\cos^6 t \sin^2 t$　　（2）　$af_x(at, bt^2)+2btf_y(at, bt^2)$
（3）　$xf_x(tx, ty)+yf_y(tx, ty)$

問2　定理 5-10 の証明中の $\Delta z = f(x+\Delta x, y+\Delta y)-f(x, y)$ に定義 5-5, 式（1）
を $h = \Delta x,\ k = \Delta y$ として適用し, 辺々を Δt で割り $\Delta t \to 0$ とする.

問3　定理 5-10 の証明と全く同様にすればよい.

問4　（1）　$f_{xx}\sin^2 t-2f_{xy}\cos t \sin t+f_{yy}\cos^2 t-f_x\cos t-f_y\sin t$
（2）　$f_{xx}+4tf_{xy}+4t^2f_{yy}+2f_y$

問6　$f_x \equiv 0$ のとき, $f(x, y) = f(x, y)-f(0, y)+f(0, y) = xf_x(\theta x, y)+f(0, y)$
$= f(0, y)$.　$f_y \equiv 0$ のときも同様.

問7　定理 5-10 が微分可能でも成り立つ（問2）から, 証明はそのまま有効.

5-5　テイラーの定理

問1　（1）　$4a+4b+c+(4a+2b)(x-2)+(4b+2c)(y-1)+a(x-2)^2+2b(x$
$-2)(y-1)+c(y-1)^2$　　（2）　$a+2a(x-1)+2by+a(x-1)^2+2b(x-1)y$
$+cy^2$　　（3）　$a-2b+c+2(a-b)(x-1)+2(b-c)(y+1)+a(x-1)^2+2b$
$(x-1)(y+1)+c(y+1)^2$

問2　（1）　$1+(x+y)+\dfrac{1}{2!}(x+y)^2+\dfrac{1}{3!}e^{\theta(x+y)}(x+y)^3$　　（2）　$x+y-\dfrac{1}{3!}(x$

$+y)^3 \cos \theta(x+y)$　（3）　$1 - \dfrac{1}{2!}(x+y)^2 + \dfrac{1}{3!}(x+y)^3 \sin \theta(x+y)$

（4）　$(x+y) - \dfrac{1}{2}(x+y)^2 + \dfrac{1}{3}(x+y)^3 / (1 + \theta(x+y))^3$

5-6　2変数関数の極値と最大・最小

問1　「$w = f(x, y, z)$ が点 (a, b, c) で広義の極値をとるならば $f_x(a, b, c) = f_y(a, b, c) = f_z(a, b, c) = 0$」．証明他は略．

問2　（1）　$(0, 0)$, $(1, 1)$　（2）　$(0, 0)$, $(1, 0)$, $(-1, 0)$, $(0, 1)$, $(0, -1)$
（3）　$(1/3, 1/3), (0, 0), (1, 0), (0, 1)$

問3　（1）　$(3, 2)$ で極小 -5　（2）　$(0, 0)$ で $ac - b^2 > 0$ かつ $a > 0 (a < 0)$
のとき極小（極大）0, $ac - b^2 \leqq 0$ のとき極値なし　（3）　$(3, 3)$ で極小 -26
（4）　$(0, 0)$ で極小 0, $(0, \pm 1)$ で極大 b/e, $(\pm 1, 0)$ で極小 a/e
（5）　なし　（6）　$(0, 0)$ で極小 0

問4　$x + y + z = l$ とおくと $xyz \leqq l^3/27$（等号は $x = y = z = l/3$）．したがって，
$\sqrt[3]{xyz} \leqq \dfrac{l}{3} = \dfrac{x+y+z}{3}$（等号は $x = y = z$）．

問5　$x = y = z = \sqrt{l/3}$ のとき $l\sqrt{l}/3\sqrt{3}$．

問6　円の半径を a，三角形の3つの角を x, y, z とすると，三角形の面積 $S = 2a^2$
$\sin x \sin y \sin z$ $(0 < x, 0 < y, 0 < z, x + y + z = \pi)$（正弦法則を使う）．$\therefore$
$S = 2a^2 \sin x \sin y \sin (x+y)$ $(0 < x, 0 < y, x + y < \pi)$．$0 \leqq x, 0 \leqq y, x$
$+ y \leqq \pi$ では最大値がある．$\dfrac{\partial S}{\partial x} = 0$, $\dfrac{\partial S}{\partial y} = 0$ より $x = y = \dfrac{\pi}{3}$, $\therefore z = \dfrac{\pi}{3}$,
$\therefore$　正三角形．

問7　$x = y = z = w = l/4$ のとき，$(l/4)^4$．

5-7　陰関数と逆写像

問1　（1）　$(x, y) \neq \left(\dfrac{2}{\sqrt{3}}, \dfrac{1}{\sqrt{3}}\right), \left(-\dfrac{2}{\sqrt{3}}, -\dfrac{1}{\sqrt{3}}\right)$ で $\dfrac{dy}{dx} = \dfrac{2x - y}{x - 2y}$

（2）　$(x, y) \neq (\sqrt[3]{3 \pm 2\sqrt{2}}, \sqrt[3]{1 \pm \sqrt{2}})$ で $\dfrac{dy}{dx} = \dfrac{x^2 - y}{x - y^2}$

（3）　$\dfrac{dy}{dx} = e^{x-y}(e^y - 1)/(1 - e^x) = -e^{y-x}$．

問2　（1）　$-6/(2y - x)^3$　（2）　$-2xy(x^3 + y^3 - 3xy + 1)/(y^2 - x)^3 =$
$4xy/(x - y^2)^3$　（3）　$(e^{x+y} - e^x)(e^x + e^y)/(e^y - e^{x+y})^2 = e^{2y-x}$

問3　$f_x(a, b, c)(x - a) + f_y(a, b, c)(y - b) + f_z(a, b, c)(z - c) = 0$

問4　「$f(a_1, a_2, \cdots, a_p, b) = 0$, $f_y(a_1, \cdots, a_p, b) \neq 0$ のとき $(a_1, \cdots, a_p)$ の近傍で
C^1 級の $y = \varphi(x_1, \cdots, x_p)$ が定まり $f(x_1, \cdots, x_p, \varphi(x_1, \cdots, x_p)) = 0$, $b = \varphi(a_1,$
$\cdots, a_p)$．$\dfrac{\partial \varphi}{\partial x_i} = -f_{x_i}/f_y$ $(i = 1, \cdots, p)$」（証明略）

問5 （1） $x-y$ （2） 0 （3） $r^2 \sin \theta$

問6 （1） 定理 5-11 により $\begin{pmatrix} x_\xi & x_\eta \\ y_\xi & y_\eta \end{pmatrix} = \begin{pmatrix} x_u & x_v \\ y_u & y_v \end{pmatrix}\begin{pmatrix} u_\xi & u_\eta \\ v_\xi & v_\eta \end{pmatrix}$ を得，両辺の行列式を考えればよい． （2） （1）で $\xi = x,\ \eta = y$ ととればよい．

5-8 陰関数の極値と条件付極値

問1 （1） 極値なし （2） $x = \sqrt[3]{2}a$ で極大値 $\sqrt[3]{4}a$ （3） $x = -(9/8)^{1/5}$ のとき，極小値 $-6^{3/5}$ （4） $x = 4^{1/5}$ のとき極大値 $16^{1/5}$, $x = -4^{1/5}$ のとき極小値 $-16^{1/5}$

問2 $\varphi(x, y, z) = 0$ のとき，$f(x, y, z)$ の極大となる点ではある定数 λ があって $\varphi = 0,\ f_x + \lambda\varphi_x = 0,\ f_y + \lambda\varphi_y = 0,\ f_z + \lambda\varphi_z = 0$ （条件が 2 つのものもある）．

問3 （1） $\left(\dfrac{1}{\sqrt{2}}, \dfrac{1}{\sqrt{2}}\right),\ \left(-\dfrac{1}{\sqrt{2}}, -\dfrac{1}{\sqrt{2}}\right)$ のとき最大値 $\dfrac{1}{2}$, $\left(\dfrac{1}{\sqrt{2}}, -\dfrac{1}{\sqrt{2}}\right),\ \left(-\dfrac{1}{\sqrt{2}}, \dfrac{1}{\sqrt{2}}\right)$ のとき最小値 $-\dfrac{1}{2}$.

（2） $\left(\pm\dfrac{1}{\sqrt{5}}, \mp\dfrac{2}{\sqrt{5}}\right)$ のとき最小値 0, $\left(\pm\dfrac{2}{\sqrt{5}}, \pm\dfrac{1}{\sqrt{5}}\right)$ のとき最大値 5.

（3） 最大値 $\dfrac{a+c+\sqrt{(a-c)^2+4b^2}}{2}$, 最小値 $\dfrac{a+c-\sqrt{(a-c)^2+4b^2}}{2}$.

5-9 包 絡 線

問1 （1） 特異点 $(0, 0)$, 接線 $(a^2-b)x+(b^2-a)y = ab$ （$(a, b) \neq (0, 0)$）

（2） 特異点 $(0, 0)$, 接線 $y = \dfrac{3\pm\sqrt{5}}{2}x$ （3） 特異点 $(0, 0)$, 接線 $(2a^3-a)x+by = a^4$

問2 （1） $xy = -\dfrac{1}{4}$ （2） $\left(\dfrac{x}{2}\right)^2+\left(\dfrac{y}{3}\right)^2 = 1$ （3） $4x^2y^2 = 1$

6-1 重 積 分（1）

問1 $W: 0 \leqq x \leqq 1,\ 0 \leqq y \leqq 1,\ f(x, y) = 1$（$x, y$ とも有理数），$= 0$（その他）のとき，$S = 1,\ s = 0$.

問2 x と y を取りかえて考えればよい．

問3 （1） $1/12$ （2） $10/3$ （3） 0

問4 （1） 1 （2） 2 （3） 64

6-2 重 積 分（2）

問1 1 つの $W \supset K$ で $f^*(x, y)$ は重積分可能とし，他の $W_1 \supset K$ をとる．W_1 での f^* の重積分可能性と $\displaystyle\iint_W f^*dx\,dy = \iint_{W_1} f^*dx\,dy$ をいえばよい．そこで，ま

ず，（イ）$W \supset W_1$，（ロ）$W_1 \supset W$ の場合を示し，次に（ハ）一般の場合，$W_2 = W \cap W_1$ とおくと，W_2 は長方形で，$W_2 \supset K$．（イ）を適用して W_2 では成立．（ロ）を適用して W_1 で成立がわかる．

問2　（1）　$\dfrac{1}{12}$　（2）　$26\dfrac{1}{10}$　（3）　$\dfrac{8}{15}$　（4）　$\dfrac{7}{4}\pi a^4$

問3　（1）　$\displaystyle\int_0^1 dy \int_{y^2}^y f(x,y)\,dx$　（2）　$\displaystyle\int_0^{1/2} dx \int_{x^2}^{x/2} f(x,y)\,dy$

（3）　$\displaystyle\int_{-2}^0 dx \int_0^{3x/2+3} f(x,y)\,dy + \int_0^4 dx \int_0^{-3x/4+3} f(x,y)\,dy$

（4）　$\displaystyle\int_0^1 dy \int_{-\sqrt{y}}^{\sqrt{y}} f(x,y)\,dx + \int_1^4 dy \int_{y-2}^{\sqrt{y}} f(x,y)\,dx$

問4　（1）　$\dfrac{1}{24}$　（2）　$\dfrac{2}{15}a^5$　（3）　$\dfrac{3}{16}\pi a^4$

問5　（1）　$S(x) = \pi\varphi(x)^2$, $\therefore$ $V = \pi\displaystyle\int_a^b \varphi(x)^2\,dx$　（2）　底面からの高さが x のところで底面に平行な平面で切った切口の面積を $S(x)$ とすると，$S(x) = \dfrac{(h-x)^2}{h^2}S$, $\therefore$ $V = S\displaystyle\int_0^h (h-x)^2/h^2\,dx = \dfrac{1}{3}Sh$

6-3　変　数　変　換

問1　（1）　$\dfrac{7}{48}$　（2）　$\dfrac{1}{3}(2e - 8e^{-1})$

問2　（1）　$\dfrac{\pi}{8}$　（2）　$\dfrac{32}{105}$　（3）　1

問3　（1）　$\dfrac{\pi}{4}a^2 bc$　（2）　$\dfrac{4\pi}{15}(a+b+c)d^5$　（3）　$\dfrac{5}{32}\pi a^4$　（4）　$\dfrac{1}{(2p)!}$

6-4　重　積　分（3）

問1　$K_n \uparrow K$ とする．$I(K_n) \uparrow$ を用いる．

問2　（1）　$2\pi/(2-\alpha)$　（2）　$2/(1-\alpha)(2-\alpha)$　（3）　$4\pi/(3-\alpha)$
（4）　$4\pi/(2-\alpha)$　（5）　$\pi/4\sqrt{pq}$

問3　例2と3-5節，問8（1）を利用．

6-5　重　積　分　の　応　用

問1　（1）　$\dfrac{\pi}{2}a^2$　（2）　a^2

問2　（1）　$\dfrac{16}{3}a^3$　（2）　$\dfrac{4}{35}\pi a^3$　（3）　$\dfrac{2}{3}a^3\left(\pi - \dfrac{4}{3}\right)$

問3　（1）　$\dfrac{4}{3}\pi a^3$　（2）　$\dfrac{\pi^2}{2}a^4$

問4 （1） $4a^2\left(\dfrac{\pi}{2}-1\right)$ （2） $\sqrt{3}/2$

問5 （1） $\dfrac{\pi}{6}(5^{3/2}-1)$ （2） $2\pi(\sqrt{2}+\log(\sqrt{2}+1))$ （3） $\dfrac{12}{5}\pi a^2$

（4） $8\pi\left(\pi-\dfrac{4}{3}\right)a^2$

問6 （1） $M=\dfrac{2}{3}a^3,\ G(X,Y)=\left(\dfrac{3}{8}a,0\right),\ I_x=\dfrac{4}{15}a^5,\ I_y=\dfrac{2}{15}a^5$

（2） $M=\dfrac{1}{2}ab,\ G(X,Y)=\left(\dfrac{a}{3},\dfrac{b}{3}\right),\ I_x=\dfrac{1}{12}ab^3,\ I_y=\dfrac{1}{12}a^3b$

（3） $M=\dfrac{16}{3},\ G(X,Y)=\left(1,-\dfrac{4}{5}\right),\ I_x=\dfrac{16}{15},\ I_y=\dfrac{32}{5}$

（4） $M=1,\ G(X,Y,Z)=\left(\dfrac{7}{12},\dfrac{7}{12},\dfrac{7}{12}\right),\ I_x=I_y=I_z=\dfrac{38}{45}$

6-6 線積分とグリーンの定理

問1 （1）（a）5/2,（b）7/3,（c）$-2/3$ （2） $-2/3$

問2 （1） 3/5 （2） 0 （3） $2\pi ab$

6-7 積分を用いて定義された関数の微分・積分

問1 $\dfrac{\partial}{\partial y}(x^y\log x)=x^y(\log x)^2$ は［Ⅲ］の条件をみたす. $\therefore \displaystyle\int_0^1 x^y(\log x)^2dx$
$=F'(y)=(-1)(-2)/(y+1)^3$. 以下同様（くわしくは帰納法）. $y>0$ のとき
$\displaystyle\lim_{x\to 0}x^y(\log x)^n=0\,(n\in \boldsymbol{N})$ に注意.

問2 $F_n(y)=\displaystyle\int_{a+1/n}^b f(x,y)dx$ とおけば定理6-13と同様にできる.

問3 「$|f(x,y)|\leqq g(x)\,(a<x\leqq b),\ \displaystyle\int_a^b g(x)dx<\infty$ なら $\displaystyle\int_a^b f(x,y)dx$ は y に
関して一様収束」

問4 例2の解と同じようにして $\displaystyle\int_0^\infty e^{-x}x^{y-1}(\log x)^n dx$ は $[c,d]\,(0<c<d)$ で
の y に関して一様収束している. したがって, 定理6-13, 14［Ⅲ］より成立.

問5 （1） $\dfrac{d^n}{da^n}\left(\dfrac{1}{x^2+a}\right)=(-1)^n n!/(x^2+a)^{n+1}$ で, 任意の $\delta>0$ に対して $\delta\leqq$
a で $\displaystyle\int_0^\infty (-1)^n n!/(x^2+a)^{n+1}dx$ は一様収束 $\left(\because\ |(-1)^n n!/(x^2+a)^{n+1}|\leqq\right.$
$\left. n!/(x^2+a),\ \displaystyle\int_0^\infty \dfrac{dx}{x^2+a}=\dfrac{1}{\delta}\tan^{-1}\dfrac{1}{\delta}<\infty\right)$.

（2） $F^{(n)}(a)=\dfrac{\pi}{2}(-1)^n\dfrac{1}{2}\cdot\dfrac{3}{2}\cdot\cdots\cdot\dfrac{2n-1}{2}a^{-(2n+1)/2}\quad(n\geqq 1)$
$=\displaystyle\int_0^\infty (-1)^n n!/(x^2+a)^{n+1}dx,\quad\therefore\quad a=1$ とおけばよい.

問題の答とヒント

問題 1-1

1. 各集合を S とおく．（1）　$\min S = \inf S = 2$, $\sup S = e$

（2）　$\max S = \sup S = 3$, $\inf S = 0$　　（3）　$\min S = \inf S = 0$

（4）　$\inf S = -1$, $\sup S = 3$　　（5）　$\min S = \inf S = 0$

（6）　$\max S = \sup S = \sqrt{2}$, $\min S = \inf S = 1$（他はなし）

2. （1）　e　　（2）　$\{0\} \cup \{1/n + 1/m\,;\, n, m \in \mathbf{N}\}$　　（3）　なし

（4）　$[-1, 3]$　　（5）　$[0, \infty)$　　（6）　$[1, \sqrt{2}\,]$　　（7）　$[a, b]$

（8）　$[a, c]$

3. （1）　$1/2$　　（2）　0　　（3）　e　　（4）　e　　（5）　2　　（6）　0

（7）　1　　（8）　0　　（9）　0　　（10）　c

4. （1）　$1/e$　　（2）　$1/4$　　（3）　1　　（4）　5

5. （1）　帰納法による　　（2）　$a_{n+1}/a_n = \sqrt{a_n/a_{n-1}}$ として帰納法による

（3）　$\lim a_n = \alpha$ とすると，$\alpha^2 = 9\alpha$, $\alpha \geq 2$ より $\alpha = 9$

6. （1）　帰納法による　　（2）　${a_{n+1}}^2 - {a_n}^2 = (2 - a_n)(1 + a_n) > 0$ を利用

（3）　$\lim a_n = \alpha$ とおくと $\alpha^2 = 2 + \alpha$, $\alpha \geq 1$ より $\alpha = 2$

7. 例：$S = \{1 - 1/n\,;\, n \in \mathbf{N}\}$ のとき，$1 - 1/n < 1$, $\sup S = 1$

8. （1）　$\lim a_n = \alpha$, $\lim a_n = \beta$ とおく．任意の $\varepsilon > 0$ に対し，$n_0 \in \mathbf{N}$ があっ

て，$n_0 < n \implies |a_n - \alpha| < \varepsilon$, $|a_n - \beta| < \varepsilon$, $\therefore$ $|\alpha - \beta| \leq |\alpha - a_n| + |a_n - \beta|$

$< 2\varepsilon$, $\varepsilon \downarrow 0$ で $\alpha = \beta$.　　（2）　明らか．

（3）　任意の $\varepsilon > 0$ に対して，$n_0 \in \mathbf{N}$ があって，$n_0 < n \implies |a_{2n-1} - \alpha| < \varepsilon$,

$|a_{2n} - \alpha| < \varepsilon$, $\therefore$ $2n_0 < n \implies |a_n - \alpha| < \varepsilon$：$\lim a_n = \alpha$.

9. （1）　$a_{2n+1} - a_{2n} = \dfrac{a_{2n-1} - a_{2n}}{(1 + a_{2n})(1 + a_{2n-1})}$, $a_n > 0$, $a_1 = 1$, $a_2 = \dfrac{1}{2}$ などを利

用．　　（2）　$\alpha = \dfrac{1}{1+\beta}$ と $\beta = \dfrac{1}{1+\alpha}$.　　（3）　（2）より $\alpha = \beta$, $\alpha = \dfrac{1}{1+\alpha}$,

$\alpha > 0$ より $\alpha = (\sqrt{5} - 1)/2$.

10. $x \leq \sup X$ $(x \in X)$, $y \leq \sup Y$ $(y \in Y)$ より $x + y \leq \sup X + \sup Y$.

任意の $\varepsilon > 0$ に対し，$x_0 \in X$, $y_0 \in Y$ があって，$\sup X - \varepsilon < x_0$, $\sup Y - \varepsilon <$

y_0, $\therefore$ $\sup X + \sup Y - 2\varepsilon < x_0 + y_0$, $\therefore$ $\sup X + \sup Y = \sup Z$. $\inf$ も同

様．

11. （1）　$\alpha < \infty$ のとき：任意の $\varepsilon > 0$ に対して，$n_0 \in \mathbf{N}$ があって $n_0 < n$
$\Longrightarrow \alpha - \varepsilon < \dfrac{a_{n+1}}{a_n} < \alpha + \varepsilon$. $\therefore$ $(\alpha - \varepsilon)^{n-n_0} a_{n_0+1} < a_n < (\alpha + \varepsilon)^{n-n_0} a_{n_0+1}$. α
> 0 のとき $\alpha > \varepsilon > 0$ に対し，n 乗根をとり $n_1 < n \Longrightarrow |\sqrt[n]{a_n} - \alpha| < K\varepsilon$
（K：定数）を得る．$\alpha = 0$ のとき，$0 \le \sqrt[n]{a_n} \le 2\varepsilon$ $(n_1 < n)$ を得る．$\therefore$ $\lim$
$\sqrt[n]{a_n} = \alpha$.

$\alpha = \infty$ のとき：任意の $M > 0$ に対し，$n_0 \in \mathbf{N}$ があって，$n_0 < n \Longrightarrow \dfrac{a_{n+1}}{a_n} >$
M. $\therefore$ $a_n > M^{n-n_0} a_{n_0+1}$, $\therefore$ $\sqrt[n]{a_n} > M/2$ $(n > n_1)$, $\therefore$ $\lim \sqrt[n]{a_n} = \infty$.
（2）　$A_n = a_1 \cdots a_n$ とおくと $A_n / A_{n-1} \to c$. $\therefore$ （1）により $\sqrt[n]{A_n} \to c$.

12. （1）　1　　（2）　∞　　（3）　e

13. （1），（2）　略　　（3）　アルキメデスの公理より $n_1 \in \mathbf{N}$ があって，$0 <$
$\sqrt{2}/n_1 < b$. $\sqrt{2}/n_1$ は（2）により無理数　　（4）　b の代りに $\sqrt{2}/n_1$ をとると，
$0 < \sqrt{2}/n_2 < \sqrt{2}/n_1$ $(n_2 \in \mathbf{N})$. 以下これをくりかえせばよい．（5）　(a, b) に
有理数がある（定理1-4）のでそれを r とする．$a < r < b$. $(0, b-r)$ に（4）
により無理数が無数にある．$\{a_n\}$ とする．$\{a_n + r\}$ は (a, b) にある無理数である．

14. （1）　$-\infty < \alpha < \infty$ のとき，任意の $\varepsilon > 0$ に対して，$n_0 \in \mathbf{N}$ があって，n_0
$< n \Longrightarrow |a_n - \alpha| < \dfrac{\varepsilon}{2}$. $A_n - \alpha = \dfrac{a_1 - \alpha + a_2 - \alpha + \cdots + a_n - \alpha}{n}$ より，$\max\limits_{1 \le n \le n_0}$
$|a_n - \alpha| = M$ とすると，$|A_n - \alpha| \le \dfrac{n_0}{n} M + \dfrac{\varepsilon}{2} \dfrac{(n-n_0)}{n}$. $\therefore$ $n_1 < n \Longrightarrow |A_n$
$-\alpha| < \varepsilon$ となる $n_1 \in \mathbf{N}$ がある．$\therefore$ $\lim A_n = \alpha$. $\alpha = \infty$ あるいは $-\infty$ のと
き，定義1-2［ii］を用いて上と同様に考える．
（2）　$a_n = (-1)^n$. $\lim a_n$ はないが $\lim A_n = 0$.

15. （1）　0　　（2）　1

16. （1）　$|a_n| \le L$ とする．（i）$\{a_n ; n \ge k\} \supset \{a_n ; n \ge k+1\}$ であるから 1-
1節，問5より $A_k \ge A_{k+1}$, $B_{k+1} \ge B_k$ $(k \in \mathbf{N})$. 定義より $L \ge A_k \ge a_k \ge B_k$
$\ge -L$. （ii）$A_k \ge B_k$ より $\lim A_k \ge \lim B_k$. （iii）（必要性）$a_n \to \alpha$ とす
る．任意の $\varepsilon > 0$ に対して $n_0 \in \mathbf{N}$ があって $n_0 < n \Longrightarrow \alpha - \varepsilon < a_n < \alpha + \varepsilon$. $\therefore$
$\alpha - \varepsilon \le B_k \le A_k \le \alpha + \varepsilon$. $\therefore$ $\lim A_k = \lim B_k = \alpha$. （十分性）$\limsup a_n =$
$\liminf a_n = \alpha$ とする．$\lim A_k = \lim \beta_k = \alpha$ より任意の $\varepsilon > 0$ に対して $n_1 \in$
$\mathbf{N}$ があって $n_1 < n \Longrightarrow \alpha - \varepsilon < B_k < a_k < A_k < \alpha + \varepsilon$. $\therefore$ $|a_n - \alpha| < \varepsilon$, $\therefore$
$\lim a_n = \alpha$.

17. （1）　$\left(\alpha - 1/n,\ \alpha + 1/n\right)$ には有理数 r_n がある（定理1-4）.
（2）　背理法　　（3）　（i）$\mathbf{R}$，（ii）$\mathbf{R}$，（iii）$[a, b]$

問題 1-2

1. （1）　na^{n-1}　　（2）　1　　（3）　1　　（4）　-1　　（5）　$\dfrac{b}{a}$　　（6）　0

　（7）　1　　（8）　0　　（9）　2　　（10）　0　　（11）　e^a　　（12）　0

2. （1）　0　　（2）　1　　（3）　-1　　（4）　e^a　　（5）　e^a

3. （1）　存在しない　　（2）　0　　（3）　1

4. （1）　c　　（2）　1　　（3）　a

5. 　$a = 1/2$, 極限 $3/8$

6. 　∞

7. （必要性）　任意の $\varepsilon > 0$ に対して，$\delta > 0$ があって，$0 < |x-a| < \delta \implies |f(x)-a| < \varepsilon$．$x_n \to a$ $(x_n \neq a)$ $(n \to \infty)$ より $n_0 \in \boldsymbol{N}$ があって，$n_0 < n \implies 0 < |x_n-a| < \delta$，$\therefore$ $|f(x_n)-a| < \varepsilon$．これは $\lim f(x_n) = a$．（十分性）　背理法による．

8. 　定理 1-10 とその証明法および *7.* を応用する．

9. 　前問と同様に考える．

10. 　x が無理数のとき，どんな m に対しても $m!\,x$ は整数にならない．$\therefore$　$|\cos m!\,x| < 1$．$\therefore$　$\displaystyle\lim_{n \to \infty}(\cos m!\,\pi x)^n = 0$．$\therefore$　$\displaystyle\lim_{m \to \infty}(\lim_{n \to \infty}(\cos m!\,\pi x)^n) = 0$．$x$ が有理数 q/p $(p > 0,\ q:$ 整数$)$ のとき，$a_m = \displaystyle\lim_{n \to \infty}(\cos m!\,\pi x)^n = 1$ $(m \geq 2p)$ $(\because m!\,(q/p):$ 偶数$)$．$\therefore$　$\lim a_m = 1$．

問題 1-3

1. （1）　連続　　（2）　連続　　（3）　不連続

2. （1）　$\max = \pi/4$, $\min = 0$　　（2）　$\max = 1$, $\min$ なし

　（3）　$\max = 1$, $\min = -1$

3. 　$f(x) = x^3 - 2x^2 - 5x + 1$ とおくと $f(-2) = -5 < 0$, $f(0) = 1 > 0$, $f(1) = -5 < 0$, $f(4) = 13 > 0$ で $(-2, 0)$, $(0, 1)$, $(1, 4)$ の各区間に 1 個ずつある．

4. 　$f(x) = a_0 x^n + \cdots + a_n$ とおく．$a_0 > 0$ のとき，$\displaystyle\lim_{x \to \infty} f(x) = \infty$, $\displaystyle\lim_{x \to -\infty} f(x) = -\infty$ より十分大きい $a > 0$ に対して $f(a) > 0$, $f(-a) < 0$．f は連続．したがって，$(-a, a)$ に $f(c) = 0$ となる $x = c$ がある．$a_0 < 0$ も同様．

5. （1）　（イ）$\varphi_0(-x) = \dfrac{1}{2}\{g(-x) + g(x)\} = \varphi_0(x)$, （ロ）も同様　　（2）　$g = \varphi_0 + \varphi_1$. 逆に $g = g_0 + g_1$, g_0 は偶関数，g_1 は奇関数，とすると $g_0 = \varphi_0$, $g_1 = \varphi_1$

6. （1）　$y = \sin^{-1} x \iff x = \sin y \iff -x = \sin(-y) \iff -y = \sin^{-1}(-x)$．$\therefore$　奇関数．$\tan^{-1} x$ も同様．

　（2）　$\tan^{-1}(x/\sqrt{1-x^2}) = y \iff x/\sqrt{1-x^2} = \tan y$．これより $x^2 = \sin^2 y$, $x > 0$ なら $y > 0$ より $x = \sin y$．$\therefore$　$y = \sin^{-1} x$．

（3）　$\tan^{-1} x = \alpha$, $\cot^{-1} x = \beta$ とおくと $\tan \alpha = \cot \beta$. ∴　$\cos(\alpha+\beta) = 0$, $-\dfrac{\pi}{2} < \alpha < \dfrac{\pi}{2}$, $0 < \beta < \pi$ より $-\dfrac{\pi}{2} < \alpha+\beta < \dfrac{3}{2}\pi$. ∴　$\alpha+\beta = \dfrac{\pi}{2}$.

（4）　左辺の $\tan$ を計算する.

7.（1）　$\varepsilon > 0$, $\delta > 0$, $|x-a| < \delta \implies f(a)-\varepsilon < f(x) < f(a)+\varepsilon$, $g(a)-\varepsilon < g(x) < g(a)+\varepsilon$. ∴　$F(x) = \max\{f(x), g(x)\}$ とおくと, $F(a)-\varepsilon < F(x) < F(a)+\varepsilon$. ∴　連続.

（2）　$\min\{f(x), g(x)\} = -\max\{-f(x), -g(x)\}$

（3）　$|f(x)| = \max\{f(x), 0\} + \max\{-f(x), 0\}$

8.（1）　$\tan x - 1/x$ に $[n\pi, n\pi+\pi/2]$ で, 中間値の定理を適用.

（2）　$\tan((n+1)\pi+\alpha_n) = \tan(n\pi+\alpha_n) = \dfrac{1}{n\pi+\alpha_n} > \dfrac{1}{(n+1)\pi} >$

$\dfrac{1}{(n+1)\pi+\alpha_{n+1}} = \tan((n+1)\pi+\alpha_{n+1})$. ∴　$\tan \alpha_n > \tan \alpha_{n+1}$. ∴　$\alpha_n >$

α_{n+1}. また, $\tan \alpha_n = \tan(n\pi+\alpha_n) = \dfrac{1}{n\pi+\alpha_n} < \dfrac{1}{n\pi} \to 0\,(n\to\infty)$. ∴　α_n

$\to 0\,(n\to\infty)$.

9.　$g(x) = f(x)-x$ とおいて, $g(a), g(b)$ の符号を調べる.

10.（1）　$\varepsilon > 0$ に対し, $\delta > 0$ があって, $|x-x'| < \delta \implies |f(x)-f(x')| < \varepsilon$. いま, (a, b) を $(a, a+\delta]$, $[a+\delta, b]$ に分ける. $[a+\delta, b]$ では有界（定理1-19）. そこで $x' = (a+\delta)/2$ ととると, $(a, a+\delta]$ の x に対して $|f(x)| \le |f((a+\delta)/2)|+\varepsilon$. ∴　(a, b) で $f(x)$ は有界.　　（2）　$f(x) = 1/x$

11.　定義によれば容易.

12.　$[0, 2]$ での有理数に対して $y = x$ を考える. これは連続. しかし, $0 < \sqrt{2} < 2$ であるが, $\sqrt{2}$ をとる有理数は $[0, 2]$ にない.

13.（1），（2）とも背理法による.

14.　$I \ni a$ を任意の無理数, 有理数列 $r_n \to a$（問題1-1, 17）. $f(r_n) = g(r_n) \to f(a) = g(a)\,(n\to\infty)(\because f, g:$連続$)$. ∴　$f(x) = g(x)\,(x\in I)$.

15.　条件の式より, $f(0) = 0$, $f(x) = -f(-x)$, $f(n) = nf(1)\,(n\in \boldsymbol{N})$, $f(m/n) = (m/n)f(1)\,(n, m$ 整数, $n \neq 0)$ を得る. ∴　$f(x) = ax\,(x:$有理数$)$. 前問14により $f(x) = ax\,(x\in \boldsymbol{R})$.

16.　任意の $\varepsilon > 0$ に対して, $\delta > 0$ があって, $|x'-x''| < \delta \implies |f(x')-f(x'')| < \varepsilon$. いま, $0 < b-x' < \delta$, $0 < b-x'' < \delta \implies |x'-x''| < \delta$. ∴　$|f(x')-f(x'')| < \varepsilon$. ∴　問題1-2, 8により, $\lim_{x\to b-0} f(x)$ が存在.

問題 2-1

1.（1）　$100(2x+1)(x^2+x+1)^{99}$　　（2）　$1/\cos x$　　（3）　$1/\sin x$

（4）　$x\sqrt{ax^2+b}$　　（5）　$1/(x^2+a^2)^2$　　（6）　$e^{ax}\sin bx$

（7）　$e^{ax}\cos bx$　　（8）　$-x/|x|\sqrt{1-x^2}$　　（9）　$\sqrt{a^2-b^2}/2(a+b\cos x)$

（10）　$\dfrac{1}{\sqrt{x+a\sqrt{x+b}}}$　　（11）　$(4x\sqrt{x}+1)/4\sqrt{x}\sqrt{x^2+\sqrt{x}}$

（12）　$n\cos x/\sqrt{1-n^2\sin^2 x}$　　（13）　$n\cos(n\sin^{-1}x)/\sqrt{1-x^2}$　　（14）　-1

（15）　$-\dfrac{1}{|x|\sqrt{x^2-1}}$　　（16）　$(1+x)^x\log(1+x)+x(1+x)^{x-1}$

（17）　$\dfrac{1}{x\log x}$　　（18）　$(2x+1)e^{\tan^{-1}x}$　　（19）　$bmnx^{n-1}(a+bx^n)^{m-1}$

（20）　$-\cos^{-1}x/(1-x^2)^{3/2}$　　（21）　$1/(1+x^2)$

2. （1）　$\pi/2$　　（2）　0　　（3）　-2

3. （1）　なし $(f_+'(1)=\infty)$　　（2）　$f_+'(1)=2,\ f_-'(1)=-2$

（3）　$f_+'(1)=0,\ f_-'(1)=-1$

4. （1）　$\dfrac{e^t+e^{-t}}{e^t-e^{-t}}\left(=\dfrac{x}{y}\right)$　　（2）　$\dfrac{2t-t^4}{1-2t^3}$

5. （1）　$-(ax+hy)/(hx+by)$　　（2）　$-x^{n-1}/y^{n-1}$

6. （1）　a　　（2）　a

7. （1）　$2f'(a)$　　（2）　$nf'(a)$　　（3）　0　　（4）　$e^{f'(a)/f(a)}$

8. $\sinh^{-1}x=\log(x+\sqrt{x^2+1}),\ \cosh^{-1}x=\log(x+\sqrt{x^2-1})\ (x\geq 1),\ \tanh^{-1}x$

$=\dfrac{1}{2}\log\dfrac{1+x}{1-x}\ (|x|<1),\ (\sinh^{-1}x)'=\dfrac{1}{\sqrt{x^2+1}},\ (\cosh^{-1}x)'=\dfrac{1}{\sqrt{x^2-1}},$

$(\tanh^{-1}x)'=\dfrac{1}{1-x^2}$

9. $F'(x)=\begin{vmatrix} f_1' & f_2' & f_3' \\ g_1 & g_2 & g_3 \\ h_1 & h_2 & h_3 \end{vmatrix}+\begin{vmatrix} f_1 & f_2 & f_3 \\ g_1' & g_2' & g_3' \\ h_1 & h_2 & h_3 \end{vmatrix}+\begin{vmatrix} f_1 & f_2 & f_3 \\ g_1 & g_2 & g_3 \\ h_1' & h_2' & h_3' \end{vmatrix}$

10. $f'(0)=0.\ f'(x)$ は $x=0$ で連続である.

問題 2-2

1. （1）　$a^n e^{ax+b}$　　（2）　$(-1)^n n!((x+1)^{-n-1}-(x+2)^{-n-1})$　　（3）　$2^{n/2}e^x$

$\cos\left(x+\dfrac{n\pi}{4}\right)$　　（4）　$\dfrac{1}{4}\left\{3\sin\left(x+\dfrac{n\pi}{2}\right)-3^n\sin\left(3x+\dfrac{n\pi}{2}\right)\right\}$

（5）　$\dfrac{1}{2}\left\{(a+b)^n\sin\left((a+b)x+\dfrac{n\pi}{2}\right)+(b-a)^n\sin\left((b-a)x+\dfrac{n\pi}{2}\right)\right\}$

（6）　$(n-1)!/x$

2. （1）　$(f'(t)g''(t)-f''(t)g'(t))/(f'(t))^3$　　（2）　（イ）　$b/a^2\sin^3 t,$

（ロ）　$1/3a\cos^4 t\sin t$

3. （1）　$(x^n e^{-x})^{(n)}$ にライプニッツの公式を用いる.　　（2）　$L_0(x)=1,\ L_1(x)$

$=1-x,\ L_2(x)=x^2-4x+2$

4. $y' = 1/\sqrt{x^2+1}$, $y'' = \dfrac{-x}{(x^2+1)\sqrt{x^2+1}}$ より $(x^2+1)y''+xy=0$. この式をライプニッツの公式を用いて n 回微分する.

5. ライプニッツの公式による.

6. 代入して x^n の係数 $=0$ より.

7. $y' = (ad-bc)/(cx+d)^2$, 以下, y'', y''' を求めて代入する.

8. （1） $(x^2-1)^n$ は $2n$ 次の多項式だから n 回微分すれば n 次の多項式. $(x^2-1)^n$ の各項は ax^{2p} $(0 \leqq p \leqq n,\ a$ は定数). したがって, n 回微分すれば $a'x^{2p-n}$ $(0 \leqq 2p-n,\ a'$ は定数) の項のみを含む. ∴ n が偶数なら偶関数, 奇数なら奇関数.

（2） $y = 2^n n!\, P_n(x) = \dfrac{d^n}{dx^n}(x^2-1)^n$ について調べればよい. $f(x) = (x^2-1)^n$ とおくと $y = f^{(n)}(x)$, $y' = f^{(n+1)}(x)$, $y'' = f^{(n+2)}(x)$. $f'(x) = 2nx(x^2-1)^{n-1}$ より $(x^2-1)f'(x) = 2nf(x)$. この両辺を $n+1$ 回微分してまとめる.

（3） $P_n(x) = \dfrac{1}{2^n n!}\dfrac{d^n}{dx^n}(x^2-1)^n = \dfrac{1}{2^n n!}((x-1)^n(x+1)^n)^{(n)}$ をライプニッツの公式を用いて計算し $x = 1, -1$ を代入する.

（4） $P_0(x) = 1$, $P_1(x) = x$, $P_2(x) = \dfrac{3}{2}x^2 - \dfrac{1}{2}$

9. $y' = 1/(1+x^2)$, $x = \tan y$ より $y' = \cos^2 y$ を用いて帰納法による.

10. 帰納法による. $x^n f\left(\dfrac{1}{x}\right) = x \cdot x^{n-1} f\left(\dfrac{1}{x}\right)$ と分けて考える.

問題 2-3

1. （1） 0 （2） 0 （3） 1 （4） $-\dfrac{1}{3}$ （5） $-\dfrac{1}{2}e$ （6） $\sqrt{ab}$

（7） 1 （8） $-\dfrac{1}{2}$ （9） $\dfrac{n(n-m)}{2m}$ （10） $\dfrac{1}{3}$ （11） $-\dfrac{1}{3}$

（12） $-\dfrac{2}{3}$ （13） 0 （14） 0 （15） $\log\dfrac{a}{b}$ （16） $\dfrac{\log b}{\log a}$

2. ロピタルの定理を応用.

3. （1） $\displaystyle\lim_{x\to 0}(x+1) = 1 \neq 0$ （2） $\displaystyle\lim_{x\to\infty}(1-2\sin x)$ は存在しない. （1）, （2）ともロピタルの定理は使えない. ロピタルの定理の条件確認.

4. $a \leqq x \leqq b$ に対し, $f'(x) \geqq 0$ より平均値の定理を用いて $f(a) \leqq f(x)$ を得る. $f(a) = f(b)$ とすると, $f(x) \equiv f(a)$. ∴ $f'(x) \equiv 0$. $f'(c) > 0$ に反する.

5. $f(x) \equiv f(a)$ のときは明らか. $f(x)$ が定数でないときには, 最大値あるいは最小値がある. そこを $x = c$ とすると $f'(c) = 0$.

6. 平均値の定理を応用. $\displaystyle\lim_{x\to c}\dfrac{f(x)-f(c)}{x-c} = \lim_{x\to c} f'(d) = l$ （d は x と c の間）.

7. $[a, a^2]$ で平均値の定理を用い $a \to \infty$ とする.

8. $[x, x+1]$ に平均値の定理を適用し，$x \to \infty$ とする．

9.　（1）　$F(x) = \begin{vmatrix} f(a) & g(a) & h(a) \\ f(b) & g(b) & h(b) \\ f(x) & g(x) & h(x) \end{vmatrix} (x \in [a, b])$ はロルの定理の条件をみた

している．問題 2-1, 9 を利用して $F'(x)$ を求める．

（2）　$g(x) = x,\ h(x) \equiv 1$ で定理 2-11，$h(x) \equiv 1$ で定理 2-13．

10.　（1）　$\sqrt[n]{a_1 \cdots a_n}$　　（2）　a_1

11.　$f_k(x) = ((x^2-1)^n)^{(k)} (0 \le k \le n-1)$ が $f(-1) = f(1) = 0, (-1, 1)$ に k 個の根をもつことを示し，$f_n(x)$ に対してロルの定理を適用する．

12.　（1）　$\dfrac{1}{x} = t$ とすると $r(x)e^{-1/x^2} = \dfrac{r_1(t)}{e^{t^2}}$（$r_1(t)$ は t の有理関数）．$x \to 0$，

$t^2 \to \infty$ で $t^n/e^t \to 0 \ (n \in \mathbf{N},\ t \to \infty)$．$\therefore \ r_1(t)|e^{t^2} \to 0 \ (x \to 0)$．

（2）　帰納法．　（3）　帰納法．

13.　（1）　$A_0 = 1,\ n = 1$ のとき多項式，$n = 1,\ A_0 \ne 0$ のとき有理関数，$A_0 = 1$，$A_2 = \cdots = A_{n-1} = 0$ のとき $\sqrt[n]{}$ 多項式．

（2）　e^x：背理法による．

$\log x$ を代数関数とする．$\log x = t$ とおくと $x = e^t$．これを代入すると e^t が代数関数となり矛盾．$\cos x,\ \sin x$ は，零点が無数にあることを利用．

問題 2-4

1.　マクローリンの定理を用いる．

2.　問題の式の左辺の値を L とおき $F(x) = f(b) - \sum_{k=0}^{n-1} \dfrac{f^{(k)}(x)}{k!}(b-x)^k - L\left\{ g(b) \right.$

$\left. - \sum_{k=0}^{n-1} \dfrac{g^{(k)}(x)}{k!}(b-x)^k \right\}$ とする．$F(a) = F(b) = 0$ よりロルの定理を $F(x)$ に適用する．

3.　（1）　$F(x) = f(x) - \left\{ f(a) + \dfrac{1}{2}(x-a)(f'(a) + f'(x)) \right\} + K(x-a)^3$ とおく．

K は $F(b) = 0$ となるように定める．このとき，$F(a) = F'(a) = 0$ を用いて，$F(x),\ n = 2$ にテイラーの定理を適用し $x = b$ を代入．　（2）　（1）と同様に考える．

4.　R_n で $f^{(n)}(\theta_n x) = f^{(n)}(0) + f^{(n+1)}(\theta'\theta_n)(\theta_n x)\ (0 < \theta' < 1)$ を用い，R_{n+1} と比較する．

問題 2-5

1.　（1）　極小値 $f(3) = -162 + a$，極大値 $f(-3) = 162 + a$　　（2）　極小値 $f(0) = 0$，極大値 $f(1) = \dfrac{5}{4}$

2.　$a + b$

3. （1） マクローリンの定理より．（2） $x-\tan^{-1}x$, $\tan^{-1}x-(x-x^3/3)$ は増加関数．

4. $\sinh x$ は $(\sinh x)'=\cosh x>0$, $\lim\limits_{x\to\infty}\sinh x=\infty$, $\lim\limits_{x\to-\infty}\sinh x=-\infty$ の増加かつ奇関数，$\cosh x$ は $(\cosh x)'=\sinh x$, $\lim\limits_{x\to\pm\infty}\cosh x=\infty$ の $x=0$ で極小値 1 をとる偶関数（図は略）．

5. $\lim\limits_{x\to a}\dfrac{f(x)-f(a)}{x-a}=f'(a)>0$ だから定理 1-14 による．

6. $f(x)/e^{cx}$ を利用．

7. マクローリンの定理を用いる．

8. $a_n<0$, 帰納法で $-(2n+1)<a_n<a_{n-1}$ $(n=0,1,\cdots)$. $\lim a_n=\alpha\neq-\infty$ として前問 7 の不等式を用いて矛盾を出す．

9. 帰納法による．

問題 2-6

1. （1） 1 　（2） $\dfrac{3}{2}$ 　（3） 2 　（4） 2 　（5） 2 　（6） 2 　（7） 2 　（8） 1 　（9） ∞

2. （1） 1 　（2） 2 　（3） どんな $a>0$ よりも小 　（4） 5 と $5+\varepsilon$ の間（$\varepsilon>0$, 任意） 　（5） 1 　（6） 1 　（7） どんな $a>0$ よりも大

3. （1） 1.414213 　（2） 1.732050 　（3） 0.816496

4. 無限小（大）の位数：（1） $n\,(m)$ 　（2） $m+n\,(m+n)$ 　（3） $m-n$ $(m-n)$

5. $|R_1(0,x)|\leq|(1/2)^3|100^{-2}\left|1+\dfrac{\theta}{100}\right|^{1/2-2}\leq\dfrac{1}{7}\cdot10^{-4}\,(0<\theta<1)$

6. （1） $1+x-\dfrac{1}{3}x^3$ 　（2） $x+\dfrac{1}{3}x^3$ 　（3） $1+\dfrac{1}{6}x^2+o(x^3)$ 　（4） $1-\dfrac{1}{2}x+\dfrac{x^2}{12}+o(x^3)$ 　（5） $x+\dfrac{1}{2}x^2-\dfrac{2}{3}x^3$

問題 2-7

1. （1） $-\infty<x\leq-\sqrt{3}$, $0\leq x\leq\sqrt{3}$ で上に凸，$-\sqrt{3}\leq x\leq0$, $\sqrt{3}\leq x<\infty$ で下に凸，変曲点は $(-\sqrt{3},-\sqrt{3}/4)$, $(0,0)$, $(\sqrt{3},\sqrt{3}/4)$ 　（2） $|x|\leq1/\sqrt{3}$ で上に凸，$|x|\leq1/\sqrt{3}$ で下に凸，変曲点 $\left(\pm1/\sqrt{3},\dfrac{3}{4}\right)$, 極大 $(0,0)$ 　（3） $-\infty<x\leq2-\sqrt{2}$, $2+\sqrt{2}\leq x<\infty$ で下に凸，$2-\sqrt{2}\leq x\leq2+\sqrt{2}$ で上に凸．変曲点の x 座標は $2-\sqrt{2}$, $2+\sqrt{2}$, 極小 $(0,0)$, 極大 $(2,4e^{-2})$

2. （イ） 定理 2-21 の証明と同様． 　（ロ） テイラーの定理に 4（ ii ）を応用．

3. 帰納法．後半は $x_1=\cdots=x_n=\dfrac{1}{n}$ ととる．

4. 定義 2-8 の式（1）で，$(1-u)x_1+ux_2=a$ とおくと $x_1<a<x_2$ で $f(a)\le$
$\dfrac{f(x_2)-f(x_1)}{x_2-x_1}(a-x_1)+f(x_1)$ となり，これを変形すると

$$(*)\quad \frac{f(a)-f(x_1)}{a-x_1}\le\frac{f(x_2)-f(x_1)}{x_2-x_1}\le\frac{f(x_2)-f(a)}{x_2-a}$$

（ i ）（$\Longrightarrow$）（$*$）で $a\to x_1$，あるいは $a\to x_2$ とすると

$$(*,*)\quad f'(x_1)\le\frac{f(x_2)-f(x_1)}{x_2-x_1}\le f'(x_2)$$

（$\Longleftarrow$）$(x_1,a),(a,x_2)$ で平均値の定理を用い（$*$）を出す．

（ ii ）（$\Longrightarrow$）（$*,*$）より容易．（$\Longleftarrow$）$x_1<x_2$ とし，x_1（x_2）での接線
の x_2（x_1）における値は $f(x_1)$（$f(x_2)$）を越えないことより（$*,*$）を得て，
（ i ）より f は下に凸．

5. $f''(x)\ge0\Longrightarrow f'(x)$ は広義増加．4（ i ）利用．

問題 2-8

1. （1）$f(x)=x-\cos x$ とおくと $0<x<\pi/2$ で $f'(x)>0$, $f(0)=-1$,
$f(\pi/2)=\pi/2$　（2）$\alpha_2=0.739536,\ \alpha_3=0.739085$ （$\alpha_4=0.739085$）

2. （1）$\cos15°=x$ とおくと $f(x)=4x^3-3x-\sqrt2/2=0$. $f(x)$ は $(0,1)$ で
下に凸，$f(1)>0$, $\alpha_1=1$ として近似する．0.9654　（2）0.9396

3. 前半は容易．$\{\alpha_n\}$ は単調増加を示し，$\lim\alpha_n=\alpha<1$ として矛盾を導く．

4. $-f(\alpha_n)=f'(\alpha_n)(c-\alpha_n)+\dfrac{f''(\xi)}{2!}(c-\alpha_n)^2$ と $\alpha_{n+1}=\alpha_n-\dfrac{f(\alpha_n)}{f'(\alpha_n)}$ を用いる．

5. $x_{n+1}-x_n=f(x_n)-f(x_{n-1})=(x_n-x_{n-1})f'(\xi)$ より $|x_{n+1}-x_n|\le|x_n-x_{n-1}|k$
$\le|x_1-x_0|k^n$. $\therefore$ $|x_n-x_m|\le|x_1-x_0|k^m/(1-k)$ $(m<n)$ に定理 1-10 を適用
して $\{x_n\}$ は収束．その極限が $x=f(x)$ をみたす．

問題 3-1

1. （1）e^b-e^a　（2）1　（3）$\tan^{-1}2$　（4）$\log3$

2. $|f(x)|\le M$, $|g(x)|\le M$ とする．
　（1）$|f(x_1)g(x_1)-f(x_2)g(x_2)|\le|f(x_1)-f(x_2)||g(x_2)|+|f(x_2)||g(x_1)-$
　　$g(x_2)|\le M(|f(x_1)-f(x_2)|+|g(x_1)-g(x_2)|)$ を用いて $S(\varDelta,f\cdot g)-s(\varDelta,f\cdot g)$
　　$\le M(S(\varDelta,f)-s(\varDelta,f)+S(\varDelta,g)-s(\varDelta,g))$ による．
　（2）$F(x)=\max\{f(x),g(x)\}$ とおく．$\sup_I F=M(F)$, $\inf_I F=m(F)$ な
　　どとおくと，$M(F)-m(F)\le\max(M(f),M(g))-\max(m(f),m(g))\le$
　　$\max(M(f)-m(f),M(g)-m(g))$ を用いて $S(\varDelta,F)-s(\varDelta,F)\le S(\varDelta,f)$
　　$-s(\varDelta,f)+S(\varDelta,g)-s(\varDelta,g)$ による．
　（3）$\min\{f,g\}=-\max\{-f,-g\}$.

3. $[a, b]$ を n 等分する分割を Δ_n とする．$|S(\Delta_n, f) - S(\Delta_n, g)| \leq \dfrac{2p}{n}M.$ ただし，$|f(x)| \leq M,$ $|g(x)| \leq M,$ p は f と g が相異なる点の個数．

4. $[a, c], [c, b]$ の n 等分の分割を $\Delta_n^1, \Delta_n^2,$ 両方合わせた $[a, b]$ の分割を Δ_n とする．$S(\Delta_n) - s(\Delta_n) = S(\Delta_n^1) - s(\Delta_n^1) + S(\Delta_n^2) - s(\Delta_n^2) \to 0$ $(n \to \infty).$

5. $[a, b]$ の n 等分の分割を $\Delta_n : a = x_0 < x_1 < \cdots < x_n = b.$ 平均値の定理より $f(x_i) - f(x_{i-1}) = f'(\xi_i)(x_i - x_{i-1})$ $(i = 1, \cdots, n).$ この両辺を $i = 1, \cdots, n$ について加えると $f(b) - f(a) = R(\Delta_n, f') \to \displaystyle\int_a^b f'(x)dx$ $(n \to \infty)$ $(\because$ f' は積分可能).

問題 3-2（積分定数は省略）

1. （1）　$\dfrac{1}{2}\log|x+1| - \dfrac{1}{2}\log(x^2+1) + \tan^{-1}x$

（2）　$\dfrac{1}{4}\log\left|\dfrac{x-1}{x+1}\right| - \dfrac{1}{2}\tan^{-1}x$

（3）　$\dfrac{1}{\sqrt{2}}\tan^{-1}\dfrac{1}{\sqrt{2}}\left(x - \dfrac{1}{x}\right)$ $\left(x - \dfrac{1}{x} = u\right)$

（4）　$\dfrac{2}{3}\{(x+2)^{3/2} - (x+1)^{3/2}\}$

（5）　$\log(\sqrt{x^2+1} - x) - \log|x|$

（6）　$\dfrac{1}{2}e^x(\sin x - \cos x)$

（7）　$-e^{-x^2}\left(\dfrac{x^4}{2} + x^2 + 1\right)$

（8）　$-\dfrac{1}{x}(\log x + 1)$　　（9）　$\tan^{-1}(\cos x) - \cos x$

（10）　$(\tan^{-1}x)^2/2$

2. $\left(\dfrac{1}{a}F(ax+b)\right)' = f(ax+b)$

3. $a = c = 0$

4. （1）　$\dfrac{3}{16}\log|1-x^2| + \dfrac{3}{4}\dfrac{x}{(1-x^2)} + \dfrac{1}{2}\dfrac{x}{(1-x^2)^2}$

（2）　$x\sin^{-1}\sqrt{x} - \dfrac{1}{2}\sin^{-1}\sqrt{x} + \dfrac{1}{2}\sqrt{x-x^2}$

（3）　$\dfrac{2}{1-a^2}\tan^{-1}\left(\dfrac{1+a}{1-a}\tan\dfrac{x}{2}\right)$　　（4）　$\dfrac{x}{2}(\cos(\log x) + \sin(\log x))$

（5）　$-\dfrac{1}{x}\log(x + \sqrt{x^2+1}) + \sqrt{x^2+1}$

（6）　$2\sqrt{e^x+1} + x - 2\log(\sqrt{e^x+1} + 1)$

（7）　$x\log(1+x^2) + 2\tan^{-1}x - 2x$

5. $I_1 = x$, $n \geqq 2$ のとき $\sin nx - \sin(n-2)x = 2\cos(n-1)x \sin x$ の両辺を $\sin x$ で割って積分.

問題 3-3

1. （1）$\dfrac{1}{3}\log 2 + \dfrac{\pi}{3\sqrt{3}}$　（2）$\sqrt[3]{4} - \dfrac{1}{4}$　（3）$\log 2$　（4）1

（5）$\dfrac{\pi}{6}$　（6）$\dfrac{1}{2}(\sqrt{2} + \log(1+\sqrt{2}))$

2. （1）2/3　（2）1/3　（3）0

3. （1）$\log x$ の積分利用　（2）$\sqrt{x}$ の積分利用

4. （1）$\left(0, \dfrac{1}{2}\right)$ で $1 - x^2 < (1-x^2)(1+x^2) < \dfrac{5}{4}(1-x^2)$　（2）$(0,1)$ で 1

$-x^2 < 1 - x^n < 1$　（3）$(0,1)$ で $1 < 1 + x^n < 1 + x^2$　（4）$\left(0, \dfrac{\pi}{2}\right)$ で

$\dfrac{2}{\pi}x < \sin x < x$

5. $\displaystyle\int_a^b f(x)dx = \int_a^{a+p} f(x)dx = \int_a^p f(x)dx + \int_p^{a+p} f(x)dx$, 最後の積分を $x = t + p$ と変換.

6. $\displaystyle\int_1^{xy} \frac{1}{t}dt = \int_1^x \frac{1}{t}dt + \int_x^{xy} \frac{1}{t}dt$, 最後の積分を $t = xu$ と変換.

7. （1），（2）および（3）の前半略.　（3）の後半は定理 3-13 を応用.
（4）$(tf+g, tf+g) = t^2(f,f) + 2t(f,g) + (g,g) \geqq 0$ $(t \in \mathbf{R})$. $(f,f) = 0$ なら $f = 0$ で左辺も 0, $(f,f) \neq 0$ のとき, 判別式 $= 4((f,g)^2 - (f,f)(g,g)) \leqq 0$.　（5）両辺を平方して（4）を利用.

8. （1）前問（4）で $g(x) = 1/f(x)$ ととる.　（2）$[0,1]$ を n 等分する分割を $\Delta_n : 0 = x_0 < x_1 < \cdots < x_n = 1$ とすると, 2-7 節, 例 2, 式（4）より

$\dfrac{1}{n}(f(x_1) + \cdots + f(x_n)) \geqq \sqrt[n]{f(x_1) \cdots f(x_n)}$. この左辺 $\longrightarrow \displaystyle\int_0^1 f(x)dx$ (3-1 節,

例 4). 右辺 $= e^{\frac{1}{n}(\log f(x_1) + \cdots + \log f(x_n))} \longrightarrow e^{\int_0^1 \log f(x)dx}$.

9. $m \leqq f(x) \leqq M$ とすると $mg(x) \leqq f(x)g(x) \leqq Mg(x)$. これを積分.

10. （1）$-x\log x + x - 1$　（2）$f(x) - f(a)$　（3）$n!f(x)$

12. $f(x) = a_n x^n + \cdots + a_0$ とする. 条件の式に a_k をかけて加えると $\displaystyle\int_0^1 f(x)^2 dx = 0$. 定理 3-13 利用.

問題 3-4

1. （1）$44\sqrt{2}/15$　（2）$\dfrac{11}{8}\pi$　（3）$\dfrac{\pi}{2}a^2$　（4）$\dfrac{3}{8}\pi$　（5）$\dfrac{32}{35}$

2. （4）$\pi - x = t$ と変換.

3.（1）　$\pi/2ab$　　（2）　$(a^2+b^2)\pi/2$

4.（1）　$\dfrac{1}{4}+\dfrac{\pi^2}{16}$　　（2）　$\pi-2$　　（3）　$\dfrac{5}{8}\pi a^4$　　（4）　$\left(1-\dfrac{\pi}{4}\right)a^2$

　　（5）　$\dfrac{\pi^2}{4}$（2，（4）利用）　　（6）　$\dfrac{\pi}{8}\log 2\left(\dfrac{\pi}{4}-x=t\right)$

5.（1），（2）とも $x=\sin t$ と変換．例3を利用．

6.　部分積分．$f_k(x)=\dfrac{d^k}{dx^k}(x^2-1)^n$ $(0\leqq k<n)$ は $f_k(1)=f_k(-1)=0$.

7.（1）　$\sin^{2n+1}x<\sin^{2n}x<\sin^{2n-1}x$ $\left(0<x<\dfrac{\pi}{2}\right)$．以下略．

問題 3-5

1.（1）　発散　　（2）　収束　　（3）　収束　　（4）　収束　　（5）　収束
　（6）　収束　　（7）　収束　　（8）　発散　　（9）　$0<\alpha<2$ で収束，$\alpha>2$
で発散　　（10）　収束　　（11）　収束

2.（1）　2　　（2）　$\dfrac{1}{2}\log 2$　　（3）　$\dfrac{\pi}{4}$　　（4）　$\log 2$　　（5）　$\dfrac{\pi}{4}$

　　（6）　$\dfrac{\pi}{4}a^2$　　（7）　$\dfrac{256}{315}$　　（8）　$\dfrac{\pi}{8}$　　（9）　$\dfrac{1}{2}$

3.（1）　$\dfrac{n}{n^2-1}$ $(\sqrt{x^2+1}-x=t)$　　（2）　$\dfrac{\pi}{\sqrt 2}$　　（3）　$(-1)^n\dfrac{n!}{m^{n+1}}$

　　（4）　π　　（5）　$2a^n\dfrac{1\cdot3\cdot\cdots\cdot(2n-1)}{2\cdot4\cdot\cdots\cdot(2n)}\dfrac{\pi}{2}$ $(x=a\sin^2 t)$

　　（6）　$\dfrac{1}{a^{2n+1}}\dfrac{1\cdot3\cdot\cdots\cdot(2n-1)}{2\cdot4\cdot\cdots\cdot(2n)}\dfrac{\pi}{2}$ $(x=a\tan t)$

　　（7）　$\dfrac{1}{2}\dfrac{e^\pi+1}{e^\pi-1}$ $\left(\sum_{n=0}^{\infty}\int_{n\pi}^{(n+1)\pi}$ と分ける$\right)$　　（8）　$\dfrac{1}{2}\Gamma(n)=\dfrac{(n-1)!}{2}$

　　（9）　$\dfrac{1}{a^{n-1}}\displaystyle\int_0^{\pi/2}\cos^{n-1}t\,dt$

4.（1）　問題 3-2，5 の漸化式を用いる．　　（2）　$\dfrac{1}{2}\{\sin(n+1)\theta+\sin(n-1)$

$\theta\}/\sin\theta=\sin n\theta\cot\theta$ を用いて（1）利用．　　（3）　$\sin^2 nx-\sin^2(n-1)x=$
$\sin(2n-1)x\sin x$ と（1）による．

5.（1）　部分積分して，$m\in\boldsymbol{N}$，$\lim_{x\to\infty}x^m/e^x=0$ を利用．　　（2）　（1）を利用．

6.（1）　$1+x<e^x$ $(x>0)$ より $1-x^2<e^{-x^2}<\dfrac{1}{1+x^2}$．辺々を n 乗して積分

すると $\displaystyle\int_0^1(1-x^2)^n dx<\int_0^\infty e^{-nx^2}dx<\int_0^\infty\dfrac{dx}{(1+x^2)^n}$．真中の積分で $x=\dfrac{t}{\sqrt n}$ と
すればよい．

　　（2）　（1）の不等式の左辺，右辺に問題 3-4，5 の（1），問題 3-5，3 の（6）

をそれぞれ用いて, 問題 3-4, 7 の（3）より $\dfrac{\sqrt{\pi}}{2} = \lim \sqrt{n}\,I_{2n} =$
$\lim \sqrt{n}\,I_{n+1}$.

問題 3-6

1. （1）　$p(\sqrt{2}+\log(1+\sqrt{2}))$　　（2）　$\sqrt{2}\,\pi a$　　（3）　$\sqrt{2}(e^{\pi/2}-1)$
（4）　$3\pi a$　　（5）　$T\sqrt{a^2+b^2}$

2. （1）　$\dfrac{ab}{6}$　　（2）　$\dfrac{2}{\sqrt{3}}\pi$　　（3）　$8\dfrac{8}{15}$　　（4）　$4ab\tan^{-1}(b/a)$
（5）　$(\pi-2)a^2$

3. 台形：0.785214, $|誤差| \leqq 0.00022$, シンプソン：0.785398, $|誤差| \leqq 0.0000012$

問題 4-1

1. （1）　$5/12$　　（2）　1　　（3）　$1/(p-1)!$

2. （1）　収束　　（2）　収束　　（3）　$0 < c < 1$ のとき収束, $c \geqq 1$ のとき発
散　　（4）　収束　　（5）　収束（$\sqrt[n]{a_n} \to 1/e$）　　（6）　収束（$\log(1+x) < x\ (x>0)$）　　（7）　発散　　（8）　$0 < \lambda \leqq 1$ のとき発散, $\lambda > 1$ のとき収束
（9）　発散　　（10）　発散（$\sqrt[n]{a} = e^{\log a/n} \geqq 1+(\log a)/n$）　　（11）　$0 < \lambda \leqq 1$ のとき発散, $\lambda > 1$ のとき収束　　（12）　発散

3. （1）　発散　　（2）　発散（$\sum(1/n)$ と比較）　　（3）　条件収束
（4）　絶対収束　　（5）　発散　　（6）　絶対収束（$\sum(1/n^2)$ と比較）
（7）　条件収束　　（8）　絶対収束

4. $0 < \lambda \leqq 1$ のとき発散, $1 < \lambda$ のとき収束.

5. （1）　$a_n > b_n$ は明らか. $b_n > 0$ は問題 3-3, 3 の（1）.
（2）　$a_n - a_{n+1} = \log\left(1+\dfrac{1}{n}\right) - \dfrac{1}{n+1}$, $b_{n+1} - b_n = \dfrac{1}{n+1} - \log\left(1+\dfrac{1}{n}\right)$ に不
等式 $x > \log(1+x) > x - \dfrac{x^2}{2}\ (x>0)$ を応用.
（3）　$a_n - b_n = \log(1+1/n) \to 0\ (n \to \infty)$.

6. （1）　（$\Longrightarrow$）　$e^x > 1+x$ を応用.（$\Longleftarrow$）　$a_1 + \cdots + a_n < b_n$.
（2）　$n \geqq 2$ のとき, $\dfrac{a_n}{b_n} = \dfrac{1}{b_{n-1}} - \dfrac{1}{b_n}$.
（3）　（1）より $\sum a_n = \infty \Longrightarrow b_n \to \infty$. これを（2）へ適用.

7. （1）　$\sum|a_n| = S$ とおく. $|a_n| \leqq S$, ∴　$\sum a_n^2 = \sum|a_n|^2 \leqq S\sum|a_n| \leqq S^2$.
（2）　$\left|\dfrac{a_n}{n}\right| \leqq \dfrac{1}{2}\left(|a_n|^2 + \dfrac{1}{n^2}\right)$, $\sum a_n^2 < \infty$, $\sum\dfrac{1}{n^2} < \infty$.
（3）　（1）　$a_n = (-1)^n\dfrac{1}{n}$,　（2）　$a_n = \dfrac{1}{\sqrt{n}}$.

8. たとえば $\sum a_n$ に $b_1, \cdots, b_p$ を付け加える. その部分和 T_n は n を十分大きくと

ると，$T_n = b_1 + \cdots + b_p + S_{n-p}.$ ∴　$S_n \to S$ なら $T_n \to b_1 + \cdots + b_p + S,$ S_n が発散なら T_n も発散．取り去るのも同様．

9. （＊），（1），（2）の部分和をそれぞれ $S_n,$ $A_n,$ B_n とおく．

（1）　$A_{3n} = S_{4n} + \dfrac{1}{2} S_{2n},$ $A_{3n+1} = A_{3n} + \dfrac{1}{4n+1},$ $A_{3n+2} = A_{3n+1} + \dfrac{1}{4n+3}$ で S_n

$\to \log 2$ より $A_{3n},$ $A_{3n+1},$ A_{3n+2} はみな $\to \dfrac{3}{2} \log 2.$

（2）　$B_{3n} = \dfrac{1}{2} S_{2n} \to \dfrac{1}{2} \log 2,$ 同様に $B_{3n+1},$ $B_{3n+2} \to \dfrac{1}{2} \log 2.$

10. $\sum \dfrac{1}{2n-1} = \infty$ を利用する．

11. $S_n = a_1 + \cdots + a_n$ に定理 1-10 を適用．

12. $b_1 + \cdots + b_n = B_n$ とおく．$m < n$ として $\left| \displaystyle\sum_{k=m+1}^{n} a_k b_k \right| = \left| \displaystyle\sum_{k=m+1}^{n} a_k (B_{k+1} - B_k) \right|$

$= \left| -a_{m+1} B_m + a_n B_n + \displaystyle\sum_{k=m+1}^{n-1} (a_k - a_{k+1}) B_k \right| \leq B a_{m+1}.$ 前問適用．

13. （1）　$\displaystyle\sum_{k=1}^{n} \sin ka = \sin \dfrac{n+1}{2} a \sin \dfrac{n}{2} a \Big/ \sin \dfrac{a}{2}$ 　（2）　前問を応用．

問題 4-2

1. （ⅰ）（1）$f(x) = 1 \ (|x| < 1),$ $=1/2 \ (x = \pm 1),$ $=0 \ (|x| > 1).$
（2）$f(x) \equiv 0.$ 　（3）$f(x) = 1/x \ (x \neq 0),$ $=0 \ (x = 0).$
（ⅱ）（2）が一様収束，任意の $\delta > 0$ に対して（1）は $|x| \leq 1-\delta,$ $|x| \geq 1+\delta$ で，（3）は $|x| \geq \delta$ で一様収束．

2. （1）$f(x) = 1 + |x| \ (x \neq 0),$ $=0 \ (x = 0).$ 一様収束でない（原点で不連続）．　（2）$f(x) = 1/(x+1),$ 一様収束．

3. （1）$|x| > 1$　（2）$x \neq m\pi + \pi/2 \, (m = 0, \pm 1, \cdots)$
（3）$(n\pi - \pi/4, n\pi + \pi/4) \, (n = 0, \pm 1, \cdots)$

4. （1）$f(x) \equiv 0$　（2）$\lim \displaystyle\int_0^a f_n(x)\,dx = \infty,$ $\displaystyle\int_0^a f(x)\,dx = 0$
（3）　一様収束でない．

5. （1）　定理 4-14 で $M_n = |a_n| + |b_n|$ ととれる．

（2）　$f(x) = \dfrac{a_0}{2} + \sum (a_n \cos nx + b_n \sin nx)$ の両辺に $\cos nx \ (n = 0, 1, 2, \cdots)$ あるいは $\sin nx$ をかけて積分する．右辺には定理 4-16 が適用できる．

6. （1）　定理 1-10 を応用．　（2）　$S_n(x)$ に（1）を適用．

7. 問題 4-1, 12 の方法を用いて前問（2）を応用．

8. $\left| \displaystyle\sum_{k=1}^{n} \sin kx \right| \leq 1 \Big/ \sin \dfrac{a}{2}$（問題 4-1, 13 の（1）参照）．

9. （1）$|a^n \sin n\theta| \leq a^n$　（2）$|na^n \cos n\theta| \leq na^n,$ $\sum na^n < \infty$

（3）（イ）$(1-2a\cos\theta+a^2)\sum_{n=1}^{\infty}a^n\sin n\theta$ を計算．（ロ）（イ）の両辺に $\sin n\theta$ をかけて積分．

問題 4-3

1. （1）$\sqrt{2}$（$x^2=t$ とおく）　（2）4　（3）1（$1\leqq\sqrt[n]{n!}\leqq n$）

2. （1）$\sum_{n=1}^{\infty}x^{2n-1}\Big/(2n-1)!,\ r=\infty$　（2）$\sum_{n=0}^{\infty}x^{2n}\Big/(2n)!,\ r=\infty$

（3）$\sum_{n=1}^{\infty}nx^{n-1},\ r=1$　（4）$\sum_{n=2}^{\infty}n(n-1)x^{n-2},\ r=1$

3. （1）$\cos x=(1-\sin^2 x)^{1/2}$ に例6を応用

（2）$\tan x=\sin x(1-\sin^2 x)^{-1/2}$

4. （1）$f'(x)=(1+x^2)^{-1/2}=1+\sum_{n=1}^{\infty}\binom{-1/2}{n}x^{2n}$,

$f(x)=x+\sum_{n=1}^{\infty}\binom{-1/2}{n}\dfrac{x^{2n+1}}{2n+1}$（ともに $r=1$）

（2）$f'(0)=1,\ f^{(2n+1)}(0)=(-1)^n\dfrac{1\cdot3\cdot5\cdots\cdot(2n-1)}{2^n\cdot n!}\cdot(2n)!,\ f^{(2n)}(0)=0$

5. （1）$f(x)=f(-x)\Longleftrightarrow a_0+a_1x+a_2x^2+\cdots=a_0-a_1x+a_2x^2+\cdots$

$\Longleftrightarrow a_{2n-1}=0\ (n=1,2,\cdots)$

（2）$f(x)=-f(-x)\Longleftrightarrow a_0+a_1x+a_2x^2+\cdots=-a_0+a_1x-a_2x^2+\cdots$

$\Longleftrightarrow a_{2n}=0\ (n=0,1,2,\cdots)$

6. （1）$\sum_{n=0}^{\infty}\dfrac{2^2\cdot4^2\cdots\cdot(2n)^2}{(2n+1)!}x^{2n+1}$,　　$|x|<1$　　$\Big(\because\ f(x)=\dfrac{\sin^{-1}x}{\sqrt{1-x^2}}$ より

$(1-x^2)f(x)^2=(\sin^{-1}x)^2$, 微分して $(1-x^2)f'-xf=1$. 以下 2-2 節，例題 2

と同様にして，$f^{(2n)}(0)=0,\ f^{(2n+1)}(0)=2^2\cdot4^2\cdots\cdot(2n)^2\Big)$

（2）$x-\Big(1+\dfrac{1}{3}\Big)x^3+\Big(1+\dfrac{1}{3}+\dfrac{1}{5}\Big)x^5-\Big(1+\dfrac{1}{3}+\dfrac{1}{5}+\dfrac{1}{7}\Big)x^7+\cdots,\ |x|<1$

$\Big(\tan^{-1}x=x-\dfrac{x^3}{3}+\dfrac{x^5}{5}-\cdots$ と $\dfrac{1}{1+x^2}=1-x^2+x^4-\cdots$ の積をつくる$\Big)$

（3）$x-\Big(1+\dfrac{1}{2}\Big)x^2+\Big(1+\dfrac{1}{2}+\dfrac{1}{3}\Big)x^3-\Big(1+\dfrac{1}{2}+\dfrac{1}{3}+\dfrac{1}{4}\Big)x^4+\cdots,\ |x|\leqq1$

$\Big(\log(1+x)=x-\dfrac{x^2}{2}+\dfrac{x^3}{3}-\cdots$ と $\dfrac{1}{1+x}=1-x+x^2-x^3+\cdots$ の積をつくる$\Big)$

（4）（1）を積分する．　（5）（2）を積分する．

7. $\dfrac{a_{n+1}}{a_n}=A_n$ とおくと，$A_n=1+\dfrac{1}{A_{n-1}}$. $\lim A_n=\dfrac{\sqrt{5}+1}{2}$. $\therefore\ r=\dfrac{\sqrt{5}-1}{2}$,

$f(x)=1/(1-x-x^2)$.

8. $\left|\dfrac{a_{n+1}x^{n+1}}{a_nx^n}\right|=\left|\dfrac{a_{n+1}}{a_n}\right||x|\leqq L|x|<1$. 残りも同様．

9. $f(x) = \sum_{n=0}^{\infty} a_n x^n$ とおく. $a_n = f^{(n)}(0)/n! = 0 \ (n = 0, 1, 2, \cdots)$.

10. （1） 帰納法. （2） 帰納法. （3） 背理法.

問題 5-1

1. （1） 有界，領域でない （2） 領域でない，非有界 （3） 有界領域 （4） 非有界な領域 （5） 有界領域 （6） 非有界な領域

2. （1） 存在しない （2） 0 （3） 0

3. （1） 平面で連続（$x = 0,\ y = 0$ などに分ける） （2） 連続

4. （1） $f'(c)$ （2） $f'(c)$

5. $f(x, y) = xy/(x^2+y^2)\,((x, y) \neq (0, 0)) = 0\,((x, y) = (0, 0))$ は $(0, 0)$ で 条件(i)，(ii)をみたすが連続でない.

6. (x_1, y_1) と (x_2, y_2) を結ぶ D 内の折線上で考える.

問題 5-2

1. $(f_x, f_y$ の 順） （1） $1/x,\ -1/y$ （2） $-1/2\sqrt{1-x-y},\ -1/2\sqrt{1-x-y}$ （3） $ye^{xy},\ xe^{xy}$ （4） $y/\sqrt{1-(xy)^2},\ x/\sqrt{1-(xy)^2}$ （5） $y^2/(x^2+y^2)$, $\tan^{-1}\dfrac{x}{y} - xy/(x^2+y^2)$ （6） $\cos ye^{x\cos y},\ -x\sin ye^{x\cos y}$

2. 略

3. （1），（2） とも接平面 $z = x+y-1$，法線 $x-1 = y-1 = -(z-1)$

4. (i) $z_x = f'(\varphi(x, y))\varphi_x,\ z_y = f'(\varphi(x, y))\varphi_y$ （ ii ） 略

5. （1） $\dfrac{x}{\alpha}+\dfrac{y}{\beta}+\dfrac{z}{\gamma} = 3$ （2） $\dfrac{9}{2}$

6. （1） $f(x, y) \to 0\,((x, y) \to (0, 0))$ （2） $f(x, 0) = f(0, y) = 0$ （3） 定義 5-5 で $(x, y) = (0, 0)$ とすると $\varepsilon(0, 0, h, k) = \sqrt{|hk|}$, $\sqrt{|hk|}/\sqrt{h^2+k^2}$ は $(h, k) \to (0, 0)$ のとき極限なし.

7. $f_x(0, 0) = f_y(0, 0) = 0$. しかし $(0, 0)$ で連続でない.

8. （1） 0 （2） $\dfrac{n(n-1)}{2}u$

問題 5-3

1. （1） 0 （2） 0 （3） $4(x^2+y^2)f''(x^2+y^2)+4f'(x^2+y^2)$

2. $z_{xy} = z_{yx}$ は，（1） $(y^2-x^2)/(x^2+y^2)^2$ （2） $-4xy/(1-x^2-y^2)^2$ （3） $-2xy/(1-x^2-y^2)^{3/2}$

3. 0

4. $\left(\dfrac{\partial^m z}{\partial x^m},\ \dfrac{\partial^n z}{\partial y^n}\ \text{の順}\right)$ （1） $a^m e^{ax+by},\ b^n e^{ax+by}$ （2） $y^m \sin\left(xy+\dfrac{m\pi}{2}\right)$,

$$x^n \sin\left(xy+\frac{n\pi}{2}\right) \quad （3）\quad y^m \cos\left(xy+\frac{m\pi}{2}\right),\ x^n \cos\left(xy+\frac{n\pi}{2}\right)$$

5. （1）　e^x+e^y-1　　（2）　$xy+\cos x+\cos y$

7. （1）　条件より $f_{xy}=f_{yx}$, $g_{xy}=g_{yx}$　　（2）　（1）を用いる.

11. （1）　$|r^n \cos n\theta| \leqq a^n$ でワイヤストラスの優級数定理（4-2 節）を応用.
（2）　項別微分の定理（4-2 節）を応用.

問題 5-4

1. （1）　1　　（2）　$\cos(xy)e^{\sin(xy)}(6t^2+2t)$
（3）　$-3\sin 4t/2(\cos^6 t+\sin^6 t)$　　（4）　$2h^2t/(1+(a^2+h^2+t^2)^2)$

2. $(z_u, z_v$ の順)　（1）　$2u/(u^2+v^2)$, $2v/(u^2+v^2)$　　（2）　$v(\cos^{-1}(uv)-\sin^{-1}(uv))/\sqrt{1-(uv)^2}$, $u(\cos^{-1}(uv)-\sin^{-1}(uv))/\sqrt{1-(uv)^2}$
（3）　$-\cos u \sin v/(\sin^2 u+\sin^2 v)$, $\sin u \cos v/(\sin^2 u+\sin^2 v)$

3. （1）　$F_x=f_x+f_z g_x$, $F_y=f_y+f_z g_y$　　（2）　$(z_x, z_y$ の順)
（イ）$2(x+ze^x \cos y)/(x^2+y^2+z^2)$, $2(y-ze^x \sin y)/(x^2+y^2+z^2)$ $(z=e^x \cos y)$,
（ロ）$(x\sqrt{1-(xy)^2}+zy)/\sqrt{x^2+y^2+z^2}$, $(y\sqrt{1-(xy)^2}+zx)/\sqrt{x^2+y^2+z^2}$
$(z=\sin^{-1}(xy))$,
（ハ）$mx^{m-1}y^n(x+y)^p+px^m y^n(x+y)^{p-1}$, $nx^m y^{n-1}(x+y)^p+px^m y^n(x+y)^{p-1}$

7. （1）　$xf_x(tx,ty)+yf_y(tx,ty)=at^{a-1}f(x,y)$ で $t=1$ を代入.　　（2）　もう一度 t で微分して $t=1$ を代入.

8. （イ）$\varphi_x=f_x+f_y\left(-\dfrac{a}{b}\right)=0$　　（ロ）5-4 節, 問6 より φ は u のみの関数.

9. （1），（2），（3）とも前問と同様.

10. $g(t)=f(tx,ty)/t^a$ とおくと $g'(t)\equiv 0$（∵ 7（1）で $x\to tx$, $y\to ty$ 代入）.

問題 5-5

1. $(df(0,0),\ d^2f(0,0),\ d^3f(0,0)$ の順)　（1）　$h+k$, $2(h+k)^2$, $6(h+k)^3$
（2）　$h+k$, $(h+k)^2$, $(h+k)^3$　　（3）　0, $2(h^2-k^2)$, 0
（4）　0, 0, $6(2h^3-3hk^2-k^3)$

2. （1）　$1-(x+y)+\dfrac{(x+y)^2}{2!}e^{-\theta(x+y)}$

（2）　$1+(x+y)+\dfrac{(x+y)^2}{2!}\dfrac{1}{(1-\theta(x+y))^3}$

（3）　$1+x+\dfrac{1}{2}(x^2 \cos \theta y-2xy \sin \theta y-y^2 \cos \theta y)e^{\theta x}$

3. （1）　略　　（2）　仮定より $d^l f(x,y)=0$ $(l \geqq m+n+1)$. テイラーの定理を用いる.

4. 両辺を t で m 回微分すると補題 5-2 と同様にして $\left(x\dfrac{\partial}{\partial x}+y\dfrac{\partial}{\partial y}\right)^m f(tx,\,ty)=$ $\alpha(\alpha-1)\cdots(\alpha-m+1)\cdot t^{\alpha-m}f(x,\,y)$. $t=1$ を代入.

5. 定理 5-12 と同様にする.

6. $F(t)=f\left(a+\dfrac{t}{r}h,\ b+\dfrac{t}{r}k\right)$ に定理 2-20 を適用し $t=r$ とおく.

問題 5-6

1. （1） $(\pm1/2,\,\pm1/2)$ で極大 $1/8$,（$\pm1/2$, $\mp1/2$）で極小 $-1/8$　　（2） $(4,\,4)$ で極小 64　　（3） $(1,1)$ で極大 3　　（4） $\left(\dfrac{2}{3},\dfrac{2}{3}\right)$ で極小 $-\dfrac{4}{27}$

2. $P(x,\,y,\,z)=\left(\dfrac{1}{n}\sum\limits_{i=1}^{n}x_i,\ \dfrac{1}{n}\sum\limits_{i=1}^{n}y_i,\ \dfrac{1}{n}\sum\limits_{i=1}^{n}z_i\right)$

3. $\dfrac{3\sqrt{3}}{4}ab$（y 軸方向を a/b 倍に拡大するとすべての三角形の面積も a/b 倍. 問 6 に帰着）

4. 正三角形 $3\sqrt{3}\,r^2$

5. $abc/3\sqrt{3}$

6. （1） $x_1=x_2=\cdots=x_p$ のとき $(a/p)^n$　　（2） 問 4 と同様.

問題 5-7

1. $\left(\dfrac{dy}{dx},\dfrac{d^2y}{dx^2}\ \text{の順}\right)$（1） $-\dfrac{ax+hy}{hx+by}$, $-\dfrac{ab-h^2}{(hx+by)^2}$　　（2） $-\dfrac{x^2-ay}{y^2-ax}$, $-\dfrac{2a^3xy}{(y^2-ax)^2}$　　（3） $\dfrac{x+y}{x-y}$, $\dfrac{2(x^2+y^2)}{(x-y)^3}$　　（4） $-\dfrac{b^2}{a^2}\dfrac{x}{y}$, $-\dfrac{b^4}{a^2}\dfrac{1}{y^3}$

2. $(z_x,\,z_y\ \text{の順})$（1） $-\dfrac{c^2}{a^2}\dfrac{x}{z}$, $-\dfrac{c^2}{b^2}\dfrac{y}{z}$　　（2） $\dfrac{y-x^2}{z^2}$, $\dfrac{x-y^2}{z^2}$

3. $\left(\dfrac{dy}{dx},\dfrac{dz}{dx}\ \text{の順}\right)$（1） $\dfrac{z-x}{y-z}$, $\dfrac{x-y}{y-z}$　　（2） $(a-x)/y$, $-a/z$　　（3） $\dfrac{z^2-x^2+3}{y^2-z^2}$, $\dfrac{x^2-y^2-3}{y^2-z^2}$

4. （1） 0　　（2） $1/(\sqrt{1-x^2-y^2-z^2})^5$　　（3） $-(u-v)(v-w)(w-u)$

5. 接平面 $2x+y+2z=5$, 法線 $x-1=2(y-1)=z-1$

6. $(u_x,\,v_x,\,u_y,\,v_y\ \text{の順})$（1） $\dfrac{v-x}{u-v}$, $\dfrac{x-u}{u-v}$, $\dfrac{v-y}{u-v}$, $\dfrac{y-u}{u-v}$

（2） $\dfrac{a-x}{u}$, $-\dfrac{a}{v}$, $\dfrac{a-y}{u}$, $-\dfrac{a}{v}$

7. （1） $z_{xx}=-(f_{xx}f_z^2-2f_{xz}f_xf_z+f_{zz}f_x^2)/f_u^3$, $z_{xy}=(f_{xz}f_yf_z+f_{yz}f_xf_z-f_{xy}f_z^2-f_{zz}f_xf_y)/f_z^3$, $z_{yy}=-(f_{yy}f_z^2-2f_{yz}f_yf_z+f_{zz}f_y^2)/f_z^3$

（2） $z_x=-f_x/f_z$, $x_y=-f_y/f_x$, $y_z=-f_z/f_y$ の積

問題 5-8

1. （1）$x=1$ で極大 1, $x=-1$ で極小 -1　　（2）$x=2$ で極大 2

2. （1）極小 $f\left(-\dfrac{1}{2}, -\dfrac{1}{2}\right) = \dfrac{1}{2}$　　（2）極小 $f(0,0)=0$, 極大 $f\left(\dfrac{3}{2}, \dfrac{3}{2}\right) = \dfrac{9}{2}$　　（3）極大 $f(1,0)=f(0,1)=1$, $f\left(-\dfrac{1}{\sqrt{2}}, -\dfrac{1}{\sqrt{2}}\right) = -\dfrac{1}{\sqrt{2}}$, 極小 $f(0,-1)=f(-1,0)=-1$, $f\left(\dfrac{1}{\sqrt{2}}, \dfrac{1}{\sqrt{2}}\right) = \dfrac{1}{\sqrt{2}}$

3. $g = \alpha x + \beta y + c$, $f = (x-a)^2 + (y-b)^2$ として考える. $|\alpha a + \beta b + c|/\sqrt{\alpha^2 + \beta^2}$

問題 5-9

1. （1）$(0,0)$　　（2）$(0,0)$　　（3）$(a,0)$

2. （1）$x^{2/3} + y^{2/3} = a^{2/3}$　　（2）$\dfrac{x^2}{a^2} + \dfrac{y^2}{a^2+b^2} = 1$

　（3）$(x^2+y^2)^2 = 4a^2(x^2-y^2)$　　（4）$(y=0,$ 特異点$)$

3. $f(x,y)^2 + g(x,y)^2 = h(x,y)^2$

4. $f_z \neq 0$ のとき 5-7 節, 問 3, 他の場合も同様. 法線: $\dfrac{x-a}{f_x} = \dfrac{y-b}{f_y} = \dfrac{z-c}{f_z}$.

5. （1）$\alpha x + \beta y + \gamma z = a^2$　　（2）$\dfrac{\alpha x}{a^2} + \dfrac{\beta y}{b^2} + \dfrac{\gamma z}{c^2} = 1$

　（3）$\dfrac{x}{\dfrac{x}{\sqrt[3]{\alpha}} + \dfrac{y}{\sqrt[3]{\beta}} + \dfrac{z}{\sqrt[3]{\gamma}}} = a^{2/3}$

6. $\dfrac{x}{b} = \dfrac{y}{c} = \dfrac{z}{a}$ に平行.　　*7.* 点 (a,b,c) を通る.

問題 6-1

1. （1）$\dfrac{a^2 b^2}{6}(b-a)$　　（2）$\dfrac{e^{pa}-1}{p} \dfrac{e^{qb}-1}{q}$　　（3）-10

　（4）$\dfrac{4}{3} a^2 b^3$　　（5）$\dfrac{1}{2}(1-e^{-a^2})$　　（6）$\dfrac{7}{6}$

3. （1）$\dfrac{4}{3}\pi a^3$　　（2）$\dfrac{1}{pqr}(e^{pa}-1)(e^{qb}-1)(e^{rc}-1)$　　（3）0

　（4）$\dfrac{8}{3} a^4$

4. （1）$\dfrac{\pi}{4} - \dfrac{1}{2}\log 2$　　（2）$2(1-\log 2)$　　（3）$e-2$　　（4）$\dfrac{4}{3}(e-1)$

　（5）$\dfrac{\pi^2}{8} - 1$

問題 6-2

1. （1）$2/7$　（2）1　（3）$3\pi a^2/4$　（4）$16/9$　（5）$\pi/2$

（6）$\pi a^4/4$

2. （1）$131/105$　（2）$a^4/32$　（3）$1/30$　（4）$5/3$

3. （1）$\dfrac{a^4}{24}$　（2）$\dfrac{8}{35}(72\sqrt{6}-128+8\sqrt{2})$　（3）$\dfrac{a^6}{48}$

4. （1）$\displaystyle\int_0^2 dx\int_0^{x^2/4} f(x,y)dy+\int_2^3 dx\int_0^{3-x} f(x,y)dy$

（2）$\displaystyle\int_0^{a^2} dx\int_{\sqrt{x}}^a f(x,y)dy$

5. （1）$\dfrac{\pi^2}{2}$　（2）$\dfrac{4}{3}\pi ab^2$　（3）$\dfrac{\pi}{2}$

6. （1）$\dfrac{1}{3}\left(\dfrac{\sqrt{3}}{2}+\dfrac{\pi}{3}\right)$　（2）$\dfrac{3}{4}e^2-2e+1$　（3）$\dfrac{4}{35}$

7. （1）左辺は $0\le z\le y\le a$, $0\le x\le y\le a$ での積分.

（2）左辺は $0\le z\le y\le x\le a$ での積分.

8. 帰納法.

問題 6-3

1. （1）$\dfrac{x}{a}=u$, $\dfrac{y}{b}=v$ と変換　（2）$\dfrac{x}{a}=u$, $\dfrac{y}{b}=v$, $\dfrac{z}{c}=w$ と変換

（3）極座標に変換

2. （1）$\dfrac{ab}{4}(a^2+b^2)\pi$　（2）$\pi(1-e^{-a^2})$　（3）$\dfrac{\pi^2}{16}a^2$

（4）$\dfrac{a^2 b^2 c^2}{48}$　（5）$\dfrac{4}{15}\pi abc(a^2+b^2+c^2)$　（6）$\dfrac{\pi}{12}a^6$

3. （1）$4c_1 c_2/|\varDelta|$　（2）$8d_1 d_2 d_3/|\varDelta|$

4. （1）$x+y=u$, $y=uv$ と変換　（2）$a^2(e-1)/2$

5. （1）$\dfrac{\pi}{2}-1$（極座標へ）　（2）$a^2\pi\left(\dfrac{\pi}{2}-1\right)$（極座標へ）

（3）$\dfrac{\pi}{8a}\left(\dfrac{\pi}{2}-1\right)$（球面座標へ）　（4）$\dfrac{1}{2}\log 2-\dfrac{5}{16}$

問題 6-4

1. （1）$\dfrac{1}{24}$　（2）$\dfrac{a^4}{6}$　（3）$\dfrac{\pi}{4}+\dfrac{1}{2}\log 2$　（4）$\dfrac{\pi^2}{8}$　（5）$-\pi$

（6）$\pi(f(a)-f(0))$　（7）$\dfrac{\pi}{2a}$　（8）$\dfrac{\pi^2}{8a}$　（9）$2\pi a$

（10）$a\pi^2$

2. （1）$ax=u$, $by=v$ と変換　（2）極座標に変換

3. （1）$\sin^2\theta=t$ と変換　（2）$p=q=0$

（３）　6-4 節，例 2 を用いる．　　（４）　$\Gamma(t+1) = t\Gamma(t)$ を応用．

4.　$x^{1/4} = t$ としてベータ関数，ガンマ関数を用いる．

問題 6-5

1.　（１）　a^2　　（２）　$\dfrac{3}{8}\pi ab$　　（３）　$\dfrac{ab}{6}$　　（４）　$(\pi-2)a^2$

（５）　$\pi/\sqrt{ab-h^2}$　　（６）　$\dfrac{\pi a^2}{2}$（n：偶），$\dfrac{\pi}{4}a^2$（n：奇）

2.　（１）　$\dfrac{\pi}{32}$　　（２）　$\dfrac{8}{9\sqrt{3}}\pi$　　（３）　$\dfrac{a^3}{12}$　　（４）　$\dfrac{a^2}{16}\pi^2$

（５）　$\dfrac{1}{4}a^2b^2$　　（６）　$\dfrac{\pi}{8}$　　（７）　$\dfrac{1}{2}\pi a^4$　　（８）　$\dfrac{1}{2}\pi ab^2$

3.　（１）　$8a^2$　　（２）　$2\pi(a\sqrt{a^2+1}+\log(a+\sqrt{a^2+1}))$　　（３）　$4a^2$

4.　（１）　$M = 3\pi a^2$, $G\left(\pi a, \dfrac{5}{6}a\right)$, $I_x = \dfrac{35}{12}\pi a^4$, $I_y = \dfrac{8}{3}\pi a^4(\pi^2-1)$

（２）　$M = \dfrac{2}{3}\pi abc$, $G\left(0, 0, \dfrac{3}{8}c\right)$, $I_x = \dfrac{2\pi abc}{15}(b^2+c^2)$,

$I_y = \dfrac{2\pi abc}{15}(a^2+c^2)$, $I_z = \dfrac{2\pi abc}{15}(a^2+b^2)$

5.　（１）　問題の立体は $\alpha^2 \leqq x^2+z^2 \leqq \beta^2$, $0 \leqq y \leqq f(\sqrt{x^2+z^2})$

（２）　（イ）$2\pi^2$，（ロ）$\dfrac{128}{3}\pi$，（ハ）$6\pi^2 a^3$

6.　（１）　6-5 節，例題 5 を応用．（２）　（イ）$\dfrac{64}{3}\pi a^2$，（ロ）$\dfrac{12}{5}\pi a^2$，（ハ）$4\pi a^2 b$

問題 6-6

1.　（１）　（イ）5/6，（ロ）5/6，（ハ）13/15，（ニ）35/28，（ホ）1
（２）　（イ）$-7/6$，（ロ）$-4/3$　　（３）　（イ）$-1/3$，（ロ）$-1/3$

2.　（１）　$-\dfrac{1}{20}$　　（２）　0　　（３）　1　　（４）　（イ）2π，（ロ）0　　（５）　0

3.　（１）　$2\pi a^2$　　（２）　8　　（３）　32/35　　（４）　$-24/5$　　（５）　$3\pi a^2$
（６）　$-3\pi a^2$

4.　（１）　まず，P_0 と P を結ぶ曲線 C_1, C_2 が交わらないとき，C_1 と C_2 で囲まれた部分は D に含まれるので，そこでグリーンの定理を適用，交わる場合はもう 1 つ C_1, C_2 に交わらない曲線 C_3 を用いる．
（２）　偏微分の定義にもどり，（１）を用いる．

5.　（１）　$D = \boldsymbol{R}^2$, $X_y = Y_x = 2x$, $-1/2$
（２）　$D = \boldsymbol{R}^2$, $X_y = Y_x = -e^x\sin y$, -1

6.　$C : x = x(t), y = y(t)$ $(\alpha \leqq t \leqq \beta)$ を P と Q を結ぶ C^1 級の曲線とする．

$$\int_C f_x\,dx + f_y\,dy = \int_a^\beta (f_x(x(t),y(t))x'(t) + f_y(x(t),y(t))y'(t))dt =$$

$$\int_a^\beta \frac{d}{dt}f(x(t),y(t))dt = [f(x(t),y(t))]_a^\beta = f(c,d) - f(a,b).\ C\ \text{が区分的に}$$

滑らかなときは，滑らかな部分で上の議論を適用し，加えればよい．

問題 6-7

1. （1），（2）とも定理 6-12 [III] を適用．　（3）（1）と（2）の辺々を加える．

2. （1）積分の順序交換，$W: 0 \le y \le a-x$　（2）$W: a \le x \le y \le b$

3. $f(x,t) = \tan^{-1}(tx)/x\sqrt{1-x^2}$ とおく．（1）$\displaystyle\lim_{x\to 0} f(x,t) = t,\ |f(x,t)| \le$

$K(1-x^2)^{-1/2}.\ \therefore$ 収束．　（2）$f_t(x,t) = 1/(\sqrt{1-x^2})(1+(tx)^2) \le$

$\dfrac{1}{\sqrt{1-x^2}},\ \displaystyle\int_0^1 \frac{1}{\sqrt{1-x^2}}dx < \infty.$ 次に $F'(t) = \displaystyle\int_0^1 f_t(x,t)dx$ を計算．

（3）$F'(t) = \dfrac{\pi}{2}(t^2+1)^{-1/2}$ を 0 から t まで積分，$F(0) = 0$．

4. $g(x,u) = \log(1+u^2x^2)$ とおく．（1）$g(x,u) \le Kx^{-3/2}$

（2）$g_u(x,u) \le \dfrac{2}{u_0}\dfrac{1}{b^2+x^2}\ (0 < u_0 \le u),\ G'(u) = \displaystyle\int_0^\infty g_u(x,u)dx$ を計算

$(u > 0)$　（3）$G'(u) = \pi/(1+bu)$ を $0 < \varepsilon$ から u まで積分し $\varepsilon \downarrow 0$．
（1）により $G(u)$ は $u \ge 0$ で連続に注意．

5. （1）$|e^{-x^2}\cos yx| \le e^{-x^2},\ \displaystyle\int_0^\infty e^{-x^2}dx = \dfrac{\sqrt{\pi}}{2}$　（2）$f_y = -xe^{-x^2}\sin yx,$

$|f_y| \le xe^{-x^2},\ \displaystyle\int_0^\infty xe^{-x^2}dx = \dfrac{1}{2}$　（3）定理 6-13 [III] を適用

（4）$F'(y)/F(y) = -y/2$ を 0 から y まで積分．

さ く 引

微分積分学要論

1987 年 12 月　　第 1 版　第 1 刷　発行
2020 年 3 月　　第 1 版　第 13 刷　発行

著　　者　　戸　田　暢　茂
発 行 者　　発　田　和　子
発 行 所　　株式会社　学術図書出版社
〒 113-0033 東京都文京区本郷 5-4-6
電話 03-3811-0889　　振替 00110-4-28454
印刷　三美印刷(株)

ISBN978-4-7806-1061-1　C3041